实现领域驱动设计

IMPLEMENTING DOMAIN-DRIVEN DESIGN

Vaughn Vernon 著
滕云 译
张逸 审

電子工業出版社
Publishing House of Electronics Industry
北京•BEIJING

内 容 简 介

领域驱动设计（DDD）是教我们如何做好软件的，同时也是教我们如何更好地使用面向对象技术的。它为我们提供了设计软件的全新视角，同时也给开发者留下了一大难题：如何将领域驱动设计付诸实践？Vaughn Vernon 的这本《实现领域驱动设计》为我们给出了全面的解答。

本书分别从战略和战术层面详尽地讨论了如何实现 DDD，其中包含了大量的最佳实践、设计准则和对一些问题的折中性讨论。全书共分为 14 章，在 DDD 战略部分，本书向我们讲解了领域、限界上下文、上下文映射图和架构等内容，战术部分包括实体、值对象、领域服务、领域事件、聚合和资源库等内容。一个虚构的案例研究贯穿全书，这对于实例讲解 DDD 实现来说非常有用。

本书在 DDD 的思想和实现之间建立起了一座桥梁，架构师和程序员均可阅读，同时也可以作为一本 DDD 参考书。

图书在版编目（CIP）数据

实现领域驱动设计/（美）弗农（Vernon,V.）著；滕云译. —北京：电子工业出版社，2014.3

书名原文：Implementing domain-driven design

ISBN 978-7-121-22448-5

Ⅰ.①实… Ⅱ.①弗… ②滕… Ⅲ.①软件设计 Ⅳ.①TP311.5

中国版本图书馆 CIP 数据核字(2014)第 021688 号

策划编辑：张春雨

责任编辑：张春雨

印　　刷：北京天宇星印刷厂

装　　订：北京天宇星印刷厂

出版发行：电子工业出版社

北京市海淀区万寿路 173 信箱　　邮编：100036

开　　本：787×980　1/16　　印张：36.5　　字数：817.6 千字

版　　次：2014 年 3 月第 1 版

印　　次：2022 年 7 月第 25 次印刷

定　　价：128.00 元

凡所购买电子工业出版社图书有缺损问题，请向购买书店调换。若书店售缺，请与本社发行部联系，联系及邮购电话：（010）88254888，88258888。

质量投诉请发邮件至 zlts@phei.com.cn，盗版侵权举报请发邮件至 dbqq@phei.com.cn。

本书咨询联系方式：010-51260888-819，faq@phei.com.cn。

译者序

2013年秋天的某个周末，我在公司翻译本书。对面一个刚入职的大学毕业生向我问起一个关于软件建模的问题，我给她讲到了实体、领域服务和限界上下文等概念。语毕，我立即有两点感触：第一，我已经被DDD深深影响了；第二，即便是对于那些小的软件项目，DDD依然有用武之地。

通常的看法是，DDD更适合于大型的软件系统，这也使很多软件开发者对DDD敬而远之。其实不然，DDD首先作为一种思想而存在着，它无关系统大小，而是教我们如何做好软件。像实体、值对象这样的概念，我相信大家都在自己的项目中或多或少地用到，这些概念并不只存在于大型系统中，而是对任何系统皆然，因为它们体现了软件模型的本质所在。

曾经有一段时间，我希望在软件开发技能上有另一个层次的提高，于是我选择了DDD。在看完Eric Evans那本DDD开山之作之后，我了解了不少，也迷茫了许多。和其他人一样，我更希望看到一些实际的DDD例子。在网上搜索一番，我发现了本书；读完示例章节，我便爱不释手了。

在我看来，DDD绝非是什么标新立异之物，我更倾向于将其看成是软件发展的自然结果。就像在20世纪六七十年代出现了软件危机之后，面向对象成为了人们的救赎；瀑布式开发过程遇到瓶颈时，敏捷被搬上了舞台；而DDD则是对传统的以数据为中心的建模方式的反思结果。另外，我们还有“OO Done Right”的说法，即DDD是以正确的方式来使用面向对象的。

我很看重事物发展过程的“自然”面。你把一组随机数交给一个中学生排序，估计她/他也是能琢磨出一种排序算法的，此时的排序算法很可能就是我们在大学里才学到的直接排序法。我想很多人也都在程序中创建过一些服务类，并且将事务边界放在这些类的方法上，那么此时，我们所创建的便是DDD所称为的应用服务（Application Service）。于是我们看到，很多知识都可以通过我们自己的自然逻辑思考而获得。但是，我们和那些大牛的区别在于，他们有能力将这些知识概念化、理论化、抽象化和系统化。对于本书的作者Vaughn Vernon来说，也是如此。

如果说Eric Evans的《领域驱动设计》为我们提出了一些高屋建瓴的思想，那么本书便把这些思想落到了实处。而在本书中，作者也多次引用了《领域驱动设计》的相关章节。除此之外，本书还大量地引用了Gamma等人的《设计模式》和Martin Fowler的《企业应用架构模式》。所以，本书不只是关于软件建模的，而是正如本书的赞美者之一Randy Stafford所说，它还可以用于更加宽阔的软件架构领域。

在收到电子工业出版社的张春雨编辑寄来的英文原著时，我便开始盘算：一本600页的书，每天翻译一页，我需要将近两年；每天翻译两页，也得十个月……一次次的组合之后，我已经厌倦了。于是不管三七二十一，白天工作，晚上翻译，平时工作，假期翻译。结果，四个月完工。

退却的时候也是有的，并且总会有这样或那样的借口："今天不在状态"、"明天再翻译也不迟"，诸如此类，凡此种种。每当此时，我便想起在故乡的山坡上顶着烈日当午弯腰锄地汗流滴土的父亲，于是再次打开已经合上的笔记本电脑……

感谢我的父母赋予我的精神动力，使我得以顺利地完成本书的翻译。

在翻译的过程中，我得到了我的同事，在DDD方面颇有建树的张逸[1]的大力帮助。忘不了的，是那些在下班路上和他一起探讨聚合、CQRS的日子。

感谢郑晔[2]和格茸扎西在我还没有开始翻译本书时便主动提出帮我审校。另外，还要感谢澳大利亚的Mark Ryall和加拿大的Rick Harcus向我提供的有关英语语言文化上的帮助。

2013年10月 成都

1 张逸，ThoughtWorks咨询师，著有《软件设计精要与模式》，译有《恰如其分的软件架构》等书。

2 郑晔，ThoughtWorks咨询师，2013年OracleDuke选择奖得主，译有《Scala程序设计》和《Clojure编程乐趣》等书。

本书赞誉

“在《实现领域驱动设计》中，Vaughn不仅为DDD领域做出了卓越的贡献，还为更宽阔的企业应用架构领域写上了厚重的一笔。例如，在架构和资源库等核心章节中，Vaughn向我们展示了如何将DDD与各种架构风格和持久化技术融合在一起——包括SOA、REST、NoSQL和数据网格等——其中很多都是在Eric Evans那本DDD开山之作出版之后才出现的。另外，书中还讲到了对实体、值对象、聚合、领域服务、事件、工厂和资源库的实现，其中包括大量的例子。一言以蔽之，我认为这本书非常全面。对于那些希望提升自己技能的软件开发者来说，《实现领域驱动设计》将是一本绝佳的好书。”

——Randy Stafford，自由架构师，Oracle Coherence产品部

“领域驱动设计是一套非常强大的思想工具，它深远地影响着软件开发团队的效率。问题在于，许多开发者在应用这套思想工具时会不时地迷失方向，他们需要更实际的指导建议。在本书中，Vaughn将理论与实践联系在了一起。除了为我们讲解那些易被误解的DDD概念之外，Vaughn还讲到了一些新的概念，比如命令/查询职责分离（CQRS）和事件源等。对于那些希望实际应用DDD的人来说，这是一本必读之作。”

——Udi Dahan，NServiceBus创始人

“多年以来，DDD的开发者们都希望获得一些更实际的帮助。Vaughn缝合了理论和实践之间的间隙，向大家提供了一套完整的DDD实现参考。他向我们展示了如何在当前软件项目中使用DDD，并且向我们提出了大量的实际建议。”

——Alberto Brandolini，DDD导师（由Eric Evans和Domain Language, Inc颁发证书）

“《实现领域驱动设计》清晰地向我们展示了DDD的核心话题。本书的写作风格非常友好，就像一个值得信赖的导师在给你讲课一样。读完本书，你将能够应用DDD的各个重要概念。我在阅读本书的时候，在很多章节中都做上了着重标记……我会经常地参考并推荐本书。”

——Paul Rayner，首席咨询师，DDD导师（由Eric Evans和Domain Language, Inc颁发证书），DDD Denver创始人。

“在我所教的DDD课程中，很重要的一点便是如何将所有的DDD理论付诸实践。有了本书，DDD社区便有了可供参考的资料。《实现领域驱动设计》包含了创建DDD系统的方方面面，从具体的实现细节到高层的设计思想。这是一本了不起的DDD参考书，同时也是Eric Evans那本DDD开山之作的极佳伴侣。”

——Patrik Fredriksson，DDD导师（由Eric Evans和Domain Language, Inc颁发证书）

"如果你关心软件工艺——你也应该这么做——那么领域驱动设计便是非常重要的一项技能，而《实现领域驱动设计》则向我们提供了一条迈向成功的捷径。本书详尽地讨论了DDD的战略模式和战术模式，使开发者能够立即将理论付诸实践。今后的业务软件系统将从本书中受益匪浅。"

——Dave Muirhead，首席咨询师， Blue River Systems 集团

"DDD既有理论，也有实践，这些都是每个开发者应该了解的，而本书则很好地弥补了理论与实践之间的差距。强烈推荐本书！"

——Rickard O　berg，Java开发者，Neo Technology公司

"在《实现领域驱动设计》中，Vaughn采用了自顶向下的方法，首先讲到了DDD的战略模式，比如限界上下文和上下文映射图，然后讲到了战术模式，比如实体、值对象和领域服务等。案例研究贯穿全书，要从中有所学，你需要在该案例研究上下足功夫。如果你这么做了，你便能看到将DDD应用于复杂领域的意义所在。书中包含了大量的旁注、图标和示例代码。如果你希望使用当下最常见的架构风格来创建一个DDD系统，那么Vaughn的这本《实现领域驱动设计》便是我所推荐的。"

——Dan Haywood，《Domain-Driven Design with Naked Objects》作者

"本书采用了一种自顶向下的方式来讲解DDD，这种方式将DDD的战略模式和战术模式自然地衔接起来。在本书中，Vaughn强调了业务领域的价值，同时也给出了技术上的讨论。因此，DDD在软件开发中的角色也变得非常清晰。很多时候，我的团队，包括我本人，在应用DDD时都会遇到这样那样的麻烦。有了《实现领域驱动设计》的指导，我们得以克服种种挑战，进而将付出立即转化为业务价值。"

——Lev Gorodinski，首席架构师，DrillSpot.com

谨以此书献给我最亲爱的Nicole 和 Tristan。
感谢你们的爱、支持和耐心。

目录

序

在本书中，Vaughn Vernon以一种特有的方式向我们展示了领域驱动设计（Domain-Driven Design，DDD）的各个方面，其中包括对新概念的解释、新的例子和原创的话题组织方式。我相信，这种新颖的方式可以帮助大家掌握DDD的各种微妙之处，特别是非常抽象的聚合和限界上下文。不同的人习惯用不同的方式来理解这些概念，而在缺少多种解释的情况下，想要了解这些微妙的抽象概念是非常困难的。

本书包含了在过去9年中出现在各种论文和讲稿中的对DDD的深层剖析，而这些是在之前的书籍中没有的。本书将领域事件与实体和值对象一道看作是模型的基础部件。另外，书中还讨论了“大泥球”（Big Ball of Mud）架构和如何将其放置在上下文映射图（Context Map）中。Vaughn还向我们阐述了六边形架构（Hexagonal Architecture），这种新兴的架构与分层架构相比，能够更好地描述我们要完成的事情。

我是在将近两年前第一次接触到本书内容的，那时Vaughn已经开始撰写本书有一段时间了。在第一次DDD峰会上，我们中的几个编写了关于DDD的若干话题，比如有关DDD的新知识，或者DDD社区所期待的一些针对性建议等。Vaughn负责写聚合部分，这一写便是一个有关聚合的文章系列，并且写得非常出色，最后，这个系列成为了本书中的一个章节。

在那次峰会上，与会人员们一致认为：一套更加具有规约性的DDD模式是大有裨益的。诚实地讲，对于软件开发中的任何问题，答案都是“得看情况”。然而，这对于那些希望学到实际应用技术的人来说却没多大用处。人们需要更加实际的指导。经验法则不见得一定要放之四海而皆准，但在通常情况下，他们可以工作得很好，也应该被首先尝试。出于自身的果决性，这些经验法则蕴含着解决问题的思想方法。Vaughn的这本《实现领域驱动设计》将各种明晰的建议很好地融合在一起，同时又给出了一些折中性的讨论，从而避免了将这些建议过于简单化。

一些额外的DDD模式，比如领域事件，已经成为了DDD的主流模式，人们也学会了如何应用这些模式，并尝试着在新架构和新技术中采用这些模式。在我的《领域驱动设计：软件核心复杂性应对之道》出版9年后，有太多关于DDD的新知识需要谈及，Vaughn的这本书则是最全面的阐述。

—Eric Evans

Domain Language, Inc.

前言

所有的计算都表明它不工作，唯一的做法是：使其工作。

——Pierre-Georges Latécoère

早期法国航空企业家

是的，我们将使其工作。然而，在软件开发过程中采用领域驱动设计却是困难的。即便是有能力的开发者，也很难找到实现领域驱动设计的正确方法。

起飞，着陆

在我小的时候，我的父亲学习过驾驶小型飞机。我们经常会全家出去飞行，有时会飞到另一个机场，在那里吃过午饭后再返回。当父亲时间有限而他依然想飞时，父亲便带上我一起在机场上空盘旋，起飞，着陆，再起飞，再着陆。

也会有些长途飞行，这时我们会带上一张由父亲先前绘制好的路线图。我们几个小孩便当起了领航员：将图上的标志对应着陆地上的地标，以确保我们没有跑偏航线。这是一件很有趣的事情，因为要识别远在地面上的物体是很有挑战性的。事实上，我敢肯定父亲根本不用我们领航便知道我们处于什么方位——他能看到仪表盘上的所有信息，并且他拥有仪表飞行执照。

空中的景观的确改变了我的视野。不时地，父亲和我会飞过我们乡下的房子。在几百英尺的高空中，我体会到了另一种"家"的概念，而这在之前是没有过的。当我们飞过自家的房子时，母亲和我的姐妹们便会跑到院子里向我们挥手。我知道那是她们，即便我看不清楚她们是谁。谈话肯定是不行的，连大声喊都不行，她们是听不见的。我还可以看到将我家和外面公路分开的护栏，平时我们会像走平衡木一样在护栏上面走来走去。从空中看，它们就像被细心编排过的小树枝一样。我们家的院子很大，每每到了夏天，我都会开着割草机一排一排地修理院子里的草坪。而在空中时，我只能看到一片绿色，小草的叶子肯定是看不清楚的。

我喜欢在空中的时刻，直到现在我还不时回想起这些时刻，好像那个降落飞机的黄昏就发生在不久以前一样。虽然如此，在地面上的感觉依然是无法取代的，因为它给我一种脚踏实地的感觉。

着陆于领域驱动设计

一开始接触领域驱动设计（DDD）就像一个小孩之于飞行一样。天空中的景色是令人惊叹的，但有时我们却因为过于陌生而搞不明白它们到底是什么。要从甲地到乙地显得如此的遥远。然而，DDD的“成年人”们却总知道他们所处的方位，因为他们在很早之前便绘制好了路线图，并且能够完全按照仪表进行相应的操作。而还有很多人找不到“在地面上”的感觉，此时我们需要的是“稳定着陆”的能力，然后找到一张地图给我们指引方向。

Eric Evans的《领域驱动设计：软件核心复杂性应对之道》是一本经得住时间考验的经典之作。我坚定地相信，在接下来的几十年里，本书依然会是开发者的实用指导。和其他模式一样，该书为我们建立起了一种高屋建瓴式的宽阔视野。然而，对于如何实现DDD，我们可能将面对更多的挑战。通常来说，我们更渴望看到一些具体的例子。

我的目标之一便是帮助你来一个“软着陆”，保全飞机，然后沿着一条周知的线路带你回家。这将帮助你如何更好地去实现DDD，并且通过你所熟悉的工具和技术给出示例演示。当然，任何一个人都不可能一直呆在家里，所以我还会带领你到新的地带去冒险，这些地带你可能从来没有去过。冒险之路是险峻的，但是在正确的战术应对下，征服这些困难是可能的。在这条冒险之路上，你将学到另外的架构和模式来集成多个领域模型。你将接触到先前没有被研究过的集成方法，并且学到如何开发自治性服务。

我将向你提供一张对短途旅行和长途旅行均适用的地图，它可以帮助你更好地享受沿途风景，同时又不至于迷失途中。

对照地形，绘制飞行图

在软件开发的过程中，我们经常做的一件事便是将一种东西映射到另一种东西。我们将对象映射到数据库，映射到用户界面，或者映射到不同的应用层展现（包括作为消费方的其他系统或应用程序）。在所有这些映射中，我们很自然地希望在Evans提出的高层模式和具体实现之间存在一种映射。

即便你已经接触过DDD，你依然有很多可以获益的地方。有时，DDD首先被看作是一套技术工具集，有人将此称为DDD-Lite。我们可能已经对实体、服务等DDD概念非常熟悉了，并且大胆地尝试着设计聚合，还通过资源库来管理持久化。这些模式是大家相对熟知的，使用起来很容易，我们甚至还使用了值对象。以上这些都属于战术设计模式范畴，也即更加偏向技术层面。这些模式可以很好地帮我们解决软件问题。而同时，对于战术性模式，我们依然有许多需要学习的。我将战术模式映射到实现层面。

你曾了解过战术建模之外的东西吗？你曾了解过被称为DDD“另一半”的战略设计模式吗？如果你还没有使用过限界上下文和上下文映射图，那么你很有可能也没有使用过通用语言。

如果说Evans在软件开发社区有一项发明，那便是通用语言。通用语言是一种团队协作模式，用于捕捉特定业务领域中的概念和术语。一个特定领域的软件模型通过不同的名词、形容词和动词来表达，这些词汇是开发团队正式使用的，而团队中应该包含一个或多个领域专家。然而，将通用语言仅限定于一些词汇则是错误的。就像自然语言反映人们的思想一样，DDD的通用语言反映了领域专家对于软件系统的思维模型。通用语言和那些战略和战术性的建模模式同等重要，在有些情况下甚至更具有持久性。

简单地讲，DDD-Lite将导致劣质的领域对象，因为通用语言、限界上下文和上下文映射图的作用太大了，你从其中获得的并不只是一套团队共用的语言。在限界上下文中用通用语言来表述一个领域模型可以增加业务价值，并且使我们确信所开发软件的正确性。即使从技术的角度，它也可以帮助我们创建更好的领域模型，这样的模型行为丰满，业务纯净，并且可以减少犯错误的可能性。因此，我将战略设计模式映射到了可理解的实际例子中。

本书对于DDD的映射可以帮助你同时体会到战略设计和战术设计的好处。通过一些具体的例子，你将感受到这些DDD映射的业务价值和技术展现力。

如果我们对于DDD的所有实践都只是停留在“地面上”，那将是令人失望的。过度地拘泥于细节将使我们丧失在空中俯瞰的机会。所以，不要将自己局限在地面的细节上，要勇敢地飞翔在空中，居高临下。搭上战略设计的航班，去了解限界上下文和上下文映射图，你将获得更广阔的视野。当你从DDD的航班中获益时，我的目的也就达到了。

各章概要

以下是各章的主要内容以及你将如何从中获益。

第1章：DDD入门

本章向你介绍DDD的好处，并且教你如何尽可能多地去实现DDD。你将学到当你在应对复杂的软件系统时，DDD可以为你的项目和团队带来什么。同时，你将了解到通常的DDD替代方案以及这些方案为什么会导致问题。作为对DDD的基础讲解，本章将教你如何在项目中开始采用DDD，还有如何向你的领域专家和技术团队推销DDD。在DDD的武装下，你将学会如何迎接挑战，勇往直前。

本章将介绍关于一个公司及其团队的案例研究，虽然该公司是虚构的，但是他们所面临的DDD挑战却是真实存在的。该公司旨在开发一个新的多租户SaaS (Software as a Service，软件即服务) 软件产品。不出所料，在使用DDD时，他们犯了一些常见的错误。不过还好，他们发现了这些错误，并解决了一些问题，因此项目还算没有偏离正轨。该团队需要开发一套基于Scrum的项目管理软件。该案例还会在本书的后续章节中连续讲到。每一种战略和战术模式都将教给这个团队。在这个过程中，团队有误入歧途的时候，但最终他们将向着成功的DDD实践昂首阔步。

第2章：领域、子域和限界上下文

领域、子域和核心域分别是什么？限界上下文是什么，我们为什么要使用它，并且如何使用？这些问题将在这个SaaS项目团队犯错误的时候给予解答。在他们的第一个DDD项目中，他们并不了解子域、限界上下文和通用语言这些概念。事实上，他们根本不知道什么是战略设计，只是采用了战术设计来解决一些技术问题。这样他们在开始设计领域模型的时候便遇到了不少问题。幸运的是，他们及时地意识到了这些问题，项目还有挽回的余地。

本章还讲到了如何使用限界上下文对模型进行分离，这是非常重要的；同时还讲到了一些模型分离不当的反例，并且给出了有效的实现建议。在采用了这些建议之后，该团队的成员们重新创建了两个不同的限界上下文。这种合理的模型分离带来的好处是引出了第三个限界上下文——核心域，这将是本书使用的主要例子。

对于那些苦于单单从技术层面应用DDD的人来说，本章应该能引起你的共鸣。如果你还是DDD战略设计的外行，那么本章将为你指明方向。

第3章：上下文映射图

上下文映射图帮助我们理解业务领域、模型间的边界，以及这些模型之间的集成方式。

上下文映射图绝对不只是绘制系统架构图这么简单，它处理的是不同限界上下文之间的关系，以及如何在不同的模型之间映射对象。对于在复杂的业务系统中使用好限界上下文，这是至关重要的。在第2章中，团队成员们在首次尝试限界上下文时碰到了问题。本章中，他们将学着如何利用上下文映射图来解决这些问题。这样的结果是产生了两个体面的限界上下文，这两个上下文将被另外一个负责核心域的团队所使用。

第4章：架构

我们都知道分层架构，但它是开发DDD软件的唯一方式吗，也或许还存在另外的方式？在本章中，我们将讲到：六边形架构（端口和适配器）、面向服务架构、REST、CQRS、事件驱动（管道和过滤器，长时处理过程，事件源）和数据网格，其中好几种架构都将被该团队成员所采用。

第5章：实体

在DDD的战术模式中，我们将首先讲到实体。团队成员们一开始过于强调实体的作用而忽视了值对象。受到数据库和持久化框架的影响，实体被该团队滥用了，此时他们开始讨论如何避免大范围地使用实体。

在本章中，你将看到很多优秀的实体设计例子。同时，本章还将讲到如何使用实体来表达通用语言，以及如何对实体进行测试、实现和持久化。

第6章：值对象

早些时候，团队成员们错过了采用值对象的好机会。他们过于注重为实体创建一些单一的属性，这种方式是欠妥的，更好的方式是将这些单一的属性聚合成一个不变的整体。本章将从不同的角度讲解如何设计值对象，以及在什么时候采用值对象会优于实体。同时，本章还包含了一些其他话题，比如值对象在集成中的角色和对标准类型的建模等。然后，本章讲到了如何设计以领域为中心的测试，如何实现值对象。此外，本章还讲到了在聚合中存储值对象时，如何避免持久化机制所带来的不利影响。

第7章：领域服务

本章将讲到，在领域模型中，什么时候应该将一个概念建模成粒度适中，并且无状态的领域服务。你将学到何时应该使用领域服务而不是实体或值对象，以及如何使用领域服务来处理业务逻辑和技术上的集成。团队成员们向我们展示了何时应该使用领域服务，以及如何设计领域服务。

第8章：领域事件

Eric Evans并没有在他的书中正式介绍领域事件，领域事件是在他那本书出版之后才进入人们视野的。在本章中，你将学到为什么领域事件如此有用，以及使用领域事件的不同方法。领域事件甚至被用来辅助集成和自治性服务。在软件系统中，我们经常使用一些技术层面的事件机制，但本章将着重讲解领域事件与这些事件机制的区别。本章还将指导你如何设计并实现领域事件，包括一些可行的方案和对这些方案的权衡选择。然后，本章将讲到如何创建一个发布-订阅机制；如何利用事件来集成整个企业软件中的各个订阅方；如何创建和管理事件存储；如何处理消息机制所面临的常见挑战等。

第9章：模块

对于模型中的对象，我们应该如何将他们组织在大小适中的容器中呢？我们又如何保证不同容器中的对象之间只存在有限的耦合？另外，我们如何对这些容器进行命名以体现通用语言？除了包和命名空间之外，我们如何使用由语言和框架提供的现代模块化机制，比如OSGi和Jigsaw？在本章中，你将看到SaaS团队成员是如何在不同的项目中使用模块的。

第10章：聚合

在DDD的战术模式中，聚合可能是最不容易理解的了。然而，在遵循一定的经验法则的情况下，我们是能够更简单、更快地实现聚合的。在本章中你将学到：如何利用聚合在不同的小规模对象集群间创建一致性边界，从而降低模型的复杂性。由于在细枝末节上花了太多精力，SaaS团队成员们在设计聚合时总是磕磕绊绊。我们将仔细研究该团队所面临的挑战，并且分析错误的原因以及他们的应对策略。结果，团队成员们对他们的核心域有了更深层次的理解。我们将看到，在合理的事务处理和保证最终一致性（Eventual Consistency）的前提下，该团队更正了他们所犯的错误，并且在一个分布式环境中设计出了更具有伸缩性和更高效的模型。

第11章：工厂

工厂已经在[Gamma et al.]中被大量地谈及了，为什么还要讲呢？本章并不打算重蹈覆辙，而是将重点放在"工厂应该存在于何处"这个问题上。在本章中，我们将讲到在DDD中实现工厂的技巧。团队成员在他们的核心域中创建的工厂可以简化客户端接口，并且对模型的消费方起到保护作用，从而避免了在多租户环境中引入灾难性的bug。

第12章：资源库

资源库只是一个数据访问对象（Data Access Object, DAO）吗？如果不是，它们之间有什么区别呢？我们为什么应该将资源库看成是对集合的模拟而非数据库呢？在本章中，我们将讲到如何利用ORM来实现资源库，其中有两种ORM方案，一种采用基于网格的分布式缓存，另一种则采用NoSQL的键值对存储。团队成员们可以采用任何一种作为他们的持久化机制。

第13章：集成限界上下文

到现在为止，你已经了解了战略层次的上下文映射图和多种战术层次的模式。本章将讲到，在DDD中，我们如何通过上下文映射图来集成不同的模型。在团队对核心域和其他辅助性的限界上下文进行集成时，我们将给出相应的建议和指导。

第14章：应用程序

对于每一个核心域的通用语言，我们都设计了相应的模型，并且进行了足够的测试，模型工作正常。然而，客户应该如何使用我们的模型呢？他们应该使用DTO将数据在模型和用户界面之间传输吗？或者存在其他方案可以实现模型和展现组件间的数据传递？DDD中的应用服务和基础设施是如何工作的？对于这些问题，本章都将做出解答。

附录A：聚合与事件源：A+ES

事件源是一种持久化聚合的重要技术，同时也是事件驱动架构的基础。事件源通过一系列的事件来表示聚合的所有状态。通过有序的事件重放，我们可以重新构建聚合的状态。当然，使用事件源的前提是：它能够简化对数据的持久化，并且能够捕捉到那些具有复杂行为属性的概念。

Java和开发工具

本书中的绝大多数例子都是使用Java语言编写的。我本来可以用C#的，但是我有意识地使用了Java。

首先，我认为Java社区正在抛弃好的软件设计和开发实践。现在，对于多数Java项目而言，要在其中找到一个好的领域对象恐怕是困难的。在我看来，Scrum和敏捷被人们看成了优良设计的替代品，而其中的产品待定项（Product Backlog）被看成了设计本身。多数敏捷人士并不会过多地去思考这些待定项是否会影响到业务模型。我得说明，Scrum的本意绝对不是要取代设计。不管有多少项目经理想将你捆绑在持续交付这条路上，我得说Scrum并不仅仅是要取悦于那些甘特图（Gantt chart）的追随者们。然而，太多的时候，情况的确是这样的。

我认为这是个很大的问题，所以我想鼓励Java社区重新回到领域建模中来，同时我会通过本书向大家说明，设计是可以使我们获益的。

此外，在.NET社区中已经有很好的DDD资源了，比如Jimmy Nilsson的《领域驱动设计与模式实战》[Nilsson]。由于Jimmy的出色工作和其他人对Alt.NET的倡导，.NET社区中正掀起一阵优秀设计的开发浪潮，这是Java社区需要注意的。

其次，我意识到C#.NET人员在理解Java代码上并不存在什么困难。由于很多DDD社区的人都在使用C#.NET，而本书的早期校对人员也都是C#程序员，但是我从来就没有收到他们的抱怨。因此，我便不用顾虑这些了。

在我写这本书时，业内正将目光从关系型数据库转向基于文档和键值对的存储方案。这是有原因的，Martin Fowler将这些存储方案称为“面向聚合存储”。这种命名是恰当的，它很好地描述了在DDD中使用NoSQL的好处。

但是，就我从事咨询的经验来看，很多开发者还是认定了关系型数据库和对象-关系映射。因此我想，NoSQL追随者们应该能够理解我在书中包含对象-关系映射的章节。然而，我的确得承认，这可能会招致那些认为存在对象-关系阻抗失配（Object-Relational Impedance）的人的鄙视。这无所谓，对此我表示接受，因为绝大多数人在他们的日常工作中都还得面对这种对象-关系阻抗失配。

当然，在第12章“资源库”中，我同样提供了基于文档的、键值对的和数据网格的存储方案。在多处地方，我都讨论到了NoSQL对聚合设计的影响。NoSQL趋势很有可能持续下去，那些对象-关系型的开发者们应该注意了。在本书中你将看到，我能够同时理解两个阵营的观点，并且对于双方的观点我都同意。这些都是技术趋势所导致的摩擦，而这对于积极的变革是有必要的。

致谢

非常感谢Addison-Wesley出版社给我机会出版本书。正如我之前在上课和演讲时所说，我将Addison-Wesley看成是一个懂得DDD价值的出版商。在本书的编辑过程中，Christopher Guzikowski和Chris Zahn (Dr. Z)给了我很大的支持。那天，Christopher Guzikowski打电话给我，说他希望我成为他的签约作家。我是不会忘记那一天的，我也不会忘记Christopher Guzikowski对我的鼓励。当然，是Dr. Z将本书的文本变成了可出版的状态。感谢我的出版编辑Elizabeth Ryan协调本书的出版细节。同时，我还要感谢我的技术编辑，Barbara Wood。

回到从前，Eric Evans花了他职业生涯里的5年时间完成了DDD的定义工作。没有他的努力，没有从SmallTalk和模式社区中迸发出来的智慧，许多开发者都只能依旧苦苦摸索，最终交付劣质的软件。可悲的是，这样的问题太常见了。正如Eric所说，那些劣质的软件以及开发团队无创新式的枯燥性几乎使他离开软件领域。因此，我们欠Eric一个大大的感谢。

Eric邀请我参加了2011年的DDD峰会。会毕，大家一致认为，DDD的领导层应该提供一套指导以帮助更多的开发者在DDD上取得成功。那时，我已经写本书有很长一段时间了，并且我们充分地体会到了开发者们所缺少的东西。我自告奋勇，决定写一个文章系列来介绍有关聚合的“经验法则”。之后，我将这个名为“高效聚合设计（Effective Aggregate Design）”的文章系列当成了本书第10章的基础。当该系列文章在dddcommunity.org网站上发布时，我才知道，人们对这样的指导真是如饥似渴。感谢那些DDD领导层中审阅了这个文章系列的同仁们，并感谢他们为本书提供的建议和反馈。Eric Evans和Paul Rayner对该文章系列做了多次细致的审阅。另外，我还从Udi Dahan、Greg Young、Jimmy Nilsson、Niclas Hedhman和Rickard O berg处获得了反馈。

特别感谢DDD社区的资深成员，Randy Stafford。几年前，我在丹佛举行DDD演讲，Randy也参加了。之后，他敦促我更多地参与到更大的DDD社区中去。一段时间之后，Randy将我介绍给了Eric Evans，由此我得以在DDD社区中与大家一起讨论问题。我的一些想法并不那么容易达到，而Eric则说服我们将关注点放在一些具有近期价值的东西上。正是有了那次讨论，才有了后来2011年的DDD峰会。虽然Randy由于忙于Oracle Coherence相关工作而无法参与本书的撰写，我想以后我是可以和他合作来写点什么的。

非常感谢Rinat Abdullin、Stefan Tilkov和Wes Williams，他们都为本书撰写了一些专题内容。要了解有关DDD的一切几乎是不可能的，要在软件开发的各个领域都成为专家更不可能。这也是为什么我邀请他们撰写本书的第4章和附录A中的专题。感谢Stefan Tilkov在REST方面给我的帮助，感谢Wes Williams在GemFire上的经验，也感谢Rinat Abdullin与我们分享有关事件源和聚合实现方面的知识。

本书早期审阅者之一是Leo Gorodinsk。我第一次见到Leo是在丹佛。他根据自己的项目中采用DDD的经历向本书提出了很多宝贵的反馈。我也希望本书能够像他帮助我一样帮助他。我将Leo看成是DDD未来的一部分。

还有很多人都为本书的至少一章提出了反馈。其中，那些更具批评性的反馈提供者有Gojko Adzic、Alberto Brandolini、Udi Dahan、Dan Haywood、Dave Muirhead和Stefan Tilkov。特别是，Dan Haywood和Gojko Adzic提供了很多早期的反馈，其中主要是关于本书“最难读”的那些内容。我很高兴他们能够忍耐下去并且帮我做出更正。Alberto Brandolini在战略设计，特别是上下文映射图方面的洞见使得我将关注点集中在这些概念的核心上。DaveMuirhead在面向对象设计、领域建模、对象持久化和内存数据网格方面——包括GemFire和Coherence——都拥有非常丰富的经验。本书中对对象持久化历史和实现细节的讲解便是受他的影响而完成的。除了在REST方面的贡献，Stefan Tilkov还在SOA、管道和过滤器方面向我提供了额外的支持。最后，UdiDahan帮助我澄清了有关CQRS、长时处理过程（即Sagas）和NServiceBus方面的概念。其他为本书提供了有价值反馈的还有：Rinat Abdullin、Svein Arne Ackenhausen、Javier Ruiz Aranguren、William Doman、Chuck Durfee、Craig Hoff、Aeden Jameson、Jiwei Wu、Josh Maletz、Tom Marrs、Michael McCarthy、Rob Meidal、Jon Slenk、Aaron Stockton、Tom Stockton、Chris Sutton和Wes Williams。

Scorpio Steele为本书提供了非常棒的插图。Scorpio使IDDD团队的每一个人都成为了超级英雄。我的朋友Kerry Gilbert为本书做了非技术性的审阅。其他人的帮助使得本书在技术上是正确的，而Kerry则在行文语法方面给了我很大的帮助。

我的父母为我的写作提供了灵感，在我这一生中，他们一直在支持着我。我的父亲——本书“牛仔的逻辑”幽默片段中的AJ——并不只是一个牛仔。不要搞错了。成为一个不错的牛仔已经非常好了，而我的父亲则在很多方面都展现出了他的才艺。除了喜欢飞行之外，我的父亲还是一个优秀的土木工程师、土地测量员，一个有天赋的谈判高手。另外，他还依旧喜欢着数学，并且研究星系。在我10岁的时候，我父亲就教我如何求解直角三角形。谢谢您，父亲，在我很小的时候就教给我这些。还要感谢我的母亲，她总是在我面临挑战时给予我鼓励和支持。

虽然本书是献给我的妻子Nicole和我们的儿子Tristan的，我还是想在这里再特别提及一下。他们使得我坚持写下去并最终完成本书。没有他们的支持和鼓励，这些都是不可能的。太感谢你们了，我亲爱的Nicole和Tristan。

关于作者

Vaughn Vernon是一个经验丰富的软件工匠，在软件设计、开发和架构方面拥有超过25年的从业经验。他提倡通过创新来简化软件的设计和实现。从20世纪80年代开始，他便开始使用面向对象语言进行编程；在20世纪90年代早期，他便在领域建模中应用了领域驱动设计，那时他使用的是Smalltalk语言。他在很多业务领域都有从业经验，包括航空、环境、地理、保险、医学和电信等领域。同时，Vaughn在技术上也取得了很大的成功，包括开发可重用的框架和类库等。他在全球范围之内提供软件咨询和演讲，此外，他还在许多国家教授《实现领域驱动设计》的课程。你可以通过www.VaughnVernon.co访问到他的最新研究成果。他的Twitter：@VaughnVernon。

如何使用本书

Eric Evans在他那本《领域驱动设计》中向我们展示了一整套模式语言。模式语言是相互关联的众多软件模式的一个集合，任何一种模式都会引用并依赖于其他一种或多种模式。这意味着什么呢？

这意味着当你在阅读本书时，某个章节中出现的有些DDD模式并不会在该章节中讲到，甚至在该章节之前都没有被谈及到。不要担心，继续往下读，被引用的模式将在本书的其他章节中做详细讲解。

在本书中，我将使用下表中的行文惯例：

表G.1 本书的行文惯例

出现文本	含义
模式名字 (#)	1.该模式是第一次出现在本书中，或者 2.该模式已经在本章中出现了，并且非常重要。
限界上下文 (2)	表示所引用的限界上下文在第2章中有详细的讲解。
限界上下文	表明限界上下文已经在本章中出现过了，这里我并不会每次引用一个模式时都将其标为粗体并后加章号。
[REFERENCE]	表明对参考文献的引用
[Evans] 或 [Evans, Ref]	表明对于被引用的模式，你可以参考Evans的著作以获得更多信息。[Evans]表示他那本经典的《领域驱动设计》，[Evans, Ref]并不表示引用Evans那本书本身，而是另外的引用源，该引用源也引用了Evans书中模式，并且在此基础上有更新和扩展。
[Gamma et al.] 和 [Fowler, P of EAA]	[Gamma et al.]表示Gamma等人所著的那本经典的《设计模式》。 [Fowler, P of EAA]表示Martin Flowler的《企业应用架构模式》。 在本书中，我会经常引用到这两本书，虽然我还引用了其他的，但这两本是主要的。.

在阅读的过程中，如果遇到对某个模式的引用，比如限界上下文，此时你通常可以在另外某个章节找到对该模式的讲解。

如果你已经读过[Evans]，并且对其中的模式有一定的了解，那么本书可以帮助你进一步澄清DDD的概念，然后引导你对既有的模型进行改进。此时你可能并不需要一个总览式的介绍。但是，如果你还是DDD的新手，那么下面的内容将为你讲到不同的DDD模式是如何协同工作的，并且如何更好地使用本书，接着往下读吧。

DDD总览

早些时候，我讲到了DDD的**通用语言**（Ubiquitous Language，1）。通用语言作用于某个**限界上下文**（Bounded Context，2），它对于领域建模是非常重要的，你应该好好地熟悉一下。请记住，不管你是在战术上还是战略上设计软件模型，你都应该保证：在一个特定的限界上下文中只使用一套通用语言，并且保证它的清晰性和简洁性。

战略建模

限界上下文是一种概念上的边界，领域模型便工作于其中。同时，限界上下文为通用语言提供了一套环境，项目成员便通过通用语言来表达软件模型，如图G.1所示。

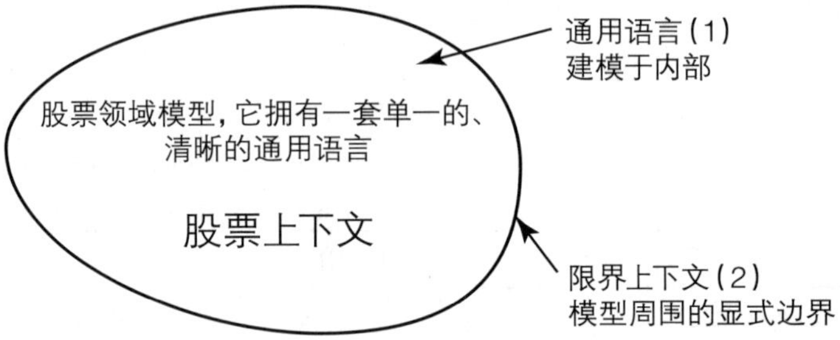

图G.1 限界上下文和通用语言

在战略设计的过程中，你将发现**上下文映射图**（Context Map，3）是非常有用的，如图G.2所示。你的团队将使用上下文映射图来理解项目的范围。

以上我们简要地了解了DDD的战略设计，这是我们必须好好理解的概念。

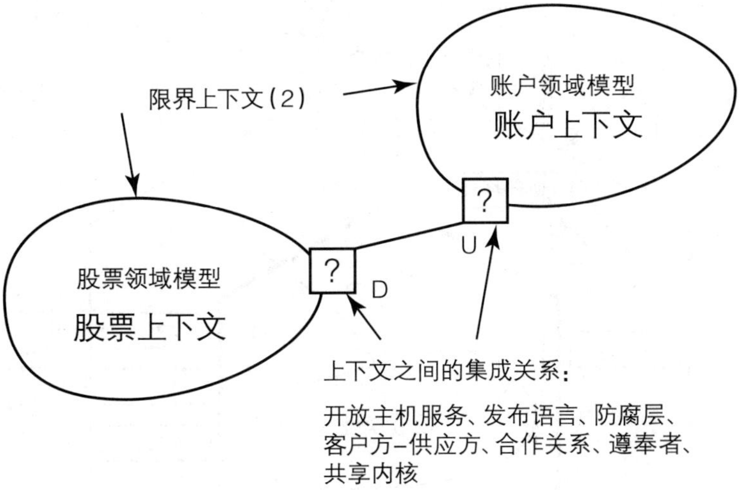

图G.2 上下文映射图展示限界上下文之间的关系

架构

有时，一个新的限界上下文或上下文映射图可能需要一种新的**架构**（Architecture，4）。你应该牢记：通过战略和战术设计而成的领域模型应该是架构中立的。当然，在模型周围和模型之间则是存在架构的。一种能够支撑限界上下文的架构是六边形（Hexagonal）架构，它可以辅助其他架构风格，比如**面向服务**（Service-Oriented）架构、REST和**事件驱动**（Event-Driven）等。六边形架构如图G.3所示，从表面看，这种架构有点复杂，但是事实上却恰恰相反。

有时我们过于强调架构而忽略了DDD建模的重要性。架构固然是好的，但是架构并非一成不变。此时我们须要正确地处理优先级，将重点放在领域模型上，因为领域模型将产生更多的业务价值，并且更具有持久性。

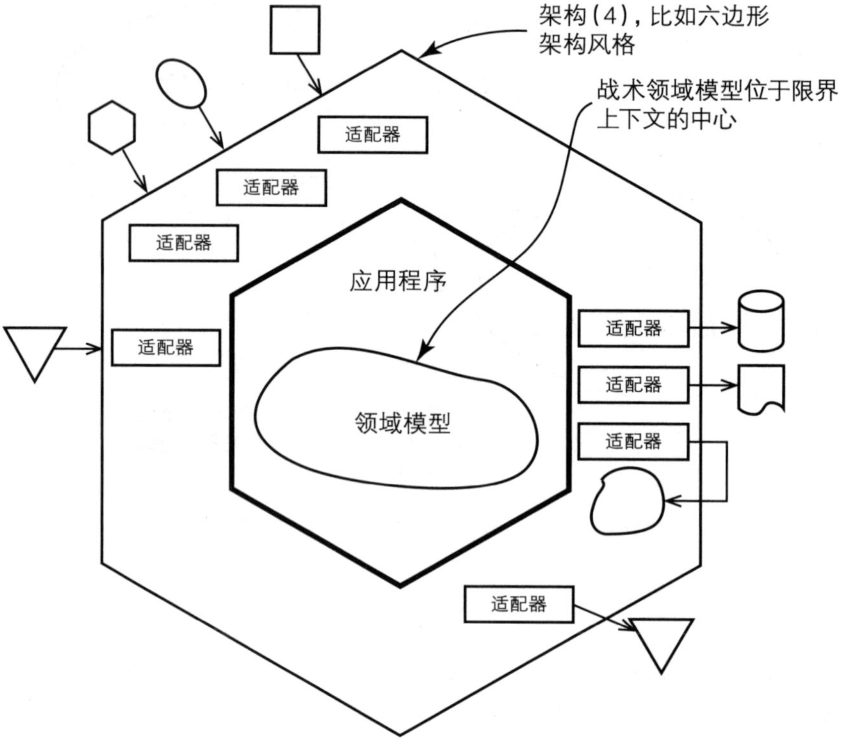

图G.3　六边形架构风格，领域模型位于软件的中心

战术建模

我们在限界上下文中进行DDD的战术建模。战术设计的一个重要模式是**聚合**（Aggregate, 10），如图G.4所示。

聚合可以由单个**实体**（Entity, 5）组成，也可以由一组实体和**值对象**（Value Object, 6）组成，此时我们必须在聚合的整个生命周期中保证事务上的一致性。有效地对聚合进行建模是重要的，同时聚合又是DDD中最不容易理解的概念之一。你可能会问，既然聚合如此重要，那为什么要将其放在本书的后面呢？首先，本书中战术模式的出现顺序和[Evans]一样，此外，由于聚合以其他战术模式为基础，所以我们会先讲到实体、值对象等基本模式，再讲解聚合。

聚合实例通过**资源库**（Repository, 12）进行持久化，另外，对聚合的查找和获取也通过资源库完成，如图G.4所示。

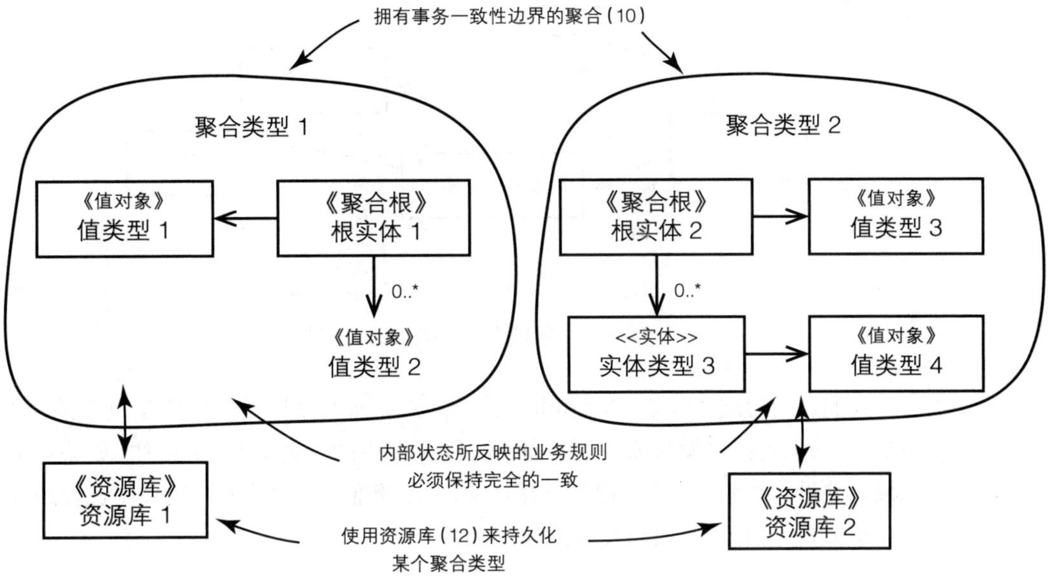

图 G.4 两个聚合类型，它们拥有各自的事务一致性边界

在领域模型中，有些业务操作并不能自然地放在实体或值对象上，此时我们可以使用无状态的**领域服务**(Domain Service, 7)，如图G.5所示。

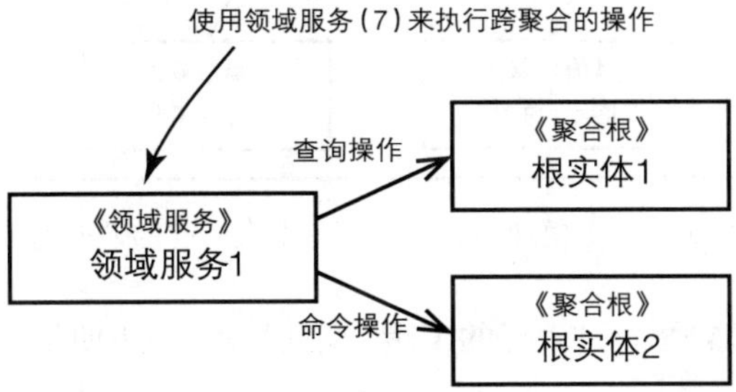

图G.5 领域服务执行特定于领域的操作，其中可能涉及到多个领域对象

领域事件(Domain Event, 8)表示领域模型中发生的重要事件。有多种方式可以对领域事件进行建模。在对聚合进行命令操作时，聚合本身将发布领域事件，如图G.6所示。

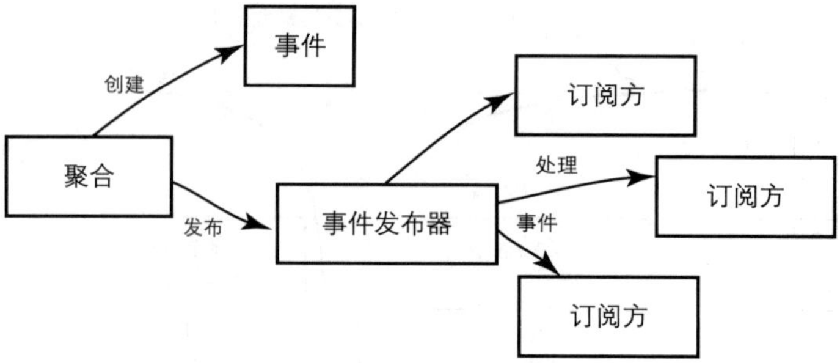

图G.6 领域事件可以由聚合发布

我们通常忽略了**模块**（Module，9），但是正确地设计模块同样是重要的。简单来讲，我们可以将模块看成是Java中的包或C#中的命名空间。请记住，如果只是机械式地设计模块，而不是根据通用语言，那么我们将得不偿失。模块中包含的领域对象应该是内聚在一起的，如图G.7所示。

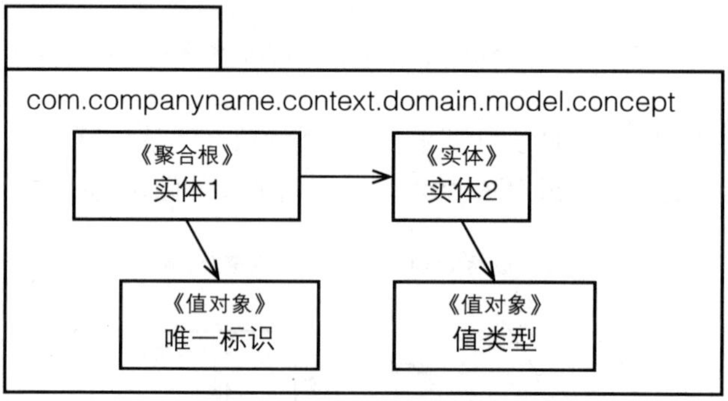

图 G.7 一个模块包含并组织内聚在一起的领域对象

好吧，现在来熟悉一下“牛仔的逻辑”幽默片段，以下便是一则：

牛仔的逻辑

AJ：“不要担心你的嘴巴包不下这块大肥肉，你的嘴巴可比你想象的大多了。”

LB：“你说的是‘头脑’吧，J。你的头脑比想象的大多了才对。”

第1章

DDD入门

设计不只是感观，设计就是产品的工作方式。

——Steve Jobs

我们都致力于开发高质量的软件。通过测试，我们可以消除软件系统中大量的bug。然而，即便我们的软件中没有bug，也不能表示我们设计的软件模型本身就是好的。软件中存在少量的瑕疵是无可厚非的，而同时，我们是可以设计出能够准确表达业务意图的软件模型的。

领域驱动设计（DDD）作为一种软件开发方法，它可以帮助我们设计高质量的软件模型。在正确实现的情况下，我们通过DDD完成的设计恰恰就是软件的工作方式。本书便是帮助你如何正确实现DDD的。

你可能是个DDD新手；也可能做过一些DDD尝试而目前正苦苦地挣扎着；还有可能你已经成功地运用了DDD。不管如何，你都希望通过本书来提高自己的DDD技能，我相信你是可以的。以下是本章的学习路线图：

本章学习路线图

- 了解DDD可以为你的项目和团队带来哪些好处
- 如何确定你的项目是否适合采用DDD
- 了解DDD的常见替代方案和它们将导致问题的原因
- 学习DDD的基础
- 学习如何向你的管理层、领域专家和技术成员推销DDD
- 了解使用DDD时所面临的挑战
- 看看一个正在学习采用DDD的团队是如何工作的

那么，你应该期待从DDD中得到什么呢？首先，DDD不应该是一个仪式性的过程，更不应该成为你项目进度的阻碍。此时你可以采用敏捷开发方法，或者寻找另外的方法来帮你更深层次地了解自己的业务领域。我们的目标应该是创造一个可测试的、可伸缩的、组织良好的软件模型。

DDD同时提供了战略上的和战术（Tactical）上的建模工具来帮助我们设计高质量的软件模型。.

我能DDD吗?

你是可以实施DDD的，如果你：

- 有开发卓越软件的激情和毅力
- 渴望学习和进步
- 有能力理解软件模式，并懂得如何应用这些模式
- 有发掘不同设计方法的能力和耐性
- 勇于改变现状
- 看重细节，希望亲自试验
- 希望编写更好的代码

DDD不是没有学习曲线，而且学习曲线有可能很陡。不用着急，本书将尽可能地为你降低学习曲线，我的目的就是挖掘你成功的潜能，帮助你和你的团队实现DDD。

DDD首先并不是关于技术的，而是关于讨论、聆听、理解、发现和业务价值的，而这些都是为了将知识集中起来。如果你了解公司的业务，那么你至少可以为DDD的通用语言（Ubiquitous Language）做出贡献。当然，你可能需要学习更多的业务知识。由于你对业务概念的理解，你已经开始走在DDD的康庄大道上了。

多年的软件开发经验能够帮助我更好地实现DDD吗？可能会。然而，你的开发经验并没有教给你向领域专家聆听和学习的能力。在实施DDD的过程中，你最好将那些不怎么使用技术语言的人加进自己的团队，此时你得仔细地聆听他们，还应该尊重他们的观点，并且相信他们比你了解得更多。

> **将领域专家引入到团队是大有好处的。**
>
> 在实施DDD的过程中，你最好将那些不怎么使用技术语言的人加进自己的团队。就像你会向他们学习一样，他们也会向你学习。

可能你最希望看到的便是：领域专家同样得听你的。大家都是同一个团队的成员。领域专家不见得就知道所有的业务，他们也得学习。就像你会向他们学习一样，他们也会向你学习。你向领域专家提出的问题有可能暴露出他们不知道的地方。你将直接帮组团队更好地理解业务，甚至确定业务。

这样一来，团队中的所有成员都在学习和成长——是DDD使之成为了可能。

但是，我们还没有领域专家

领域专家并不是一个职位，他可以是精通业务的任何人。他们可能了解更多的关于业务领域的背景知识，他们可能是软件产品的设计者，甚至有可能是销售员。

如果你发现有人比你更加了解业务知识，找到他们，聆听他们，并向他们学习。

现在，我们已经开了一个好头。我并不是说技术不重要，而是说在本书中你得掌握领域建模中更高层次的概念。如果你的能力能够位于理解《Head First设计模式》[Freeman et al]和《设计模式》[Gamma et al]之间，或者你还学了一些更高级的模式，那么你已经具备很好的DDD基础了。在本书中，我将尽量顾及到各个层次的学习者。

什么是领域模型？

领域模型是关于某个特定业务领域的软件模型。通常，领域模型通过对象模型来实现，这些对象同时包含了数据和行为，并且表达了准确的业务含义。

不同角色的人都可以从DDD中获益，看看自己属于以下角色的哪一种：

- 新手，初级开发者："我还年轻，有很多点子，对写代码充满了热情。但是我所在的那个项目简直让人崩溃，我才不想一毕业就被那些重复性的工作纠来缠去。这个项目的架构为什么如此复杂？这到底是怎么呢？我修改了一点代码，却破坏了更多的代码。有人知道这本来应该是什么样子吗？现在，我还得添加一些复杂的新特性。我在遗留代码之上添加了一个适配器来屏蔽那些难看的遗留代码，但是没有用。我相信除了整天写代码和调试外，还有更好的办法。于是有人向我介绍DDD，听说DDD是领域模型中的'四人帮（Gang of Four）'，不错不错。"
- 中级开发者："在过去的几个月中，我加入了一个新的项目，这次轮到我来做出改变了。那时，当我和高级开发人员在一起工作时，我发现我缺少对事物的洞察力。有时团队非常涣散，但是我又不知道其中的原因，我决定改变团队成员们的做事方式。我需要一种能够助我成功的软件开发技术。一个高级架构师向我推荐DDD，我打算了解了解。

听起来你已经是个高级开发者了，继续往下读。你超前思考的态度自然会得到回报的。

- 高级开发者，架构师："我曾在多个项目中都使用过DDD，不过目前所在项目还未使用。我喜欢DDD战术模式的威力，但是我还打算应用更多的DDD模式，比如战略设计等。在阅读[Evans]时，我发现通用语言的功能非常强大。我已经与团队成员和管理层讨论过采用DDD的事情了，但其中有些中高级开发者对DDD在项目中的前景并不看好，而管理层也不是那么热衷于DDD。我是最近才加入公司的，虽然我是团队带头人，但是整个团队似乎并不愿意被一些新奇玩意儿打断了开发进度。不管如何，我是不会放弃的。虽然其他开发者对DDD没有信心，但是我是能做到的。我决定将领域专家引入到团队中来，使他们跟技术人员一起工作。"

这就是一个领导应该做的。本书包含了很多关于战略设计的例子。

- 领域专家："我已经在IT部门帮他们解决业务问题好长一段时间了，我希望开发者们能够更好地理解他们所做的事情。他们总是认为我们业务人员是愚蠢的。但是他们不知道的是，如果不是我们，他们早就丢了工作。开发者总会以一些奇怪的方式来讨论我们的软件，如果我说这是A，他们却说这是B，好像我们需要有本词典才能交流一样。如果我们试图纠正他们的错误叫法，他们就不愿意合作了。我们在这上面浪费了太多的时间。软件为什么不能像真正的业务专家所想象的那样工作呢？"

你说对了。软件开发的最大问题之一便是业务人员和技术人员需要某种翻译才能交流。本章将对此做出讨论。你将看到，DDD将业务人员和技术人员放在同一个层面上。惊讶吧，你已经使一些开发者向你靠近了，多帮帮他们。

- 项目经理："我们要交付软件，但结果并不总是让人舒心，有时开发时间拖得太长了。开发者在谈论到领域时总是各执一词，莫衷一是。我不确定我们是否需要另一种银弹般的技术或者方法。之前我们不是没有尝试过，但是每次都失败了，结果还是得回到原来的位置。我总是说，我们应该放弃幻想，准备战斗，但是团队成员并不这么认为。他们工作非常努力，我总觉得欠他们些什么，于是听听他们的意见吧。他们都是聪明之人，并且都希望做出些改变。对于我来说，如果我上面的管理层同意，我是完全允许开发者们花时间学习的。团队成员们希望有个集中化的业务知识体系，我想我可以以此说服我的老板。这样一来，我自己的工作也将变得简单，我还可以促进团队和业务专家之间的合作与互信。”

多好的项目经理啊！

不管你是谁，有一点是重要的：要在DDD之路上取得成功，你肯定得学习，并且大量地学习。学习不是什么问题，你是聪明的，并且一直都在学习。然而，我们都面临这样一种困境：

> 就个人来讲，我时刻都在准备着学习，但是我并不喜欢被人教。
>
> ——Winston Churchill

在本书中，我会尽量将知识传递变成一件愉悦之事，并且保证你在DDD上有所收获。

你可能又有问题了：“为什么我们需要DDD呢？”

为什么我们需要DDD

事实上，在前面我已经提到了一些应该采用DDD的原因。冒着有悖DRY原则（Don’t repeat yourself，不要做重复的事情）的风险，我重新说说我们需要采用DDD的原因。

- 使领域专家和开发者在一起工作，这样开发出来的软件能够准确地传达业务规则。当然，对于领域专家和开发者来说，这并不表示单单地包容对方，而是将他们组成一个密切协作的团队。
- “准确传达业务规则”的意思是说，此时的软件就像如果领域专家是编码人员时所开发出来的一样。
- 可以帮助业务人员自我提高。没有任何一个领域专家或者管理者敢说他对业务已经了如指掌了，业务知识也需要一个长期的学习过程。在DDD中，每个人都在学习，同时每个人又是知识的贡献者。
- 关键在于对知识的集中，因为这样可以确保软件知识并不只是掌握在少数人手中。

- 在领域专家、开发者和软件本身之间不存在“翻译”，意思是当大家都使用相同的语言进行交流时，每人都能听懂他人所说。
- 设计就是代码，代码就是设计。设计是关于软件如何工作的，最好的编码设计来自于多次试验，这得益于敏捷的发现过程。
- DDD同时提供了战略设计和战术设计两种方式。战略设计帮助我们理解哪些投入是最重要的；哪些既有软件资产是可以重新拿来使用的；哪些人应该被加到团队中？战术设计则帮助我们创建DDD模型中各个部件。

就像其他高回报率的投入一样，DDD需要我们在时间和精力上都有所投入。但是，考虑到我们在开发软件的过程中经常遇到的各种问题和挑战，这样的投入是值得的。

难以捉摸的业务价值

开发能够传递真正业务价值的软件和开发普通的软件是不同的。具有真正业务价值的软件能够很好地符合业务战略，并且可以将竞争优势融合到解决方案中。此时的软件并不是关于技术的，而是关于业务的。

业务知识从来就没有被集中过。开发团队必须在多方之间权衡各种需求，并确定其中的优先级。同时，团队成员的技能也是良莠不齐的。在获得所有的信息之后，团队所面临的问题在于：如何确定某种需求确实能够传递真正的业务价值？还有，我们如何去发现并暴露出这些业务价值，如何安排它们之间的优先级，并且如何实现它们？

在开发过程中，最大的鸿沟之一便存在于领域专家和开发者之间。通常来说，领域专家将关注点放在交付业务价值上，而开发者则将注意力放在技术实现上。当然，并不是说开发者的动机是错误的，而是说开发者的眼光被自然而然地吸引到了实现层面上。即便让领域专家和开发者一同工作，他们之间的协作也只是表面的，这时在所开发的软件中便产生了一种映射：将业务人员所想的映射到开发者所理解的。这样一来，软件便不能完全反映出领域专家的思维模型。随着时间的推移，这种鸿沟将增加软件的开发成本。而随着开发者转到其他项目或者离职，本应该驻留在软件中的领域知识也就丢失了。

另一个问题发生在当多个领域专家之间存在分歧的时候。这是很有可能发生的，因为每个专家只是熟悉某个或者某些特定的领域。另外，在某个领域里找不到真正的专家也是可能的，此时，有人可能对该领域有所了解，但是他更像一个业务分析员。这些问题将导致相互矛盾的软件模型。

更糟的是，软件的技术实现可能错误地改变软件的业务规则。比如，ERP软件通常需要修改业务操作以满足某个特定用户的需求，因此ERP的成本不能单以使用许可和维护费用来计算，对业务规则的修改所产生的成本远远大于前两者。另外一个相似的例子是当开发团队将业务需求翻译成软件功能的时候。这对于业务、用户和合作方来说都是一笔很大的成本。还有，技术上的翻译和解释是没有必要的，并且在使用适当开发方式的情况下是可以避免的。解决方案才是主要的投入。

DDD如何帮助我们

DDD作为一种软件开发方法，它主要关注以下三个方面：

1. DDD将领域专家和开发人员聚集到一起，这样所开发的软件能够反映出领域专家的思维模型。这并不意味这我们将精力都花在了对“真实世界”的建模上，而是交付最具业务价值的软件。有时在实用和理想之间存在冲突，根据它们的互异程度，在DDD中我们将选择实用性。

   领域专家将和开发人员一起创建一套适用于领域建模的通用语言。通用语言必须在全队范围之内达成一致；所有成员都使用通用语言进行交流，通用语言也是对软件模型的直接反映。请注意，虽然团队中同时包含领域专家和开发人员，但并不是“我们”和“他们”的关系，团队中只有“我们”的概念。

   通用语言也有助于促使原本存在分歧的领域专家们达成一致意见。此外，通过将领域知识传达给所有的团队成员，包括开发人员，整个团队也将更具凝聚力。我们甚至可以认为，这是每个公司都应该有的对于知识型工作者的起码训练。

2. DDD关注业务战略。虽然说战略（Strategic）设计自然地包含了战术设计，但是战略设计关注更多的则是业务的战略方向。它帮助我们定义不同团队之间的组织关系，并在这些关系有可能导致项目失败的时候提供早期预警。DDD的战略设计用于清楚地界分不同的系统和业务关注点，这样可以保护每个业务层面的服务。更进一步，这将指引我们如何实现面向服务架构（service-oriented architecture）或者业务驱动（business-driven architecture）架构。

3. 通过使用战术设计建模工具，DDD满足了软件真正的技术需求。这些战术设计工具使开发人员能够按照领域专家的思维模型开发软件。同时，所开发出来的软件是可测试的，能够尽量避免错误，能执行服务层面协议（Service-Level Agreement，SLA），具有很好的伸缩性，并且允许分布式计算。DDD的最佳实践同时包含了高层的架构性实践和底层设计实践，关注业务规则和数据不变性，并且可以对业务规则起到保护作用。

通过这种方式开发软件，你和你的团队将能成功地交付真正的业务价值。

处理领域复杂性

在使用DDD时，我们首先希望将它应用在最重要的业务场景下。对于那些可以轻易替换的软件来说，你是不会有所投入的。相反，值得你投入的是那些重要的、复杂的东西，因为这些东西将为你带来可观的回报。正因如此，我们将这样的模型命名为核心域（Core Domain，2），而那些相对次要的称为支撑子域（Supporting Subdomain，2）。那么现在，我们需要搞明白的是，“复杂”到底是什么意思？

DDD的作用是简化，而不是复杂化

在使用DDD时，我们应该采用最简单的方式对复杂领域进行建模，而不是使问题变得更加复杂。

不同的业务领域对于复杂的定义是不一样的。另外，不同的公司所面临的挑战不一样；成熟度不一样；软件开发能力也不一样。因此，与其去定义什么是复杂的，还不如定义什么是重要的。这时，你的团队和管理层应该做出决定：你们开发的软件系统是否值得做出DDD投入。

DDD计分卡：使用表1.1来决定你的项目是否值得做出DDD投入。如果你的项目情况在某行的描述范围之内，那么请在右边的列中记上相应的分数，最后将这些分数相加得到总分。如果得分为7分或者以上，那么，你应该考虑使用DDD了。

表1.1 DDD计分卡

你的项目是否得到7分或者7分以上？

如果你的项目……	得分	备注	你的打分
如果你的软件完全以数据为中心，所有操作都通过对数据库的CRUD完成，那么你并不需要DDD。此时你的团队只需要一个漂亮的数据库表编辑器。换言之，你可以指望着用户对你的数据进行直接操作，包括更新和删除数据。你并不需要提供用户界面。如果你甚至可以用一个简单的数据库开发工具来完成开发，那么，你完全没有必要在DDD上浪费时间和金钱。	0	这似乎是一个傻瓜化的问题，但是要分清简单和复杂的区别却不是那么容易的。并不是说只要不是纯粹的CRUD软件，便可以采用DDD。因此我们需要采用另外的方法来判别简单和复杂……	
如果你的系统只有25到30个业务操作，这应该是相当简单的。这意味着你的程序中不会多于30个用户故事（user story）或用例流(use case flow)，并且每个用例流仅包含少量的业务逻辑。如果你可以使用Ruby on Rails或者Groovy和Grails来快速地开发出这样的系统，并且你没有感觉到由复杂性和业务变化所带来的痛苦，那么你是不需要使用DDD的。	1	澄清一下，我是说25到30个业务方法，而不是说25到30个拥有多个方法的服务接口，后者可能是复杂的。	
当你的系统中有30到40个用户故事或者用例流时，此时软件的复杂性便暴露出来了，你可以考虑采用DDD了。	2	通常情况下，复杂性并不能被及时发现。我们开发者很容易低估软件的复杂性。我们希望使用Ruby on Rails来开发软件并不代表我们就必须使用Ruby on Rails。而长远看来，这是不利的。	

continues

续表

你的项目是否得到7分或者7分以上？

如果你的项目……	得分	备注	你的打分
即便我们的软件目前并不复杂，但是之后呢？在真正的用户开始使用软件之前，我们是无法预测软件的复杂性的，但是在右边的“备注”栏中有一项可以帮助我们应对这种情况。 请注意，如果有暗示说明系统已经足够复杂，这往往意味着我们的系统实际上比目前更加复杂，采用DDD吧。	3	这时我们有必要和领域专家一起探讨那些复杂的用例。如果领域专家…… 1. 已经要求加入更复杂的功能。这表明软件已经开始变得复杂，此时单纯的CRUD是不能满足需求的。 2. 认为既有的功能没什么可以探讨的。此时我们的软件可能并不那么复杂。	
软件的功能在接下来的几年里将不断变化，而你并不能预期这些变化只是些简单的改变。	4	DDD可以帮助你管理软件的复杂性，随着时间的推移，你可以对软件模型进行重构。	
你不了解软件所要处理的领域（2）。你的团队中也没有人曾经从事过该领域的开发工作。此时，软件很有可能是复杂的，因此你们应该讨论复杂等级。	5	你需要和领域专家一起工作了。你肯定也在前面的计分行中打了分，采用DDD吧。	

通过对以上DDD计分卡打分，我们可以得出以下结论：

当我们在复杂性问题上犯错时，我们很难轻易地扭转颓势。

这意味着我们应该在项目计划早期便对简单性和复杂性做出判断，这将为我们节约很多时间和开销，并免除很多麻烦。

一旦我们做出了重要的架构决策，并且已经在该架构下进行了深入地开发，通常我们也被绑定在这个架构下了，所以在决定时一定要慎重。

如果你对以上几点产生了共鸣，表明你已经在认真地思考问题了。

贫血症和失忆症

贫血症严重危害着人类健康，并且伴随有危险的副作用。当**贫血领域对象（Anemic Domain Object）**[Fowler, Anemic]被首次提出来时，它并不是一个博得赞美的词汇，它描述的是一个缺少内在行为的领域对象。奇怪的是，人们对于贫血领域对象的态度褒贬不一。问题在于，多数开发者认为这样的领域对象是正常的，他们并没有意识到这是一个严重的问题。

你是否想知道你所建模型的健康状况呢？如果你突然患上了技术上的"忧郁症"，这里你可以做个自我检查。你可能心情愉悦，也可能无比恐惧。通过表1.2中的步骤开始检查吧。

表1.2 领域对象病历

	Yes / No
你的领域对象中是不是主要是些公有的getter和setter方法，并且几乎没有业务逻辑，或者甚至完全没有业务逻辑——对象嘛，主要就是用来容纳属性值的？	
软件组件经常使用的领域对象是否包含了系统主要的业务逻辑，并且多数情况下你需要调用那些getter和setter？你可能会将这样的客户代码称为服务层（Service Layer）或者应用层（Application Layer）（4, 14）代码。也或者，如果这描述的是你的用户界面，请回答"Yes"，然后好好反省一下，告诫自己一定不要再这么做了。	
提示：正确的答案是：要么两项均为"Yes"，要么均为"No"。	

如果你对以上两个问题的回答都是"No"，表明你的领域对象是健康的。

如果都是"Yes"，表明你的领域对象已经病得不轻了，这便是贫血对象。好消息是，你是可以获得帮助的，继续往下读吧。

如果你对其中一个回答“Yes”，而另一个回答“No”，你可能是在自欺或者患上了由贫血症导致的神经系统紊乱，此时你应该怎么办呢？回到第一个问题重新来一遍，不要着急，要确保对两个问题都回答“Yes”。

正如[Fowler, Anemic]所说，贫血领域对象是不好的，因为你花了很大的成本来开发领域对象，但是从中却获益甚少。比如，由于存在对象-关系阻抗失配（Object-Relational Impedance），开发者需要将很多时间花在对象和数据存储之间的映射上。这样的代价太大，而收益太小。我得说，你所说的领域对象根本就不是领域对象，而只是将关系型数据库中的模型映射到了对象上而已。这样的领域对象更像是活动记录（Active Record）[Fowler, P of EAA]，此时你可以对架构做个简化，然后使用事务脚本（Transaction Script）[Fowler, P of EAA]进行开发。

为什么会有贫血领域对象

如果说贫血领域对象是由设计不当造成的，为什么还有如此多的人认为他们的领域对象是健康的呢？其中一个原因是：贫血领域对象反映了一种自然的过程式的编程风格，但我并不认为这是首要原因。软件业中有很多开发者都是学着示例代码做开发的，这并不是什么坏事，只要示例代码本身是好的。然而，通常情况是，示例代码只是用尽可能简单的方式来展示某个特定的概念或者API特性，而并不强调要遵循多好的设计原则。一些极度简化的示例代码总是包含了大量的getter和setter，于是这些getter和setter随着示例代码每天被程序员们原封不动地来回复制。

还有历史的影响。Microsoft的Visual Basic对我们现在的软件开发产生了很大的影响。我并不是说Visual Basic是门不好的语言和集成开发环境（IDE），因为它的确是种高效的开发方式，并且在某些方面对软件开发产生过正面的影响。当然，有些人可能会拒绝Visual Basic的直接影响，但是最终它却间接地影响着每一个程序员。请注意表1.3中的时间线。

表1.3 从富有行为的对象到贫血对象的时间线

1980s	1991	1992–1995	1996	1997	1998–
由于Smalltalk和C++，对象开始产生影响	Visual Basic属性和属性列表	可视化工具和IDE遍地开花	Java JDK 1.0发布	JavaBean规范	Java和.NET平台均出现了大量的通过反射机制处理对象属性的工具

这里，我想谈及的是对象属性和属性列表带来的影响。对象属性和属性列表都得益于getter和setter的支持，而Visual Basic的窗体设计器将getter和setter

变得过于流行了。你需要做的只是将自定义控件拖到窗体上，然后编辑控件的属性列表，大功告成，一个功能完备的窗体程序开发完毕。如果直接采用C语言的Windows API来开发相同的窗体，可能需要几天时间，而采用Visual Basic只是几分钟的事情。

那这和贫血领域对象有什么关系呢？JavaBean标准最早是用来辅助Java的可视化设计工具的，旨在将Microsoft的Active X开发方式带到Java平台。Java此举希望开创一个第三方自定义控件市场，就像Visual Basic一样。此后不久，几乎所有的框架和类库都涌入到了JavaBean潮流中，其中包括Java本身的SDK/JDK和第三方类库，比如Hibernate。在.NET平台推出之后，这样的趋势还在继续。

有趣的是，在早期的Hibernate版本中，所有需要持久化的领域对象都必须暴露公有的getter和setter，不管是对于简单类型的属性，还是对复杂类型皆如此。这意味着，即便你希望将自己的POJO (Plain Old Java Object) 设计成富含行为的对象，你都必须将对象的内部暴露给Hibernate以保存或重建对象。诚然，你可以隐藏公有的JavaBean接口，但是多数开发者都懒得这样做，或者甚至都不知道为什么应该这么做。

> **我应该考虑在DDD中使用对象-关系映射 (Object-Relational Mapping, ORM) 吗？**
>
> 前面主要是从历史的角度对Hibernate进行了批评。现在，Hibernate已经不需要对象暴露getter和setter了，它甚至可以对对象属性进行直接操作。我将在后面的章节中讲到在使用Hibernate或其他持久化机制时如何避免贫血对象。

此外，多数的Web框架依然只支持JavaBean规范。如果你想将一个Java对象显示在网页上，该Java对象最好是支持JavaBean规范的。如果你想将HTML表单中的数据传到一个Java对象中，该Java对象也最好是支持JavaBean规范的。

市场上的几乎每种框架都要求对象暴露公有属性。这样一来，多数开发者只能被动地接受那些贫血对象。于是我们便到了“到处都是贫血对象”的地步。

看看贫血对象都对你的模型做了些什么

好吧，我们同意这已经是烦人的即成事实。但是这些无处不在的贫血对象和失忆症又有什么关系呢？当你在阅读一个贫血领域对象的示例代码时，比如**应用服务 (4, 14)** 中的事务脚本，你通常会看到类似如下的代码片段：

```
@Transactional
public void saveCustomer(
    String customerId,
    String customerFirstName, String customerLastName,
```

```
        String streetAddress1, String streetAddress2,
        String city, String stateOrProvince,
        String postalCode, String country,
        String homePhone, String mobilePhone,
        String primaryEmailAddress, String secondaryEmailAddress) {

        Customer customer = customerDao.readCustomer(customerId);

        if (customer == null) {
            customer = new Customer();
            customer.setCustomerId(customerId);
        }

        customer.setCustomerFirstName(customerFirstName);
        customer.setCustomerLastName(customerLastName);
        customer.setStreetAddress1(streetAddress1);
        customer.setStreetAddress2(streetAddress2);
        customer.setCity(city);
        customer.setStateOrProvince(stateOrProvince);
        customer.setPostalCode(postalCode);
        customer.setCountry(country);
        customer.setHomePhone(homePhone);
        customer.setMobilePhone(mobilePhone);
        customer.setPrimaryEmailAddress(primaryEmailAddress);
        customer.setSecondaryEmailAddress (secondaryEmailAddress);

        customerDao.saveCustomer(customer);
}
```

刻意保持例子的简单

必须得承认，以上代码并不表示一个有趣的领域，但是却帮助我们看到了一个欠妥的设计，我们可以将其重构成更好的模型。这里我们关注的并不是如何保存Customer数据，而是如何向模型中添加业务价值，即便就这个例子本身来说意义并不大。

以上代码完成了什么功能呢？事实上，以上代码的功能是相当强大的。不管一个Customer是新建的还是先前存在的；不管是Customer的名字变了还是他搬进了新家；不管是他的家用电话号码变了还是他有了新的移动电话；也不管他是改用Gmail还是有了新的E-mail地址，这段代码都会保存这个Customer。哇，好厉害的方法啊！

情况真是这样的吗？其实，我们并不知道saveCustomer()方法的业务场景。为什么一开始会创建这个方法？有人知道它的本来意图吗，还是它原本就是用来满足不同业务需求的？几周或几个月之后，我们便将这些忘得一干二净了。你不相信？那请看看该方法的下一个版本：

```
@Transactional
public void saveCustomer(
    String customerId,
    String customerFirstName, String customerLastName,
    String streetAddress1, String streetAddress2,
    String city, String stateOrProvince,
    String postalCode, String country,
    String homePhone, String mobilePhone,
    String primaryEmailAddress, String secondaryEmailAddress) {

    Customer customer = customerDao.readCustomer(customerId);

    if (customer == null) {
        customer = new Customer();
        customer.setCustomerId(customerId);
    }

    if (customerFirstName != null) {
        customer.setCustomerFirstName(customerFirstName);
    }
    if (customerLastName != null) {
        customer.setCustomerLastName(customerLastName);
    }
    if (streetAddress1 != null) {
        customer.setStreetAddress1(streetAddress1);
    }
    if (streetAddress2 != null) {
        customer.setStreetAddress2(streetAddress2);
    }
    if (city != null) {
        customer.setCity(city);
    }
    if (stateOrProvince != null) {
        customer.setStateOrProvince(stateOrProvince);
    }
    if (postalCode != null) {
        customer.setPostalCode(postalCode);
    }
    if (country != null) {
        customer.setCountry(country);
    }
    if (homePhone != null) {
        customer.setHomePhone(homePhone);
    }
    if (mobilePhone != null) {
        customer.setMobilePhone(mobilePhone);
    }
    if (primaryEmailAddress != null) {
        customer.setPrimaryEmailAddress(primaryEmailAddress);
    }
    if (secondaryEmailAddress != null) {
```

```
        customer.setSecondaryEmailAddress (secondaryEmailAddress);
    }

    customerDao.saveCustomer(customer);
}
```

我得说，以上方法还算不上糟糕到了极点。很多时候数据-映射（data-mapping）代码将变得非常复杂，此时大量的业务逻辑便不能反映在代码里了。

现在，除了customerId之外，所有的参数都是可选的，我们至少可以在某些业务场景下使用该方法。但是，我们就能说这是好的代码吗？我们如何测试这段代码以保证在错误的业务场景下该段代码不应该保存一个Customer呢？

都不用讨论过多的细节我们便知道，在很多情况下该方法是不能正常工作的。可能数据库约束会防止对非法状态的保存，但你是不是又得去查看数据库啦？你会在Java对象属性和数据库表的列名之间辗转反侧，然后可能发现你缺少数据库约束或者约束并不完全。

你可能会查看很多客户代码，然后比较代码历史，找出saveCustomer()的来龙去脉。你会发现，没有人能够解释这个方法为什么会成为现在这个样子，也没有人知道究竟有多少客户代码在正确地使用saveCustomer()方法。要自己去搞明白这里面的缘由，你得花上几个小时甚至几天的时间。

牛仔的逻辑

AJ：“这哥们儿疑惑了，他不知道是应该吃土豆呢，还是吃牛肉？”

这个时候，领域专家是帮不上忙的，因为他们看不懂代码。即便领域专家能够看懂代码，他可能也会被这段代码搞得一头雾水。我们难道就不能用另外一种方式来改善这段代码吗？如果可以，怎么修改？

上面的saveCustomer()至少存在三大问题：

1. saveCustomer()业务意图不明确。

2. 方法的实现本身增加了潜在的复杂性。

3. Customer领域对象根本就不是对象，而只一个数据持有器（data holder）。

我们将这种情况称为“由贫血症导致的失忆症。”在实际项目中，这种症状发生得太多了。

等等！

这时你可能在想，“我们的设计都是在白板上进行的啊。我们会绘制设计框图，只有大家都达成一致时，我们才开始编码实现。”

如果情况是这样，那么请不要将设计和实现分开。记住，在实施DDD时，设计就是代码，代码就是设计。换句话说，白板图并不是设计，而只是我们讨论模型的一种方式。

现在你可能有些担心，“我要如何才能做到更好的设计呢？”用不着担心，你会成功的，继续读下去。

如何DDD

让我们暂时撇开关于实现细节的讨论，现在来看看DDD最具威力的特性之一：通用语言。通用语言和**限界上下文**（Bounded Context,2）同时构成了DDD的两大支柱，并且它们是相辅相成的。

上下文术语

就现在来说，可以将限界上下文看成是整个应用程序之内的一个概念性边界。这个边界之内的每种领域术语、词组或句子——也即通用语言，都有确定的上下文含义。在边界之外，这些术语可能表示不同的意思。我们将在第2章中对限界上下文做深入探讨。

通用语言

通用语言是团队共享的语言。领域专家和开发者使用相同的通用语言进行交流。事实上，团队中每个人都使用相同的通用语言。不管你在团队中的角色如何，只要你是团队的一员，你都将使用通用语言。

那么，你认为你已经知道了什么是通用语言了？

很明显，通用语言是一种业务语言。

抱歉，不是。

通用语言必须采用工业标准术语。

不完全是。.

通用语言是领域专家专用的。

对不起，不是。

> 通用语言是团队自己创建的公用语言，团队中同时包含领域专家和软件开发人员。
>
> 对了。

自然地，领域专家对通用语言有很大的影响，因为他们最了解业务，并且深受工业标准的影响。但是，通用语言更多地是关于业务本身如何思考和运作的。此外，很多时候，不同领域专家会在概念和术语上产生分歧，他们甚至也会犯错，因为他们也无法了解每种业务用例。因此，当领域专家和开发者一起创建领域模型的时候，他们有时会达成一致，有时会做一些妥协，但最终目的都是为了创造最适合项目的通用语言。团队成员们妥协的绝对不应是通用语言的质量，而是概念、术语和含义。然而，最初的一致并不表示始终一致，就像其他语言一样，通用语言也会随着时间推移而不断演化改变。

要使开发者和领域专家一样了解业务没有什么窍门。通用语言也不是强加在开发者身上的晦涩业务术语。通用语言是由整个团队共同创建的一门语言，其中包括领域专家、开发者、业务分析员等。在开始的时候，通用语言可能只包含由领域专家使用的术语，但是随着时间推移，通用语言将不断壮大成长。

在表1.4中，对于"注射流感疫苗"这个业务用例，我们不仅要完成建模，还应该让团队使用相同的通用语言。当团队讨论到业务模型时，他们会说："护士给病人注射标准剂量的流感疫苗。"

表1.4 分析"注射流感疫苗"的最佳模型

哪种更能描述业务？
虽然第2栏和第3栏的业务描述有些相似，但是它们的代码呢？

可能的业务描述	生成的代码

"谁管呢? 写代码就行了。"
哎，不着边际。
	`patient.setShotType(ShotTypes.TYPE _ FLU);`
	`patient.setDose(dose);`
	`patient.setNurse(nurse);`

"我们给病人注射流感疫苗。" 好点了，但丢失了某些重要的概念。	`patient.giveFluShot();`

"护士给病人注射标准剂量的流感疫苗。"
这才是我们想要的。
	`Vaccine vaccine = vaccines.`
	`standardAdultFluDose();`
	
	`nurse.administerFluVaccine(patient, vaccine);`

由于通用语言最初只来自于领域专家，分歧是难免的。然而，这正是创建最佳通用语言的自然过程。在这个过程中，团队成员通过讨论、参考资料、引用标准、查阅词典等对通用语言进行改进。有时我们发现，有些我们曾经认为能很好表达业务的词汇不再适用了，而另外的一些词汇具有更好的效果。

那么，你该如何掌握通用语言呢？这里有一些试验性的方法：

- 同时绘制物理模型图和概念模型图，并标以名字和行为。虽然这些图并不是正式的设计图，但它们却包含了软件建模的某些方面。即使你的团队在使用统一建模语言（Unified Modeling Language，UML）来完成正式建模，也不要得意忘形，因为这样可能反而不利于团队的讨论，最终将阻碍通用语言的产生。

- 创建一个包含简单定义的术语表。将你能想到的术语都罗列出来，包括好的和不好的，并注明好与不好的原因。在你给术语下定义时，你在不经意间就会创造出一些可重用的词汇，因为此时你使用的是领域中的通用语言。

- 如果你不喜欢术语表，可以采用其他类型的文档，但记得将那些“不正式”的模型图也包含进去。同样，这里最终的目的也是发现通用语言中的术语和词组。

- 由于团队中有些人工作在术语表上，还有些人工作在文档上，此时你需要找到团队的其他人员来检查你的成果。分歧肯定是有的，你应该对此有所准备。

以上是建立通用语言的一些理想化步骤，这样建立起来模型肯定不能直接用来指导开发，而只是建立通用语言的起步而已。此后，改进之后的通用语言将反映到系统的源代码中，比如Java、C#或者Scala等。以上的模型图和文档并未表明通用语言会随着时间而扩大。在通用语言开发早期，这些材料可能会对我们产生鼓舞，但是时间一久，它们也将变得过时。这也是为什么只有团队的交流和代码才能持续到最后的原因，也只有这两者才能实时地反映通用语言。

由于团队交流和代码才是对通用语言的持续表达，你应该试着抛弃那些模型图、术语表和文档。虽然这并不是DDD所要求的，但是这样做的确很实用，因为我们很难将项目文档和软件系统保持同步。

有了以上认识，我们便可以重新设计saveCustomer()方法了。我们将修改Customer，使其能够反映出它应该支持的业务操作：

```
public interface Customer {
    public void changePersonalName(
        String firstName, String lastName);
    public void postalAddress(PostalAddress postalAddress);
    public void relocateTo(PostalAddress changedPostalAddress);
    public void changeHomeTelephone(Telephone telephone);
    public void disconnectHomeTelephone();
    public void changeMobileTelephone(Telephone telephone);
    public void disconnectMobileTelephone();
    public void primaryEmailAddress(EmailAddress emailAddress);
    public void secondaryEmailAddress(EmailAddress emailAddress);
}
```

当然，以上的Customer并不是一个完美的模型，然而在实施DDD时，对设计的反思正是我们所期望的。作为一个团队，我们可以自由地讨论什么样的模型才是最好的，在对通用语言达成了一致之后，才开始着手开发。然而，即便我们可以对通用语言进行一遍又一遍地提炼，此时上面的例子已经能够反映出一个Customer应该支持的业务操作了。

另外，我们还应该知道，对领域模型的修改也将导致对应用层的修改。每一个应用层的方法都对应着一个单一的用例流：

```
@Transactional
public void changeCustomerPersonalName(
    String customerId,
    String customerFirstName,
    String customerLastName) {

    Customer customer = customerRepository.customerOfId(customerId);

    if (customer == null) {
        throw new IllegalStateException("Customer does not exist.");
    }

    customer.changePersonalName(customerFirstName, customerLastName);
}
```

这和最开始的saveCustomer()例子是不同的，在那个例子中，我们使用了同一个方法来处理多个用例流。在这个新的例子中，我们只用一个应用层方法来修改Customer的姓名，除此之外，该方法别无其他业务功能。因此，在使用DDD时，我们应该对照着模型的修改相应地修改应用层。同时，这也意味着用户界面所反映的用户操作也变得更加狭窄。但是无论如何，这个特定的应用层方法不再要求我们在用户姓名参数之后跟上10个null了。

对这个新例子你还算满意吧？通过阅读代码你便能理解它的业务意图。你还可以通过测试来保证它的功能，即只修改Customer的姓名。

因此，我们使用通用语言来捕捉特定核心业务领域中的概念和术语，它是一种团队模式。软件模型包含名词、形容词、动词和一些富有含义的语句等，团队成员便通过这些语言进行交流。软件实现和测试中也使用和团队语言一样的通用语言。

是通用，不是万能

我想，关于通用语言，有必要再做一点澄清。在理解通用语言时，我们必须牢牢记住以下几点：

- 这里的“通用”意思是“普遍的”，或者“到处都存在的”。通用语言在团队范围内使用，并且只表达一个单一的领域模型。
- “通用语言”并不表示全企业、全公司或者全球性的万能的领域语言。
- 限界上下文和通用语言间存在一对一的关系。
- 限界上下文是一个相对较小的概念，通常比我们起初想象的要小。限界上下文刚好能够容纳下一个独立的业务领域所使用的通用语言。
- 只有当团队工作在一个独立的限界上下文中时，通用语言才是“通用”的。
- 虽然我们只工作在一个限界上下文中，但是通常我们还需要和其他限界上下文打交道，这时可以通过**上下文映射图**（3）对这些限界上下文进行集成。每个限界上下文都有自己的通用语言，而有时语言间的术语可能有重叠的地方。
- 如果你试图将某个通用语言运用在整个企业范围之内，或者更大的、跨企业的范围内，你将失败。

当你开始一个项目，而该项目已经在使用DDD了，此时你需要将你正在开发的独立限界上下文识别出来，这样便在你的领域模型周围加上了一个显式的边界。此时，你应该在这个限界上下文中使用其专属的通用语言。对于那些不包含在通用语言中的概念，你应该拒绝使用。

使用DDD的业务价值

如果你的经验和我相当，你就应该知道软件开发者不应该只是热衷于技术，而是应该将眼界放得更宽。我认为不管使用什么技术，我们的目的都是提供业务价值。而如果我们采用的技术确实产生了业务价值，人们就没有理由拒绝我们在技术上的建议。

如果我们提供的技术方案比其他方案更能够产生业务价值，那么我们的业务能力也将增强。

> **业务价值最重要吗？**
>
> 当然啦，我甚至都在想是不是应该将“使用DDD的业务价值”这一节再往前放一些。更确切地讲，该章节的题目叫“如何向你的老板推销DDD”更为合适。我并不希望你将本书看作只是些理论，而是希望本书对你的公司具有实际的指导意义。

让我们来看看DDD所带来的一些非常理想化的业务价值。记得将这些分享给你的管理层、领域专家和技术人员。我们可以将DDD的业务价值大致总结为以下几点：

1. 你获得了一个非常有用的领域模型
2. 你的业务得到了更准确的定义和理解
3. 领域专家可以为软件设计做出贡献
4. 更好的用户体验
5. 清晰的模型边界
6. 更好的企业架构
7. 敏捷、迭代式和持续建模
8. 使用战略和战术新工具

1. 你获得了一个非常有用的领域模型

DDD强调将精力花在对业务最有价值的东西上。我们并不过度建模，而是关注业务的核心域。有些模型是用来支撑核心域的，它们同样是重要的。但是，这些起支撑作用的模型在优先级上没有核心域高。

当我们将关注点放在自己的业务和别人业务的区别上时，我们便能更好地理解自己的任务所在，同时我们将更具竞争优势。

2.你的业务得到了更准确的定义和理解

业务人士能够更好地理解业务本身。我甚至听说通用语言曾经出现在某些公司的市场营销材料中。

随着业务模型的不断改善，人们对业务的理解也将更加深刻。在团队讨论的过程中，一些业务细节被不断地暴露出来，这些细节有助于掌握业务价值。

3.领域专家可以为软件设计做出贡献

当人们对自己的核心业务有了更深的了解时，业务价值自然就出来了。领域专家并不总是同意某些概念和术语。有时，分歧源自于领域专家们在其他公司工作时所积累起来的经验，而有时分歧则源自于公司内部。不管如何，当领域专家们在一起工作时，他们最终将达成一致意见，这对于整个公司来说都是件好事。

开发者和领域专家共享同一套交流语言，领域专家将知识传递给开发者。开发者总是会离开的，有可能去接触一个新的核心域，也有可能跳槽到其他公司，这时培训和工作移交也将变得更加简单，而“只有少数人才了解模型”的情况将大大减少。领域专家、剩下的开发者和新进人员可以继续使用通用语言进行交流。

4.更好的用户体验

用户体验可以更好地反映出领域模型的好坏。

如果软件留下太多的地方让用户自己去理解，用户往往需要经过培训才能做出操作决定。实际上，用户只是将他们所理解的转移到表单（form）中的数据而已。数据将被存储起来，如果用户不知道数据的用途，那么结果也将是错误的。

当用户体验是按照领域专家心中的模型来设计时，就不会出现以上的问题了。这时软件本身便能对用户起到培训作用，而不需要业务人员来提供培训。效率提高了，培训减少了——这就是业务价值。

接下来我们看看技术为业务创造的价值。

5.清晰的模型边界

我们并不鼓励技术团队将精力单纯地放在编码和算法上，而是期望他们能够面向业务。明确的目标产生高效的解决方案，而要达到这样的目的往往需要更好地理解项目的限界上下文。

6.更好的企业架构

一旦限界上下文得到了较好的理解和仔细的划分，那么团队的所有成员应该知道限界上下文间的集成是必要的。上下文之间的边界和关系是明晰的。当不同上下文的模型间存在依赖关系时，我们将使用上下文映射图来集成不同的限界上下文，而这又有助于我们全面地了解整个企业的架构。

7.敏捷、迭代式和持续建模

“设计”这个词可能并不能取悦业务管理层。然而，DDD并不是一个重量级的设计方法和开发过程。DDD并不是画模型图，而是将领域专家的思维模型转化成有用的业务模型。DDD不是创建一个真实世界的模型，而是模仿现实。

团队的工作遵循敏捷方法——迭代式的，增量式的。任何一种敏捷方法，只要团队认为合适，都可以用于DDD项目。通过DDD创建出来的模型便是可工作的软件。团队会对模型做持续的改进，直到业务层没有新的需求为止。

8.使用战略和战术新工具

限界上下文为团队创建了一个建模边界，成员在边界内部为特定的业务领域创建解决方案。在单个限界上下文中团队成员共享一套通用语言。不同的团队有时各自负责一个限界上下文，此时可以使用上下文映射图在战略层面上对限界上下文进行界分和集成。在某个建模边界内部，团队将使用战术建模工具：**聚合**（Aggregate, 10）、**实体**（Entity, 5）、**值对象**（Value Object, 6）、**领域服务**（Domain Service, 7）和**领域事件**（Domain Event, 8）等。

实施DDD所面临的挑战

在实施DDD的过程中，挑战是不可避免的。那么，有人成功过吗？DDD都有哪些常见的挑战，我们又如何处理它们？我将讨论以下三点最常见的挑战：

- 为创建通用语言腾出时间和精力
- 持续地将领域专家引入项目
- 改变开发者对领域的思考方式

使用DDD最大的挑战之一便是：我们需要花费大量的时间和精力来思考业务领域，研究概念和术语，并且和领域专家交流，以发现、捕捉和改进通用语言。如果你想完全采用DDD来最大化业务价值，你需要做出很多努力，并且花费很多时间。事实就是这样的。

要将领域专家引入你的项目恐怕也不是一件易事。但是不管有多么困难，这是你必须做的。如果你连一个领域专家都找不到，那么你根本无法对一个领域有深入的理解。当你找到领域专家的时候，此时开发者应该表现出主动。开发者应该找领域专家交谈并仔细聆听，然后将你们的谈话转化成软件代码。

如果你所工作的领域和业务相去甚远，领域专家所了解的也只是一些边边角角，那么此时你应该将这种问题暴露出来。在我曾经工作的一个项目里，真正的领域专家很难找到，有时他们还会到处出差，我得等上好几周才能和他们开上一次会。在一些小型的公司里，领域专家通常是CEO或者副总裁，他们的事情太多了，这时你也别指望他们能做好你的领域专家。

牛仔的逻辑

AJ：“如果你逮不到那头公牛，你就得挨饿咯！”

引入领域专家需要创造性……

如何在项目中引入领域专家

咖啡。使用这种通用语言：

“Hi, Sally, 我给你泡了一杯泡沫牛奶咖啡，你有时间聊聊……？”

学习C级经理使用的通用语言：“……利润……收入……竞争优势……市场优势。”

多数开发者在采用DDD时都需要转变自己思考问题的方式。作为开发者，我们都是技术思想者，技术实现对于我们来说并不是什么难事。我并不是说技术地思考不好，只是说有时少从技术层面去思考会更好。这么多年来，我们都习惯了单从技术层面完成软件开发，那么现在，是时候考虑一种新的思考方式了。为你的业务领域开发一门通用语言便是一个好的出发点。

牛仔的逻辑

LB：“那家伙的靴子太小了，如果他不换双新的，他的脚指头可能要受罪了。”

AJ：“对，如果他不听的话，就有他好受的了。”

在DDD中，我们会谈及到对概念的命名。对于概念命名而言，我们有更高层面的要求。当我们对一个领域进行建模时，我们需要仔细地考虑什么样的对象做什么样的事情，这是关于对象行为设计的。我们希望对对象行为的命名能够传达准确的业务含义，也即反映通用语言。要达到这样的目的，肯定不是先在类上定义属性，然后向客户端代码暴露getter和setter那么简单。

现在让我们来看看一个更有趣的领域，这个领域比之前那个Customer例子更具挑战性。这里，我刻意重复一下先前所讲的。

如果我们只是对领域模型提供getter和setter会怎么样？答案是，结果我们只是在创建纯数据模型。看看下面的两个例子，自己思考一下，哪一个在设计上是欠妥的，哪一个对客户代码更有益。在这两个例子中是一个Scrum模型，我们需要将一个待定项（Backlog Item）提交到冲刺（Sprint）中去。这样的事情你可能一直在做，因此对这个领域你应该是很熟悉的。

第一个例子，通常的做法，使用属性访问的方式：

```
public class BacklogItem extends Entity {
    private SprintId sprintId;
    private BacklogItemStatusType status;
    ...
    public void setSprintId(SprintId sprintId) {
        this.sprintId = sprintId;
    }

    public void setStatus(BacklogItemStatusType status) {
        this.status = status;
    }
    ...
}
```

客户代码如下：:

```
//客户端通过设置sprintId和status将一个BacklogItem提交到Sprint中

backlogItem.setSprintId(sprintId);
backlogItem.setStatus(BacklogItemStatusType.COMMITTED);
```

第二个例子使用了领域对象的行为，这种行为表达出了领域中的通用语言：

```
public class BacklogItem extends Entity {
    private SprintId sprintId;
    private BacklogItemStatusType status;
    ...

    public void commitTo(Sprint aSprint) {
        if (!this.isScheduledForRelease()) {
            throw new IllegalStateException(
                "Must be scheduled for release to commit to sprint.");
        }

        if (this.isCommittedToSprint()) {
            if (!aSprint.sprintId().equals(this.sprintId())) {
                this.uncommitFromSprint();
            }
        }

        this.elevateStatusWith(BacklogItemStatus.COMMITTED);

        this.setSprintId(aSprint.sprintId());

        DomainEventPublisher
```

```
                .instance()
                .publish(new BacklogItemCommitted(
                        this.tenant(),
                        this.backlogItemId(),
                        this.sprintId()));
    }
    ...
}
```

此时的客户代码如下：

```
//客户端通过特定于领域的行为将BacklogItem提交到Sprint中

backlogItem.commitTo(sprint);
```

第一个例子采用的是以数据为中心的方式，此时客户代码必须知道如何正确地将一个待定项提交到冲刺中。这样的模型是不能称为领域模型的。如果客户代码错误地修改了sprintId，而没有修改status会发生什么呢？或者，如果在将来有另外一个属性需要设值时又该怎么办？我们需要认真分析客户代码来完成从客户数据到BacklogItem属性的映射。

这种方式同时也暴露了BacklogItem的数据结构，并且将关注点集中在数据属性上，而不是对象行为。你可能会反驳道："setSprintId()和setStatus()就是行为啊。"问题在于，这里的"行为"没有真正的业务价值，它并没有表明领域模型中的概念——此处即"将待定项提交到冲刺中"。开发者在开发客户代码时，他并不清楚到底需要为BacklogItem的哪些属性设值，而这样的属性有可能存在很多，因为这是一个以数据为中心的模型。

现在，我们来看看第二个例子。有别于第一个例子，它将行为暴露给客户，行为方法的名字清楚地表明了业务含义。这个领域的专家在建模时讨论了以下需求：

> 允许将每一个待定项提交到冲刺中。只有在一个待定项位于发布计划（Release）中时才能进行提交。如果一个待定项已经提交到了另外一个冲刺中，那么需要先将其回收 。提交完成时，通知相关客户方。

在第二个例子中，客户代码并不需要知道提交BacklogItem的实现细节。实现代码所表达的逻辑恰好能够描述业务行为。我们很容易地添加了几行代码，以确保在发布计划之外的待定项是不能被提交的。诚然，在第一个例子中，你可以修改setter以达到同样的目的，但此时该setter的职责便不单一了，它需要了解BacklogItem对象的内部状态，而不再只是对sprintId和status属性赋值。

这里还有一个微小的区别。如果一个待定项已经被提交到了另外的冲刺中，那么我们应该先从那个冲刺中回收该待定项。这一点也是重要的，因为当一个待定项从冲刺中回收时，将有领域事件发出以通知客户方：

允许从冲刺中回收任何一个待定项，回收时通知相关客户方。

此时，我们并不需要关心如何发布回收事件，因为uncommitFrom()方法会为我们处理这些。而commitTo()方法甚至都不知道发布回收事件这码事，它只需要知道，在将待定项提交给一个新的冲刺时，必须先将该待定项从它当前所在的冲刺中回收。另外，commitTo()的领域行为还包括：在提交待定项完毕后，以事件形式通知相关客户方。如果不是这个富含行为的BacklogItem，我们得在客户代码中发布领域事件，这显然是一种领域逻辑的泄漏。

很明显，在第二个例子中，我们对BacklogItem有了更多的思考，但同时我们也获得了更多的回报。沿着这条路往下走，我们将越走越容易。到后来，我们肯定会需要更多的思考、付出和团队协作，但是这并不会使DDD变得笨重。

白板时间

- 对于你目前正在工作的业务领域，思考一下模型中的通用术语和业务操作。
- 将术语写在白板上。
- 然后，将项目中所用到的短语也写下来。
- 与真正的领域专家交流一下，看看哪些词汇是可以改善的（记得带上咖啡哦）。

为领域建模正名

通常来说，战术建模比战略建模复杂。因此，如果你打算采用DDD的战术模式（聚合、领域服务、值对象和领域事件等）来建立领域模型的话，你需要更仔细的思考和更大的投入。那么，我们有什么理由依然要采用战术建模呢？我们又拿什么标准来衡量在DDD上的投入是值得的呢？

你可能已经在盘算，这将把你带到一个陌生的领地，你发现你得好好研究一下周边的情况。你的团队可能会学着既有的线路图，甚至开辟一条新路来决定自己的战略设计方案。你可能会仔细捉摸这片新的领地，然后试图使其为你所用。然而，不管你事先做了多少准备，这都将是一条荆棘丛生之路。

如果你发现你需要在战略的岩石上攀爬，那么你得找到一套合适的战术工具来辅助你。站在低处往上看，你有可能看到一些特别的挑战和危险地带。然而，如果不爬到那样的高度，你又是看不清楚的。你可能需要在坚硬的岩石上打孔插钉，但是也可以找到那些自然形成的裂缝。你可能还需要带上锁环以保证安全。你可以沿着一条路线顺直而上，也可以打点布阵、步步为营。有时随着岩石形状的走势，你可能需要往回撤，再重新设计路线。有人认为攀岩是种危险的运动，但是那些尝试过的人会告诉你，攀岩实际上比驾驶汽车和飞机还安全。攀岩者需要知道如何使用工具和运用好技能，并且能够根据岩石状况做出相应的反应。

如果说开发一个业务**子域** (Subdomain, 2) 就像攀岩一样困难，那么我们需要随身携带DDD的战术模式来武装自己。对于满足核心域标准的业务来说，我们不应该将战术模式拒之门外。半途而废的项目时有发生，而正确的战术模式可以帮助我们减少这种情况的发生。

这里是一些实际的指导意见，我会先讲高层次的，然后讲更具体的：

- 如果一个限界上下文被当成核心域来开发，那么从战略上来说，这个限界上下文对业务的成功是极其重要的。核心模型是不易理解的，需要不断地尝试和重构。通过持续改进，我们可以延长它的效用生命，这样的做法显然是值得的。当然，这个限界上下文不见得始终是你的核心域。即便如此，如果它是复杂的，创新性的，并且需要在不断的变化中持续存在很长时间，我们还是建议在该限界上下文中使用战术模式。这里，我们假设你的核心域是值得配置最好的开发者的。

- 一个领域，对于消费方来说有可能成为**通用子域** (Generic Subdomain, 2) 或者支撑子域，但是却有可能成为你自己的核心域。我们并不站在最终消费方的角度来评价一个领域。如果你正在开发的限界上下文是你主要的业务，那么它便是你的核心域，而不管消费方是如何看待的。此时，一定记得使用战术模式。

- 如果你正开发一个支撑子域，但是由于种种原因，该支撑子域不能从第三方的通用子域直接获得，那么此时战术模式将帮上你大忙。在这种情况下，你需要考虑团队成员的技能水平，还有模型是否具有创新性。如果此时的模型增加了特定的业务价值，而且不只是拥有技术上的绚丽，那么该模型就可以认为是创新性的。如果团队有能力实施战术设计，这个支撑子域又是创新性的，并且将持续存在很长时间，那么此时便是采用战术设计的大好时机。尽管如此，这并不能使该子域成为核心域，因为在业务人士眼中，这样的领域只是支撑性的。

对于有丰富DDD经验的开发者来说，上面的指导建议可能就不够了。如果你的团队经验丰富，其中的开发者又确信战术建模是种好的选择，那么此时他们的意见可能就更值得相信。诚实的开发者，不管经验丰富与否，都会在特定的情况下明确地指出领域建模是否为最佳的选择。

业务领域的类型本身并不自动地决定应该选择哪种开发方式。你的团队应该考虑一些重要的问题，然后做出决定。请考虑以下因素，这些因素和上面提到的高层次指导是有对应关系的。

- 团队是否有领域专家，如果有，你如何围绕领域专家组织自己的团队？
- 虽然就目前来说，你的业务领域是简单的，但它将来会变得复杂吗？对于复杂的系统来说，使用事务脚本是存在风险的。当领域变得复杂时，是否有可能将系统重构到富含行为的领域模型？
- DDD的战术模式是否可以简化与其他限界上下文的集成，不管是第三方的还是定制开发的？
- 使用事务脚本是否的确可以减少代码量？（经验表明，不管是对于哪种开发方式，事务脚本都不能减少代码量。这可能是由于在项目计划阶段，领域复杂性并没得到正确的认识所致。因此，我们需要在领域复杂性上下足功夫。）
- 你项目的进度安排是否允许在战术模式上有所投入？
- 在核心域上的战术投入能否消除架构变化所带来的影响？事务脚本是做不到这一点的（和领域模型层相比，其他层更易受到架构变化的影响）。
- 客户是否的确能从这种持续设计和开发的方式中获益，或者有现成的产品就能满足他们的需求？换句话说，我们是否应该一开始就考虑定制化开发？

- 使用DDD的战术开发模式会比其他开发方式更加困难吗，比如事务脚本？（这个问题很大程度上取决于团队成员的技能水平和是否有领域专家。）
- 如果团队已经具备了实施DDD的条件，我们还会刻意地选择另一种开发方式吗？有些开发者已经将模型的持久化变得很实用了，比如使用ORM、全聚合序列化和持久化、事件存储（Event Store）、或者战术DDD框架等。但是我们也不能排除还有热衷于其他开发方式的开发者。

上面的列表项并没有先后顺序，而你自己也可以制定另外的衡量标准。你应该知道哪些开发方法对你来说是最好的，同时还应该全景式地了解你的业务和技术。有一点需要记住：你最终得取悦你的客户，而不是技术开发者，所以你得慎重地做出选择。

DDD并不笨重

在我看来，DDD绝非是充满繁文缛节的笨重开发过程。事实上，DDD能够很好地与敏捷项目框架结合起来，比如Scrum。DDD也倾向于"测试先行，逐步改进"的设计思路。在你开发一个新的领域对象时，比如实体或值对象，你可以采用以下步骤进行：

1. 编写测试代码以模拟客户代码是如何使用该领域对象的。
2. 创建该领域对象以使测试代码能够编译通过。
3. 同时对测试和领域对象进行重构，直到测试代码能够正确地模拟客户代码，同时领域对象拥有能够表明业务行为的方法签名。
4. 实现领域对象的行为，直到测试通过为止，再对实现代码进行重构。
5. 向你的团队成员展示代码，包括领域专家，以保证领域对象能够正确地反映通用语言。

你可能会想："这和我之前采用的测试驱动开发没什么区别啊。"对，他们可能有细微的区别，但是基本思路是一样的。测试代码并不能保证我们的领域对象就是无懈可击的。之后，我们还会添加另外的测试代码。首先，我们关注的是客户代码如何使用领域对象，此时的测试代码驱动着模型的设计。这种方式和敏捷开发并没有多大区别。因此，即便你并不认为上面的步骤是敏捷，但它们的确表明，DDD采用的是一种"敏捷的"方式进行软件开发的。

在这之后，你会添加更多的测试，从多个角度确保新建领域对象的正确性。此时你关注的是领域对象对于领域概念的表达力，而测试代码本身便是通用语言在程序中的表达。在开发人员的帮助下，领域专家可以通过阅读测试代码来检验领域对象是否满足业务需求。这也意味着测试数据应该是真实的，因为这样可以增加测试代码的业务表达力。否则，领域专家是很难对你的实现做出评判的。

以上的开发步骤将不断重复，直到领域模型满足本次迭代的计划任务为止。这种方法是敏捷的，同时，它也是极限编程（Extreme Programming）所倡导的。因此，使用敏捷并不会消除DDD的模式和实践，而相反，它们可以很好地结合起来。当然，在实施DDD时，你也可以不采用测试驱动开发，而是对既有的模型编写测试。但无论如何，从客户的角度来设计领域模型是大有好处的。

虚构的案例，真实的实践

当我在考虑如何以最好的方式向读者展示现代DDD的实践指导时，我希望对每个知识点都做周到的解释。这意味着我不但需要解释“怎么做”，还需要解释“为什么这么做”。通过案例研究，我可以阐述为什么我会给出这样那样的建议，以及DDD是如何解决我们日常遇到的困难的。

有时，我们可以了解一下其他团队所面临的问题和他们在DDD上所犯的错误，而这比单纯地讲解DDD更加容易。通过学习别人的经验教训，我们可以对自己做出评判，避开潜在的错误，向着正确的方向迈进。

我并不打算以我曾经工作过的实际项目作为本书案例（当然这也是我不能公开讨论的），而是采用一个虚构的案例，但是里面却包含了真实的经验和实践。在这个虚构案例中，我将展示实现DDD的最好方式及其原因。

在这个虚构的案例中是一个虚构的公司，公司里有一个虚构的开发团队，他们有真实的业务章程，并且有一个真实的软件系统需要开发部署，而他们所面临的DDD挑战和问题也是真实存在的。我发现这种案例是很有效的，同时我也希望你能从中获益。

在这个团队进行开发的不同阶段，我们将看到他们所面临的种种问题，同时我们还将看到他们是如何解决这些问题并且逐步走向成功的。该团队所开发核心域的复杂性对于讲解DDD是足够的。另外，不同限界上下文之间存在依赖关系，这将有助于我们学习限界上下文的集成。然而，其中的三个示例模型并不能覆盖到DDD

战略设计的各个方面。我并不刻意回避那些看似不相关的地方，而是在有必要给出建议的时候就给出建议。

那么现在，请允许我介绍这家虚构的公司，它的团队和软件项目。

SaaSOvation，它的产品和对DDD的使用

这个公司叫做SaaSOvation。正如它的名字所暗示，该公司旨在开发一系列SaaS（Software as a Service，软件即服务）产品，这些产品作为一种服务被订阅用户使用。公司计划先后开发两套产品。

旗舰产品名为CollabOvation，这是一套企业协作（collab-oration）软件，并且加入了社交网络的功能。该产品的功能包括论坛（forum）、共享日历（shared calendar）、博客（blog）、即时消息（instant message）、wiki、留言板（message board）、文档管理（document management）、通知（announcement）和提醒（alert）、活动跟踪（activity tracking）和RSS等。所有的这些协作工具都旨在满足企业业务的需求，帮助他们在项目中提高工作效率。在这个经济步伐不断加快的时代里，业务协作对于企业氛围的营造起着重要的作用。任何有助于提高生产率、鼓励知识分享和增进团队协作的实践都是企业成功的促成因素。

CollabOvation希望给客户带来有价值的产品；而对于开发者，他们所面对的挑战也是富有意义的。

第二套产品名为ProjectOvation，这是该公司的开发团队主要关注的核心域。ProjectO-cation主要用于敏捷项目的管理，使用Scrum作为项目管理方式，并且采用增量式的管理框架。该产品采用传统的Scrum项目管理模型，其中包括产品（product）、产品负责人（product owner）、团队（team）、待定项（backlog item）、计划发布（planned release）和冲刺（sprint）。对待定项的评估通过对业务价值的分析来确定。

CollabOvation和ProjectOvation并不是两套互不相关的产品。SaasOvation公司非常看重敏捷软件开发过程中的团队协作。因此，CollabOvation可以作为ProjectOvation的增值服务。毫无疑问，在项目计划和团队讨论中使用协作工具将是一个不错的选择。SaasOvation公司预测，60%的ProjectOvation用户将使用CollabOvation所提供的功能，这将在很大程度上增加CollabOvation的销量。一旦建立起了销售渠道，而用户团队也意识到了协作工具的好处，他们很有可能购买整套CollabOvation产品。基于此，SaasOvation公司进一步做出预测，至少35%的ProjectOvation用户会全面使用CollabOvation，这还只是一个很保守的预测。

首先启动的项目是CollabOvation。该团队中有为数不多的几个“老兵”，但大量的是些中级开发人员。在项目组的早期会议中，他们决定采用DDD。其中一个高级开发者在他上家公司中使用过非常有限的DDD。在他谈到自己DDD经验之后，我们可以看出他并没有全面地使用DDD，他使用的其实是DDD-Lite。

DDD-Lite是DDD战术模式的一个子集，它并不强调对通用语言的使用。此外，DDD-Lite通常也忽略了限界上下文和上下文映射图。更多的，DDD-Lite是关于技术实现层面的，虽然这也是有好处的，但是好处并没有与DDD战略模式一同使用时那么大。SaaSOvation决定采用DDD-Lite，然而不久之后他们就遇到问题了，因为他们并不了解子域和限界上下文。

更糟糕的是，SaaSOvation虽然避开了DDD-Lite的陷阱，但这纯属侥幸，因为他们的两套核心产品自然地形成了各自的限界上下文。这也使得CollabOvation模型和ProjectOvation模型得到了正式地分离，但是这也是偶然的，并不意味着团队就是了解限界上下文的，而这也是为什么该团队在一开始就遇到了问题的原因。不学就得落后啊。

通过调查SaaSOvation对DDD的不完整使用，我们可以学到很多。该团队从他们所犯的错误中学到了如何使用DDD的战略设计。同时，我们还可以从CollabOvation团队所做的修改调整中受益匪浅。前人栽树，后人乘凉，之后的ProjectOvation团队也从CollabOvation的回顾会议中学到不少。完整的故事，请参考**子域**（2）、**限界上下文**（2）和**上下文映射图**（3）。

本章小结

好吧，现在我们有了一个好的开始。我想到现在你应该知道，你的团队是可以从高级的软件开发实践中获得成功的。

当然，我们也不是在将问题过于简单化。实现DDD需要团队同心协力。如果DDD是简单的，那么任何人都可以写出好代码，但事实却并非如此。因此，为学习DDD做好准备吧。

到现在为止，你学到了：

- DDD可以为我们的团队带来什么。
- 如何确定自己的项目是否适合采用DDD。
- 常见的DDD替代方案以及它们为什么会导致问题。
- DDD的基础，并准备在自己的项目中做个尝试。
- 如何向管理层、领域专家和技术人员推销DDD。
- 如何面对DDD所带来的挑战。

在接下来的两章中，我将讲到DDD的战略设计，之后的第4章是关于DDD软件架构的，这些章节对于你学习本书后面的战术建模非常重要。

第 2 章

领域、子域和限界上下文

我需要的音符正好这么多，
一个不多，一个不少。
——电影《莫扎特传》中莫扎特如是说

在本章中，你需要好好地理解以下三个概念：

- 什么是**领域**
- 什么是**子域**
- 什么是**限界上下文**

虽然以上这些概念出现在[Evans]的后半部分，但这并不表明它们是次要的。要成功地实现DDD，你需要正确地掌握这些概念。

本章学习路线图

- 理解领域、子域和限界上下文。
- 理解战略设计的重要性。
- 学习一个真实的领域，其中包含多个子域。
- 理解限界上下文。
- 看看SaaSOvation是如何开始采用战略设计的。

总览

从广义上讲，领域（Domain）即是一个组织所做的事情以及其中所包含的一切。商业机构通常会确定一个市场，然后在这个市场中销售产品和服务。每个组织都有它自己的业务范围和做事方式。这个业务范围以及在其中所进行的活动便是领域。当你为某个组织开发软件时，你面对的便是这个组织的领域。这个领域对于你来说应该是明晰的，因为你在这个领域中工作。

有一点需要注意的是，“领域”这个词可能承载了太多含义。领域既可以表示整个业务系统，也可以表示其中的某个核心域或者支撑子域。在本书中，我将尽可能地区分这些概念。当谈及到业务系统中的某个方面时，我会使用诸如“**核心域**”或者“**子域**”以示区别。

由于“领域模型”包含了“领域”这个词，我们可能会认为应该为整个业务系统创建一个单一的、内聚的、全功能式的模型。然而，这并不是我们使用DDD的目标。正好相反，在DDD中，一个领域被分为若干子域，领域模型在限界上下文中完成开发。事实上，在开发一个领域模型时，我们关注的通常只是这个业务系统的某个方面。试图创建一个全功能的领域模型是非常困难的，并且很容易导致失败。就像本章中所讲到的一样，对领域的拆分将有助于我们成功。

那么，既然领域模型不能包含整个业务系统，我们应该如何来划分领域模型呢？

几乎所有软件的领域都包含多个子域，这和软件系统本身的复杂性没有太大关系。有时，一个业务系统的成功取决于它所提供的多种功能，而将这些功能分开对待是有好处的。

工作中的子域和限界上下文

对于如何使用子域，让我们先来看一个非常简单的例子——一个零售商在线销售产品的例子。要在这个领域中开展业务，该零售商必须向买家展示不同类别的产品，允许买家下单和付款，还需要安排物流。在这个领域中，零售商的领域可以分为4个主要的子域：产品目录（Product Catalog）、订单（Order）、发票（Invoicing）和物流（Shipping）。图2.1的上半部分表示了这样一个电子商务系统。

这看来是非常简单的，但是，如果我们再向其中加入一个额外的细节，以上这个例子将变得复杂起来。思考一下，如果我们向以上的电子商务系统中再加入一个库存（Inventory）系统，如图2.1所示，情况会变得如何？接下来，让我们来看看图2.1所展示的物理子系统和逻辑子域。

该零售商的领域中只包含了三个物理系统，其中有两个是内部系统。这两个内部系统表示两个限界上下文。不幸的是，由于现在多数软件系统并没有采用DDD，这导致了少数的几个子系统承担了太多的业务功能。

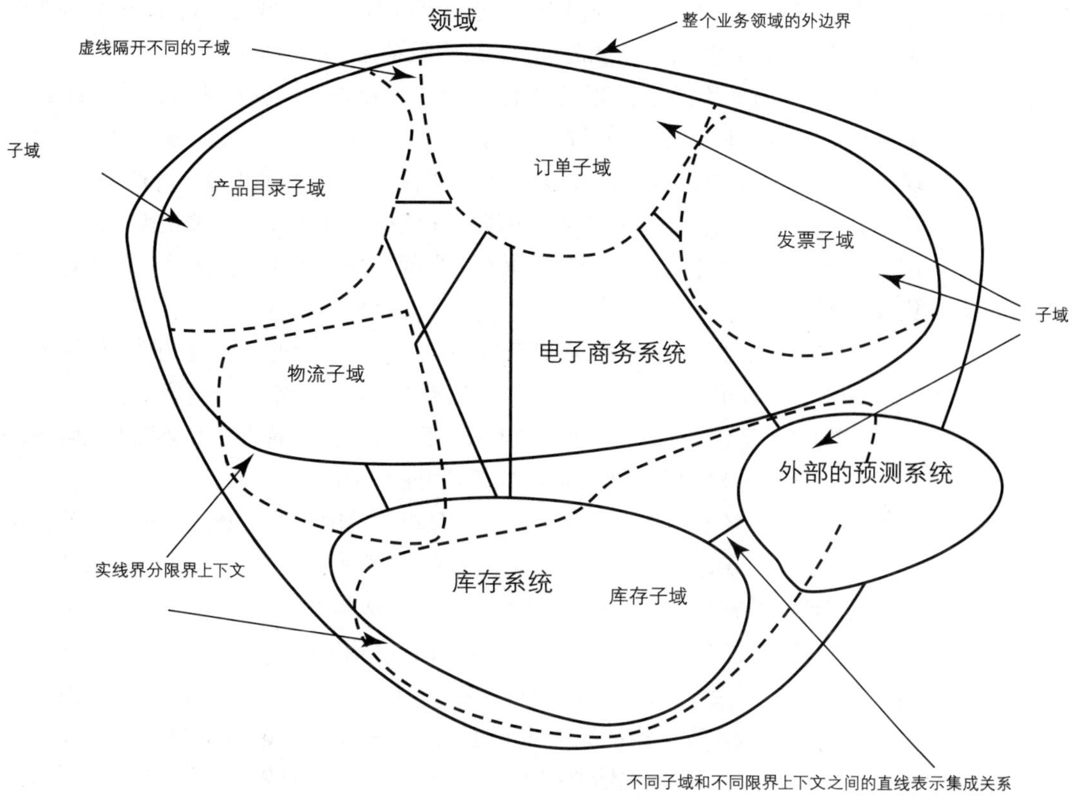

图2.1 一个含有子域和限界上下文的领域

在上面的电子商务限界上下文中，我们的确可以找出多个隐式的领域模型，即便它们并没有被很好地分离出来。事实上，这些领域模型被融合成了一个软件模型，这是不幸的。对于该零售商来说，与其自己开发，还不如从第三方购买这么一个限界上下文，因为这样所带来的问题可能会少一些。然而，不管是谁来维护这个系统，它都将承受这个大而全的电子商务模型所带来的负面影响。随着各个逻辑模型中不断加入新的功能，它们之间的复杂关系对于每一个模型都将是阻碍，特别是需要引入另外一个逻辑模型的时候。这些问题的原因通常都是由于软件的关注点没有得到清晰的划分所致。

更不幸的是，很多软件开发者都认为将所有东西都放在一个系统里面是一件好事。他们会想："我对电子商务系统了如指掌，我相信这个系统可以满足任何人的需求。"这是具有欺骗性的，因为不管你向系统中添加多少功能，你都无法满足每一个潜在客户的需求。此外，如果不通过子域对软件模型进行划分，事情将变得更加烦琐，因为系统中的各个部分都是紧密联系在一起的。

然而，通过使用DDD战略设计工具，我们可以按照实际功能将这些交织的模型划分成逻辑上相互分离的子域，从而在一定程度上减少系统的复杂性。逻辑子域的边界在图2.1中以虚线表示。这里，我们将第三方的模型也做了清晰地划分，但这不是我们的重点，我们的重点在于说明应该存在什么样的分离模型。在不同的逻辑子域之间或者不同的物理限界上下文之间均画有连线，这表示它们之间存在集成关系。

现在，让我们将视线从技术复杂性转向这个零售商的业务复杂性。该零售商的资金和仓库容量均有限。对于那些销量不佳的产品，该零售商不敢过量投入。显然，如果有产品没有按照计划销售出去，那么该零售商的流动资金将出现问题。因此，它只能用有限的房间来存储那些销量好的产品。

这还没完，还有另外一个问题。如果有些产品销量好于预期，那么该零售商便没有足够的库存，此时顾客将不得不到别处购买商品。当然，有些产品生产商会自己负责产品的物流，但是这样对于零售商来说成本更大，并且会带来一些不良后果。另一种节约成本的做法是，对于本地售出产品采用自留库存，而对于偏远地区则采用生产商直接发货的方式。这样，该零售商便不至于在库存清空时捉襟见肘了。事实上，导致库存清空的原因并不是产品销售得异常好，而是该零售商没有找到一种最优的库存管理方式。如果经常发生产品不能及时送达客户的情况，那么该零售商将损失很大一部分竞争优势。

库存问题不仅是小型零售商的问题，大型零售商同样面临这样的问题。各个零售商家都根据准确的需求来囤积产品，从而减少成本，优化销售业务。但是，在库存问题面前，小型零售商比大型零售商更加脆弱。

一种好的做法是，根据过去的销售趋势来制定未来的库存计划。零售商可以采用一个预测引擎，根据库存和销售历史来分析产品的需求量，从而达到优化库存系统的目的。

对于小型零售商来说，增加预测引擎可能意味着开发一个新的**核心域**，这并不是一个容易解决的问题，但是可以大大增加竞争优势。事实上，图2.1中的第三个限界上下文便是一个外部预测系统。订单子域和库存限界上下文向预测系统提供历史销售数据。此外，我们还需要产品目录子域来提供全局的产品条形码，这将有助于预测系统在全球范围之内对产品的销售情况进行比较。这样一来，预测系统便可以精确地计算出产品的需求量，并指导零售商制定正确的库存计划。

如果这个新的解决方案是一个核心域，那么开发团队将从周围的逻辑子域以及集成体系中受益。因此，在该核心域的项目启动时，图2.1中已有的集成体系对于掌握项目情况来说将起到关键作用。

子域并不是一定要做得很大，并且包含很多功能。有时，子域可以简单到只包含一套算法，这套算法可能对于业务系统来说非常重要，但是并不包含在核心域之中。在正确实施DDD的情况下，这种简单的子域可以以**模块**（Module, 9）的形式从核心域中分离出来，而不需要包含在笨重的子系统组件中。

在实施DDD的时候，我们致力于将限界上下文中领域模型所用到的每一个术语都进行限界划分。这种限界主要是语言层面上的上下文边界，也是实现DDD的关键。

牛仔的逻辑

LB："有护栏相隔时，我和邻居相处得很好，护栏坏了之后，情况就变了。"

AJ："对的，你需要将你的护栏造成和马一样高。"

需要注意的是，一个限界上下文并不一定只包含在一个子域中，但这是可能的。在图2.1中，只有库存限界上下文包含在了一个子域中。显然，这表明这个电子商务系统在开发的时候并没有正确地采用DDD。在这个系统中，我们识别出了4个子域，然而还可能有更多的子域。另一方面，库存系统看起来的确符合"一个子域对应一个限界上下文"的标准。库存系统这种清晰的模型有可能是采用了DDD的结果，也有可能是种偶然，对此我们需要深入地研究。但无论如何，我们都可以使用这个库存系统来开发新的核心域。

在图2.1中，哪种类型的限界上下文在语言表达层面上设计得更好呢？换句话说，哪种限界上下文拥有非歧义的领域特定术语？在上面的电子商务系统中，当我们谈到其中有4个子域时，我们可以非常确定地认为有些术语在这些子域中是存在冲突的。比如，"顾客"这个术语可能有多种含义。在浏览产品目录的时候，"顾客"表示一种意思；而在下单的时候，"顾客"又表示另一种意思。原因在于：当浏览产品目录时，"顾客"被放在了先前购买情况、忠诚度、可买产品、折扣和物流方式这样的上下文中。而在下单时，"顾客"的上下文包括名字、产品寄送地址、订单总价和一些付款术语。单单从这个例子我们便可以看出，在这个电子商务系统中，"顾客”并没有一个清晰的含义。我们甚至还可以找到很多像“顾客”这样拥有多重含义的术语。在一个好的限界上下文中，每一个术语应该仅表示一种领域概念。

然而，我们同样不能保证库存系统的模型就是完全清晰的，并且使用了完全非歧义的领域语言。即使是在关注点分离明显的限界上下文中，也会存在和上面的“顾客”相似的情况，因为库存件可能用在不同的环境下。比如，有的库存件已经被订购了，有的正在运送途中，有的正保存在仓库中，而有的正被移出仓库。已经被订购但还无法销售的产品称为延期订单件；保存在仓库中的产品称为积压件；刚被购买的产品称为即将发送件；而被损坏的库存产品称为无用件。

在图2.1中，我们看不出以上这些库存概念。在DDD中，我们不能靠猜测，而应该对每个概念都给出明确的定义，并将这些明确的定义用在交流和建模中。领域专家对这些概念的解释有助于在不同的限界上下文中分离这些概念。

从表面看来，我们可以得出结论：库存系统比电子商务系统具有更高的DDD健康指数，原因可能是库存系统的开发团队并没有使用一个库存件来表示所有的概念。虽然目前我们还不明确这一点，但是我们可以肯定的是：库存系统模型比电子商务系统模型更容易集成。

图2.1进一步表明，一个企业的限界上下文并不是孤立存在的。即便有第三方的电子商务系统可以提供一个全方位式的模型，它也不能完全满足零售商的需求。不同子域之间的实线表示集成关系，这也表明不同的模型是需要协同工作的。集成的方式有很多种，我们将在**上下文映射图**（3）中学到不同的集成方案。

以上，我们在一个高层面上对一个简单的业务领域进行了总结。我们简要地学习了一个核心域，并且了解了核心域对于DDD的重要性。接下来，我们需要深入学习核心域。

将关注点放在核心域上

了解了子域和限界上下文，现在我们来看看关于领域的另一个抽象视图，如图2.2所示。该抽象视图可以表示任何一个领域，甚至有可能是你正在工作的领域。和图2.1相比，我去除了那些具体的名字，你可以根据自己的项目情况进行填补。我们会持续改进并且扩大业务目标，这将反映在不断变化的子域和子域模型中。图2.2仅仅表示某个时刻，从某个角度看的业务领域，这样的领域可能并不会驻留多久。

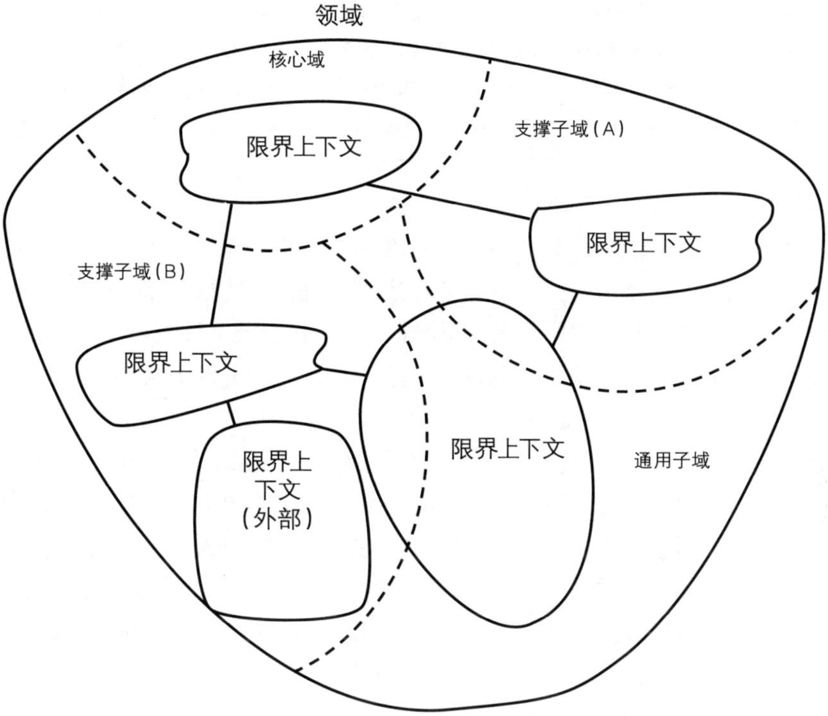

图 2.2 一个抽象的业务领域，其中包含了子域和限界上下文

白板时间

- 在一栏中列出你日常工作中的子域，然后在另一栏中列出限界上下文。子域和限界上下文有相交的地方吗？如果有，这并不是什么坏事，因为这正是企业级软件的本来面目。
- 以图2.2为模板，根据你自己的软件项目填入相应的名字，包括子域、限界上下文和集成关系。

这困难吗？有可能，因为图2.2中的模板可能并没有反映出你工作领域的边界。

- 再来一次，画出能表示你的领域、子域和限界上下文的框图。你可以参考图2.2，但是所画框图应该表示你自己的领域。

当然，你不用了解所有的子域和限界上下文，特别是当你的领域非常复杂的时候。但是，你可以将那些你每天都会接触到的子域和限界上下文识别出来。不管怎样，先试试再说，不要害怕犯错误。你会在下一章的上下文映射图中学到好的实践方法，如果你想现在就跳到下一章去也是可以的。总之，不要担心现在还不完美，我们首先需要了解基本概念。

现在，看看图2.2上半部分的领域边界，你会看到一个叫核心域的子域。对于**核心域**，我们在前面的章节中已经讲到了，它是整个业务领域的一部分，也是业务成功的主要促成因素。从战略层面上讲，企业应该在核心域上胜人一筹。我们应该给予核心域最高的优先级、最资深的领域专家和最优秀的开发团队。在实施DDD的过程中，你将主要关注于核心域。

图2.2中还展示了另外两种子域：支撑子域和通用子域。有时，我们会创建或者购买某个限界上下文来支撑我们的业务。如果这样的限界上下文对应着业务的某些重要方面，但却不是核心，那么它便是一个**支撑子域**。创建支撑子域的原因在于它们专注于业务的某个方面，否则，如果一个子域被用于整个业务系统，那么这个子域便是**通用子域**。我们并不能说支撑子域和通用子域是不重要的，它们是重要的，只是我们对它们的要求并不像核心域那么高。

白板时间

- 为了巩固你对核心域概念的掌握，你可以温习一遍先前所绘的框图，看看自己能否识别出核心域。
- 接下来，看看自己能否识别出支撑子域和通用子域。

记住：向领域专家提问！

即便在开始时你会犯下错误，但这种练习可以帮助你仔细地思考哪些是最重要的，哪些是起辅助作用的，哪些是无关紧要的。

对于你所绘框图中的子域和限界上下文，你需要和领域专家进行讨论。

你不但可以从领域专家那里学到很多，同时你还能学到聆听的技巧，这也是正确实施DDD的标志。

到此，我们总览式地学习了DDD战略设计的基础。

战略设计为什么重要

到现在，你已经学习了DDD的一些术语及其含义，但是我还没有怎么讲到为什么它们如此重要。我确实认为它们是重要的，同时，我也希望你在这一点上相信我。接下来，我会对此做出解释。让我们来看看SaaSOvation公司的项目进展情况，他们遇到麻烦啦。

在开始采用DDD的时候，协作项目组便开始偏离正确的轨道了，原因在于他们并不了解战略设计，甚至连战略设计的基础都不了解。就像多数开发者一样，他们将关注点放在了**实体**（5）和**值对象**（6）上，从而缺少一种更广阔的视野。他们将不同的核心概念杂揉在一起，导致他们将两个模型创建成了一个。不久之后，他们便感到痛苦了，如图2.3所示。他们还没有完全达到实施DDD的目标。

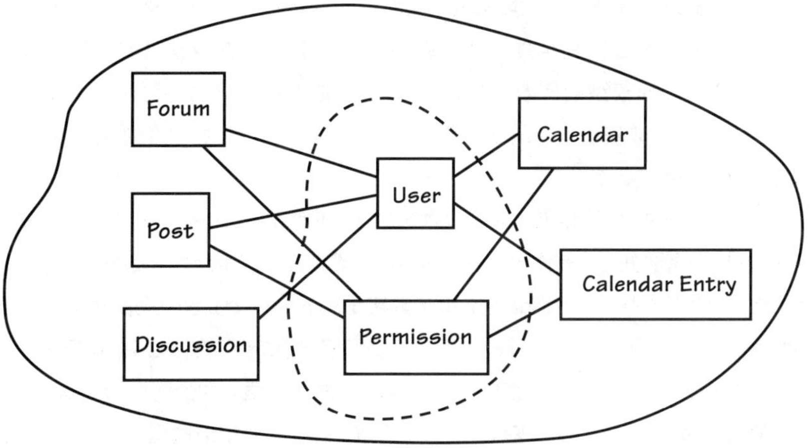

图 2.3　团队不了解基本的战略设计，这导致在协作模型中产生了不相匹配的概念。虚线之内表示问题所在。

团队中有些人指出:"是不是因为用户 (User) 和权限 (Permission) 与协作概念存在着紧密的耦合? 我们应该跟踪谁做了什么事情。" 这时, 一个高级开发者指出:"问题不单单在于耦合, 到最后, 论坛、讨论、日历和日历条目都会在一定程度上与协作人员发生耦合, 这是事实。问题出在我们使用的语言。" 他进一步指出, 问题在于论坛和讨论等概念与错误的语言概念耦合起来了。用户和权限与协作活动没有任何关系, 并且与协作的通用语言也风牛马不相及。用户和权限是与身份 (Identity) 和访问 (Access) 相关的概念, 即是与安全 (Security) 相关的。在协作上下文 (Collaboration Context) 中出现的每一种概念都必须与协作存在语言层面上的关联, 而现在它们没有。"我们应该关注的是协作概念, 比如作者 (Author) 和主持者 (Moderator), 这些才是协作活动中的正确概念和语言。"

如何命名限界上下文

你注意到了这里使用的"协作上下文"一词吗? 在本书中我们将以这种方式来命名限界上下文, 即"模型名+上下文"。这里的"协作上下文"表明它是包含有协作领域对象的限界上下文。同时, 我们还有身份与访问上下文 (Identity and Access Context) 和敏捷项目管理上下文 (Agile Project Management Context) 。

重申一遍, SaaSOvation的开发者在一开始并没有意识到用户和权限是与协作工具无关的概念。诚然, 他们的软件中是有用户的, 但是我们应该将不同的用户种类区别对待, 因为在不同的上下文中他们所完成的任务是不一样的。在协作工具中, 我们更关注的是用户的角色, 而不是他们是谁或者他们的权限如何。然而, 在当前这个例子中, SaaSOvation的开发人员将协作模型与用户和权限完全揉合在一起了, 如果系统对用户或权限的处理方式有所修改, 这也将导致对协作模型的修改。事实上, 这正是他们所遇到的问题——开发团队决定从权限管理方式切换成基于角色的访问管理方式。在决定切换时, 他们才意识到这个由错误的战略建模所带来的问题。

开发人员现在明白了, 论坛和"谁可以发表帖子, 还有在什么条件下可以发表"其实没有多大关系。论坛只需要知道"有作者正在发表帖子, 或者有作者曾经发表过帖子"就可以了。于是团队成员学到了: 决定谁可以做什么事情其实是由另外一个完全不同的模型来负责的, 在协作模型中, 我们只需要知道这样的问题已经被回答过就行了。在论坛中, 我们关注的是: 一个作者发起一次讨论。这里的"论坛"和"作者"便是通用语言中的两个清楚概念, 使用该通用语言的协作模型便是协作上下文。用户和权限, 或者其他相似的概念, 比如角色, 应该属于完全不同的上下文, 并且需要和协作上下文分离。

开发团队可以轻易地得出结论: 此时需要做的只是将用户和权限带来的紧耦合去除就可以了。毕竟, 将用户和权限分离到另外的模块并没有什么错误的地方。这可以帮助团队将这些概念放到同一个限界上下文的另外一个子域中———一个逻辑上的安全子域。然而，最好的方式是将用户和权限放在支撑子域或者通用子域中，因为另外的核心域也可能会用到相似的功能。

因此，这种周全的考虑可以帮助他们避免更多潜在的问题。他们先前的做法还很有可能导致**大泥球**（Big Ball of Mud, 3）架构。这里的问题并不仅仅是由于用户和权限没有得到适当的模块化。虽然模块化是一种重要的DDD建模工具，但是它并没有解决语言上的问题。

让这个高级开发者担心的是，项目当前的情形很有可能导致一种散漫的思维模式。当团队面对协作模型之外的一套概念时，核心域将变得越来越模糊。结果，他们得到的只是一个并不能反映协作通用语言的隐式模型。团队真正需要理解的是他们正在开发的领域、子域和限界上下文，他们需要战略建模的思维模式。

别啊，怎么又是“设计”这个词！

你可以认为“设计”在敏捷中是个丑陋的词汇，但是这种看法却不适用于DDD。在敏捷中使用DDD是很自然的一种做法。我们需要将设计敏捷化，而设计不见得就一定是笨重的。

好了，到这里，SaaSOvation的团队成员学到了不少。他们展开了很多研讨，最后知道了处理领域和子域的重要性，我们将在后续章节中学到他们是如何做到这一点的。

向DDD社区看齐

本书的SaaOvation例子提供了3个限界上下文。这些限界上下文可能和你自己领域存在不同。这些例子展示的是非常典型的建模场景。然而，并不是所有人都同意将用户和权限从核心域中分离。可能在有些时候将它们放在核心域里面是有道理的。和通常一样，这只是一个团队自己的选择。但是，据我自己的经验，这是那些DDD新手们经常会遇到的问题之一，结果他们把实现搞得一团糟。另一种常见的错误是，将协作模型和敏捷项目管理模型混为一谈。这些只是常见问题中的一小部分，另外的建模错误我们将在其他章节中讲到。

这些常见的建模错误是由于团队缺乏对通用语言和限界上下文的理解造成的。因此，即便你并不同意SaaSOvation例子中那些特殊问题，这些问题及其解决方法对于所有的DDD项目都是适用的，因为他们都关注于某个特定限界上下文中的通用语言。

我的目标是通过最简单的例子讲解实现DDD的基本原则。如果这些例子妨碍到了我的教授和读者的学习，那我是负担不起的。如果我讲到：身份及访问管理、协作和敏捷项目管理都有自己的语言，那么读者便可以从这些例子的着重点中获益。每个团队都可以自己选择如何去发现适合自己领域的语言，并传达领域专家的思维模型。这里我们假定，SaaSOvation开发团队最终得出的结论是正确的。

关于子域和限界上下文，我所有的指导建议都和DDD社区紧密地保持一致。其他的DDD领导者可能有不同的关注点。然而，我所讲的是适用于任何团队的DDD基础。澄清对于DDD的一些模糊认识是我的主要目标，而你的目标则是将本书中的DDD指导建议切实地应用在自己的项目中。

现实世界中领域和子域

领域中还同时存在问题空间（problem space）和解决方案空间（solution space）。在问题空间中，我们思考的是业务所面临的挑战，而在解决方案空间中，我们思考如何实现软件以解决这些业务挑战。以下是如何将这两者应用到我们已经学过的知识中：

- 问题空间是领域的一部分，对问题空间的开发将产生一个新的核心域。对问题空间的评估应该同时考虑已有子域和额外所需子域。因此，问题空间是核心域和其他子域的组合。问题空间中的子域通常随着项目的不同而不同，他们各自关注于当前的业务问题，这使得子域对于问题空间的评估非常有用。子域允许我们快速地浏览领域中的各个方面，这些方面对于解决特定的问题是必要的。

- 解决方案空间包括一个或多个限界上下文，即一组特定的软件模型。这是因为限界上下文即是一个特定的解决方案，它通过软件的方式来实现解决方案。

通常，我们希望将子域一对一地对应到限界上下文。这种做法显式地将领域模型分离到不同的业务板块中，并将问题空间和解决方案空间融合在一起。在实践中，这种做法并不总是可能的，但通过新的努力，我们是可以做到这一点的。让我们考虑一个遗留系统，它有可能是个大泥球，其中子域和限界上下文存在相交的地方，就像图2.1中所示一样。在一个大型的企业中，通过对问题空间的评估，我们可以减少错误，进而降低成本。我们可以在概念上使用两个或者多个子域来分解限界上下文，或者将多个限界上下文包含在同一个子域中。为了澄清问题空间和解决方案空间的区别，让我们来看一个例子。

让我们来看看一个大型的ERP系统。严格地讲，我们可以将一个ERP系统想象成一个单一的限界上下文。然而，由于ERP系统提供许多模块化的业务服务，将不同的模块看成不同的子域是有好处的。比如，我们可以将库存模块和采购模块拆分成不同的逻辑子域。我们将它们分别命名为库存子域（Inventory Subdomain）和采购子域（Purchasing Subdomain），在下文中，我们将讲到为什么这种划分是有用的。

图2.4表示一个ERP系统的领域，也是图2.2中所示模板的一个实例。该企业计划开发一个特定的领域模型来降低成本，该模型可以为采购人员提供决策工具。从多年人工处理过程中积累起来的算法将通过软件实现自动化。这个新的核心域可以大大地提高该企业的竞争优势。为了能准确地管理库存，可以借助图2.1中的预测系统。

在我们实施某个解决方案之前，我们需要对问题空间和解决方案空间进行评估。为了保证你的项目朝着正确的方向行进，你需要先回答以下问题：

- 这个战略核心域的名字是什么，它的目标是什么？
- 这个战略核心域中包含哪些概念？
- 这个核心域的支撑子域和通用子域是什么？
- 如何安排项目人员？
- 你能组建出一支合适的团队吗？

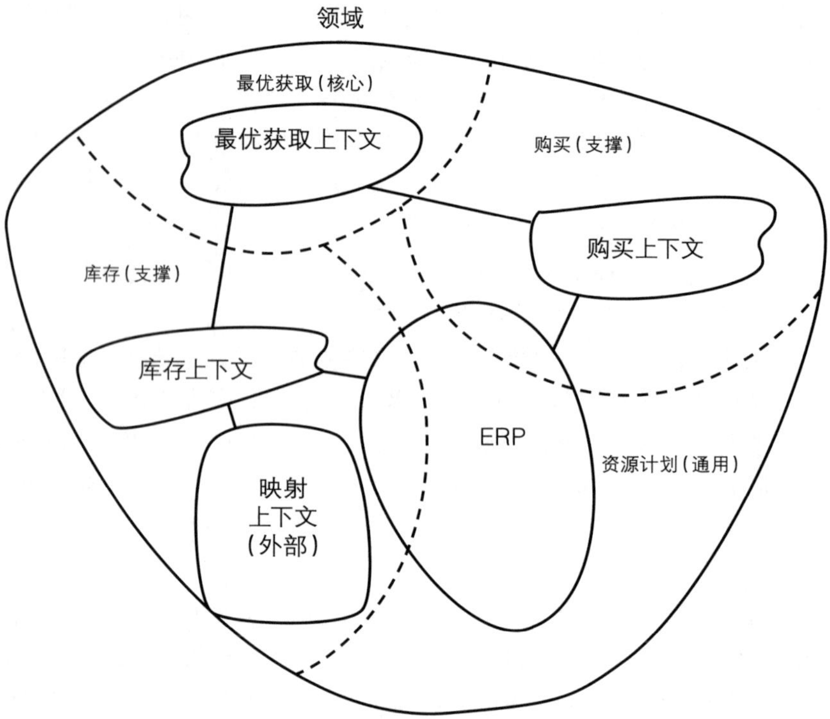

图2.4 与购买和库存相关的核心域以及其他子域。该图只显示了特定于问题空间的子域，并不是整个领域。

如果你不了解核心域的目标及其所需的支撑子域，那么你是不能从核心域中得到好处的，同时你也无法避免由此带来的陷阱。因此，我们需要全面地对问题空间进行评估，并确保所有的利益相关方在核心域的目标上都达成一致。

白板时间

看看你白板上的内容，然后想想：你的问题空间是什么？再回想一下：问题空间由战略核心域及其支撑子域组成。

在理解了问题空间之后，我们来看看解决方案空间。对于问题空间的评估也是有益于理解解决方案空间的。解决方案空间在很大程度上受到现有系统和技术的影响。这里，我们应该根据分离的限界上下文仔细地思考，考虑以下问题：

- 有哪些软件资产是已经存在的，它们可以重用吗？
- 哪些资产是需要创建的，或者从别处获得？
- 这些资产是如何集成在一起的？
- 还需要什么样的集成？
- 假设已经有了现有资产和那些需要被创建的资产，我们还需要做些什么？
- 核心域和那些支撑项目的成功几率如何？会不会出现由于其中一个失败而导致整个项目失败的可能？
- 在哪些地方我们使用了完全不同的术语？
- 限界上下文之间在哪些地方存在概念重叠？
- 这些重叠的概念在不同的限界上下文之间是如何映射和翻译的？
- 哪些限界上下文包含了核心域中的概念，其中使用了哪些[Evans]中的战术模式？

请记住，开发核心域的解决方案是一种关键性业务投入。

在图2.4中，用于捕获决策工具和算法的采购模型表示了核心域的解决方案。该领域模型将在最优获取上下文（Optimal Acquisitions Context）中实现，该上下文与最优获取核心域（Optimal Acquisitions Core Domain）存在着一对一的关系。由于只对应于一个子域，同时又拥有优秀的领域模型，这个最优获取上下文将会是业务领域中最好的限界上下文之一。

除了最优获取上下文，还有采购上下文（Purchasing Context）。该上下文用于辅助最优获取上下文，以改进采购过程中的技术细节。这些改进并不显露最优采购上下文中的特定信息，只是简化了最优采购上下文和ERP的交互，也即是一个用于操作ERP接口的便捷模型。这个新的采购上下文和先前的ERP采购模块同属于采购（支撑）子域。

整个ERP采购模块是一个通用子域，你甚至可以购买另外的采购系统来替换该子域，只要它满足你的业务需求即可。然而，在采购子域中，我们将该采购模块与采购上下文共同使用，这使得该模块多少有些支撑子域的意味。

> **你所不能改变的**
>
> 在一个典型的不健康的企业系统里，你通常会面临如图2.1和图2.4所示的情形。在设计欠佳的软件里，子域和限界上下文之间很难存在一对一的映射关系。这种劣质软件的大量存在已经成为事实，并且是你所不能改变的事实。你只能盼着在项目中通过合适的手段实施DDD，但最终你都需要和那些“不健康”的领域进行集成。因此，当你在分析某个“不健康”限界上下文中的多个隐式模型时，请好好温习一下本章前面所教给你的那些技能。

在图2.4中，最优获取上下文还需要和库存上下文（Inventory Context）进行交互。库存系统用于管理仓库中的物件，它使用ERP的库存模块，该模块位于库存（支撑）子域中。为了给货递合同方提供方便，库存上下文还采用了第三方的地图服务。对于库存上下文而言，地图服务并没有什么特别之处，你可以选择多种地图服务。地图服务本身只是一个通用子域，它被支撑子域所消费。

请记住这些从最优获取上下文的角度所看到的关键点。虽然在问题空间中地图服务是库存子域的一部分，但是在解决方案空间中，地图服务并不属于库存上下文。在解决方案空间中，即便地图服务由基于组件的API提供，它依然属于另外一个限界上下文。库存管理和地图服务所使用的通用语言是相互排斥的，这意味着它们属于两个不同的限界上下文。当库存上下文需要使用外部的地图上下文（Mapping Context）时，它们之间的数据交换需要一定程度的翻译才能完成。

另一方面，从地图服务提供商的角度来看，地图子域便是他们的核心域了。他们拥有自己的领域和业务模型，同时他们需要不断改进自己的领域模型以保持竞争力。如果你是某个地图服务提供商的CEO，你需要采取不同方法留住自己的客户。然而，对于库存系统来说，地图服务始终还是个通用子域，你完全可以转向另外的地图服务提供商。

白板时间

在你自己的解决方案空间中，限界上下文是什么？此时你可以参考先前所绘的框图。随着我们对限界上下文讲解的深入，你可能感到有些惊讶了。因此，你应该为有可能的改进做好准备，毕竟，我们采用的是敏捷方法。

为了平衡各个知识点，接下来我们将讲到在解决方案空间中，限界上下文作为一种建模工具的重要性。在**上下文映射图**（3）中，我们将主要讲解如何通过集成限界上下文的方式来完成不同通用语言间的映射。

理解限界上下文

不要忘了，限界上下文是一个显式的边界，领域模型便存在于这个边界之内。领域模型把通用语言表达成软件模型。创建边界的原因在于，每一个模型概念，包括它的属性和操作，在边界之内都具有特殊的含义。如果你是建模团队中的一员，你便应该知道这些概念的确切含义。

> **限界上下文是显式的，充满语义的**
>
> 限界上下文是一个显式边界，领域模型便存在于边界之内。在边界内，通用语言中的所有术语和词组都有特定的含义，而模型需要准确地反映通用语言。

在很多情况下，在不同模型中存在名字相同或相近的对象，但是它们的意思却不同。当模型被一个显式的边界所包围时，其中每个概念的含义便是确定的了。因此，限界上下文主要是一个语义上的边界，我们应该通过这一点来衡量对一个限界上下文的使用正确与否。

有些项目试图创建一个“大而全”的软件模型，其中每个概念在全局范围之内只有一种定义。这是一个陷阱。首先，要使所有人都对某个概念的定义达成一致几乎不可能。有些项目太庞大，太复杂，以致于你根本无法将所有的利益相关方聚集到一起，更不用提达成一致了。即便是那些规模相对较小的公司，要维持一个全局性的，并且经得住时间考验的概念定义也是困难的。因此，最好的方法是去正视这种不同，然后使用限界上下文对领域模型进行分离。

限界上下文并不旨在创建单一的项目资产，它并不是一个单独的组件、文档、或者框图[1]。因此，它并不一个是JAR或者DLL，但是这些可以用来部署限界上下文，我们会在后面讲到。

让我们来看看一个账户（Account）模型在银行上下文（Banking Context）和文学上下文（Literary Context）中的不同，如表2.1所示。

表2.1 账户的不同含义

限界上下文	含义	例子
银行上下文	账户表示一个客户在银行的存款状态，并记录每次交易信息。	支票账户和储蓄账户
文学上下文	账户表示用文字记录的在一段时间之内发生的一系列事件。	Amazon.com售出图书《Into Thin Air: A Personal Account of the Mt. Everest Disaster》

1. 目前你可以用框图来表示限界上下文，但是框图并不是限界上下文本身。

在图2.5中，光凭名字我们根本无法区分两个账户的意思。只有通过它们所在的限界上下文我们才能看出它们之间的区别。

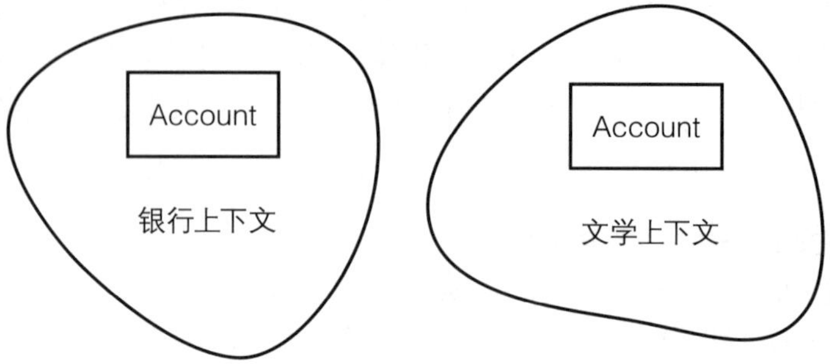

图2.5 不同限界上下文中的Account对象具有完全不同的含义。

这两个上限界上下文可能并不属于同一个领域，这里我只是想说明：上下文才是王道。

上下文才是王道

上下文才是王道，特别是在实施DDD的时候。

在金融领域，我们经常谈到证券（security）。证券交易管理委员会（Securities and Exchange Commission, SEC）限制证券只能和股票（equities）一起使用。现在让我们考虑这种情况：期权合同（futures contract）作为一种商品，它并不被SEC所管理。然而，有些金融公司却将期权当作一种证券，并且用**标准类型（Standard Type, 6）**Futures来表示。

这是表示期权的最好方式吗？这取决于它所处的领域。有人认为期权显然是一种证券，另有人则持反面意见。上下文同时也是具有文化属性的。对于一个经营期权的公司，在通用语言中以证券来表示期权在文化上是合理的。

在通常情况下，我们所面对的都是一些区别甚小的概念定义。原因在于：在一个上下文中，团队通常根据通用语言来命名某个概念。我们并不会随意地命名一个概念以刻意地保持与其他上下文的不同。比如两个银行上下文，一个用于支票账户，另一个用于储蓄账户[2]。在支票上下文（Checking Context）中，我们不必使用支票账户（Checking Account）；在储蓄上下文（Saving Context）中我们也不必使用储蓄账户（Saving Account）。两个概念都可以使用账户（Account）来表示，因为限界上下文已经对此做了区分。当然，我们并没有规定不能使用更具体的名字，这只是团队自己的选择而已。

2. 这里假设支票账户和储蓄账户分别对应两个不同的限界上下文。

当需要集成时，我们必须在不同的限界上下文之间进行概念映射。在DDD中，这可能是复杂的，因此我们应该特别留意。在上下文边界之外，我们通常不会使用该上下文之内的对象实例，但是不同上下文中彼此关联的对象可能共享一些状态。

再看另一个例子，该例中同一个领域的不同限界上下文使用了相同的概念名。考虑一个图书出版机构，它需要处理图书生命周期的不同阶段。粗略地讲，我们可以认为这些不同的阶段对应于以下不同的上下文环境：

- 概念设计，计划出书
- 联系作者，签订合同
- 管理图书的编辑过程
- 设计图书布局，包括插图
- 将图书翻译成其他语言
- 出版纸质版或电子版图书
- 市场营销
- 将图书卖给销售商或直接卖给读者
- 将图书发送给销售商或读者

在以上所有阶段中，我们可以用一个单一的概念对图书建模吗？显然不行。在每个阶段中，"图书"都有不同的定义。一本书只有在和作者签订了合同之后才能拥有书名，而书名可能在编辑过程进行修改。在编辑过程中，图书包含了一系列的稿件，其中包括注释和校正等，之后会有一份最终稿件。页面布局由专门的图形设计师完成。图书印刷方使用页面布局和封面板式印制图书。市场营销员不需要编辑稿件或图书印制成品，他们可能只需要图书的简介即可。对于图书的售后物流，我们需要的是图书的标识码、物流目的地、数目、尺寸和重量等。

想象一下，如果我们使用一个单一模型来处理所有这些阶段会发生什么？概念混淆、意见分歧和争论是不可避免的，我们所交付的软件也没有多大价值。即便有时我们可能会得到一个正确的公共模型，但这种模型并不具有持久性。

为了解决这个问题，我们应该为每个阶段创建各自的限界上下文。在每个限界上下文中，都存在某种类型的图书（Book）。在几乎所有的上下文中，不同类型的图书对象将共享一个身份标识（identity），这个标识可能是在概念设计阶段创建的。

然而，不同上下文中的图书模型却是不同的。当某个限界上下文的团队说到图书时，该“图书”正好能表示该上下文所需要的意思。如此这般，我们根据不同的需求很自然地创建了不同类型的图书，但这并不表示这种建模过程就是可以轻易达到的。不管如何，在使用显式限界上下文的情况下，我们可以定期地、增量式的交付软件，同时所交付的软件又能满足特定的业务需求。

这里，让我们快速浏览一下SaaSOvation的协作团队是如何解决图2.3中的建模问题的。

前面已经提到，*协作上下文*的领域专家并没有从用户和权限的角度去描述协作工具的使用者，而是以他们所扮演的角色进行描述，比如作者、拥有者、参与者和主持者等。个人的联系方式可能出现在该上下文中，但我们并不需要所有的联系信息。另一方面，只有在*身份与访问上下文*中我们才会谈及到用户。在该上下文中，用户对象包含了某人的用户名和一些详细信息，其中便包含了该用户的联系方式。

然而，我们也不会凭空创建一个Author对象，因为每一个协作者(collaborator)都需要事先进行资格认证才能使用协作软件。在*身份与访问上下文*中，我们将验证拥有某种角色的用户是否存在，验证信息将随着请求传给*身份与访问上下文*。要创建一个协作对象，比如一个Moderator，我们将使用对应用户的一部分属性，另外还需要一个角色名。如何从另一个限界上下文中获取对象状态（本书后续章节将对此做详细讲解）并不重要，重要的是，两个不同的概念既有相似之处，又有不同之处，不同之处由限界上下文决定。在图2.6中，一个限界上下文中的User和Role信息被另一个限界上下文用来创建Moderator对象。

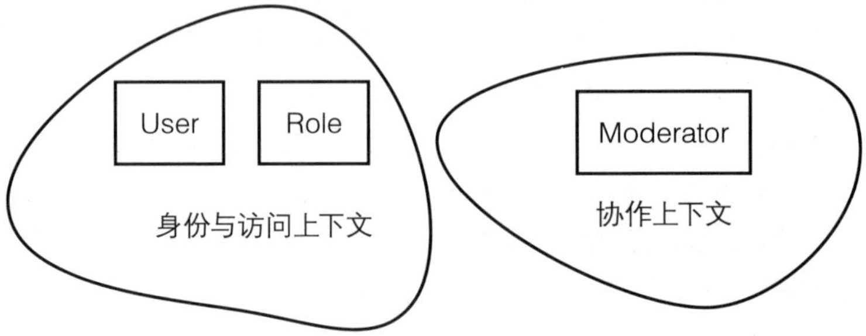

图2.6 *协作上下文*中的Moderator对象是基于*身份与访问上下文*中的User和Role对象的。

白板时间

- 在你自己的领域中，看看你能否在不同的限界上下文中识别出那些区别微小的概念。
- 看看这些概念是不是得到了正确的分离，或者你只是简单地将相应代码从一个地方复制到另一个地方。

> 通常情况下，你是可以识别出那些概念分离正确的情况的，因为有些相似的对象拥有不同的属性和行为，此时我们可以认为上下文边界的划分是合理的。然而，如果你在不同的限界上下文中看到了完全相同的对象，这通常意味着你的模型是错误的，除非这些限界上下文使用了**共享内核** (Shared Kernel, 3) 。

限界上下文不仅仅只包含模型

一个限界上下文并不是只包含领域模型。诚然，模型是限界上下文的主要“公民”。但是，限界上下文并不只局限于容纳模型，它通常标定了一个系统、一个应用程序或者一种业务服务[3]。有时，限界上下文所包含的内容可能比较少，比如，一个通用子域便可以只包含领域模型。

当模型驱动着数据库Schema的设计时，此时的数据库Schema也应该位于该模型所处的上下文边界之内。这是因为数据库Schema是由建模团队设计、开发并维护的。这也意味着数据库中表和列的名字应该和模型的名字保持一致。比如，对于模型中包含的BacklogItem类，它拥有值对象属性backlogItemId和businessPriority：

```
public class BacklogItem extends Entity  {
    ...
    private BacklogItemId backlogItemId;
    private BusinessPriority businessPriority;
    ...
}
```

在数据库中对应的表定义为：

3. 应当承认，对于系统、应用程序和业务服务的含义，业界并没有达成一致。但是，一般来讲，我倾向于将它们表示成一系列用于实现业务用例的复杂组件。

```
CREATE TABLE `tbl_backlog_item` (
    ...
    `backlog_item_id_id` varchar(36) NOT NULL,
    `business_priority_ratings_benefit` int NOT NULL,
    `business_priority_ratings_cost` int NOT NULL,
    `business_priority_ratings_penalty` int NOT NULL,
    `business_priority_ratings_risk` int NOT NULL,
    ...
) ENGINE=InnoDB;
```

另一方面，如果数据库Schema已经存在，或者另有一个专门的数据建模团队要求有别于模型的数据库Schema设计，此时的Schema便不能和模型位于同一个限界上下文中了。

如果**用户界面**（User Interface, 14）被用于渲染模型，并且驱动着模型的行为设计时，同样，该用户界面也应该属于模型所在的上下文边界之内。但是，这并不表示我们应该在用户界面中对领域进行建模，因为这样将导致贫血领域对象。我们应该拒绝使用**智能UI反模式**（Smart UI Anti-Pattern）[Evans]，或者任何试图将领域概念带到领域模型之外的举措。

通常情况下，一个系统/应用程序的使用者并不只是人，还可能是另外的计算机系统。系统中有可能存在诸如Web服务（Web services）之类的组件。我们也可以使用REST资源来与模型交互，此时的REST资源即被称为**开放主机服务**（Open Host Service, 3, 13）。或者，我们可以使用SOAP或消息服务端点。在以上所有情况中，那些面向服务的组件都应该位于上下文边界之内。

用户界面和面向服务端点都会将操作委派给**应用服务**（14）。应用服务包含了不同类型的服务，比如安全和事务管理等。对于模型来说，应用服务扮演的是一种门面模式Façade [Gamma etal.]。同时，应用服务还具有任务管理功能，它将来自用例流（Use Case Flow）的请求转换成领域逻辑的执行流。应用服务也是位于上下文边界之内的。

更多关于架构和应用程序的知识

请参考**架构**（4）以了解不同的DDD架构风格。另外，应用服务将在**应用程序**（14）中做详细讲解。这两个章节都包含了有用的架构框图和代码示例。

限界上下文主要用来封装通用语言和领域对象，但同时它也包含了那些为领域模型提供交互手段和辅助功能的内容。需要注意的是，对于架构中的每个组件，我们都应该将其放在适当的地方。

白板时间

- 看看白板上的每一个限界上下文，你能想到有哪些非领域模型的组件可以放在限界上下文之内吗？
- 如果存在用户界面和应用服务，请确保它们是位于上下文边界之内的（要表示不同的组件，可以参考图2.8、图2.9和图2.10）。
- 如果你的数据库Schema，或者其他持久化存储方案，是根据模型来设计的，那么请确保它们也是位于上下文边界之内的（要表示数据库Schema，可以参考图2.8、图2.9和图2.10）。

限界上下文的大小

限界上下文中可以包含多少领域模型中的基础部件呢，比如**模块**（9）、**聚合**（10）、**领域事件**（8）和**领域服务**（7）等？这好像是在问"一个字符串应该有多长？"一样。限界上下文应该足够大，以能够表达它所对应的整套通用语言。

核心领域之外的概念不应该包含在限界上下文中。如果一个概念不属于你的通用语言，那么一开始你就不应该将其引入到模型中。此外，如果有外部概念"偷偷潜入"了你的限界上下文，你需要将其清除，它们可能属于另外的支撑或者通用子域，或者根本就不属于某个模型。

请注意，不要将本应该属于核心域的概念给清除掉了。你的模型应该能够完全地展现上下文中的通用语言，而不能遗漏任何重要的概念。此时，我们需要做出正确的判断，你可以借助诸如上下文映射图（3）这样的工具。

在电影《莫扎特传》[4]中有这么一个场景：奥地利皇帝约瑟夫二世告诉莫扎特，说他刚才演奏的音乐作品很不错，就是音符太多了。莫扎特巧妙地回答道："我需要的音符正好这么多，一个不多，一个不少。"这种回答也适用于我们现在所讲的限界上下文。限界上下文所包含的领域模型概念应该恰如其分，不多也不少。

4. 猎户座影业，华纳兄弟，1984。

要做到这一点并不是什么易事，莫扎特可以像给朋友写信一样创作交响乐，而要创建一个恰到好处的限界上下文就不是这么简单了。任何时候，我们都有可能错失改进领域模型的机会。在每个迭代中，我们都应该对先前的假设提出挑战，这使得我们向模型中添加或删除一些概念，或者改变概念的行为和协作方式等。但是主要的问题是：我们总是面临这样的挑战。在使用DDD原则时，我们会认真地思考应该添加哪些概念，又应该删除哪些概念。使用限界上下文和上下文映射图这样的工具可以帮助我们分析出哪些概念的确应该属于核心域。我们并不随意地采用非DDD的分离原则。

领域模型的优美旋律

如果我们的模型是音乐，那么它所表现的则是完整性、纯洁性、力量、优雅和美。

如果对限界上下文的限制过于严格，那么我们可能丢失一些上下文概念。相反，如果向模型中添加过多的概念，我们可能搞不清楚哪些概念是重要的。那么我们的目标是什么呢？如果我们的模型是音乐，那么它应该表现出的是完整性、纯洁性、力量、优雅和美。其中的"音符"——模块、聚合、事件和服务——的数量正好是设计所要求的那么多。模型的"听众"不会问及到像"为什么中间会有一些奇怪的音符？"这样的问题。同时，它们也不会因为丢失了某些"音符"而感到不解。

那么，哪些因素会导致我们创建大小不正确的限界上下文呢？我们可能错误地采用架构来指导设计开发，而不是通用语言 。一些平台、框架或者基础设施通常是用来打包和部署组件的，它们可能影响我们对限界上下文的设计，此时我们会从技术层面而不是语义边界来考虑问题。

另一个可能的陷阱是：根据开发任务的分配来拆分限界上下文。技术带头人和项目经理可能会想，小规模任务对于开发者来说将更加容易完成。这可能是有道理的，但是，为了分配任务而拆分限界上下文是一种错误的上下文建模方式。事实上，我们没有必要为了管理技术资源而创建一些假 (fake) 的上下文边界。

这里有一个重要的问题：领域专家所采用的语言是如何划定上下文边界的？

如果创建限界上下文只是为了架构组件或开发者资源这样的考虑，那么此时的通用语言将变得四分五裂，其表达力也会丧失殆尽。因此，我们应该考虑领域专家所讲的通用语言，将核心域中的概念自然地组织成单一的限界上下文。这样一来，你便可以自然地识别出那些单一的、内聚的模型组件。你应该将这些组件放在限界上下文之内。

有时，我们可以使用模块来避免创建一些微小的限界上下文。通过分析分散在不同限界上下文中的服务，你可能会发现，模块可以将多个限界上下文减少到一个。模块也可以用来拆分开发者的任务职责，因此我们可以使用更加战术化的手段来管理团队的任务分配。

白板时间

- 为你当前的模型绘制一个限界上下文。

即便你还没有一个显式的模型，你也应该从通用语言的角度考虑问题。

- 在这个限界上下文内，填上主要的领域概念的名字。看看你能否发现那些被遗漏的概念，再看看哪些概念不应该出现在上下文中。对于这两个问题，你会怎么解决？

采用语言驱动来实施DDD时，你得小心

这里的底线是：如果你没有采用语言驱动，那么你就不算在和领域专家一起工作来创建限界上下文。认真考虑一下限界上下文的大小，不要急于将其小型化。

与技术组件保持一致

将限界上下文想成是技术组件并无大碍，只是我们需要记住：技术组件并不能定义限界上下文。让我们来看看一些构成和部署限界上下文的常见做法。

当使用IDE时，比如Eclipse或者IntelliJ IDEA，一个限界上下文通常就是一个工程项目。当使用Visual Studio和.NET时，在同一个解决方案中将用户界面、应用服务和领域对象分离在不同的子项目中是合理的。项目的源代码可以只包含领域模型，也可以包含一些周边的**层**（4）或**六边形**（4）区域等。对于项目的划分是很灵活的。在使用Java时，顶层包名通常表示限界上下文中顶层模块的名字。对于上文中提到的例子，我们可以采用以下方式来定义包名：

```
com.mycompany.optimalpurchasing
```

限界上下文的源代码结构可以根据架构职责做进一步分解。下面是一些二级包名：

```
com.mycompany.optimalpurchasing.presentation
com.mycompany.optimalpurchasing.application
```

```
com.mycompany.optimalpurchasing.domain.model
com.mycompany.optimalpurchasing.infrastructure
```

请注意，即便存在这种模块化的拆分，团队依然应该只工作在一个限界上下文中。

一个团队，一个限界上下文

将一个团队分配给一个限界上下文并不会限制团队的组织灵活性。这并不是说团队不能按需安排，也不是说一个团队中的成员不能到其他团队工作。一个公司应该按照实际需要做出人事安排，这意味着我们需要组建一支组织良好的团队，在该团队中，领域专家和开发者只关注于一个限界上下文的通用语言。如果你将多个团队分配给同一个限界上下文，那么每个团队都会使用各自的通用语言，这显然是不好的。

两个团队可能会合作设计一个共享内核，而共享内核并不是一个典型的限界上下文。这种上下文映射模式使两个团队产生紧密的联系，进而需要两个团队对模型的改变进行不断交流。这种建模方法并不常见，并且我们应该尽量避免这种情况。

在使用Java时，我们可能从技术层面上将一个限界上下文放在一个JAR文件中，包括WAR或EAR文件。这种做法可能受到了模块化的影响。松耦合的领域模型应该放在不同的JAR文件中，这样我们可以按照版本号对领域模型进行单独部署。对于大型的模型来说，这种做法是非常有用的。将单个大模型分成多个JAR文件也有助于版本管理，比如使用OSGi或者Java 8的Jigsaw模块。因此，不同的高层模块，包括它们的版本和依赖都可以通过捆包/模块（bundles/modules）进行管理。对于上文中的例子，至少存在4个以DDD的二级模块表示的捆包/模块。

对于Windows本地应用程序的限界上下文来说，比如.NET平台，部署可以通过不同的DLL文件完成。这里我们可以将DLL文件等效于上述的JAR文件，对模型的分离也可以采用相似的方式。所有的公共语言运行时（Common Language Runtime, CLR）模块都是通过程序集（Assembly）进行管理的。程序集的版本号和其所依赖程序集的版本号都记录在程序集清单（Assembly Manifest）中。请参考[MSDN Assemblies]。

示例上下文

我们的SaaSOvation团队所选择的3个限界上下文最终将与各自所对应的子域形成一对一的关系。然而在项目开始时，他们并没有做到这一点。在汲取了经验教训之后，最终的结果如图2.7所示。

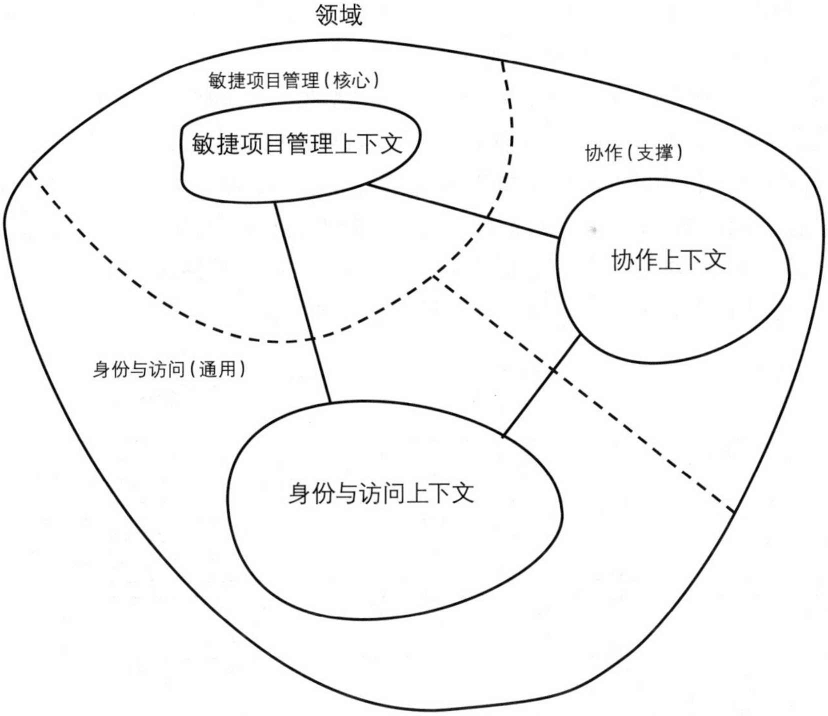

图 2.7 一个拥有清晰子域的示例限界上下文

接下来我们将讲到，这3个模型是如何形成一个实际的、现代的企业级解决方案的。在实际应用中，一个项目总会有多个限界上下文，它们之间的集成对于当今的企业来说是一个重要的环节。除了限界上下文和子域，我们还需要掌握上下文映射图来解决**集成** (13) 问题。

让我们来看看示例DDD项目中的这3个限界上下文[5]。他们分别是协作上下文、身份与访问上下文和敏捷项目管理上下文。

协作上下文

在当今这个经济急步向前的时代下，业务协作工具对于创建一个协作式的工作环境来说是非常重要的。任何有助于增加工作效率、增进知识传递、促进观点共享的方法都是企业成功的促成因素。企业总想寻找最好的在线协作软件，

5. 请注意，上下文映射图提供了有关这3个上下文的更详细的信息，包括它们之间的关系和集成。当然，相比之下，我们应该更关注于核心域。

不管是用于大众社交的协作软件，还是目标用户相对较少的专业化协作工具，而SaaSOvation也希望从这个市场中分到一杯羹。

负责设计和实现协作上下文的核心团队需要在第一次软件发布中包括以下功能：论坛、共享日历、博客、即时消息、wiki、留言板、文档管理、通知与提醒、活动跟踪和RSS订阅。虽然核心团队要开发的功能很多，但是每一个协作工具都可以单独使用。但无论如何，这些工具都属于同一个限界上下文，因为它们都是协作的一部分。遗憾的是，本书不能向读者讲解所有的协作工具，我们将选择性地讲解部分协作工具的领域模型，即论坛和共享日历，如图2.8所示。

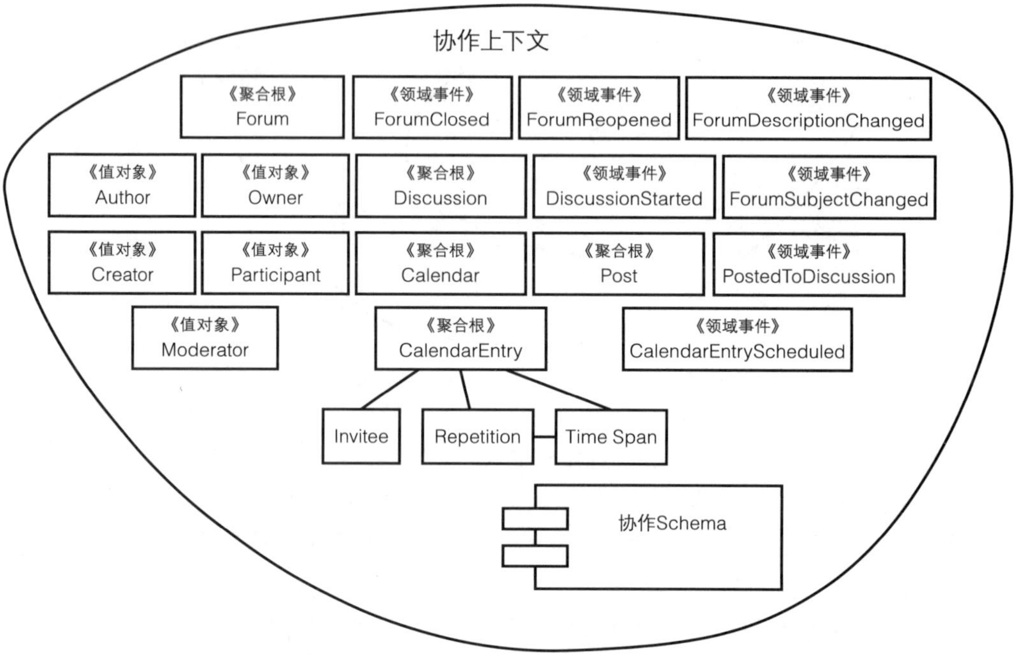

图2.8 协作上下文。通用语言决定哪些组件应该位于边界之内。有些模型未予显示，用户界面（UI）和应用层组件也未予显示。

在项目启动时，协作项目组成员只采用了战术DDD，当然他们正在学习更好的DDD实践。事实上，他们所使用的DDD只能算是DDD-Lite，即使用战术模式来解决技术上的问题。诚然，他们正试图在协作项目中使用通用语言，但是他们不知道的是：此时施加给模型的

限制太大，而他们还不能突破这些限制。因此，他们错误地将安全和权限相关的逻辑引入了协作模型中。而现在，团队成员已经意识到，他们并不像以前那样期待着将安全和权限逻辑加入模型中了。

早些时候，他们并没有过多地去考虑这种危险。然而，在没有对安全管理进行集中化的情况下，发生这种情况是预料之中的。团队成员们将两个模型混合成了一个，不久之后他们便尝到了苦头。在实现代码中，他们在核心业务逻辑中去检查客户的权限：

```
public class Forum extends Entity {
    ...
    public Discussion startDiscussion(
            String aUsername, String aSubject) {
        if (this.isClosed()) {
            throw new IllegalStateException("Forum is closed.");
        }

        User user = userRepository.userFor(this.tenantId(), aUsername);

        if (!user.hasPermissionTo(Permission.Forum.StartDiscussion)) {
            throw new IllegalStateException(
                    "User may not start forum discussion.");
        }

        String authorUser = user.username();
        String authorName = user.person().name().asFormattedName();
        String authorEmailAddress = user.person().emailAddress();

        Discussion discussion = new Discussion(
                this.tenant(), this.forumId(),
                DomainRegistry.discussionRepository().nextIdentity(),
                authorUser, authorName, authorEmailAddress,
                aSubject);

        return discussion;
    }
    ...
}
```

我刚才看到火车残骸（Train Wreck）了吗？

有些开发者将同一行中的多个方法调用链称为“火车残骸”，比如user.person().name().asFormattedName()；而另外有人则认为这种方式具有很好的代码表现力。我并不站在他们的任何一边，这里我的关注点在混乱的领域模型上，“火车残骸”则是另一个话题了。

以上代码所展现的确实是一种不好的设计。我们不应该在这里引用User，更不用说资源库（Repository，12）了，甚至连Permission都不应该在此出现。原因在于，团队成员错误地将这些概念设计成了协作模型的一部分。另外，这种错误的设计导致他们忽略了本应该存在的建模概念——Author。他们并没有把有关联的属性放在一个值对象中，而是使用一些分离的数据元素来解决问题。此时，团队成员所思考的并不是协作模型，而是一个与安全相关的模型。

这并不是一个孤立的现象，每一个协作对象都存在相似的问题。这时，"大泥球"的风险似乎不可避免，还好，团队成员决定修改代码了。此外，团队成员还希望从权限管理转向基于角色访问的安全管理方式，他们应该怎么做呢？

作为敏捷开发方法的使用者和敏捷项目管理工具的开发者，团队成员并不害怕及时地对代码进行重构。现在的问题是：他们应该采用哪种DDD模式来解决目前所面临的问题？

团队中有人花额外的时间详细了解了[Evans]中的战术模式，结论是，这些模式并不是他们需要的答案。他们尝试过照着那些模式创建由实体和值对象组成的聚合，同时也使用了资源库和**领域服务（Domain Service，7）**。然而，他们缺少的是另外一些重要的东西，这可能使他们将关注点转向[Evans] 的后半部分。

最终，他们采取了这种做法，然后他们发现了一些功能强大的技术。当看到"Part III：Refactoring toward Deeper Insight"[Evans]时，他们发现，DDD所能提供的远比他们先前所想象的要多。现在，他们知道应该给予通用语言更多的关注了。通过和领域专家一起工作，他们可以创造更接近自己思维模型的软件。然而，这依然没有解决如何将安全相关逻辑从协作领域模型中分离出来的问题。

[Evans]这本书中进一步讲到了"Part IV：Strategic Design"。团队中的一员从中找到了解决方法。其中一种工具便是上下文映射图，这可以使它们更好地理解当前项目所处的状态。虽然画一个上下文映射图非常简单，但这却是很大一个进步，最终清除了开发团队面临的障碍。

现在，团队成员希望做一些临时性的改进来增强领域模型的稳定性，他们有如下选择：

1. 他们可以将模型重构成**职责层（Responsibility Layers）**[Evans]，即将安全和权限功能下放到比当前模型更低的一个逻辑层。这并不是最好的解决办法，职责层主要用于大型模型。虽然这些层得到了正确的分离，他们依然应该保留在模型中，因为他们都是核心域的一部分。另一方面，团队所处理的概念并没有得到适当地定义，况且这些概念原本就不应该属于核心域。

2. 另一种方法是采用**隔离内核（Segregated Core）**[Evans]。要达到这样的目的，我们可以在整个协作上下文中搜索对安全和权限相关逻辑的引用，然后将身份和访问组件分离到另一个单独的包中。当然，这并不能生成一个单独的限界上下文，但是却可以使团队朝着这样的目标更进一步。这种做法正是团队所需要的，因为这种模式就是这样定义的："使用隔离内核的时机是当你有一个非常重要的限界上下文，但是其中模型的关键部分却被大量的起辅助作用的功能所掩盖了。"这里的安全和权限管理功能显然只是起辅助作用的。团队成员最终意识到，他们需要一个单独的身份与访问上下文作为协作上下文的通用子域。

要着手创建隔离内核并不简单，它可能需要数周的时间。如果措施采取不当，或者未得到及时重构，结果可能导致代码库变得越来越糟糕，修改代码也将变得异常困难。公司的领导层认为，将软件功能分离到新的业务服务可能孵化出一个新的SaaS产品，因此他们对这种做法给予了肯定。

重要的是，该团队现在明白了限界上下文和内聚领域模型的价值。采用额外的战略模式，他们可以将可重用的模型分离到单独的限界上下文中，并在不同的限界上下文之间进行合适的集成。

可以想象，未来的身份与访问上下文和当前嵌入式的安全和权限管理机制是不同的。为了重用而设计将迫使团队将关注点转向更加通用的模型上。开发这个通用模型需要另一个专门的团队，该团队和协作上下文团队是不同的，但在组建之初有可能从限界上下文调入一些成员。这个专门的团队也可以使用不同的实现战略，比如可以采用第三方产品和特定于客户的集成等。但是，对于嵌入式的安全管理机制来说，这种方式太不可达了。

由于开发隔离内核只是一个临时性的步骤，我们这里并不关注它的结果。简单来讲，隔离内核就是将所有与安全和权限相关的类迁移到一个单独的模块中。然后，在调用核心领域逻辑之前，使用应用服务去检查用户的安全权限。这样，在核心域中只需要实现和协作行为相关的功能。应用服务负责安全权限检查和对象转换：

```
public class ForumApplicationService ... {
    ...
    @Transactional
    public Discussion startDiscussion(
            String aTenantId, String aUsername,
            String aForumId, String aSubject) {
        Tenant tenant = new Tenant(aTenantId);
        ForumId forumId = new ForumId(aForumId);

        Forum forum = this.forum(tenant, forumId);

        if (forum == null) {
            throw new IllegalStateException("Forum does not exist.");
        }
```

```
        Author author =
                this.collaboratorService.authorFrom(
                        tenant,
                        anAuthorId);

        Discussion newDiscussion =
                forum.startDiscussion(
                        this.forumNavigationService(),
                        author,
                        aSubject);

        this.discussionRepository.add(newDiscussion);

        return newDiscussion;
    }
    ...
}
```

Forum对象变成：

```
public class Forum extends Entity {
    ...

    public Discussion startDiscussionFor(
        ForumNavigationService aForumNavigationService,
        Author anAuthor,
        String aSubject) {
        if (this.isClosed()) {
            throw new IllegalStateException("Forum is closed.");
        }

        Discussion discussion = new Discussion(
                this.tenant(),
                this.forumId(),
                aForumNavigationService.nextDiscussionId(),
                anAuthor,
                aSubject);

        DomainEventPublisher
            .instance()
            .publish(new DiscussionStarted(
                    discussion.tenant(),
                    discussion.forumId(),
                    discussion.discussionId(),
                    discussion.subject()));

        return discussion;
    }
    ...
}
```

以上代码移除了User和Permission，并将关注点完全限制在协作活动上。当然，这依然不能算是完美的实现，但它至少为将来重构成单独的限界上下文做好了准备。现在，*协作上下文*的团队将所有与安全和权限相关的模块和类型从该上下文中移除，然后逐渐采用新的*身份与访问上下文*。他们将安全管理机制集中化和重用化的目标指日可待了。

我们可以做这么一个假设：团队在项目启动时选择了另外一个方向，通过为每种协作工具（比如将论坛和日历分开建模）创建各自的限界上下文，团队得到了一系列的微小型限界上下文。这种情况是如何产生的呢？由于多数协作工具并不与其他工具产生耦合，每一种工具都可以被部署成一个自治的组件。通过将每一种协作功能放在单独的限界上下文中，团队可以创建多个自然部署单元。然而，对于部署来说，创建这么多个领域模型却是没有必要的，这顶多满足了通用语言的建模原则。

事实上，协作项目团队维持了单个模型，而为每一个协作工具创建了单独的JAR文件。使用Jigsaw模块化功能，他们为每种工具都创建了基于版本的部署单元。除了这些自然分离的JAR文件之外，团队还需要另一个JAR文件用于部署共享的模型对象，比如Tenant、Moderator、Author和Participant等。这种方式有助于建立一套统一的通用语言，同时对架构和应用程序管理来说也是有益的。

有了这样的理解，让我们来看看*身份与访问上下文*是如何产生的。

身份与访问上下文

现在，多数企业级应用程序都需要某种形式的安全和权限组件，这样的组件用以对用户进行认证和授权。正如我们在前面所分析的，一种幼稚的做法是将这样的组件嵌入到每一个离散的系统中，这将导致每一个系统都产生筒仓效应（silo effect）。

牛仔的逻辑

LB："你的谷仓并没有上锁，但是没有人偷你的粮食？"

AJ："我的狗Tumbleweed帮我管理着权限呢，这是我自己的筒仓效应。"

LB："我并不认为你理解了本书。"

一个系统的用户并不能轻易地和其他系统的用户发生关联，即便是同一个人使用不同的系统也是如此。为了避免"谷仓"中的粮食溢出到整个业务范围内，架构师需要对安全和权限的管理进行集中化处理。要达到这样的目标，我们可以购买一套身份和访问管理系统，也可以自己开发一套。至于选择哪种方案，这取决于该系统的复杂性、时间和成本等因素。

要纠正CollabOvation项目的身份和权限管理需要多个步骤。首先，团队需要使用隔离内核[Evans]模式对系统进行重构，请参考"*协作上下文*"一节。这个步骤确保CollabOvation中已经没有与安全和权限相关的逻辑。然而，他们得出了另外的结论：身份和访问管理最终应该位于它们自己的上下文边界内，这将需要更多的工作。

这构成了一个新的限界上下文——*身份与访问上下文*。通过采用标准的DDD集成技术，该上下文可以被其他限界上下文所使用。对于消费方来说，*身份与访问上下文*是一个通用子域，该产品被命名为IdOvation。

如图2.9所示，*身份与访问上下文*向多租户订阅方提供支持。在开发一个SaaS产品时，这是无须多说的。每一个租户及其拥有的每一个对象资产都有唯一的身份标识，这在逻辑上将不同的租户分离开来。系统的使用者只能在收到邀请时自行向系统注册。系统通过认证服务来保证安全访问，而密码通常是被高度加密过的。用户群和嵌套群可以在整个组织范围之内完成复杂的身份管理。通过基于角色的权限机制来管理对系统资源的获取，这种方式是简单的、优雅的，同时又是功能强大的。

更进一步，当有我们关心的状态由于模型行为而发生改变时，系统将发布**领域事件（8）**。这些领域事件通常采用"名词+动词"的形式来命名，动词应该是英文中的过去分词形式，比如tenantProvisioned、UserPasswordChanged和PersonNameChanged等。

在下一章的"上下文映射图"中，我们会讲到如何使用DDD的集成模式将*身份与访问上下文*用于其他两个示例上下文。

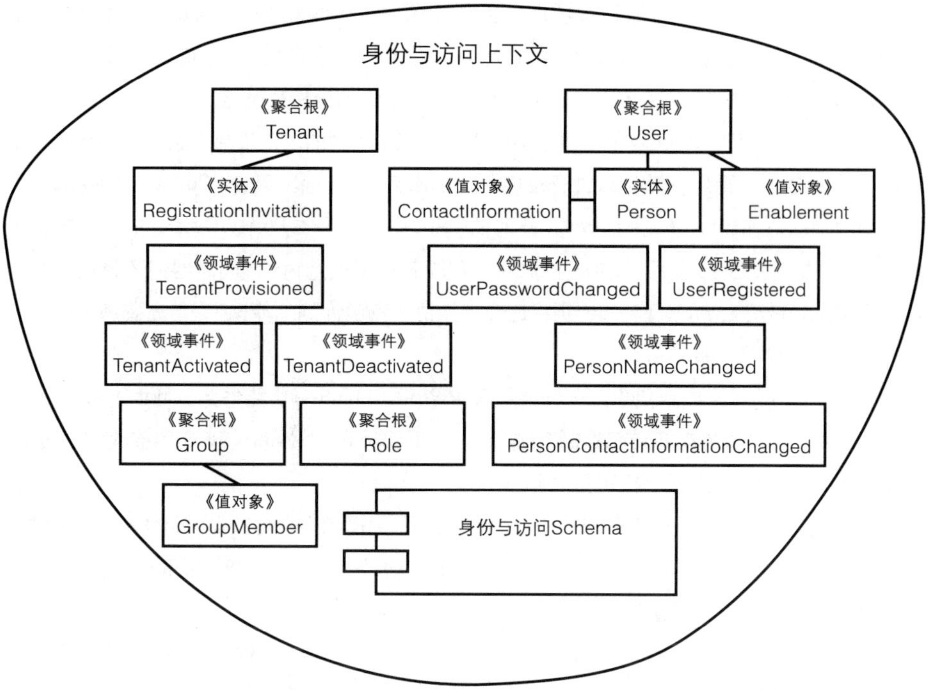

图 2.9 *身份与访问上下文*。边界之内的所有模型都遵循通用语言。在该限界上下文中还存在其他的组件，有些位于模型层中，有些位于其他层中，这里未予显示。同样，用户界面（UI）和应用层组件也未予显示。

敏捷项目管理上下文

敏捷开发提倡的一些轻量级方法使其迅速地流行起来，特别是2001年敏捷宣言出来之后。当初，SaaSOvation公司决定在CollabOvation项目之后再开发一套敏捷项目管理系统，下面是该系统的项目进展情况……

在过去的三个季度中，CollabOvation产品取得了可观的销售业绩，SaaSOvation公司的收入也好于预期，此时公司启动了ProjectOvation项目。这是一个新的核心域，CollabOvation团队的顶尖开发人员将被调到ProjectOvation项目中以传授DDD经验。

ProjectOvation产品关注于敏捷项目的管理，使用Scrum作为迭代和增量式的项目管理框架。ProjectOvation遵循传统的Scrum项目管理模型，其中包括产品、产品负责人、团队、待定项、计划发布和冲刺等。对待定项的评估通过对业务价值的分析来确定。

CollabOvation和ProjectOvation并不会朝着两个完全不同的方向发展下去。SaaSOvation公司及其董事会非常看好在敏捷软件开发中引入协作工具的前景。因此，CollabOvation的功能将作为附加服务加到ProjectOvation中，此时的CollabOvation便是ProjectOvation的一个支撑子域。Scrum的产品负责人和团队成员将对发布和冲刺计划进行讨论，同时他们还将使用共享日历等。预计在将来，ProjectOvation项目还会加入协作资源计划功能，但是首先要满足的是那些首要的敏捷管理功能。

ProjectOvation的技术负责人一开始打算将ProjectOvation功能作为CollabOvation模型的扩展，采用的方法是在源代码控制系统（Revision Control System，RCS）中新建一个分支（branch）。这种做法是一个很严重的错误。

幸运的是，技术人员从先前混乱的"协作上下文"中得到了经验教训，他们认为将敏捷项目管理模型和协作模型合并在一起是一个很大的错误。可以看到，此时的团队已经开始采用DDD的战略设计来思考问题了。

如图2.10所示，在采用了战略设计之后，ProjectOvation团队认为软件的消费方应该是产品负责人和产品团队，这是合理的。毕竟，这些才是Scrum参与者所扮演的项目角色。用户和角色在另外的*身份与访问上下文*中进行管理。通过使用该上下文，订阅者通过自助式的服务来管理他们自己的身份和访问信息。软件中的管理功能使得项目管理者，比如产品负责人，确定项目的团队成员。在角色管理适当的情况下，产品负责人和团队成员都可以在*敏捷项目管理上下文*中进行创建。

对ProjectOvation的一个需求是：通过一系列自治的应用服务来完成业务操作。开发团队希望ProjectOvation对其他限界上下文的依赖程度尽可能的小。总体上来说，ProjectOvation是可以自行完成操作的，即便是IdOvation和CollabOvation由于种种原因不能工作了，ProjectOvation是可以自行运行的。当然，在这种情况下，有些信息可能无法得到及时同步，但系统至少是可以工作正常的。

上下文赋予每个术语特定的含义

一个基于Scrum的产品可以包含多个待定项实例。这里的产品和我们在电子商务网站上购买的产品是不同的。我们是如何知道这一点的呢？因为有上下文。在敏捷项目管理上下文中，我们知道产品所表示的意思，而在在线商店上下文中，我们知道，产品表示另外的意思。我们并不需要将产品命名为ScrumProduct，因为我们已经处于敏捷项目管理上下文中了。

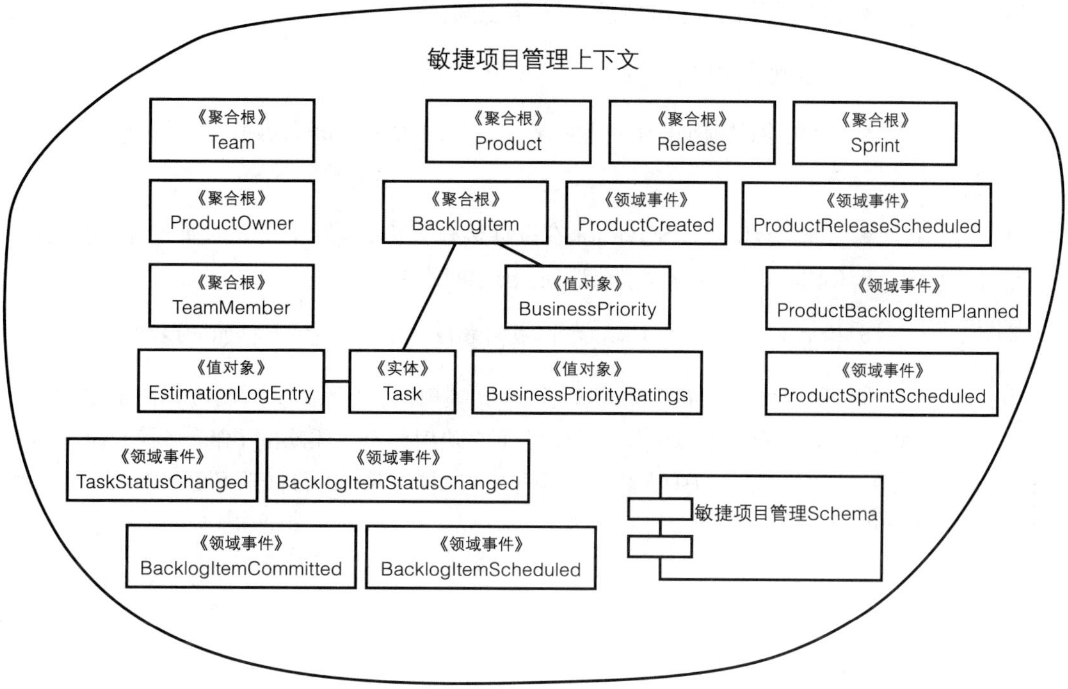

图 2.10 敏捷项目管理上下文。此时的通用语言主要关注于基于Scrum的产品、迭代和发布等。出于可读性，有些组件，比如UI和应用层组件并未予以显示。

基于SaaSOvation开发团队所获得的经验，PorjectOvation的核心域已经可以开始开发了，该核心域中包含了产品、待定项、任务、冲刺和发布等。此外，我们感兴趣的还有他们在对聚合（10）进行建模时所学到的经验教训。

本章小结

在本章中，我们讨论了DDD战略设计的重要性。

- 你学习了领域、子域和限界上下文。

- 你学习了问题空间和解决方案空间。
- 你学到了如何利用限界上下文来分离模型。
- 你学到了如何正确处理限界上下文的大小，如何构建可以部署的限界上下文。
- 你感受到了SaaSOvation在设计协作上下文早期所面临的痛苦，同时看到了CollabOvation团队是如何走出这种困境的。
- 你看到了示例项目中的核心域和敏捷项目管理上下文是如何形成的。

在下一章中，我们将深入学习上下文映射图。上下文映射图是一种重要的战略建模工具。可能在本章中你已经对上下文映射图有了粗略的了解。当我们讨论到不同的领域时，上下文映射图是不可避免的。接下来，我们将学习更多有关上下文映射图的细节。

第3章

上下文映射图

无论你选择做什么，总有人说你是错的，又总有这样那样的困难诱使你相信批评你的人是对的。要找到一条正确之路并坚持到最后，你需要的是勇气。

—Ralph Waldo Emerson

一个项目的**上下文映射图** (Context Map) 可以用两种方式来表示。比较容易的一种是画一个简单的框图来表示两个或多个**限界上下文**之间的映射关系。该框图表示了不同的限界上下文在解决方案空间中是如何通过集成相互关联的。另一种更详细的方式是通过限界上下文集成的源代码实现来表示。对于这两种表示方法，在本章中我们都会讨论到，但对于第二种方法的详细讲解请参考**集成限界上下文** (Integrating Bounded Contexts, 13) 。

请注意，本章主要关注于解决方案空间，在上一章中我们已经对问题空间做了大量的讲解。

本章学习路线图

- 学习为什么绘制上下文映射图有助于项目成功。
- 学习绘制上下文映射图。
- 学习常见的组织关系和系统关系，看看它们是如何影响你的项目的。
- 学习SaaSOvation团队是如何利用上下文映射图来控制他们的项目的。

上下文映射图为什么重要

在开始采用DDD时，首先你应该为你当前的项目绘制一个上下文映射图，其中应该包含你项目中当前的限界上下文和它们之间的集成关系。图3.1表示一个抽象的上下文映射图，我们将不断地向里面添加细节内容。

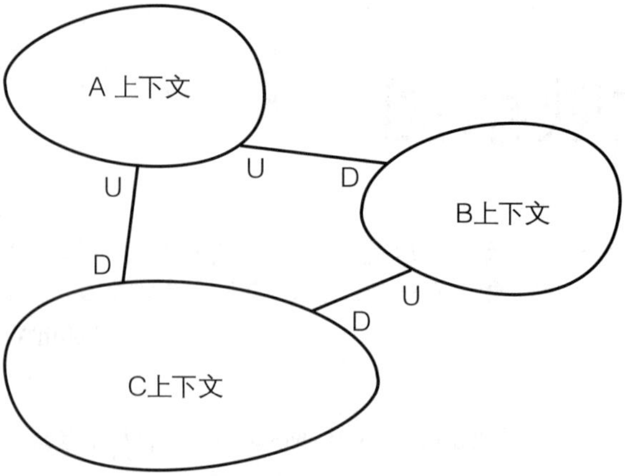

图3.1 一个抽象领域的上下文映射图。图中显示了3个限界上下文以及它们之间的集成关系。U表示上游（Upstream），D表示下游（Downstream）

以上这个简单的框图便可以作为你团队的上下文映射图。其他团队在实施DDD时应该创建他们自己的上下文映射图。上下文映射图主要帮助我们从解决方案空间的角度看待问题。

又是新术语？

这里我们引入了大泥球、客户方-供应方（Customer-Supplier）和遵奉者（Conformist）等概念。耐心一点，我们将在本章后面对这些概念做详细的解释。

比如，当你为一个大型企业进行限界上下文之间的集成时，你可能需要与**大泥球**进行交互。大泥球的维护团队才不关心你的项目呢，因为你依赖于他们的API。因此，他们并不会深入到你的上下文映射图中，也不会关心你是如何使用他们的API的。然而，你的映射图依然需要反映出和他们的集成关系，因为这样可以使你了解到映射图的内部，并且可以指明在哪些地方需要与其他团队进行交流。这样的理解对你团队的成功是有帮助的。

交流渠道

前面，我们已经讲到了与一个库存系统的交互。除了解决集成问题之外，上下文映射图还可以促进团队间的交流。

假定你期望大泥球维护团队提供一套新的API。然而，他们却并不打算这么做，或者他们根本就不知道你的想法。此时你的团队和大泥球维护团队的关系便成了**客户方-供应方**的关系。由于大泥球团队决定维持现状，你的团队不得不陷入一种**遵奉者**关系中。这样的关系可能导致你的项目延期交付或者彻底失败。尽早绘制上下文映射图，这样可以迫使你仔细思考你的项目和你所依赖项目之间的关系。

> 识别出项目中的每一个模型并确定它的限界上下文……为每个限界上下文命名，该名字应该是通用语言的一部分。描述模型之间的连接点，将模型间的翻译转换显式地勾勒出来。[Evans, p.345]

CollabOvation团队应该在建模之初就使用上下文映射图。虽然他们几乎是从零开始的，但以映射图的形式对项目做出假设可以帮助他们更好地分离限界上下文。同时，他们应该将一些显著的建模元素列在白板上，然后从语言层面对这些元素进行分组。这样可以迫使他们识别出语言边界，然后创建一个简单的上下文映射图。然而当时，他们对于战略建模一无所知。他们需要在战略建模上有所突破，后来，他们的确做到了。在之后的ProjectOvation中，他们尝到了战略建模的甜头。

接下来，让我们看看如何快速地生成一个可用的上下文映射图。

绘制上下文映射图

上下文映射图表现的是项目当前的状态，如果项目会在将来发生变化，你可以到那时才对上下文映射图做相应的更新。关注于当前的项目状态可以帮助你了解你正处的位置，并帮助你决定如何走出下一步。

绘制一个上下文映射图并不复杂。通常，首选在白板上手绘映射图，此时你可以采用[Brandolini]的风格。如果你打算使用一个绘图工具来绘制上下文映射图，请注意不要把图画得太正式了。

回到图3.1中，图中限界上下文的名字和彼此之间的集成关系只是占位符而已，在真实的上下文映射图中，我们将代之以实际的名字。图3.1中同时还展示了上游（upstream）和下游（downstream）两种集成关系，在本章后面我们将对此做详细讲解。

白板时间

为你的的项目绘制一个简单的框图，其中包含不同的限界上下文、它们之间的关系、各个上下文的团队、上下文之间的集成和必要的翻译等。

> 请注意，你的软件所实现的只是框图之内的内容。如果你想获得更多的信息，可以参考那些与你的限界上下文有集成关系的系统。

有时，我们希望对上下文映射图的某些特定部分进行放大，以向里面加入更多的细节。这只是从另外一个角度来看待同一个限界上下文。除了边界、关系和翻译，我们可能希望加入其他的一些内容，比如**模块**（9）、**聚合**（10），或者团队的分布信息等。我们将在本章后面讲到这些。

所绘制的所有映射图，包括文字，都可以装订在同一份参考文档中，只要这对团队是有价值的。在这个过程中，我们应该避免那些繁文缛节性的仪式，保持简单和敏捷。向框图中加入过多的细节对团队并无多大帮助，交流才是关键，我们应该将交流对话也加入到上下文映射图中。

> **这不是企业架构**
>
> 上下文映射图并不是一种企业架构，也不是系统拓扑图。

上下文映射图并不是一种企业架构，也不是系统拓扑图。但是，它可以用于高层次的架构分析，指出诸如集成瓶颈之类的架构不足。上下文映射图展现了一种组织动态能力（organizational dynamic），它可以帮助我们识别出有碍项目进展的一些管理问题。

牛仔的逻辑

AJ：“我的夫人对我说，‘我刚才在外面的草场上和奶牛呆了一会儿，你看见我了吗？’我说，‘没有。’接下来这一周，她都没有跟我说话。”

这些框图可以贴在墙上一个显著的位置，这样团队成员都可以看到。如果团队经常使用wiki，这些框图也可以在wiki中进行维护，否则，大可不必这么做。有这么一种说法，wiki是葬送信息的地方。不管你将这些框图放在什么地方，上下文映射图都只是默默地呆在那里，除非团队成员经常去关注这些框图并围绕着展开讨论。

产品和组织关系

这里，我们简单重复一下SaaSOvation公司正在开发的3个产品：

1. CollabOvation——一款社交协作产品。该产品允许注册用户发布对业务有价值的内容，发布方式是一些流行的基于Web的工具，比如论坛、共享日历、博客和wiki等。这是SaaSOvation公司的旗舰产品，也是该公司的第一个**核心域（2）**（即使当时他们还并不知道“核心域”这个DDD术语）。开发团队后来从CollabOvation中提取出了IdOvation模型（第2点）。对于CollabOvation来说，IdOvation是一个**通用子域（2）**，而CollabOvation本身又作为ProjectOvation（第3点）的**支撑子域（2）**。

2. IdOvation——一款可重用的身份和访问管理产品。IdOvation为注册用户提供安全的、基于角色的访问管理。这些功能一开始和CollabOvation（第1点）混合在一起，这样导致的问题是：实现受到了限制，功能不可重用。SaaSOvation对CollabOvation进行了重构，引入了一个新的、清晰的限界上下文。SaaSOvation公司决定支持多个租户，这种功能对于SaaS产品来说是至关重要的。对于消费方来说，IdOvation扮演着通用子域的角色。

3. ProjectOvation——一个款敏捷项目管理产品。这是SaaSOvation公司的新核心域。ProjectOvation采用基于Scrum的项目运行框架，用户可以创建项目管理资产，同时对项目资产进行分析和设计，还能跟踪项目进度。和CollabOvation一样，ProjectOvation将IdOvation作为一个通用子域来使用。该产品的一大创新是将CollabOvation（第1点）引入了敏捷项目管理，这样用户可以围绕Scrum的产品、发布、冲刺和待定项展开讨论。

终于轮到定义了！

我们马上将对前面提到的组织模式和集成模式进行定义……

这些限界上下文之间的关系如何，不同开发团队之间的关系又如何？在DDD中，存在多种组织模式和集成模式，其中，有一种模式存在于任意两个限界上下文之间。以下的定义在很大程度上来自于[Evans, Ref]。

- 合作关系（Partnership）：如果两个限界上下文的团队要么一起成功，要么一起失败，此时他们需要建立起一种合作关系。他们需要一起协调开发计划和集成管理。两个团队应该在接口的演化上进行合作以同时满足两个系统的需求。应该为相互关联的软件功能制定好计划表，这样可以确保这些功能在同一个发布中完成。

- 共享内核（Shared Kernel）：对模型和代码的共享将产生一种紧密的依赖性，对于设计来说，这种依赖性可好可坏。我们需要为共享的部分模型指定一个显式的边界，并保持共享内核的小型化。共享内核具有特殊的状态，在没有与另一个团队协商的情况下，这种状态是不能改变的。我们应该引入一种持续集成过程来保证共享内核与通用语言（1）的一致性。
- 客户方-供应方开发（Customer-Supplier Development）：当两个团队处于一种上游-下游关系时，上游团队可能独立于下游团队完成开发，此时下游团队的开发可能会受到很大的影响。因此，在上游团队的计划中，我们应该顾及到下游团队的需求。
- 遵奉者（Conformist）：在存在上游-下游关系的两个团队中，如果上游团队已经没有动力提供下游团队之所需，下游团队便孤军无助了。出于利他主义，上游团队可能向下游团队做出种种承诺，但是有很大的可能是：这些承诺是无法实现的。下游团队只能盲目地使用上游团队的模型。
- 防腐层（Anticorruption Layer）：在集成两个设计良好的限界上下文时，翻译层可能很简单，甚至可以很优雅地实现。但是，当共享内核、合作关系或客户方-供应方关系无法顺利实现时，此时的翻译将变得复杂。对于下游客户来说，你需要根据自己的领域模型创建一个单独的层，该层作为上游系统的代理向你的系统提供功能。防腐层通过已有的接口与其他系统交互，而其他系统只需要做很小的修改，甚至无须修改。在防腐层内部，它在你自己的模型和他方模型之间进行翻译转换。
- 开放主机服务（Open Host Service）：定义一种协议，让你的子系统通过该协议来访问你的服务。你需要将该协议公开，这样任何想与你集成的人都可以使用该协议。在有新的集成需求时，你应该对协议进行改进或者扩展。对于一些特殊的需求，你可以采用一次性的翻译予以处理，这样可以保持协议的简单性和连贯性。
- 发布语言（Published Language）：在两个限界上下文之间翻译模型需要一种公用的语言。此时你应该使用一种发布出来的共享语言来完成集成交流。发布语言通常与开放主机服务一起使用。

- 另谋他路（SeparateWay）：在确定需求时，我们应该做到坚决彻底。如果两套功能没有显著的关系，那么它们是可以被完全解耦的。集成总是昂贵的，有时带给你的好处也不大。声明两个限界上下文之间不存在任何关系，这样使得开发者去另外寻找简单的、专门的方法来解决问题。

- 大泥球（Big Ball of Mud）：当我们检查已有系统时，经常会发现系统中存在混杂在一起的模型，它们之间的边界是非常模糊的。此时你应该为整个系统绘制一个边界，然后将其归纳在大泥球范围之列。在这个边界之内，不要试图使用复杂的建模手段来化解问题。同时，这样的系统有可能会向其他系统蔓延，你应该对此保持警觉。

在与身份与访问上下文集成时，协作上下文和敏捷项目管理上下文均没有采用另谋他路的手法。诚然，在上下文范围之内，另谋他路的手法可以应用在特殊的系统上，同时它也可以用于一些个例。比如，一个团队可能拒绝使用集中式的安全管理系统，但他们依然会与另外类型的安全管理系统集成。

SaaSOvation的不同团队之间存在着客户方-供应方关系。SaaSOvation公司的管理层绝对不会允许一个团队成为另一个团队的遵奉者。并不是说遵奉者关系所带来的影响总是负面的，而是客户方-供应方关系要求供应方向客户方提供支持，这种团队关系有助于SaaSOvation获得整体性的成功。当然，客户方也不总是正确的，这时团队之间需要的是礼尚往来。总的来说，团队应该好好地保持这种积极的组织关系。

在集成时，他们将会用到开放主机服务和发布语言，有可能还会用到防腐层。虽然这两者都会在限界上下文之间创建开放的标准，但是它们并不矛盾。通过使用下游上下文中的基本原则，他们依然可以得到由独立翻译[1]所带来的好处，并且不会像与大泥球集成时那样复杂。翻译层将变得简单、优雅。

在上下文映射图中，我们使用以下缩写来表示各种关系：

- ACL表示防腐层
- OHS表示开放主机服务
- PL表示发布语言

1.译注：这里所指的翻译，即通过建立一套标准的发布语言，使得上游和下游上下文之间解耦。独立的翻译层能够起到防腐的重要，一旦上游发生变化，不会直接影响到下游上下文。

在阅读下一节时，你可以回头参考第2章，“领域、子域和限界上下文”。第2章中关于这3个示例限界上下文的框图在这里也是有用的。由于描述的是高层次概念，这些框图同样可以作为上下文映射图的一部分。

映射3个示例限界上下文

现在，让我们看看SaaSOvation公司的开发团队都在做些什么……

当CollabOvation团队意识到自己已经陷入僵局时，他们开始向[Evans]求助。在众多的战略设计模式中，他们发现了一种名为“上下文映射图”的工具非常实用。同时，他们还在网上发现了一篇文章[Brandolini]，该文对上下文映射图做了扩展性的讲解。由于上下文映射图建议只对已有的系统进行映射，他们立即开始把映射图用于协作上下文，如图3.2所示。

从团队设计的第一张映射图可以看出，他们已经知道应该创建一个名为“协作上下文”的限界上下文。从图中怪异的边界又可以看出，他们可能希望创建第二个限界上下文，但是却不知道如何将这个上下文从核心域中分离出来。

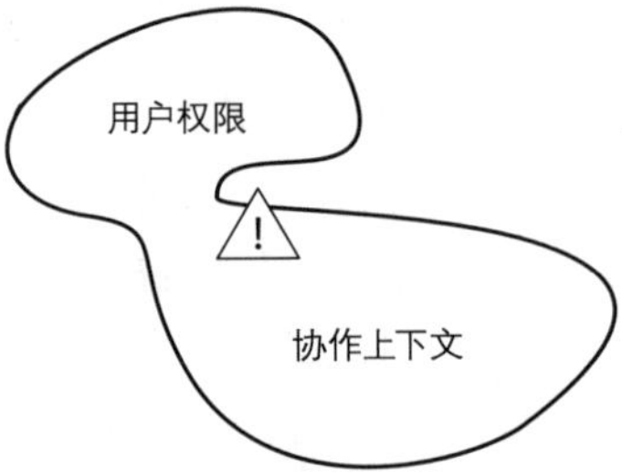

图3.2 协作上下文中的三角形表示一些不受欢迎的概念，其中的感叹号表示一些不纯净的区域。

在图3.2中，位于图上方的狭窄通道（警告标志处）可能成为一些外部概念肆意进出之所。这里并不是说上下文边界一定得密不透风，而是：对于任何上下文边界，开发团队都希望协作上下文能够完全地控制所进所出，还包括进出的原因。否则，该上下文中便会出现一些不受欢迎的“拜访者”。对于模型而言，这些“拜访者”通常会导致混淆和bug。建模人员应该是友好的，但是友好的前提是秩序与和

谐。任何进入边界的外部概念都应该持有充分的理由，甚至需要和边界内的模型保持良好的兼容性。

有了这样的分析，团队成员不仅对当前的模型有了更好的理解，同时还知道了如何迈出项目的下一步。一旦团队成员意识到安全、用户和权限并不属于协作上下文，他们便会采取相应的措施。他们需要将这些概念从核心域中分离出来，使这些概念只有在得到同意的时候才能进入核心域。

这是对于DDD项目很重要的贡献。限界上下文的通用语言维持了所有模型的纯洁性，这一点，通用语言实至名归。语言上的分离有助于各个团队将精力集中在各自的限界上下文上。

在对子域进行了分析，或对问题空间进行了评估之后，团队所绘制的上下文映射图如图3.3所示。从一个限界上下文中分离出了两个子域。由于子域和限界上下文最好是保持一对一的关系，我们应该将原先的协作上下文分离成两个限界上下文。

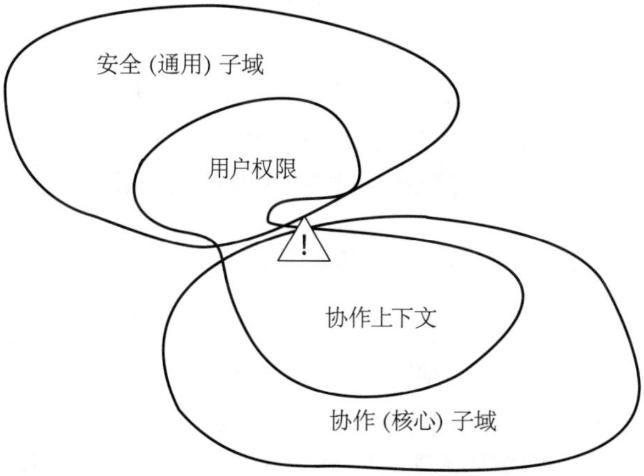

图3.3 团队对子域的分析导致了两个子域的产生：协作核心域和安全通用子域。

对子域和边界的分析要求我们做出决定。当人们需要使用CollabOvation的功能时，他们扮演的是参与者、作者和主持者等角色。有了这样的角色分离，我们便可以绘制一个更高层次的上下文映射图，如图3.4所示。团队使用了**分离内核**[Evans]对系统进行了重构。

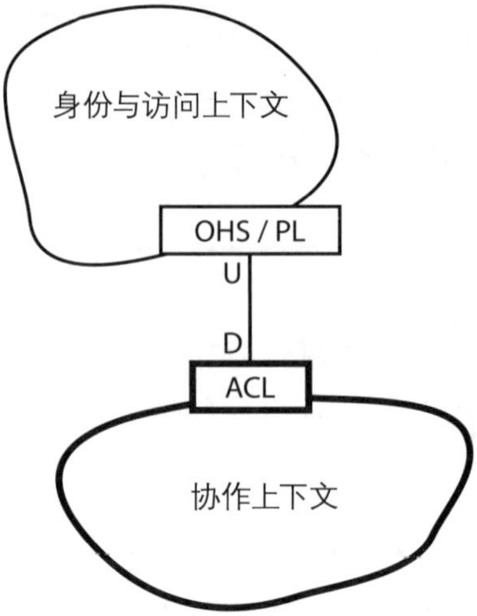

图3.4 原有核心域的边界和集成点以粗线标记。这里的IdOvation作为下游CollabOvation的通用子域。

在理解充分的情况下，要绘制上下文映射图并不难，但是通常来说，我们并不会将映射图中的所有内容都显示出来。在迭代过程中，思考和讨论可以帮助我们改进上下文映射图，比如对集成点进行改进，这将有助于描述限界上下文之间的关系。

在上面3个上下文映射图中，前2个表明了团队的确从战略设计中有所收获。团队成员需要在原先的CollabOvation项目中抽出与身份和访问相关的内容，进而形成如图3.4所示的上下文映射图。团队成员只绘制了核心域、协作上下文、新的通用子域，还有身份与访问上下文。他们并没有把未来的敏捷项目管理上下文也包含在内，而加入该上下文对团队并无益处。此时，他们只需要对已有系统进行更正和改进。今朝有酒今朝醉，明日愁来明日忧。

白板时间

- 对于你自己的限界上下文，你能识别出那些不该属于其中的概念吗？如果是，绘制一个新的上下文映射图，将这些概念放在另一个上下文中，再在图中标明两个限界上下文之间的关系。
- 对于上文中的9种DDD组织和集成关系，你会选择哪一种，为什么？

当下一个ProjectOvation项目启动时，团队将使用这个新的核心域——*敏捷项目管理上下文*来增强已有的上下文映射图，如图3.5所示。此时，我们已经能看出哪些方面正在计划当中了，即便它们还没有编码实现。团队成员还不大理解新上下文中的细节，但是通过讨论，他们是可以做到这点的。在项目早期采用战略设计可以帮助所有的团队成员了解他们的职责。由于第3个映射图是对前两个的改进，我们将把关注点放在该映射图上。SaaSOvation公司将领队开发人员分配到了新的PorjectOvation项目。作为最“富有”的上下文，这个新的核心域就应该是最优秀的开发者工作的地方。

SaaSovation的开发团队已经对核心的模型分离有了很好的理解。与CollabOvation相似，当ProjectOvation的用户创建产品、计划发布、冲刺，或者工作在待定项上时，他们扮演的是产品负责人或者团队成员的角色。*身份与访问上下文*已经从核心域中分离出去了。对于*协作上下文*也是这种情况，此时的*协作上下文*对于ProjectOvation来说只是一个支撑子域。任何时候，这个新的模型都受到了上下文边界的保护，外部概念需要通过翻译才能进入核心域中。

看看图3.5中框图的细节，他们并不是系统架构图。如果是，我们应该将新核心域——*敏捷项目管理上下文*放在最上部或者中间位置才对。但是此处，它却位于底部，表示这个核心模型位于其他系统的下游。

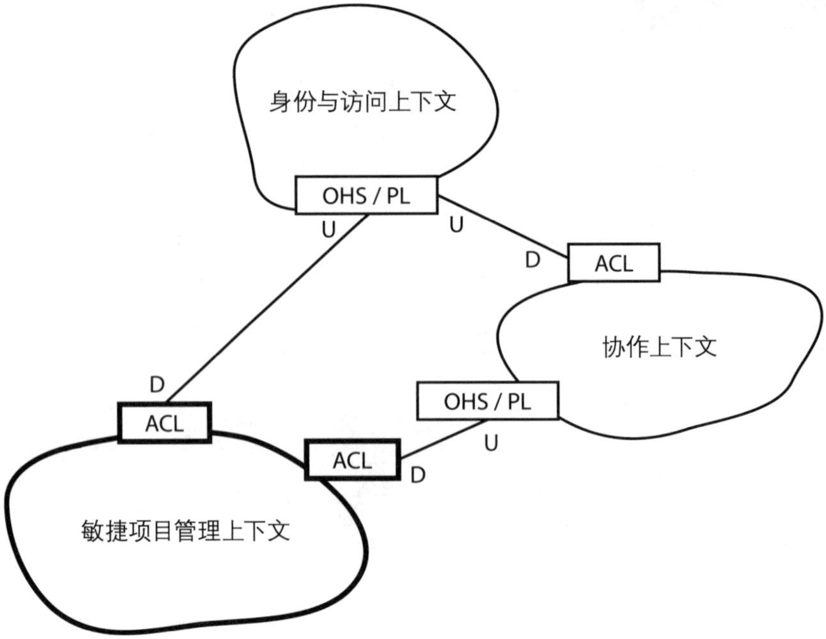

图3.5 当前核心域的边界和集成点以粗线标记。CollabOvation支撑子域和IdOvation通用子域为上游。

这种细微的差别还表明了另一点：上游模型会对下游模型产生影响，不管是正面的还是负面的，就像河流一样。比如一个城市向河流中倾倒的污染物，这些污染物可能对本城市的影响很小，但是下游城市便深受其害了。映射图中框图的上下关系表明了上游模型对下游模型的影响，同时字母U和D显式地指出了它们之间的关系。有了这些字母标签，上下文的位置关系就不那么重要了，但是，这些位置关系依然能给我们营造一种好的视觉效果 。

牛仔的逻辑

LB：“当你口渴时，记得在牛群的上游喝水。”

身份与访问上下文位于最上游，它对协作上下文和敏捷项目管理上下文均会产生影响。同时，协作上下文又是敏捷项目管理上下文的上游，因为后者的模型依赖于前者的模型和服务。在**限界上下文**（2）中我们提到，ProjectOvation将自治地运行，而不会依赖于周边系统。这并不是说自治服务就可以完全独立于上游模型，而是我们的设计应该尽可能地限制实时依赖性。虽然ProjectOvation是自治的，但是它依然属于其他系统的下游。

拥有自治服务的应用程序并不表示需要将上游系统的数据库复制到下游系统中。数据库复制将迫使本地系统承担过多的职责，它需要创建一个共享内核，而这并不是真正意义上的自治。

在第三个映射图中，请注意上游系统的连接框，它们都标以OHS/PL，分别表示开放主机服务和发布语言。所有下游系统的连接框都标以ACL，即防腐层。对于它们的技术实现将在**集成限界上下文** (13) 中讲到。简单地讲，这些集成模式将采用以下技术：

- 开放主机服务：该模式可以通过REST实现。通常来讲，我们可以将开放主机服务看成是远程过程调用（RemoteProcedureCall，RPC）的API。同时，它也可以通过消息机制实现。
- 发布语言：发布语言可以通过多种方式实现，但最常见的是使用XML Schema。在使用REST服务时，发布语言用来表示领域概念，此时可以使用XML和JSON。发布语言也可以使用Google的协议缓冲（Protocol Buffer）来表示。如果你打算发布Web用户界面，你也可以使用HTML。使用REST的好处在于每个客户端都可以指明使用哪种发布语言，同时还可以指明资源的展现方法。REST的另一个优点是超媒体（Hypermedia）展现，即HATEOAS（Hypermedia As The Engine Of Application State）。超媒体赋予发布语言以动态性和可交互性，使得客户端可以访问一系列彼此链接的资源。发布语言既可以使用标准的媒体类型进行发布，也可以使用自定义类型。同时，发布语言还可以用于**事件驱动架构** (Event-Driven Architecture，4)，其中**领域事件** (Domain Event，8) 以消息的形式发送到订阅方。
- 防腐层：在下游上下文中，我们可以为每个防腐层定义相应的领域服务（Domain Service，7）。同时，你也可以将防腐层用于资源库 (12) 接口。在使用REST时，客户端的领域服务将访问远程的开放主机服务，远程服务器以发布语言的形式返回，下游的防腐层将返回内容翻译成本地上下文的领域对象。比如，协作上下文向身份与访问上下文请求"具有Moderator角色的用户"。所返回的数据可能是XML格式或JSON格式，然后防腐层将这些数据翻译成协作上下文中的Moderator对象，该对象是一个值对象。这个Moderator实例反映的是下游模型中的概念，而不是上游模型。

以上3个模式是非常常见的。这里我并不打算对每种集成模式都做讲解，我们将看到，即便我们只是选择性地讲解了少数几种模式，我们依然能够看出这些模式在应用上的不同。

剩下的问题是：以上便是创建上下文映射图的全部吗？可能吧。高层视角已经为我们提供了有关项目整体的大量信息。然而，我们可能会对这些集成关系和上下文间连接的内部感到好奇。当我们对上下文映射图进行放大时，以上3种集成模式的内部结构将会变得清晰起来。

让我们往后退一步。由于*协作上下文*是第一个核心域，让我们把它放大来看看。首先我们将接触到一些简单的集成方式，然后再是更高级的。

协作上下文

现在，让我们看看CollabOvation项目的进展情况……

协作上下文作为SaaSOvation公司的第一个核心域，开发团队已经对其有很好的理解了。这里，他们使用的集成方式比较简单，但是在可靠性和自治性上还稍逊一筹。要将此上下文映射图进行放大是相对容易的。

---

*身份与访问上下文*通过REST的方式向外发布服务。作为该上下文的客户，*协作上下文*通过传统的类似于RPC的方式获取外部资源。*协作上下文*并不会永久性地记录下从*身份与访问上下文*中获取来的数据，而是在每次需要数据时重新向远程系统发出请求。显然，*协作上下文*高度依赖于远程服务，它不具有自治性。但就目前而言，SaaSOvation公司是愿意采取这种方式进行集成的。与一个通用子域进行集成属于SaaSOvation意料之外的事情，而为了满足交付计划的需求，他们不敢将时间浪费在实现软件的自治性上，而是采用了一种相对简单的方案。由于之后的ProjectOvation项目将使用自治性服务，CollabOvation到时可以借鉴ProjectOvation的做法。

在图3.6所示的放大后的上下文映射图中，下游系统中的边界对象（boundary object）采用同步的方式向上游系统获取资源。当获取到远程模型数据之后，边界对象取出所需数据，再将其翻译成适当的值对象实例。在图3.7中，翻译图

（Translation Map）将所获数据转化成一个值对象。这里，身份与访问上下文中一个具有Moderator角色的User被翻译成了协作上下文中的Moderator值对象。

白板时间

对于你自己项目的限界上下文，为你所感兴趣的一个集成点创建一个翻译图。

> 如果翻译过于复杂，并且需要大量的数据复制和同步，从而使得翻译前后的模型存在很大的相似度，此时你该怎么办？你可能过多地使用了外部上下文中的数据，从而导致自己的模型混淆不清。

不幸的是，如果由于远程系统不可用而导致同步请求失败，那么本地系统也将跟着失败。此时本地系统将通知用户所发生的问题，并告诉用户稍后重试。

系统集成通常依赖于RPC。从高层面上看，RPC与编程语言中的过程调用非常相似。一些程序库和工具使得RPC极具吸引力，使用起来也非常简单。然而，和在相同进程空间中进行过程调用不同的是，远程调用更容易产生有损性能的时间延迟，并且有可能导致调用彻底失败。网络和远程系统的加载过程都是RPC产生延迟的原因。当RPC的目标系统不可用时，用户对你系统的请求也将失败。

虽然REST并不是真正意义上的RPC，但它却具有与RPC相似的特征。彻底的系统失败并不多见，但它却是一个潜在的问题。CollabOvation团队急切地希望解决这个问题。

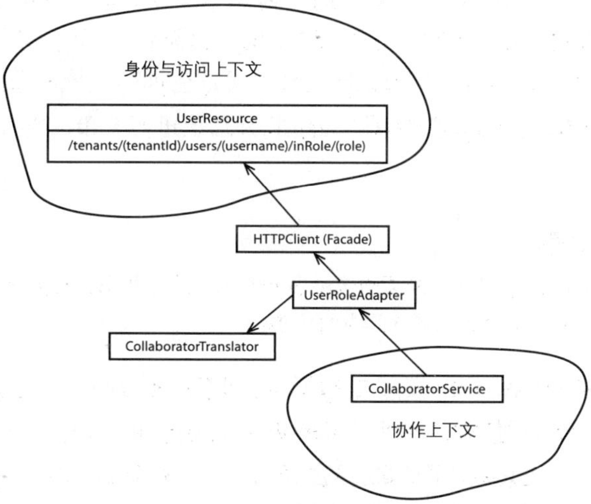

图3.6 协作上下文和身份与访问上下文集成时的防腐层和开放主机服务。

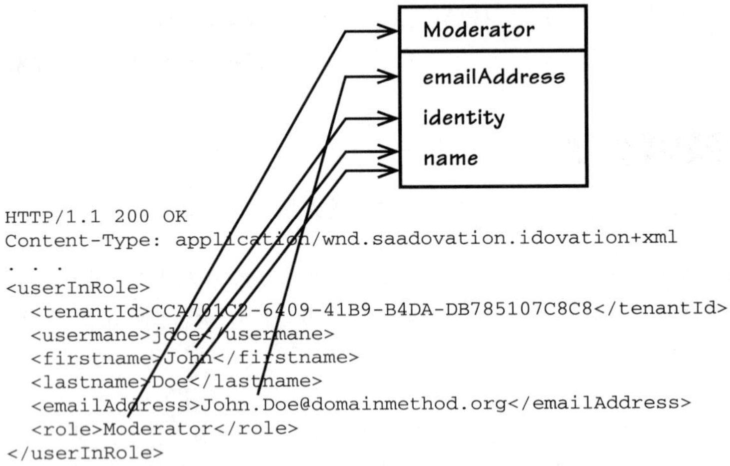

图3.7 如何将展现状态（XML）映射到本地模型中的值对象。

敏捷项目管理上下文

由于敏捷项目管理上下文是新的核心域，让我们重点关注一下。让我们将该上下文以及它与其他模型的连接关系放大来看看。

为了达到比RPC更高的自治性，敏捷项目管理上下文的团队将尽量限制对RPC的使用，此时他们可以选择异步请求，或者事件处理等方式。

如果系统所依赖的状态已经存在于本地，那么我们将获得更大的自治性。有人可能认为这只是对所有的依赖对象进行缓存，但这不是DDD的做法。DDD的做法是：在本地创建一些由外部模型翻译而成的领域对象，这些对象保留着本地模型所需的最小状态集。为了初始化这些对象，我们只需要有限的RPC调用或REST请求。然而，要与远程模型保持同步，最好的方式是在远程系统中采用面向消息的通知（notification）机制。消息通知可以通过服务总线进行发布，也可以采用消息队列或者REST。

> **做一个极简主义者**
>
> 被同步的状态应该是本地模型所需远程模型的最小属性集。这里并不只是限制我们的对数据的需求，还应该对概念进行恰当的建模。

限制对远程模型状态的使用是值得的，即使考虑到对本地模型本身的设计时也是如此。例如，我们并不希望将ProductOwner和TeamMember分别映射到UserOwner和UserMember，因为这样它们承担了远程User对象的过多特征属性，从而在不经意间导致了一种“杂交”状态。

和身份与访问上下文集成

在图3.8中我们看到，对于身份与访问上下文中的领域事件，系统将以URI的方式向外发布事件通知。这种功能是通过NotificationResource提供的，它向外发布REST资源。这里的通知资源是一组被发布的领域事件。对于消费方来说，每个事件总是可用的。消费方应该避免对事件的重复消费。

一个自定义的媒体类型表明客户可以请求两种资源：

```
application/vnd.saasovation.idovation+json
//iam/notifications
//iam/notifications/{notificationId}
```

通过第一个资源URI，客户可以（使用HTTP GET请求）获取到当前的通知日志（一个固定大小的通知集合）。对于自定义的媒体类型：

```
application/vnd.saasovation.idovation+json
```

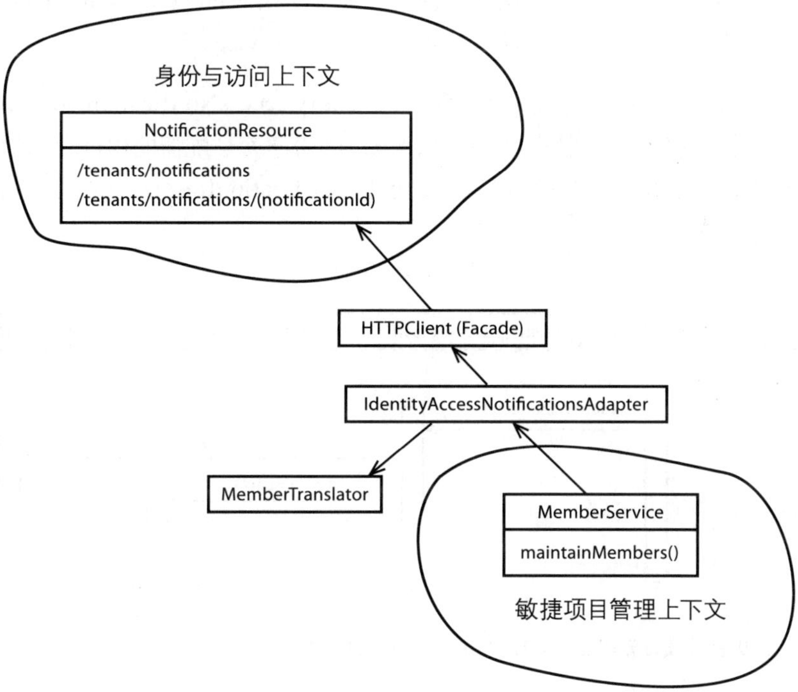

图3.8 敏捷项目管理上下文和身份与访问上下文集成时的防腐层和开放主机服务。

可以看出，这里的URI是全新的，并且是稳定的，因为它不会改变。无论当前的通知日志中包含了什么样的内容，该URI都会将其发布。当前日志是在*身份与访问上下文*模型中最近产生的事件的一个集合。通过第二个URI，客户可以获得先前存档的所有事件通知。为什么我们同时需要当前日志和存档日志呢？请参考**领域事件**（8）和**集成限界上下文**（13）中有关基于订阅源（feed）通知的工作机制。

事实上，ProjectOvation团队并不打算全盘使用REST。比如，他们目前正与CollabOvation团队协商是否可以使用消息机制，例如RabbitMQ。但就目前来说，它们和*身份与访问上下文*的集成依然是基于REST的。

现在，让我们先忽略技术细节，看看映射图中各个交互对象所扮演的角色。图3.9表示集成过程的序列图，对其解释如下：

- MemberService是一个领域服务，它向本地模型提供ProductOwner和TeamOwner对象，同时作为基本防腐层的接口。maintainService()方法用于周期性地检查*身份与访问上下文*所发出的通知。该方法不由模型的正常客户调用，而是由通知组件周期性地调用，在图3.9中，MemberSynchronizer表示这样的通知组件，它会把请求委派给MemberService。

- MemberService进一步把请求委派给IdentityAccessNotificationAdapter，该类在领域服务和远程的开放主机服务之间扮演着适配器的角色。该适配器作为远程系统的客户端而存在。与远程NotificationResource的交互并没有显示在图3.9中。

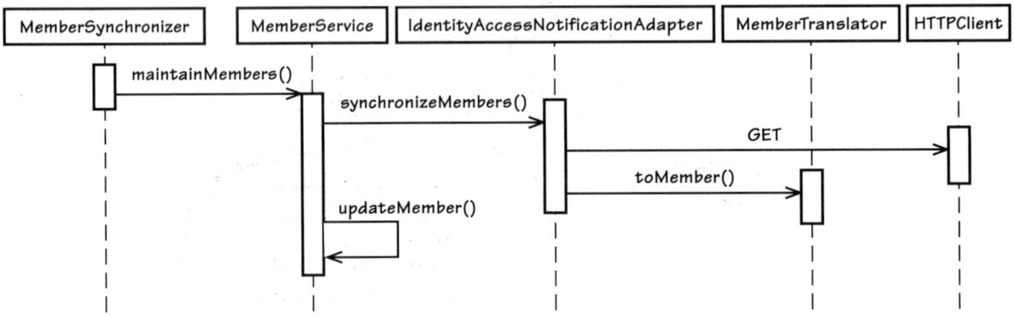

图3.9 敏捷项目管理上下文和身份与访问防腐层的内部工作机制。

- 一旦适配器从远程的开放主机服务获取到了数据，它将调用MemberTranslator的toMember()方法将发布语言中的媒体数据翻译成本地系统的领域对象Member。如果该对象在本地系统已经存在，则更新该对象。MemberService的updateMember()方法用于更新一个Member对象，此时它把更新操作委派给了自己。Member的子类有ProductOwner和TeamMember，它们反映了本地系统中的上下文概念。

我们不应该将重点放在技术实现或集成产品上，而应该放在限界上下文之间的分离上，这样我们可以保持每个上下文的纯洁性，同时将一个上下文中的数据用在另一个上下文的概念中。

以上框图和辅助性文本向我们展示了如何创建一个上下文映射图文档。该文档不必非常详尽，但需要提供足够的背景信息和概念解释，以使得团队的新成员能够迅速上手。然而，请记住，只有在对团队有用的情况下，我们才创建上下文映射图文档。

接下来，让我们看看敏捷项目管理上下文是如何与协作上下文集成的。同样，我们关注的是系统的自治性，但这给集成带来了更多的困难与挑战。

ProjectOvation将使用CollabOvation所提供的附加功能，比如论坛讨论和共享日历等。ProjectOvation用户并不直接与CollabOvation交互。对于某个租户来说，ProjectOvation必须决定出哪些CollabOvation的功能是对该租户可用的。然后，ProjectOvation将协调对CollabOvation资源的创建。

考虑如下“创建产品”的用例：

1.用户提供该产品的描述信息

2.用户希望展开团队讨论

3.用户向ProjectOvation发出产品创建请求

4.ProjectOvation创建该产品，同时为其创建论坛（Forum）和讨论(Discussion)

Forum和Discussion必须在协作上下文中进行创建，这与身份与访问上下文不同。在后者中，一个租户在是已经存在的，而用户、用户群和角色等信息也已经被定义好了，事件通知对于外界来说也是可用的。也就是说，在身份与访问上下文中，对象是先前存在的。而对于敏捷项目管理上下文来说，对象是不会预先存在的，直到被请求时为止。这对于实现系统自治性来说是一个潜在的障碍，因为我们依赖于协作上下文来远程地创建资源。

Discussion为什么会在两个上下文中使用

这是一个有趣的现象，因为在两个上下文中，Discussion只是名字相同而已，其类型和实例对象都是不同的，因此Discussion在两个上下文中的状态和行为也是不同的。

在协作上下文中，Discussion是一个聚合，它管理一系列的Post。而在敏捷项目管理上下文中，Discussion只是一个值对象，它维护了对协作上下文中某个Discussion的引用。请注意，在第13章中，当团队在实现集成时，他们发现应该为敏捷项目管理上下文中不同种类的Discussion采用强类型。

在使用**领域事件**（8）和**事件驱动架构**（Event-Driven Architecture，4）时，我们应该仔细思考最终一致性（Eventual Consistency）。本地系统产生的事件通知并不是只能由远程系统消费。在ProjectOvation中，当ProductInitiated事件产生时，该事件将由本地系统进行处理。本地系统要求Forum和Discussion在远程完成创建，这可以通过RPC或消息机制完成，当然这取决于CollabOvation支持哪种类型的通信方式。在使用RPC时，如果远程的CollabOvation系统不可用，PorjectOvation将定期重试直到成功为止。如果采用消息机制，ProjectOvation将向CollabOvation发出消息，在资源创建成功之后，CollabOvation同样会以消息的形式返回。当ProjectOvation接收到返回的消息时，它将使用新建Discussion的标识引用来更新本地的Product对象。

如果项目负责人或团队成员试图使用一个不存在的Discussion时会发生什么情况呢？我们可以认为这是一个bug吗？这将导致系统处于不稳定状态吗？有时我们可能由于没有预先付款而导致协作功能不可用，但这并不是一个技术原因。对最终一致性的处理绝非什么东拼西凑之事，我们应该将其考虑在建模范围之内。

处理资源不可用的一个好办法便是将其显现出来。考虑以下由**标准类型**实现的状态（State）模式[Gamma et al.]。此时的状态是一个**值对象**（6）：

```
public enum DiscussionAvailability {
    ADD_ON_NOT_ENABLED, NOT_REQUESTED, REQUESTED, READY;
}

public final class Discussion implements Serializable {
    private DiscussionAvailability availability;
    private DiscussionDescriptor descriptor;
    ...
}

public class Product extends Entity {
    ...
     private Discussion discussion;
    ...
}
```

在该设计中，由DiscussionAvailability定义的状态对象将对值对象Discussion起保护作用。当有人试图参加关于一个Product的讨论时，该设计将正确地处理Discussion的状态。如果状态不为READY，参与者将得到以下信息之一：

要使用团队协作功能，你需要购买附加功能。

产品负责人还没有请求创建产品讨论。

讨论启动失败，请稍后再试。

如果状态为READY，那么我们允许所有的团队成员都参与讨论。

有趣的是，从以上的第一条信息可以看出，PorjectOvation将协作功能作为了可选项显示在用户界面上，即便这些功能还未被购买也是如此，这对于市场营销是有好处的，因为这种方式可以时常提醒用户购买CollabOvation附加功能。显然，使用资源可用性状态的好处并不只是技术上的，还有商业上的。

此时，ProjectOvation团队还不清楚采用哪种方式与CollabOvation进行集成。在讨论了客户方-供应方关系之后，他们得到了图3.10。敏捷项目管理上下文可以使用第二个防腐层来处理与协作上下文之间的集成。图3.10中显示了主要的边界对象，它们和图3.8中的边界对象相似。事实上并不存在单个CollaborationAdapter，此处它只是一个占位符而已，表示有可能的多个适配器。

敏捷项目管理上下文在本地有DiscussionService和SchedulingService，它们是领域服务，用于管理协作系统中的讨论和日历条目。具体的实现机制由双方团队协商而定，这将在集成限界上下文 (13) 中讲到。

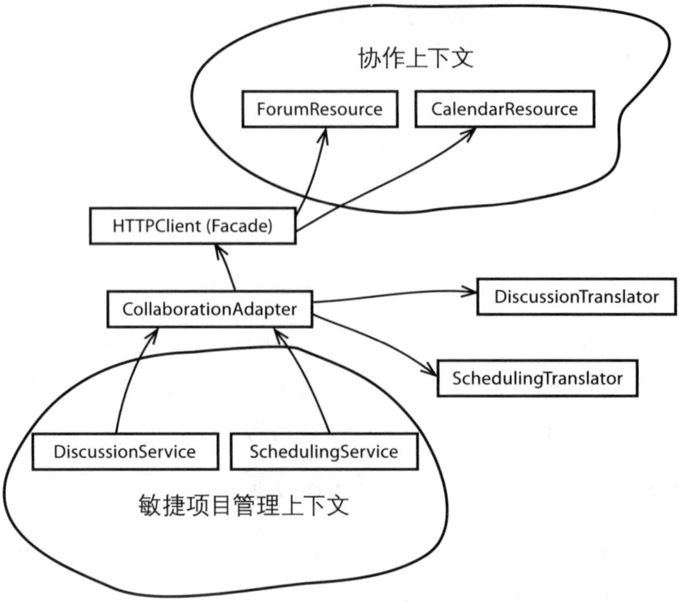

图3.10 敏捷项目管理上下文和协作上下文集成时的防腐层和开放主机服务。

现在，ProjectOvation团队部分地理解了他们当前的模型。那么，当CollabOvation创建好了一个讨论并将结果返回到ProjectOvation后，ProjectOvation又应该如何处理呢？此时，ProjectOvation将使用异步组件——不管是RPC客户端还是消息处理器——来调用Product的attachDiscussion()方法，传入的参数为一个新创建的Discussion值对象。所有依赖于远程资源的本地聚合都会通过这种方式处理。

以上的例子已经向我们展示了上下文映射图的某些细节。然而，我们的讲解应该稍稍收敛一下了，因为一不注意就有可能处于收效递减的地步。也许我们还应该引入**模块** (9)，但是我们会在另外的章节中对模块做单独讲解。我们应该将有助于团队交流的高层次元素加入上下文映射图中，而不是冗繁的细节。

你创建的上下文映射图应该可以贴在墙上，这样所有团队成员都可以看到；或者你可以将映射图上传到项目的wiki中。团队应该经常性地围绕上下文映射图展开讨论，并对其进行改进。

本章小结

在本章中，我们学习了上下文映射图。

- 我们讨论了什么是上下文映射图，如何简单地创建上下文映射图。
- 我们详细地了解了SaaSOvation的3个限界上下文和它们的上下文映射图。
- 我们放大式地学习了这些上下文之间的集成。
- 我们学习了防腐层中的边界对象以及它们之间的交互。
- 我们学习了如何在REST资源和本地领域模型之间创建翻译图。

有些项目可能并不需要达到本章所讲到的细节程度，而有些项目却可能需要更多的细节。

对此，我们需要做一个平衡。需要记住的是，对于一个非常详细的上下文映射图，我们很有可能无法对其进行实时更新。将映射图贴在墙上是有好处的，这样可以方便团队成员之间的交流。保持简单性和敏捷性，拒绝繁文缛节，这样我们所创建的上下文映射图将对项目起推动作用，而不是阻碍作用。

第4章

架构

建筑应该反映时代特征与地理特征，同时追求永恒。

—Frank Gehry

DDD的一大好处便是它并不需要使用特定的架构。由于**核心域**（2）位于**限界上下文**（2）中，我们可以在整个系统中使用多种风格的架构[1]。有些架构包围着领域模型，能够全局性地影响系统，而有些架构则满足了某些特定的需求。我们的目标是选择适合于自己的架构和架构模式。

在选择架构风格和架构模式时，我们应该将软件质量考虑在内，而同时，避免滥用架构风格和架构模式也是重要的。质量驱动的架构选择是种风险驱动方式[Fairbanks]，即我们采用的架构是用来减少失败风险的，而不是增加失败风险。因此，我们必须对每种架构做出正确的评估。

对架构风格和模式的选择受到功能需求的限制，比如用例或用户故事。换句话说，在没有功能需求的情况下，我们是不能对软件质量做出评判的，亦不能做出正确的架构选择。这也说明用例驱动架构在当今的软件开发中依然适用。

本章学习路线图

- 听听SaaSOvation的CIO是如何做项目回顾的。
- 学习使用依赖注入原则（DIP）和六边形（Hexagonal）架构来改进分层架构（Layers Architecture）。
- 学习六边形架构对SOA和REST的支持。
- 学习数据网织（DataFabric）或基于网格的分布式缓存（Grid-Based Distributed Cache）和事件驱动风格。
- 学习DDD世界的新架构模式——CQRS。
- 学习SaaSOvation所采用的架构。

1. 本章是关于架构风格、应用架构和架构模式的。架构风格阐述如何实现某种架构，而架构模式则关注一种架构中的某个方面，架构模式比设计模式更加宽泛。我建议不用过于计较这两者的区别，你只需要明白，DDD可以存在于多种架构中。

架构并不酷

本章讲到的架构风格和架构模式并不是什么“很酷”的工具以致于我们应该处处使用。我们应该在有需要时，在能够降低失败风险时才采用这些架构。

[Evans]将关注重点放在了分层架构上，于是，SaaSOvation得出结论：只有采用分层架构时，DDD才是有效的。后来，团队花了不少时间才了解到，即便在[Evans]那个分层架构横行的时代，DDD的适用性也比他们所想象的要强。

当然，分层架构的原则依然可以作为我们的决策指导，但是我们不会止步不前，我们将在必要时采用更现代的架构和模式，这也意味着DDD的用途是非常广阔的。

值得肯定的是，SaaSOvation并不需要使用所有的架构，但是团队需要在众多架构中做出正确的选择。

采访一个成功的CIO

为使你简单了解如何选择正确的架构，接下来让我们穿越到未来和SaaSOvation公司的CIO谈谈。SaaSOvation公司一开始是很寒碜的，但是正确的架构选择帮助他们一步一步走向了成功。让我们接通TechMoney节目的主持人Maria Finance-Ilmundo……

Maria：今晚，我将独家采访SaaSOvation公司的CIO，Mitchell Williams。我们将继续“认识你的架构风格”系列。今晚的主题是如何正确地选择架构。欢迎Mitchell。

Mitchell：非常高兴又来到这里，Maria。

Maria：你可以给我们讲讲在你项目的早些时候所采用的架构吗，以及为什么会采用这些架构？

Mitchell：当然。大家可能不会相信，我们一开始打算开发桌面应用程序，将数据保存在中央数据库。当时我们采用了分层架构。

Maria：这有用吗？

Mitchell：我认为是有用的，特别是我们只处理单个应用层，外加中央数据库。这是一种简单的客户端-服务器风格。

Maria：但是后来你们改变了架构，是吗？

Mitchell：是的。我们有了新的合作伙伴，然后双方决定采用SaaS的订阅模型。我们募集到了充足的资金，同时我们决定在开发敏捷项目管理系统之前，先开发一套协作工具。这有两方面的好处，一方面，我们加入了火热的协作工具市场，另一方面又为敏捷项目管理系统提供了附加功能。你知道，在软件项目中使用协作工具可以在很大程度上提高交付能力。

Maria：有意思。这样的决定给你们带来了什么？

Mitchell：随着软件复杂性的增加，我们需要引入单元测试和功能测试来保证软件质量。为了做到这一点，我们在分层架构中使用了依赖倒置原则（Dependency Inversion Principle, DIP）。这是非常重要的，这样我们可以在测试中轻易地替换掉UI层和基础设施层，而将关注点放在应用程序和领域逻辑上。事实上，我们得以单独地开发UI组件而不用考虑数据持久化。DIP并没有彻底改变系统的分层架构，团队成员也很接受这种方式。

Maria：哇，将UI与持久化真正分离！这看来是有风险的。这样难吗？

Mitchell：其实也不是特别难。事实证明，DDD的战术模式并没有伤及我们。由于我们采用了聚合模式和资源库，在开发时我们可以采用内存持久化，因为我们使用了相同的资源库接口，之后我们又可以方便地切换到其他持久化机制。

Maria：帅呆啦。

Mitchell：嗯。

Maria：然后呢？

Mitchell：然后就万事大吉啦。我们成功地交付了CollabOvation和ProjectOvation，并且开始盈利。

Maria：哦，原来如此。

Mitchell：请不要搞错了。之后我们决定支持移动设备，因为移动终端太火了。这样我们需要使用REST。订阅用户开始提出诸如联合身份验证等需求，再比如复杂的项目和时间管理等工具。

Maria：神奇！这样看来火的不只是移动设备，你能继续谈谈吗？

Mitchell：开发团队决定转向六边形架构以应对新需求。他们发现端口和适配器这种方式可以满足要求。同时他们决定采用新的输出端口类型，比如像NoSQL和消息机制等，以上这些都需要云计算的支持。

Maria：你们当时有信心吗？

Mitchell：当然。

Maria：佩服。一旦你没有被击倒，那么你所做的选择将双倍地补偿你。

Mitchell：非常对。那时我们每个月都有好几百个新租户。我们添加了一个服务将协作工具中的遗留数据迁移到云上。开发团队决定采用Mule's Collection Aggregator，通过SOA的方式来聚合数据。

Maria：哦，这样看来，你们不是为了使用SOA而使用SOA，而是在真正需要时才使用的。完美！在行业中我们还没有看到如此成功的例子。

Mitchell：是的，Maria。这也确实是我们一直采用的方式，也是我们的成功范式。比如，在整个开发过程中，我们及时地引入了TrackOvation。这是一个用于跟踪defect的软件工具，它与ProjectOvation集成起来使用。随着ProjectOvation功能的增加，软件界面也越来越复杂。产品负责人的管理界面上堆满了有关项目产品和defect的各种信息。由于不同的人对界面风格有不同的偏好，这使得界面管理更加复杂了。另外，我们还需要支持移动设备。这时，开发团队考虑加入CQRS架构模式。

Maria：CQRS？这是不是太复杂了？我们还是尽量远离它吧。

Mitchell：不，一旦团队有合理的理由使用CQRS来减少命令和查询之间的摩擦冲突，他们就会不再回头了。

Maria：是的。那时是不是正值订阅用户开始要求分布式处理功能？

Mitchell：对。如果我们不能在这一点上见招拆招，那不久我们就会被复杂性所淹没。有些功能需要一系列的分布式处理过程，ProjectOvation可不想让用户久等。他们引入了一套完整的事件驱动架构，使用管道和过滤器（Pipe and Filter）模式来完成此功能。

Maria：但这并不是你们解决复杂性的终点，是吗？

Mitchell：嗯，解决复杂性是没有终点的。然而，如果你拥有一个优秀的团队，解决复杂性就变得简单多了。事实上，事件驱动架构可以大大地简化系统的复杂性。

Maria：对，我们继续。接下来是我最喜欢的部分。你知道……

Mitchell：正确的架构使得我们急速成长壮大，以致于RoaringCloud在收购我们时给出的价格为……嗯，这是一个记录。

Maria：绝对是个记录，每股50美元，一共30个亿！

Mitchell：你的记忆力真好啊！好的架构对集成也有促进作用。RoaringCloud向ProjectOvation迁移了大量的订阅用户，这对ProjectOvation来说是一个很大的压力。于是我们将管道和过滤器分布化和并行化，这需要新加入长时处理过程（long-running process），有时也加Sagas。

Maria：不错。这好玩吗？

Mitchell：确实很好玩。

Maria：并且似乎这种趣味永远不会消失，好戏还在后头。

Mitchell：你知道的。由于RoaringCloud在业界处于垄断地位，政府已经开始整顿这个行业了。新出台的法律要求RoaringCloud跟踪对系统的每一次改变。事实上，解决这个问题的最好方式便是事件源（Event Sourcing）。

Maria：这太不可思议了，太……太不可思议了。

Mitchell：应该这么说：这是一个太不可思议的好问题。

Maria：最让我感到惊讶的是，这么多年来，你们系统的核心始终是基于DDD的。显然，DDD没有伤害你们，也正是因为采用了DDD，你们才得以免除很多困难。

Mitchell：事实上恰恰相反。我相信是因为我们及早地采用了DDD，然后花时间彻底地了解了DDD才使得我们应对业务的重重困难，最终取得胜利。

Maria：好吧，我们就聊到这里吧。再次感谢你，Mitchell。至此，我们学到了如何选择正确的架构。这里是“认识你的架构风格。”

Mitchell：这是我的荣幸，Maria。非常感谢你能邀请我。

以上的采访为我们展示了如何选择正确的架构，并且如何及时地采用这些架构，我们将在接下来的章节中做详细讲解。

分层

分层架构模式[Buschmann et al.]被认为是所有架构的始祖。它支持N层架构系统，因此被广泛地应用于Web、企业级应用和桌面应用。在这种架构中，我们将一个应用程序或者系统分为不同的层次。

> 在分层架构中，我们将领域模型和业务逻辑分离出来，并减少对基础设施、用户界面甚至应用层逻辑的依赖，因为它们不属于业务逻辑。将一个复杂的系统分为不同的层，每层都应该具有良好的内聚性，并且只依赖于比其自身更低的层。[Evans, Ref, P.16]

图4.1所示为一个典型的DDD系统所采用的传统分层架构，其中核心域只位于架构中的其中一层，其上为**用户界面层**（User Interface）和**应用层**（Application Layer），其下是**基础设施层**（Infrastructure Layer）。

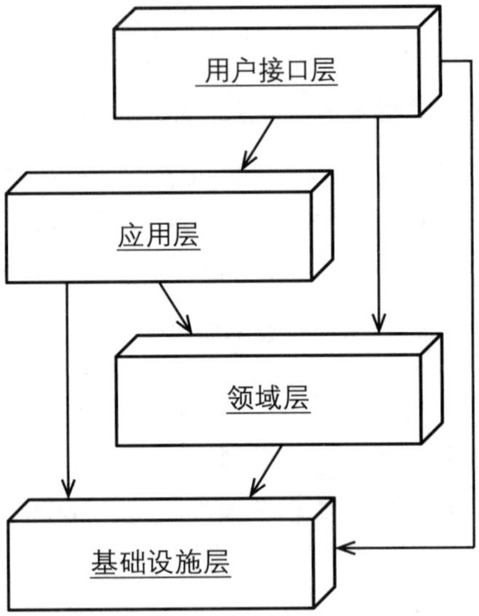

图4.1 DDD所使用的传统分层架构

分层架构的一个重要原则是：每层只能与位于其下方的层发生耦合。分层架构也分为几种：在**严格分层架构**（Strict Layers Architecture）中，某层只能与直接位于其下方的层发生耦合；而**松散分层架构**（Relaxed Layers Architecture）则允许任意上方层与任意下方层发生耦合。由于用户界面层和应用服务通常需要与基础设施打交道，许多系统都是基于松散分层架构的。

事实上，较低层也是可以和较高层发生耦合的，但这只局限于采用**观察者**（Observer）模式或者**调停者**（Mediator）模式[Gamma et al.]的情况。较低层是绝对不能直接访问较高层的。例如，在使用调停者模式时，较高层可能实现了较低层定义的接口，然后将实现对象作为参数传递到较低层。当较低层调用该实现时，它并不知道实现出自何处。

用户界面只用于处理用户显示和用户请求，它不应该包含领域或业务逻辑。有人可能会认为，既然用户界面需要对用户输入进行验证，那么它就应该包含业务逻辑。事实上，用户界面所进行的验证和对领域模型的验证是不同的。在**实体**（Entites, 5）中我们会讲到，对于那些粗制滥造的，并且只面向领域模型的验证行为，我们依然应该予以限制。

如果用户界面使用了领域模型中的对象，那么此时的领域对象仅限于数据的渲染展现。在采用这种方式时，可以使用**展现模型**（Presentation Model, 14）对用户界面与领域对象进行解耦。

由于用户可能是人，也可能是其他的系统，有时用户界面层将采用**开放主机服务**（13）的方式向外提供API。

用户界面层是应用层的直接客户。

应用服务（Application Services, 14）位于应用层中。应用服务和领域服务（Domain Services, 7）是不同的，因此领域逻辑也不应该出现在应用服务中。应用服务可以用于控制持久化事务和安全认证，或者向其他系统发送基于事件的消息通知，另外还可以用于创建邮件以发送给用户。应用服务本身并不处理业务逻辑，但它却是领域模型的直接客户。应用服务是很轻量的，它主要用于协调对领域对象的操作，比如**聚合**（10）。同时，应用服务是表达用例和用户故事（user story）的主要手段。因此，应用服务的通常用途是：接收来自用户界面的输入参数，再通过**资源库**（12）获取到聚合实例，然后执行相应的命令操作，比如：

```
@Transactional
public void commitBacklogItemToSprint(
    String aTenantId, String aBacklogItemId, String aSprintId) {
    TenantId tenantId = new TenantId(aTenantId);

    BacklogItem backlogItem =
        backlogItemRepository.backlogItemOfId(
                tenantId, new BacklogItemId(aBacklogItemId));

    Sprint sprint = sprintRepository.sprintOfId(
                tenantId, new SprintId(aSprintId));

    backlogItem.commitTo(sprint);
}
```

如果应用服务比上述功能复杂许多，这通常意味着领域逻辑已经渗透到应用服务中了，此时的领域模型将变成贫血模型。因此，最佳实践是将应用层做成很薄的一层。当需要创建新的聚合时，应用服务应该使用**工厂** (Factory, 11) 或聚合的构造函数来实例化对象，然后采用资源库对其进行持久化。应用服务还可以调用领域服务来完成和领域相关的任务操作，但此时的操作应该是无状态的。

当领域模型用于发布**领域事件** (Domain Events, 8) 时，应用层可以将订阅方注册到任意数量的事件上，这样的好处是可以对事件进行存储和转发。同时，领域模型只需要关注自己的核心逻辑；**领域事件发布器** (Domain Event Publisher, 8) 也可以保持轻量化，而不用依赖于消息机制的基础设施。

我们将在另外的章节中讲到领域模型对业务逻辑的处理。然而，在传统的分层架构中，却存在着一些与领域相关的挑战。在分层架构中，领域层或多或少地需要使用基础设施层。这里我并不是说核心的领域对象会直接参与其中，而是说领域层中的有些接口实现依赖于基础设施层。

比如，资源库接口的实现需要基础设施层提供的持久化机制。那么，如果我们将资源库接口直接实现在基础设施层会怎样呢？由于基础设施层位于领域层之下，从基础设施层向上引用领域层则违反了分层架构的原则。遵从分层架构原则并不意味着领域对象需要与基础设施层发生直接耦合，此时我们可以采用**模块** (9) 的方式来隐藏技术实现细节：

```
com.saasovation.agilepm.domain.model.product.impl
```

在**模块** (9) 章节中，我们会讲到，MongoProductRepository将被放置在以上的包中。然而，这并不是解决问题的唯一办法，我们还可以将资源库的接口实现放在应用层中，这样便可以维持分层架构的原则，如图4.2所示。

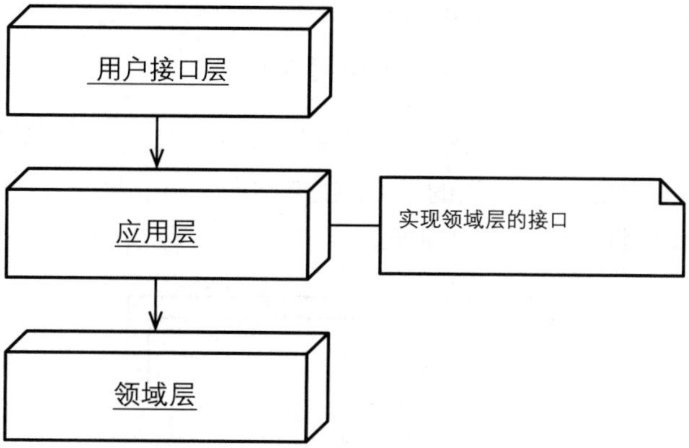

图4.2 对于领域层中定义的接口，其实现可以放在应用层中。

还有更好的方法，请参考下文的“依赖倒置原则”。

在传统的分层架构中，基础设施层位于底层，持久化和消息机制便位于该层中。这里的消息包含了消息中间件所发的消息、基本的电子邮件（SMTP）或者文本消息（SMS）。可以将基础设施层中所有的组件和框架看作是应用程序的低层服务，较高层与该层发生耦合以重用技术上的基础设施。即便如此，我们依然应该避免核心的领域模型对象与基础设施层发生直接耦合。

SaaSOvation的开发团队发现，将基础设施层放在最底层是存在缺点的。比如，此时领域层中的一些技术实现是令人头疼的，因为他们违背了分层架构的基本原则。再者，很难为这样的实现编写测试。他们应该如何应对呢？

如果我们调整一下分层架构中各层的顺序，结果会有所改观吗？

依赖倒置原则

有一种方法可以改进分层架构——依赖倒置原则（Dependency Inversion Principle, DIP），它通过改变不同层之间的依赖关系达到改进目的。依赖倒置原则由Robert C. Martin提出[Martin, DIP]，正式的定义为：

> 高层模块不应该依赖于低层模块，两者都应该依赖于抽象。
>
> 抽象不应该依赖于细节，细节应该依赖于抽象。

根据该定义，低层服务（比如基础设施层）应该依赖于高层组件（比如用户界面层、应用层和领域层）所提供的接口。在架构中采用依赖倒置原则有很多种表达方式，这里我们将采用图4.3中的方式。

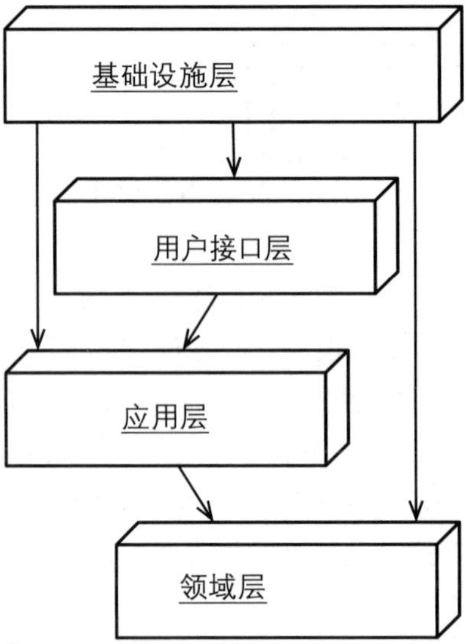

图4.3 在使用依赖倒置原则时的一种分层方式。我们将基础设施层放在所有层的最上方，这样它可以实现所有其他层中定义的接口。

依赖倒置原则真的可以支持所有的层吗？

有人认为，在依赖倒置原则中只存在两层，一层位于最上方，一层位于最下方。上方层将实现由下方层定义的抽象接口。按此对图4.3进行调整，基础设施层将位于最上方，用户界面层、应用层和领域层将作为相同的一层，并且位于下方。对此，你可以保留自己的意见。不要担心，我们将在六边形[Cockburn]或端口和适配器架构中对此做详细讲解。

对于图4.3中的架构，我们可以在领域层中定义资源库接口，然后在基础设施层中实现该接口：

```
package com.saasovation.agilepm.infrastructure.persistence;

import com.saasovation.agilepm.domain.model.product.*;
```

```
public class HibernateBacklogItemRepository
    implements BacklogItemRepository  {
    ...
    @Override
    @SuppressWarnings("unchecked")
    public Collection<BacklogItem> allBacklogItemsComittedTo(
        Tenant aTenant, SprintId aSprintId) {
        Query query =
            this.session().createQuery(
                "from -BacklogItem as _obj_ "
                + "where _obj_.tenant = ? and _obj_.sprintId = ?");

        query.setParameter(0, aTenant);
        query.setParameter(1, aSprintId);

        return (Collection<BacklogItem>) query.list();
    }
    ...
}
```

我们应该将关注点放在领域层上，采用依赖倒置原则，使领域层和基础设施层都只依赖于由领域模型所定义的抽象接口。由于应用层是领域层的直接客户，它将依赖于领域层接口，并且间接地访问资源库和由基础设施层提供的实现类。应用层可以采用不同的方式来获取这些实现，包括**依赖注入**（Dependency Injection）、**服务工厂**（Service Factory）和**插件**（Plug In）[Fowler, P of EAA]。本书的所有例子都采用Spring提供的依赖注入功能，有时也会采用DomainRegistry类所提供的服务工厂。事实上，DomainRegistry也是使用Spring来完成对bean的查找的，这些bean实现了由领域模型所定义的接口，包括资源库和领域服务。

有趣的是，当我们在分层架构中采用依赖倒置原则时，我们可能会发现，事实上已经不存在分层的概念了。无论是高层还是低层，它们都只依赖于抽象，好像把整个分层架构给推平了一样。如果我们将分层架构推平，再向其中加入一些对称性会变得如何？请继续往下读。

六边形架构（端口与适配器）

在六边形架构[2]中，Alistair Cockburn提出了一种具有对称性特征的架构风格[Cockburn]。在这种架构中，不同的客户通过“平等”的方式与系统交互。需要新的客户吗？不是问题。只需要添加一个新的适配器将客户输入转化成能被系统API所理解的参数就行了。同时，系统输出，比如图形界面、持久化和消息等都可以通过不同方式实现，并且是可互换的。这是可能的，因为对于每种特定的输出，都有一个新建的适配器负责完成相应的转化功能。

至此，我们有充足的理由认为，这将是一种具有持久生命力的架构。

现在，很多声称使用分层架构的团队实际上使用的是六边形架构。这是因为很多项目都使用了某种形式的依赖注入。并不是说依赖注入天生就是六边形架构，而是说使用依赖注入的架构自然地具有了端口与适配器风格。我们将对此做详尽的解释。

我们通常将客户与系统交互的地方称为“前端”；同样，我们将系统中获取、存储持久化数据和发送输出数据的地方称为“后端”。但是，六边形架构提倡用一种新的视角来看待整个系统，如图4.4所示。该架构中存在两个区域，分别是“外部区域”和“内部区域”。在外部区域中，不同的客户均可以提交输入；而内部的系统则用于获取持久化数据，并对程序输出进行存储（比如数据库），或者在中途将输出转发到另外的地方（比如消息）。

牛仔的逻辑

AJ：“我的那些马确实很喜欢它们的六边形蓄栏，因为当我带上马鞍要骑它们时，它们有更多的角落可以跑躲。”

在图4.4中，每种类型的客户都有它自己的适配器[Gamma et al.]，该适配器用于将客户输入转化为程序内部API所能理解的输入。六边形每条不同的边代表了不同种类型的端口，端口要么处理输入，要么处理输出。图4.4中有3个客户请求

2. 这里，我们将此架构命名为六边形架构，虽然现在它的名字已经变为端口与适配器，DDD社区依然使用“六边形”作为该架构的名字。也有人称这种架构为Onion架构。然而，对于很多人来说，Onion只是六边形的一个别名而已。我们假定这些命名都表示相同的意思，在本书中，我们将采用[Cockbrun]中的定义。

均抵达相同的输入端口（适配器A、B和C），另一个客户请求使用了适配器D。可能前3个请求使用了HTTP协议（浏览器、REST和SOAP等），而后一个请求使用了AMQP协议（比如RabbitMQ）。端口并没有明确的定义，它是一个非常灵活的概念。无论采用哪种方式对端口进行划分，当客户请求到达时，都应该有相应的适配器对输入进行转化，然后端口将调用应用程序的某个操作或者向应用程序发送一个事件，控制权由此交给内部区域。

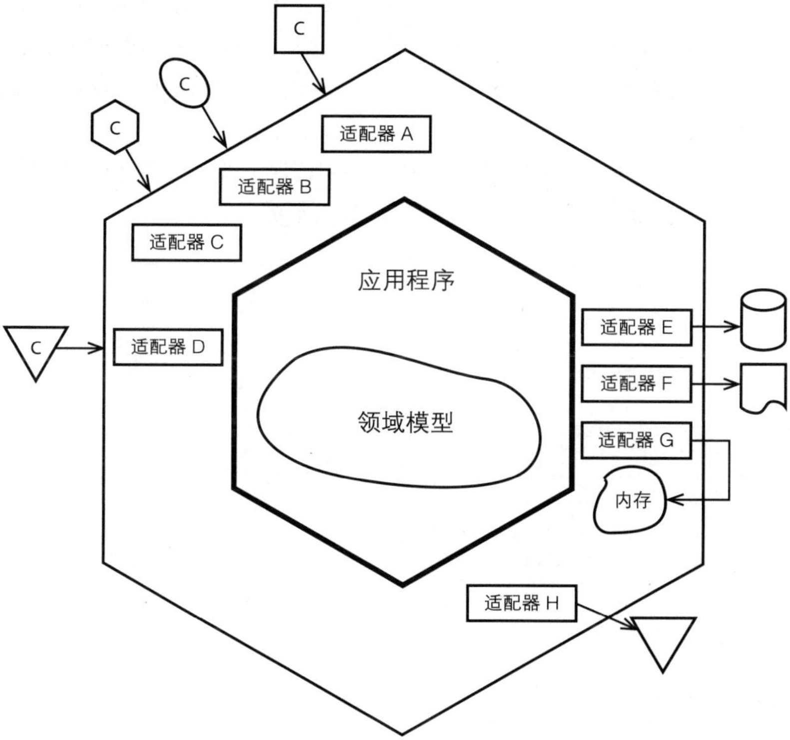

图4.4 六边形架构也称为端口与适配器。对于每种外界类型，都有一个适配器与之相对应。外界通过应用层API与内部进行交互。

我们不必自己实现端口

通常来说，我们都不用自己实现端口。我们可以将端口想成是HTTP，而将适配器想成是Java的Servlet或JAX-RS的REST请求处理类。或者，我们可以为NServiceBus或RabbitMQ创建消息监听器，在这种情况下，端口是消息机制，而适配器则是消息监听器，因为消息监听器将负责从消息中提取数据，并将数据转化为应用层API（领域模型的客户）所需的参数。

按照功能需求来设计内部区域中的应用程序

在使用六边形架构时，我们应该根据用例来设计应用程序，而不是根据需要支持的客户数目来设计。任何客户都可能向不同的端口发出请求，但是所有的适配器都将使用相同的API。

应用程序通过公共API接收客户请求。应用程序边界，即内部六边形，也是用例（或用户故事）边界。换句话说，我们应该根据应用程序的功能需求来创建用例，而不是客户数量或输出机制。当应用程序通过API接收到请求时，它将使用领域模型来处理请求，其中便包括对业务逻辑的执行。因此，应用层API通过应用服务的方式展现给外部。再次提醒大家，这里的应用服务是领域模型的直接客户，就像在分层架构中一样。

以下代码表示通过JAX-RS发布的RESTful资源。当请求到达HTTP的输入端口时，相应的适配器将对请求的处理委派给应用服务：

```
@Path("/tenants/{tenantId}/products")
public class ProductResource extends Resource {

    private ProductService productService;
    ...
    @GET
    @Path("{productId}")
    @Produces({ "application/vnd.saasovation.projectovation+xml" })
    public Product getProduct(
            @PathParam("tenantId") String aTenantId,
            @PathParam("productId") String aProductId,
            @Context Request aRequest) {

        Product product = productService.product(aTenantId, aProductId);

        if (product == null) {
            throw new WebApplicationException(
                    Response.Status.NOT_FOUND);
        }

        return product; //通过MessageBodyWriter序列化到XML
    }
    ...
}
```

JAX-RS所提供的Java注解构成了适配器的大部分功能，它们负责解析资源路径，并将资源参数转化为String类型参数。ProductService实例是注入进来的，请求便是通过该ProductService将处理委派到应用程序内部的。之后，Product对象将被序列化成XML，然后放在Response中，再由HTTP输出端口发出。

JAX-RS并不是我们的关注点

JAX-RS只是使用应用程序和领域模型的一种方式。在这里，JAX-RS并不重要，我们完全可以使用Restfulie或者Node.js来完成相同的功能。但不管采用哪种方式，不同的适配器都会将输入委派给相同的API。.

对于图4.4中右侧的端口和适配器，我们应该如何看待呢？我们可以将资源库的实现看作是持久化适配器，该适配器用于访问先前存储的聚合实例，或者保存新的聚合实例。正如图中的适配器E、F和G所展示的，我们可以通过不同的方式实现资源库，比如关系型数据库、基于文档的存储、分布式缓存和内存存储等。如果应用程序向外界发送领域事件消息，我们将使用适配器H进行处理。该适配器处理消息输出，而刚才提到的处理AMQP消息的适配器则是处理消息输入的，因此应该使用不同的端口。

六边形架构的一大好处在于，我们可以轻易地开发用于测试的适配器。整个应用程序和领域模型可以在没有客户和存储机制的条件下进行设计开发。在测试时，我们可以方便地对ProductService进行替换，而无须考虑它是应该支持HTTP/REST呢，还是SOAP呢，或者是消息端口。任何测试客户都可以在用户界面还未完成之前进行开发。在选择持久化机制之前，我们可以在测试中采用内存资源库来模拟持久化。更多的内存持久化实现细节，请参考**资源库（12）**。如此一来，我们可以在核心领域上进行持续开发，而不需要考虑那些支撑性的技术组件。

如果你采用的是严格分层架构，那么你应该考虑推平这种架构，然后开始采用端口与适配器。如果设计得当，内部六边形——也即应用程序和领域模型——是不会泄漏到外部区域的，这样也有助于形成一种清晰的应用程序边界。在外部区域，不同的适配器可以支持自动化测试和真实的客户请求，还有存储、消息和其他输出机制等。

当SaaSOvation的开发团队考虑了六边形架构的优点之后，他们决定从分层架构转向六边形架构。事实上，这并不困难，只是需要从不同的角度来看待和使用Spring框架而已。

六边形架构的功能如此强大，以致于它可以用来支持系统中的其他架构。比如，我们可能采用SOA架构、REST或者事件驱动架构；也有可能采用CQRS；或者数据网织或基于网格的分布式缓存；还有可能采用Map-Reduce这种分布式并行处理方式。以上这些架构我们会在后续章节中讲到。六边形架构为这些架构提供了坚实的支撑基础。当然，能够提供这种基础的不只是六边形架构，但是在本章剩下的内容中，我们都假设使用这种架构。

面向服务架构

面向服务架构（Service-Oriented Architecture，SOA）对于不同的人来说具有不同的意思。这对于讨论SOA架构来说可能是一种挑战，因此我们最好能找到一些共同的基础，或者至少应该给出一些定义以便讨论。我们可以考虑由Thomas Erl[Erl]所定义的一些SOA原则。服务除了拥有互操作性外，还具有以下8种设计原则，如表4.1所示。

表 4.1 服务设计原则

服务设计原则	描述
1.服务契约	通过契约文档，服务阐述自身的目的与功能
2.松耦合	服务将依赖关系最小化
3.服务抽象	服务只发布契约，而向客户隐藏内部逻辑
4.服务重用性	一种服务可以被其他服务所重用
5.服务自治性	服务自行控制环境与资源以保持独立性，这有助于保持服务的一致性和可靠性
6.服务无状态性	服务负责消费方的状态管理，这不能与服务的自治性发生冲突
7.服务可发现性	客户可以通过服务元数据来查找服务和理解服务
8.服务组合性	一种服务可以由其他的服务组合而成，而不管其他服务的大小和复杂性如何

我们可以将这些原则和六边形架构结合起来，此时服务边界位于最左侧，而领域模型位于中心位置，如图4.5所示。消费方可以通过REST、SOAP和消息机制获取服务。请注意，一个六边形架构系统支持多种类型的服务端点（endpoint），这依赖于DDD是如何应用于SOA的。

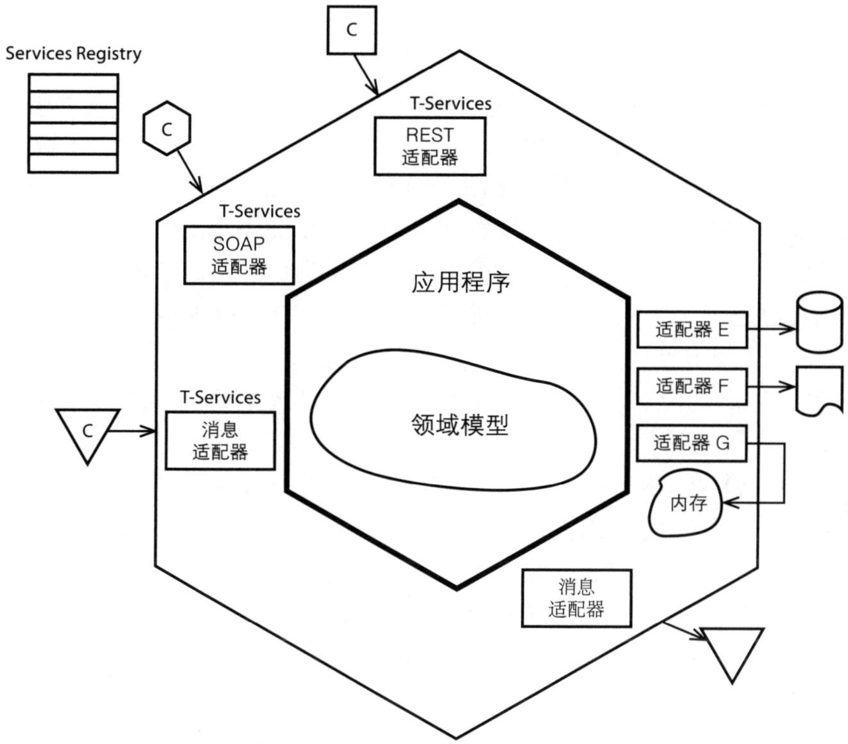

图4.5 一个支持SOA的六边形架构，其中包括REST、SOAP和消息服务。

由于对于SOA的定义和SOA的价值存在不同的观点，即便你不同意图4.5也是可以理解的。Martin Fowler将这种情况称为“面向服务歧义”[Fowler, SOA]。因此，这里我不会试图消除对SOA的歧义理解，但我会讲到将DDD应用于SOA的一种方式，此时我主要关注SOA宣言[3]中出现的首要原则。

首先，让我们看看其中一位宣言贡献者[Tilkov, Manifesto]的观点。该贡献者的评论有助于我们理解SOA到底是什么：

> SOA宣言给我的感觉是，我既可以将服务看作一系列的SOAP/WSDL接口，也可以将其看成为一组REST资源……本宣言并不试图给SOA下定义，而是找出我们都同意的SOA的价值和原则。

3. 虽然SOA宣言本身招致了很多批评，但我们仍然可以从中获得一些价值。

Stefan的评论是值得注意的，在某个问题上达成一致对我们是有帮助的。我们甚至可以在这一点上达成一致：业务服务可以由任意数目的技术服务来提供。

技术服务可以是REST资源、SOAP接口或者消息类型。业务服务强调业务战略，即如何对业务和技术进行整合。然而，定义单个业务服务与定义单个**子域**（2）或限界上下文是不同的。在我们对问题空间和解决方案空间进行评估时，我们会发现，此两者均包含有业务服务。因此，图4.5所示的只是单个限界上下文的架构，该限界上下文可以提供一系列的技术服务，包括REST资源、SOAP接口或者消息类型，而这些技术服务只是整个业务服务的一部分。在SOA的解决方案空间中，我们希望看到多个限界上下文，而不管这些上下文使用的是六边形架构还是其他架构。SOA和DDD均没有必要制定如何对技术服务进行设计和部署，因为存在很多种这样的方式。

在使用DDD时，我们所创建的限界上下文应该包含一个完整的，能很好表达通用语言的领域模型。在**限界上下文**（2）中我们已经提到，我们并不希望架构对领域模型的大小产生影响。但是，如果一个或多个技术服务端点，比如REST资源、SOAP接口或消息类型被用于决定限界上下文的大小，那么上述情况是有可能发生的，结果是将导致许多非常小的限界上下文和领域模型，这样的模型中很有可能只包含一个实体对象，并且该实体作为某个单一聚合的根对象而存在。

虽然这种方式在技术上具有优点，但是它却没有达到战略DDD所要求的目标。对于**通用语言**来说，这种方式会起分化破坏作用。而根据SOA宣言，非自然地分化限界上下文并不是SOA精神所在：

1. **业务价值**高于技术策略
2. **战略目标**高于项目利益

就像**限界上下文**（2）中所讲到的，技术组件对于划分模型来说并没有那么重要。

SaaSOvation的开发团队不得不上很困难但又很重要的一课——将通用语言作为驱动因素更适合于DDD。他们所有的3个限界上下文所反映的都是SOA的目标，包括SOA的业务服务和技术服务。

在**限界上下文**（2）、**上下文映射图**（3）和**集成限界上下文**（13）中提到的3个示例模型分别表示了某个能很好反映通用语言的领域模型。每一个领域模型由一组SOA开放服务所包围，这些服务是满足业务目标的。

REST

由Stefan Tilkov撰写

在过去几年里，REST（Representational State Transfer）成为了一种被广泛使用，甚至被滥用的架构流行语。和SOA一样，不同的人对于REST有不同的理解。有人认为REST就是使用HTTP来直接发送XML的，但并不采用SOAP规范；还有人采用相似的方法来解释道：REST就是用HTTP来发送JSON数据的；还有人则认为在使用REST时我们需要将URI查询参数传递给方法。以上所有对于REST的解释都是错误的。但和SOA不同的是，Roy T. Fielding在他的博士论文中对REST做出了权威的概念定义。

REST作为一种架构风格

在使用REST之前，我们首先需要理解什么是架构风格。架构风格之于架构就像设计模式之于设计一样。它将不同架构实现所共有的东西抽象出来，使得我们在谈及到架构时不至于陷入技术细节中。分布式系统架构存在着多种架构风格，包括客户端-服务器架构风格和分布式对象风格。Field论文的前几个章节对有些架构风格做了解释，包括强加在每种风格上的各种约束。你可能会认为该论文中对于架构风格的概念解释和约束有些理论化。在这一点上，你可能是正确的。这些理论构成了Field所提出的REST架构风格的基础。REST本来就应该是属于Web架构的一种架构风格。

当然，Web——体现为URI、HTTP和HTML——先于Field的博士论文而出现。但是，Field是制定HTTP1.1标准的主要贡献者之一，他对Web在发展过程中的设计决策也产生过巨大的影响[4]。这样看来，REST是对Web架构的理论扩展。

那么现在，我们为什么将REST作为构建系统的另一种方式呢？或者更严格地说，是构建Web服务的一种方式。原因在于，和其他技术一样，我们可以通过不同

---

4. Field还开发了第一个被广泛使用的HTTP程序库，同时他也是Apache HTTP服务器的早期开发者和Apache软件基金会的创始人之一。

的方式来使用Web协议。有些使用方式符合设计者的初衷，而有些就不见得了。比如，关系型数据库管理系统（RDBMS）便是一例。你可以根据原本的架构风格来使用RDBMS，即定义不同的数据库表，再定义不同的列、外键关联、视图和约束等。你也可以只创建一张表，其中只含有两列，一列为表示“键”，一列表示“值”，然后将序列化之后的对象保存在值列中。此时，你依然在使用RDBMS，但是你却使用不到多少RDMBS提供的功能，比如查询、组合、排序和分组等。

同样的道理，Web协议既可以按照它原先的设计初衷为人所用——此时便是一种遵循REST架构风格的方式——也可以通过一种不遵循其设计初衷的方式为人所用。因此，在我们没有获得由使用“REST”风格的HTTP所带来的好处时，另一种不同的分布式系统架构可能是合适的，就像在保存拥有唯一键的数值时，NoSQL/键值对存储方式是一种更好的选择一样。

RESTful HTTP服务器的关键方面

那么，对于采用“RESTful HTTP”的分布式系统来说，它具有哪些关键方面呢？让我们先来看看服务器端。请注意，在我们讨论服务器端时，无论客户是操作Web浏览器的某个人，还是由编程语言开发的客户端程序，对它们都是同等处理的，没有什么区别。

首先，就像其名字所指出的，资源是关键的概念。作为一个系统设计者，你决定哪些有意义的“东西”可以暴露给外界，并且给这些“东西”一个唯一的身份标识。通常来说，每种资源都拥有一个URI，更重要的是，每个URI都需要指向某个资源——即你向外界暴露的“东西”。比如，你可能会做出这样决定：每一个客户、产品、产品列表、搜索结果和每次对产品目录的修改都应该分别作为一种资源。资源是具有展现（representation）和状态的，这些展现的格式可能不同。客户通过资源的展现与服务器交互，格式可以为XML、JSON、HTML或二进制数据。

另一个关键方面是无状态通信，此时我们将采用具有自描述功能的消息。比如，HTTP请求便包含了服务器所需的所有信息。当然，服务器也可以使用其本身的状态来辅助通信，但是重要的是：我们不能依靠请求本身来创建一个隐式上下文环境（对话）。无状态通信保证了不同请求之间的相互独立性，这在很大程度上提高了系统的可伸缩性。

如果你将资源看作对象——这是合理的——那么你应该问问它们应该拥有什么样的接口。这个问题的答案是REST的另一个关键面，它将REST与其他架构风格区别开来。你可以调用的方法集合是固定的。每一个对象都支持相同的接口。在

RESTful HTTP中，对象方法便可以表示为可以操作资源的HTTP动词，其中最重要的有GET、PUT、POST和DELETE。

虽然乍一看这些方法将会转化成CRUD操作，但是事实却并非如此。通常，我们所创建的资源并不表示任何持久化实体，而是封装了某种行为，当我们将HTTP动词应用在这些资源上时，我们实际上是在调用这些行为。在HTTP规范中，每种HTTP方法都有一个明确的定义。比如，GET方法只能用于“安全”的操作：(1) 它可能完成一些客户并没有要求的动作行为；(2) 它总是读取数据；(3) 它可能被缓存起来。

SOAP风格Web服务的主要推动者之一Don Box曾经说，HTTP的GET方法是分布式系统中最优化的方法。由此可知，Web之所以具有这么好的性能和可伸缩性，恰恰是得益于这种常见的HTTP GET方法。

有些HTTP方法是幂等 (idempotent) 的，即我们可以安全地对失败的请求进行重试。这些方法包括GET、PUT和DELETE等。

最后，通过使用超媒体 (Hypermedia)，REST服务器的客户端可以沿着某种路径发现应用程序可能的状态变化。这就是Fielding在他的博士论文中所提到的HATEOAS (Hypermedia as the Engine of Application State)。简单来讲，就是单个资源并不独立存在。不同资源是相互链接在一起的。这并不意外，毕竟，这就是Web被称为Web的原因。对于服务器来说，这意味着在返回中包含对其他资源的链接，由此客户便可以通过这些链接访问到相应的资源。

RESTful HTTP客户端的关键方面

RESTful HTTP客户端可以通过两种方式在不同资源之间进行转移，一种是上面所提到的超媒体，一种是服务器端的重定向。服务器端和客户端将协同工作以动态地影响客户端的分布式行为。由于URI包含了对地址进行解引用 (dereference) 的所有信息——包括主机名和端口——客户端可以根据超媒体链接访问到不同的应用程序，不同的主机，甚至不同公司的资源。

在理想情况下，REST客户端将从单个众所周知的URI开始访问，然后通过超媒体链接继续访问不同的资源。这和Web浏览器显示HTML页面是一样的，HTML中包含了各种链接和表单，浏览器根据用户输入与不同的Web应用程序交互，此时它并不需要知道Web应用程序的接口或实现。

然而，浏览器并不能算是一个自给自足的客户端，它需要由人来做出实际决定。但是一个程序客户端却可以模拟人来做出决定的，其中甚至包含了一些硬编码逻辑。它可以跟随不同的链接访问不同的资源，同时它将根据不同的媒体类型发出不同的请求。

REST和DDD

RESTful HTTP是具有诱惑力的，但是我们并不建议将领域模型直接暴露给外界，因为这样会使系统接口变得非常脆弱，原因在于对领域模型的每次改变都会导致对系统接口的改变。要将DDD与RESTful HTTP合并起来使用，我们有两种方式。

第一种方法是为系统接口层单独创建一个限界上下文，再在此上下文中通过适当的策略来访问实际的核心模型。这是一种经典的方法，它将系统接口看作一个整体，通过资源抽象将系统功能暴露给外界，而不是通过服务或者远程接口。

让我们看一个实际的例子。我们创建一个系统来管理工作组，其中包括任务、计划/预约和子工作组管理等。我们将创建一个纯净的、不受架构影响的领域模型，该模型能正确地反映通用语言，并准确地实现业务逻辑。如果要为这个领域模型发布一个接口，我们便可以通过REST资源的形式向外提供一个远程接口。这些资源反映了客户所需的用例，它们和领域模型是存在区别的。但是，每一种资源归根结底都创建自核心域，比如核心域中的聚合等。

当然，我们也可以简单地使用领域对象来作为JAX-RS的方法参数，比如我们可以将/:user/:task映射到getTask()方法，该方法返回一个Task对象。这样看起来是简单的，但却隐藏着一个很大的问题。对Task对象的任何修改都将立即反映到远程接口上，结果有可能使客户端调用失败。而即便我们所做的修改与外界没有任何关系，我们依然不能排除客户端调用失败的可能性。

因此，第一种方法是应该被优先考虑的，因为它在核心域和系统接口模型之间完成了解耦，这使得我们可以先对领域模型进行修改，然后再决定哪些修改应该反映到系统接口模型上。请注意，在这种方法中，系统接口模型通常是根据领域模型来设计的，但是更好、更自然的方法应该是根据用例来设计。另外，我们还可以为这种方式自定义一种媒体类型。

另一种方法用于需要使用标准媒体类型的时候。如果某种媒体类型并不用于支持单个系统接口，而是用于一组相似的客户端-服务器交互场景，此时我们可以创建一个领域模型来处理每一种媒体类型。这样的领域模型甚至可以在服务器和客户端之间进行重用，虽然有些REST和SOA的拥护者认为这是一种反模式（Anti-pattern）。请注意：这种方法本质上即为DDD中的共享内核（3）或者发布语言（3）。

这也是一种由外向里的、横切式的方法。在上面提到的工作组例子中，有多种常用的格式可以用于领域模型。比如ical格式，这是一种通用格式。在本例中，我们首先选择一种媒体类型，即ical，然后再根据这种格式创建领域模型。该模型可以用于任何能够理解ical格式的系统，比如服务器程序，或者Android客户端。在采用这种方法时，服务器需要处理多种类型的媒体类型，而同一种媒体类型又可以用于多个服务器。

如何在以上两种方法之间进行选取呢？这在很大程度上取决于系统设计者对可重用性上的要求。第一种方法比较适合更加专属的系统，而第二种方法更适合那些通用的系统。

为什么是REST?

从我的经验看来，符合REST原则的系统将具有更好的松耦合性。通常来讲，添加新资源并在已有资源中创建到新资源的链接是非常简单的。要添加新的格式同样如此。另外，基于REST的系统也是非常容易理解的，因为此时系统被分为很多较小的资源块，每一个资源块都可以独立地测试和调试，并且每一个资源块都表示了一个可重用的入口点。HTTP设计本身以及URI成熟的重写与缓存机制使得RESTful HTTP成为一种不错的架构选择，该架构具有很好的松耦合性和可伸缩性。

命令和查询职责分离——CQRS

从资源库中查询所有需要显示的数据是困难的，特别是在需要显示来自不同聚合类型与实例的数据时。领域越复杂，这种困难程度越大。

因此，我们并不期望单单使用资源库来解决这个问题。因为我们需要从不同的资源库获取聚合实例，然后再将这些实例数据组装成一个**数据传输对象**（Data Transfer Object, DTO）[Fowler, P of EAA]。或者，我们可以在同一个查询中使用特殊的查找方法将不同资源库的数据组合在一起。如果这些办法都不合适，我们可能需要在用户体验上做出妥协，使界面显示生硬地服从于模型的聚合边界。然而，很多人都认为，这种机械式的用户界面从长远看来是不够的。

那么，有没有一种完全不同的方法可以将领域数据映射到界面显示中呢？答案是CQRS（Cammand-Query Responsibility Segregation）[Dahan, CQRS; Nijof, CQRS]。CQRS是将紧缩（Stringent）对象（或者组件）设计原则和命令-查询分离（CQS）应用在架构模式中的结果。

Bertrand Meyer对CQRS模式有以下评述：

> 一个方法要么是执行某种动作的命令，要么是返回数据的查询，而不能两者皆是。换句话说，问题不应该对答案进行修改。更正式的解释是，一个方法只有在具有参考透明性（referentially transparent）时才能返回数据，此时该方法不会产生副作用。[Wikipedia，CQS]

在对象层面，这意味着：

1. 如果一个方法修改了对象的状态，该方法便是一个命令（Command），它不应该返回数据。在Java和C#中，这样的方法应该声明为void。

2. 如果一个方法返回了数据，该方法便是一个查询（Query），此时它不应该通过直接的或间接的手段修改对象的状态。在Java和C#中，这样的方法应该以其返回的数据类型进行声明。

这样的指导原则是非常直接明了的，同时具有实践和理论基础作为支撑。但是，在DDD的架构模式中，我们为什么应该使用CQRS呢，又如何使用呢？

在领域模型中——比如**限界上下文（2）**中所讨论的领域模型——我们通常会看到同时包含有命令和查询的聚合。同时，我们也经常在资源库中看到不同的查找方法，这些方法对对象属性进行过滤。但是在CQRS中，我们将忽略这些看似常态的情形，我们将通过不同的方式来查询用于显示的数据。

现在，对于同一个模型，考虑将那些纯粹的查询功能从命令功能中分离出来。聚合将不再有查询方法，而只有命令方法。资源库也将变成只有add()或save()方法（分别支持创建和更新操作），同时只有一个查询方法，比如fromId()。这个唯一的查询方法将聚合的身份标识作为参数，然后返回该聚合实例。资源库不能使用其他方法来查询聚合，比如对属性进行过滤等。在将所有查询方法移除之后，我们将此时的模型称为命令模型（Command Model）。但是我们仍然需要向用户显示数据，为此我们将创建第二个模型，该模型专门用于优化查询，我们称之为查询模型（Query Model）。

这不是增加了复杂性吗？

你可能会认为：这种架构风格需要大量的额外工作，我们解决了一些问题，但同时又带来了另外的问题，并且我们需要编写更多的代码。

但无论如何，不要急于否定这种架构。在某些情况下，新增的复杂性是合理的。请记住，CQRS旨在解决数据显示复杂性问题，而不是什么绚丽的新风格以使你的简历增光添彩。

其他名字

请注意，在有些情况下，CQRS可以拥有不同的名字。这里的查询模型也被称为读模型，同样，命令模型也被称为写模型。

因此，领域模型将被一分为二，命令模型和查询模型分开进行存储。最终，我们得到的组件系统如图4.6所示。

CQRS的各个方面

接下来，让我们依次了解CQRS模式的各个方面。我们先从客户端和查询模型开始，再了解命令模型。

客户端和查询处理器

客户端（图4.6最左侧）可以是Web浏览器，也可以是定制开发的桌面应用程序。它们将使用运行在服务器端的一组查询处理器。图4.6并没有显示服务器的架构层次。不管使用什么样的架构层，查询处理器都表示一个只知道如何向数据库执行基本查询（比如SQL）的简单组件。

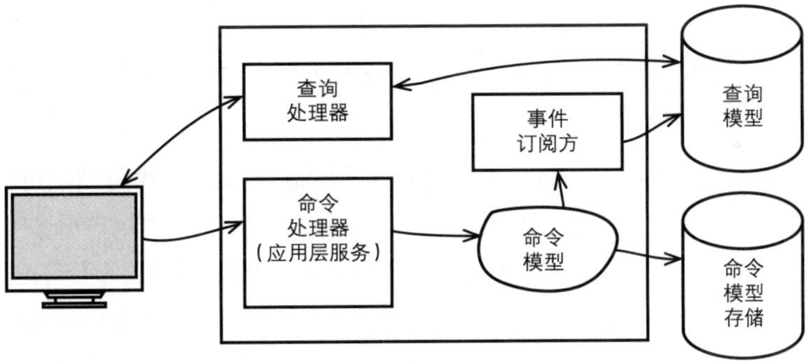

图4.6 在CQRS中，来自客户端的命令通过单独的路径抵达命令模型，而查询操作则采用不同的数据源，这样的好处在于可以优化对查询数据的获取，比如用于展现、用于接口或报告的数据。

这里并不存在多么复杂的分层，查询组件至多是对数据存储（比如数据库）进行查询，然后可能将查询结果以某种格式进行序列化。如果客户端运行的是Java或者C#，那么它可以直接对数据库进行查询。然而，这可能需要大量的数据库连接，此时使用数据库连接池则是最佳办法。

如果客户端可以处理数据库结果集（比如JDBC），此时我们可能不需要对查询结果进行序列化，但我依然建议使用。这里存在两种不同的观点。一种观点是客户直接处理结果集，或者是一些非常基本的序列化数据，比如XML和JSON。另一种观点认为应该将返回数据转换成DTO让客户端处理。这可能只是一个偏好问题，但是任何时候我们引入DTO和**DTO组装器**（DTO Assembler）[Fowler, P of EAA]，系统的复杂性都会随之增加。因此，每个团队应该选择最适合自身的方法。

查询模型（读模型）

查询模型是一种非规范化数据模型，它并不反映领域行为，只是用于数据显示（也有可能是生成数据报告）。如果数据模型是SQL数据库，那么每张数据库表便是一种数据显示视图，它可以包含很多列，甚至是所显示数据的一个超集。表视图可以通过多张表进行创建，此时每张表代表整个显示数据的一个逻辑子集。

> **创建足够多的视图**
>
> 值得一提的是，创建CQRS数据视图可以是非常廉价的，特别是在使用单种形式的事件源（Event Sourcing）时（请参考本章后面的“事件源”小节或附录A），此时所有的事件都将被持久化，这样在任何时候我们都可以重新发布显示数据，我们也可以从头重建单个显示视图，或者将整个查询模型转向另外的持久化机制。事件源使我们可以简单地创建和维护显示视图以响应UI变化，这样我们可以在不考虑数据库表结构的前提下获得更直观的用户体验。.

比如，要在用户界面上显示用户、经理和管理者等信息，我们纵然可以只创建一张数据库表来包含所有这些信息。但是，如果为每种类型的用户分别创建一个显式视图，我们便可以将每种安全角色的数据进行分离，由此以用户类型为单位来显示安全信息。要显示常规用户信息，我们可以选择该常规用户所对应数据库表视图的所有列；要显示经理信息，我们则可以选择经理所对应数据库表视图的所有列。这样一来，常规用户将不能看到经理用户的数据信息。

此时的选择语句只需要提供数据库表视图的主键即可。下面的SQL语句表示了一个查询处理器选择一种产品的某个常规用户的所有数据列：

```
SELECT * FROM vw_usr_product WHERE id = ?
```

顺便提一下，这里使用的表视图命名规范并不值得推荐，但这并不是我们的重点。这里的主键表示某种聚合类型或者多聚合组合类型的唯一标识。在本例中，主键id表示命令模型中某个Product的唯一标识。数据模型的设计应该遵循“一张表对应一种用户界面显示类型”的原则，不同的安全角色应该对应有不同的表视图。但是，我们应该从实际出发，具体情况具体分析。

具体情况具体分析

如果存在25个证券营销人，但是根据SEC规则，他们相互之间都不能看到彼此的销售信息，那么此时我们应该创建25个表视图吗？这里使用一个过滤器可能更加合适，否则我们需要创建太多的表视图。

具体实施起来这可能是困难的，因为我们可能需要将多张表或者多个表视图联合起来查询。联合查询可能是有必要的，或者至少比过滤器更加实用，特别是当领域中存在大量的安全角色时。

数据库的表视图不是会造成重复吗？

在执行更新时，一个基本的数据库表视图是不会产生重复的。一个视图只对应于一个查询，在本例中甚至连联合查询都不会用到。只有具体化（materialized）视图才存在更新重复，因为此时的视图数据需要复制到另外的地方以供选择查询语句使用。在设计数据库表和视图时我们应该多留意，以使对查询模型的更新达到最优化。

客户端驱动命令处理

用户界面客户端向服务器发送命令（或者间接地执行应用服务）以在聚合上执行相应的行为操作，此时的聚合即属于命令模型。提交的命令包含了行为操作的名称和所需参数。命令数据包是一个序列化的方法调用。由于命令模型拥有设计良好的契约和行为，将命令匹配到相应的契约是很直接的事情。

要达到这样的目的，用户界面客户端必须收集到足够的数据以完成命令调用。这表明我们需要慎重考虑用户体验设计，因为用户体验设计需要引导用户如何正确地提交命令，此时最好的方法是使用一种诱导式的，任务驱动式的用户界面设计[Inductive UI]，这种方法会把不必要的数据过滤掉，然后执行准确的命令调用。因此，设计出一种演绎式的，能够生成显式命令的用户界面是可能的。

命令处理器

客户端提交的命令将被命令处理器（Command Processor）所接收。命令处理器可以有不同的类型风格，这里我们将分别讨论它们的优缺点。

我们可以使用分类风格（categorized style），此时多个命令处理器位于同一个应用服务中。在这种风格中，我们根据命令类别来实现应用服务。每一个应用服务都拥有多个方法，每个方法处理某种类型的命令。该风格最大的优点是简单。分类风格命令处理器易于理解，创建简单，维护方便。

我们也可以使用专属风格 (dedicated style)，此时每种命令都对应于某个单独的类，并且该类只有一个方法。这种风格的优点是：每个处理器的职责是单一的，命令处理器之间相互独立，我们可以通过增加处理器种类来处理更多的命令。

专属风格可能发展成为消息风格 (messaging style)，其中每个命令将通过异步的消息发送到某个命令处理器。消息风格使得每个命令处理器可以处理某种特殊的消息类型，同时我们可以通过增加单种处理器的数量来缓解消息负载。但是，消息风格并不能作为默认的命令处理方式，因为它的设计比其他两种都复杂。因此，我们应该首先考虑使用前两种同步方式的命令处理器，只有在有伸缩性需要的情况下才采用异步方式。可能有人会认为，异步方式可以在不同系统间进行解耦，因此系统具有更高的弹性。这种偏见往往容易导致消息风格命令处理器的产生。

无论采用哪种风格的命令处理器，我们都应该在不同的处理器间进行解耦，不能使一个处理器依赖于另一个处理器。这样，对一种处理器的重新部署不会影响到其他处理器。

命令处理器通常只完成有限的功能。如果处理器拥有创建功能，那么它会创建一个新的聚合实例，然后将该实例添加到资源库中。通常地，命令处理器将从资源库中获取聚合实例，再调用该实例的行为方法：

```
@Transactional
public void commitBacklogItemToSprint(
    String aTenantId, String aBacklogItemId, String aSprintId) {
    TenantId tenantId = new TenantId(aTenantId);

    BacklogItem backlogItem =
        backlogItemRepository.backlogItemOfId(
            tenantId, new BacklogItemId(aBacklogItemId));

    Sprint sprint = sprintRepository.sprintOfId(
            tenantId, new SprintId(aSprintId));

    backlogItem.commitTo(sprint);
}
```

当该命令处理器执行结束后，一个聚合实例将被更新，同时命令模型还将发布一个领域事件。对于更新查询模型来说，这样的领域事件是至关重要的。值得注意的是，就像在**领域事件 (8)** 和**聚合 (10)** 中所讲，所发布的领域事件还可能导致另一些受同一个命令所影响的聚合实例的同步更新，最终，这些聚合实例都将与本次事务所修改的聚合实例保持最终一致性。

命令模型（写模型）执行业务行为

命令模型上每个方法在执行完成时都将发布**领域事件（8）**。以BacklogItem为例：

```
public class BacklogItem extends ConcurrencySafeEntity  {
    ...
    public void commitTo(Sprint aSprint) {
        ...
        DomainEventPublisher
            .instance()
            .publish(new BacklogItemCommitted(
                    this.tenant(),
                    this.backlogItemId(),
                    this.sprintId()));
    }
    ...
}
```

> **事件发布器背后是什么？**
>
> 这里的DomainEventPublisher是一个轻量级的基于观察者（Observer）模式[Gamma et al.]的组件，更多的细节请参考**领域事件（8）**。

在命令模型更新之后，如果我们希望查询模型也得到相应的更新，那么从命令模型中发布的领域事件便是关键所在。在使用事件源时，领域事件也被用于持久化修改后的聚合（本例中的BacklogItem）。然而，事件源并不一定与CQRS一起使用。除非事件日志包含在业务需求之中，不然命令模型是可以通过ORM等方式进行持久化的。不管如何，我们都需要发布领域事件以更新查询模型。

> **当命令不发布领域事件**
>
> 有时，对命令的执行并不会发布领域事件。比如，如果命令是通过“至少一次”的消息进行提交的，而同时应用程序又支持幂等操作，那么重新发出的消息将被忽略掉。
>
> 另外，考虑一下当应用程序对命令进行验证的情况。所有的认证客户端都知道命令规则，此时它们将成功通过命令验证。但是，对于那些不知道命令规则的客户端来说——比如恶意攻击方——提交不合法的命令将失败，此时系统将丢弃这些命令。

事件订阅器更新查询模型

一个特殊的事件订阅器用于接收命令模型所发出的所有领域事件。有了领域事件，订阅器会根据命令模型的更改来更新查询模型。这意味着，每种领域事件都应该包含有足够的数据以正确地更新查询模型。

对查询模型的更新应该是同步的呢，还是异步的？这取决于系统的负荷，也有可能取决于查询模型数据库的存储位置。数据的一致性约束和性能需求等因素对此也有很大的影响作用。

如果要同步更新查询模型，查询模型和命令模型通常需要共享一个数据库，这时我们会在同一个事务过程中处理更新。这种方式可以保证两种模型的数据达到完全一致性。但是，这也需要更多的处理时间来更新不同的数据库表，而这有可能会违背服务层协议（service-level agreement， SLA）。如果系统有可能长期处于超负荷状态，并且对查询模型的更新过程又很冗长，那么此时我们应该考虑异步更新。在异步更新中，用户界面有可能无法及时地反映出对命令模型的修改，因此这对最终一致性也带来诸多挑战。更新延迟时间是不可预测的，但是异步更新却有可能满足其他的服务层协议。

有时在创建新的用户界面视图时，我们需要同时创建显示数据。我们可以像前文中提到的那样创建数据库表和表视图，然后通过各种方法将数据添加到新创建的表中。此时，如果命令模型是通过事件源进行持久化的，或者如果存在完整的历史事件存储，那么我们可以回放这些历史事件来更新数据。请注意，只有在适当的事件已经存在的情况下，这种方式才是可用的。否则，只有在今后有新的命令进入系统时，我们才能向数据库表中插入数据。

如果命令模型采用ORM作为持久化机制，那么我们可以用命令模型的数据存储来填充新建的查询模型表。此时我们可以引入常见的数据仓库（或者报表数据库）技术，比如提取-转换-加载（Extract-Transform-Load，ETL）。首先提取出命令模型中的数据，然后按照用户界面所需进行转换，再将转换结果加载到查询模型存储中。

处理具有最终一致性的查询模型

如果查询模型需要满足最终一致性——即在命令模型更新之后，查询模型会得到相应的异步更新——那么用户界面可能有些额外的问题需要处理。比如，当上一个用户提交命令之后，下一个用户是否能够及时地查看到更新后的查询模型数据？这可能与系统负荷等因数有关。但是，我们最好还是假定：在用户界面所查看到的数据永远都不能与命令模型保持一致。因此，我们需要为最坏的情况考虑。

一种方式是让用户界面临时性的显示先前提交给命令模型的参数，这使得用户可以及时地看到将来对查询模型的改变。这种方式有可能是唯一能够避免用户界面显示陈旧数据的方式。

但是，对于某些用户界面，以上方式可能并不现实。而即便是现实的，同样有可能发生在用户界面中显示陈旧数据的情况，比如在一个用户进行操作的刹那，另一个用户却正试图查看数据。那么，我们应该如何应对呢？

另一种方法[Dahan, CQRS]是显式地在用户界面上显示出当前查询模型的日期和时间。要达到这样的目的，查询模型的每一条记录都需要维护最后更新时的日期和时间。这是很容易的，通常可以借助于数据库触发器。有了最近更新的日期和时间，用户界面便可以通知用户数据的新旧程度。如果用户认为数据过于陈旧，他们可以发出更新数据的请求。有人对这种方法给予了高度的评价，因为它是一种有效的模式；而有人则提出了尖锐的批评，认为这只是一种诡计。对于这两种不同的观点，我们应该通过用户验收测试来决定这种方法是否适用于你自己的系统。

然而，有时命令模型和查询模型之间的不同步并不是什么大的问题。我们也可以通过其他方式来予以克服，比如Comet（即Ajax Push）；或者通过另一种静默更新的方式，比如**观察者**[Gamma et al.]或者**分布式缓存/网格**（比如Coherence或Gemfire）的事件订阅。我们甚至还可以通过另一种极其简单的方式来处理事件延迟：通知用户他们的请求已经被处理，但是还需要一些处理时间。对于事件延迟是否真的会造成问题，我们需要仔细地考虑。如果是，那么我们需要找到最好的方法予以解决。

和其他模式一样，CQRS也存在诸多的竞争对手，而在做选择时我们应该额外小心。如果用户界面并不过于复杂或者我们只需要在单个视图中处理聚合，那么引入CQRS反而会增加额外的复杂性。

事件驱动架构

> 事件驱动架构（Event-Driven Architecture, EDA）是一种用于处理事件的生成、发现和处理等任务的软件架构。[Wikipedia, EDA]

图4.4所示的六边形架构表示了一个事件驱动架构系统的例子。事件驱动架构不见得必须与六边形架构一同使用，但是对于理解事件驱动架构来说，引入六边形架构是有好处的。对于一个新启动的项目来说，我们应该优先考虑采用六边形架构。

在图4.4中，三角形表示了限界上下文所使用的消息机制。输入事件所使用的端口和其他客户端所使用的端口是不同的。同样，输出事件也将使用另一个不同的端口。在前文中我们已经提到，处理消息的端口可以是使用AMQP协议的消息机制，这种方式有别于使用HTTP协议的其他客户端。无论采用哪种类型的消息机制，我们都使用“三角形”来表示事件的进出。

进出六边形的事件可能有不同的类型，而我们需要特别关心的是领域事件。除此之外还可能有系统事件，比如用于系统日志和监控的事件等。但是在DDD中，我们需要关注的是领域事件。

我们可以引入多个六边形来表示整个企业范围内的事件架构，如图4.7所示。再次提醒，这里并不是说每个系统都必须使用六边形架构，而重点在于阐述如何将事件驱动架构用于多个六边形架构系统。你完全可以将这里的六边形架构替换成分层架构或其他架构。

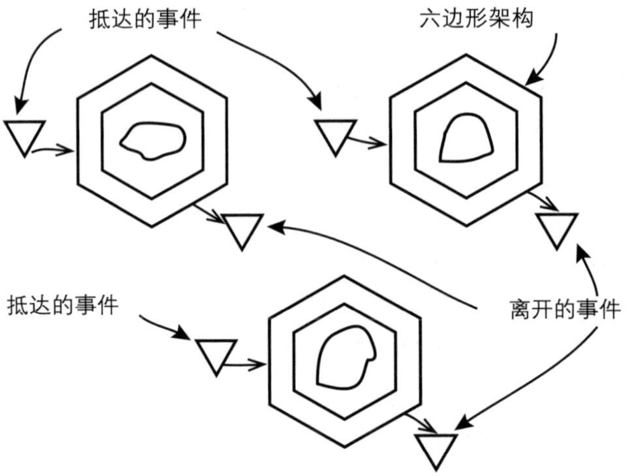

图4.7 在一个事件驱动架构中融入了六边形架构风格。该事件驱动架构通过消息机制完成对所有系统的解耦。

一个系统的输出端口所发出的领域事件将被发送到另一个系统的输入端口，此后输入端口的事件订阅方将对事件进行处理。对于不同的限界上下文来说，不同的领域事件具有不同含义，也有可能没有任何含义[5]。在一个限界上下文处理某个事件时，应用程序API将采用该事件中的属性值来执行相应的操作。应用程序API所执行的命令操作将反映到命令模型中。

有可能出现这样一种情况：在一个多任务处理过程中，某种领域事件只能表示该过程中的一部分。只有在所有的参与事件都得到处理之后，我们才能认为这个多任务处理过程完成了。但是，这个过程是如何开始的？它是如何分布在整个企业范围之内的？我们如何跟踪处理进度？这些问题我们将在"长时处理过程"一节

5. 如果使用消息过滤器或者路由关键字，消息订阅方可以避免接收对自己无意义的消息。

中一一回答。这里，我们可以先学习一些基础知识。基于消息的系统通常呈现出一种管道和过滤器风格。

管道和过滤器

以下的shell命令便是一种最简单的管道和过滤器：

```
$ cat phone_numbers.txt | grep 303 | wc -l
3
$
```

上面的Linux命令用于在phone_numbers.txt文件中统计含有电话区号“303”的所有文本行的数量。该命令同时使用了管道和过滤器：

1. cat命令工具用于向标准输出流（Standard Output Stream）输出phone_numbers.txt文件中的内容。通常来说，标准输出流与终端相连。但是在使用了“|”符号之后，输出将会通过管道转向下一个命令工具。
2. 下一步，grep命令从标准输出流中读取数据，此时的标准输出流即是cat命令的输出结果。grep命令的参数表示匹配含有“303”的所有行。grep命令查找到的所有结果都将输出到标准输出流。和cat命令一样，grep命令的输出流通过管道被转向到下一个wc命令。
3. 最后，wc命令读取标准输出流，此时即grep命令的输出结果。wc命令的命令行参数为“-l”，表示统计所读行的数量。wc命令的结果将输出到终端，此时为3，表明grep命令查找到了3个含有“303”的文本行。请注意，此时的输出直接显示在了终端，因为在wc命令之后没有另外的管道了。

在Windows下，我们可以使用以下命令来达到相同的效果：

```
C:\fancy_pim> type phone_numbers.txt | find /c "303"
3
C:\fancy_pim>
```

思考一下，在以上的命令工具中都发生了些什么。每个工具都接收一个数据集，对其进行处理，再输出另一个数据集。输出数据集和输入数据集是不同的，因为每一个命令都充当着过滤器的作用。在整个过滤过程完成之后，输出数据和输入数据可能完全不一样了。在本例中，最原始的输入是一个文本文件，但最终的输出则只有一个数字“3”。

我们如何将上例中的基本原则用于事件驱动架构呢？事实上，我们是可以发现一些共性的。接下来，我们将围绕管道和过滤器消息模式[Hohpe, Woolf]展开讨论。这里需要注意的是，用于消息的**管道和过滤器**与上面命令行例子并不完全一样。比如，一个事件驱动架构的过滤器可能并不需要过滤任何数据，它可以用于执行某些操作，但是不会修改消息数据。但是，事件驱动架构中的管道和过滤器却与上面的命令行例子拥有某些相同的特征。下面我们将讲到这些特征，如果你是一个高级读者，请“过滤”掉下面的一节。

表4.2包含了基于消息的管道和过滤器处理过程的基本特征。

表4.2 基于消息的管道和过滤器处理过程的基本特征

特征	描述
管道是消息通道	过滤器通过输入管道接收数据，通过输出管道发送数据。实际上，管道即是一个消息通道。
端口连接过滤器和管道	过滤器通过端口连接到输入和输出管道。端口使得六边形架构成为首选的架构。
过滤器即是处理器	过滤器可以对消息进行处理，而不见得一定对消息进行过滤
分离处理器	每个过滤处理器都是一个分离的组件。
松耦合	每个过滤处理器都相对独立地参与处理过程，处理器组合可以通过配置完成。
可换性	根据用例需求，我们可以重新组织不同处理器的执行顺序，这同样是通过配置完成的。
过滤器可以使用多个管道	在命令行例子中，过滤器只从一个管道中读写数据，但是消息过滤器可以从不同的管道中读写数据，这表示了一种并行的处理过程。
并行使用同种类型的过滤器	对于最繁忙的和最慢的过滤器来说，我们可以并行地采用多个相同类型的过滤器来增加处理量。

现在，如果我们将上例中的cat，grep和wc看成是事件驱动架构中的不同组件会发生什么情况？如果要通过创建消息发送方和接收方这样的组件来完成上例中的电话号码过滤功能，我们又应该怎么做？（这里我并不是演示如何使用消息组件来替换命令行，而是演示如何使用消息机制来达到相同的目标。）

以下是管道和过滤器的工作流程，如图4.8所示：

1. 我们可以从PhoneNumbersPublisher组件开始，该组件读取phone_number.txt中的数据，然后创建一个含有所有文本行的事件消息并发送该消息，事件名为AllPhoneNumbersListed。一旦消息发送出去，整个处理过程便开始了。

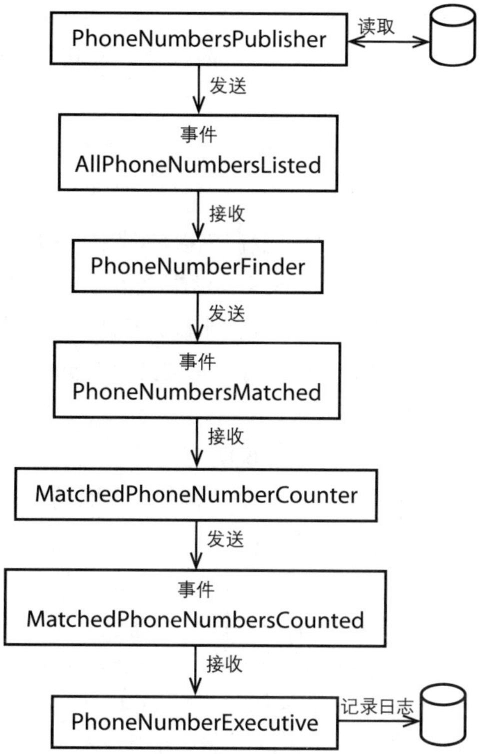

图4.8 对于发送的事件，由过滤器进行处理，这个过程组成了一个管道。

2. 通过配置，一个名为PhoneNumberFinder的消息处理组件将订阅AllPhoneNumbersListed事件。该消息处理组件是整个处理流程中的第一个过滤器。该过滤器查找出包含有“303”的所有文本行，然后创建一个名为PhoneNumberMatched的事件，该事件包含所有的查找结果。接下来，过滤器将发出一个新的事件，整个处理流程继续。

3. 一个名为MatchedPhoneNumberCounter的消息处理组件订阅了PhoneNumbersMatched事件。该消息处理组件是第二个过滤器，它的职责是统计所接收事件中的电话号码数量，再把结果以新的事件形式——MatchedPhoneNumbersCounted事件发布出去。该事件中包含了count属性，在本例中count的值为3。

4. 最后，MatchedPhoneNumbersCounted事件的订阅方——PhoneNumberExectuive组件将记录下最终的结果，包括电话号码数量、消息接收的日期和时间：

```
3 phone numbers matched on July 15, 2012 at 11:15 PM
```

到此，整个处理流程执行完毕[6]。

以上的流程处理是灵活的。如果我们需要向其中新加入一个过滤器，我们只需要创建一种新的事件即可。我们应该慎重地配置各个处理器的作用顺序。当然，这并不像命令行例子那么简单。然而，通常来说，我们并不会经常性地改变领域事件的处理流程。虽然上面的例子本身没有多大意义，但却向我们展示了事件驱动架构中的管道和过滤器的工作机制。

如果你已经厌倦了上面的例子，那说明有可能你已经掌握了管道和过滤器的相关知识，但是还有很多人并没有像你那么高级。上面的例子主要是向读者解释管道和过滤器中的不同概念。在真实的企业应用里，我们将通过这种模式将一个大问题分解成若干个较小的步骤来完成，这使得分布式处理更容易理解和管理。

在真实的DDD应用场景中，领域事件的名字将反映业务操作。在上例中的第1步，所发出的事件表示某个限界上下文中某个聚合的行为输出。第2步到第4步可以发生在相同的限界上下文中，也可以发生在不同的上下文中，它们将接收上一步所发出的事件，处理之后再发布新的事件以通知下一步。同时，这3个步骤还可以创建和修改相应上下文中的聚合。这些都是在管道和过滤器架构中处理领域事件的常见输出。

就像领域事件（8）所讲的，这些并不是简单的事件通知。他们显式地对业务过程进行建模，这对于整个领域范围内的订阅方来说是有好处的。当然，我们还可以对这种同步式的、逐步式的处理方式进行扩展，以使其同时处理多个任务。

长时处理过程（也叫Saga）

我们可以对上面的管道和过滤器的例子进行扩展，从而得到另一种事件驱动的、分布式的并行处理模式——**长时处理过程**（Long-Running Process）。一个长时处理过程有时也称为Saga，但是这个名字可能与另一个已有的模式存在冲突。关于Saga的一个早期描述可以参考[Garcia-Molina & Salem]。为了消除混淆和歧义，在本书中我将使用“长时处理过程”这个名称，有时为了简单甚至直接使用“过程”。

---

6. 为了简单起见，这里我们不讨论六边形架构中端口、适配器和应用程序API等内容。

牛仔的逻辑

LB：“我认为Saga就像连续剧Dallas和Dynasty一样！”

AJ：“对于你们所有的德国读者来说，Dynasty即是Der Denver Clan。”

作为对前一个例子的扩展，我们只需添加一个过滤器——Total Phone Number Counter，便可以创建一个并行的处理流程。该过滤器订阅了AllPhoneNumbersListed事件，它与PhoneNumberFinder几乎同时接收到AllPhoneNumbersListed事件。这个新的过滤器目的很简单，即统计所有的电话号码数量。和先前的例子不同的是，此时的长时处理过程将由PhoneNumberExecutive来启动，同时它还将对处理过程进行跟踪。PhoneNumberExecutive可以重用PhoneNumbersPublisher，也可以不再重用，让我们重点看看PhoneNumberExecutive有哪些新的功能。PhoneNumberExcecutive可以通过应用服务或者命令处理器的形式实现，它将跟踪长时处理过程的各个阶段。同时，PhoneNumberExcecutive它还知道一个长时处理过程何时执行完毕，并在这些过程执行完毕之后，再执行其他任务。长时处理过程请参考图4.9：

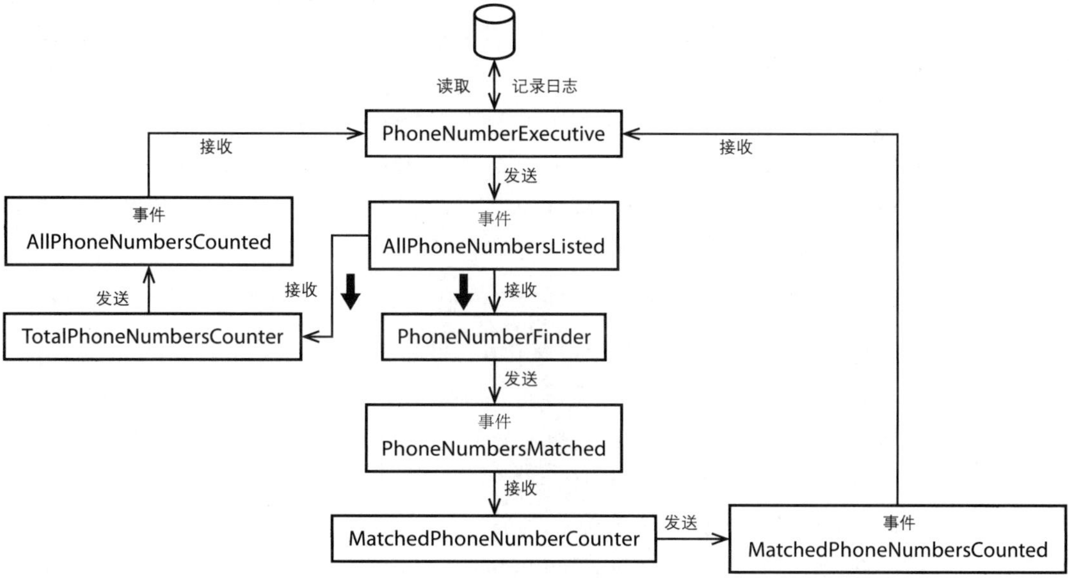

图4.9 长时处理过程启动多个并行的处理过程，然后对其进行跟踪。图中大的箭头表示并行处理的开始，之后两个过滤器将接收到相同的事件。

设计长时处理过程的不同方法

设计长时处理过程有三种方法：

- 将处理过程设计成一个组合任务，使用一个执行组件对任务进行跟踪，并对各个步骤和任务完成情况进行持久化。我们将详尽地讨论这种方法。
- 将处理过程设计成一组聚合，这些聚合在一系列的活动中相互协作。一个或多个聚合实例充当执行组件并维护整个处理过程的状态。这种方式被Amazon的Pat Helland所提倡[Helland]。
- 设计一个无状态的处理过程，其中每一个消息处理组件都将对所接收到的消息进行扩充——即向其中加入额外的数据信息——然后再将消息发送到下一个处理组件。在这种方法种，整个处理过程的状态包含在每条消息中。

现在，由于两个过滤器组件同时订阅了最初的事件，它们将几乎同时接收到该事件。原有的过滤器功能不变，即匹配含有“303”的文本行。新的过滤器将统计所有的文本行，在执行完毕时发出AllPhoneNumbersCounted事件，该事件中包含了所有电话号码的总数量。例如，如果总共有15个电话号码，那么该事件的count属性值即为15。

PhoneNumberExecutive同时订阅了MatchedPhoneNumbersCounted和AllPhoneNumbersCounted事件。只有在两个领域事件都被PhoneNumberExecutive接收到时，整个并行处理过程才算完成，此时两个并行处理的结果将合二为一。PhoneNumbersExecutive所生成的日志记录为：

```
3 of 15 phone numbers matched on July 15, 2012 at 11:27 PM
```

日志输出在原来的基础上包含了电话号码的总数信息。虽然这里演示的例子非常简单，但是它们却是并行运行的。同时，由于有些订阅组件被部署在不同的计算节点上，此时的并行处理过程也是分布式的。

然而，这个长时处理过程还存在一个问题。PhoneNumberExecutive无法知道所接收到的两个领域事件是否来自同一个并行处理过程。处理过程并行启动，完成事件无序地产生，那么PhoneNunmberExecutive如何知道是哪个处理过程执行完毕了呢？在电话号码统计这个例子中，出现这个问题可能并不严重。但是，当处理真实的企业业务领域时，这样的问题却有可能是灾难性的。

解决这个问题的第一步是在每个领域事件中加入处理过程的身份标识。这个标识可以和引发处理过程的领域事件的标识相同，比如AllPhoneNumbersListed事件。此时我们可以使用UUID，请参考**实体**（5）和**领域事件**（8）。PhoneNumberExecutive只有在接收到具有相同标识的领域事件时才会输出日志记录。然而，PhoneNumberExecutive并不会等待所有事件的到达，它也是一个事件订阅方，在事件到达时将自动启动相应的处理过程。

执行器和跟踪器？

有人认为执行器和跟踪器这两种概念合并成一个对象——聚合——是最简单的方法。此时，我们在领域模型中实现这样一个聚合，再通过该聚合来跟踪长时处理过程的状态。这是一种解放性的技术，我们不需要开发一个单独的跟踪器来作为状态机，而事实上这也是实现基本长时处理过程的最好方法。

在六边形架构中，端口－适配器的消息处理组件将简单地将任务分发给应用服务（或命令处理器），之后应用服务加载目标聚合，再调用聚合上的命令方法。同样，聚合也会发出领域事件，该事件表明聚合已经完成了它的处理任务。

这种方式很像Pat Helland所提倡的方法，他将此称为合伙活动（Partner Activity）[Helland]，这也是在“设计长时处理过程的不同方法”一节中所提到的第二种方法。然而，将执行器和跟踪器分开讨论是一种更有效的方法。

在实际的领域中，一个长时处理过程的执行器将创建一个新的类似聚合的状态对象来跟踪事件的完成情况。该状态对象在处理过程开始时创建，它将与所有的领域事件共享一个唯一标识。同时，将处理过程开始时的时间戳保存在该状态对象中也是有好处的（原因请参考本章后续内容）。长时处理过程的状态对象如图4.10所示。

当并行处理的每个执行流运行完毕时，执行器都会接收到相应的完成事件。然后，执行器根据事件中的过程标识获取到与该过程相对应的状态跟踪对象实例，再在这个对象实例中修改该执行流所对应的属性值。

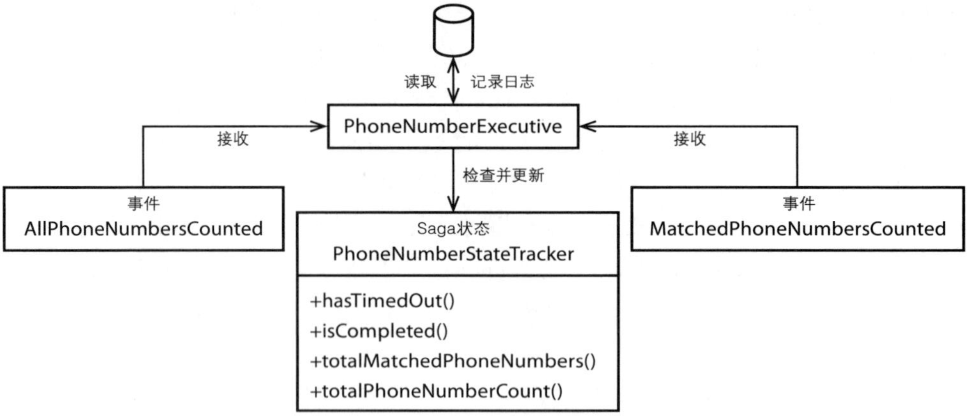

图4.10 PhoneNumberStateTracker作为长时处理过程的状态对象，它用于跟踪处理进度。PhoneNumberStateTracker是一个聚合。

长时处理过程的状态实例通常有一个名为isCompleted()的方法。每当某个执行流执行完成，其对应的状态属性也将随之更新，随后执行器将调用isCompleted()方法。该方法检查所有的并行执行流是否全部运行完毕。当isCompleted()返回true时，执行器将根据业务需要发布最终的领域事件。如果该长时处理过程是更大的并行处理过程的一个分支，那么向外发布该事件便是非常有必要的了。

有些消息机制可能并不能保证消息的单次投递 (Single Delivery) [7]。对于一个领域事件有可能被多次投递的情况，我们可以通过长时处理过程的状态实例来消除重复。那么，这是否需要消息机制提供额外的特殊功能呢？让我们看看在没有这些特殊功能的时候应该如何处理。

当一个完成事件到达时，执行器将检查该事件中相应的状态属性，该状态属性表示该事件是否已经存在。如果状态已经被设值，那么该事件便是一个重复事件，执行器将忽略该事件，但是还是会对该事件做出应答[8]。另一种方式是将状态对象设计成幂等的。这样，如果执行器接收到了重复消息，它将同等对待，即执行器依然会使用该消息来更新处理过程的状态，但是此时的更新不会产生任何效果。在以上两中方法中，虽然只有第二种方法将状态对象本身设计成幂等的，但是在结果上他们都能达到消息传输的幂等性。关于事件消重的更多讨论，请参考**领域事件 (8)**。

7. 这并不是保证消息的投递，而是保证消息的单次投递，即对于一个事件，保证该事件只被投递了一次。
8. 当消息机制接收到消息应答后，它将不再发送同一个事件。

对于跟踪有些长时处理过程来说，我们需要考虑时间敏感性。在过程处理超时，我们既可以采用被动的，亦可以采取主动。回忆一下，状态跟踪器可以包含处理过程开始时的时间戳。如果再向跟踪器添加一个最大允许处理时间，那么执行器便可以管理那些对时间敏感的长时处理过程了。

被动超时检查由执行器在每次并行执行流的完成事件到达时执行。执行器根据状态跟踪器来决定是否出现超时，比如调用名为hasTimedOut()的方法。如果执行流的处理时间超过了最大允许处理时间，状态跟踪器将被标记为“遗弃”状态。此时，执行器甚至可以发布一个表明处理失败的领域事件。被动超时检查的一个缺点是，如果由于某些原因导致执行器始终接收不到完成领域事件，那么即便处理过程已经超时，执行器还是会认为处理过程正处于活跃状态。如果还有更大的并发过程依赖于该过程处理，那么这将是不可接受的。

主动超时检查可以通过一个外部定时器来进行管理。比如，一个JMX的TimerMBean实例便可以用来获取一个被Java管理的定时器。在处理过程开始时，定时器便被设以最大允许处理时间。定时时间到时，定时监听器将访问状态跟踪器的状态。如果此时的状态显示处理还未完毕，那么处理状态将被标记为“遗弃”状态。如果此时处理过程已经完毕，那么我们可以终止定时。主动超时检查的一个缺点是，它需要更多的系统资源，这可能加重系统的运行负担。同时，定时器和完成事件之间的竞态条件有可能会造成系统失败。

长时处理过程通常和分布式并行处理联系在一起，但是它与分布式事务没有什么关系。长时处理过程需要的是最终一致性。我们应该慎重地设计长时处理过程，在基础设施或处理过程本身失败的时候，我们应该能够采取适当的修复措施。只有在执行器接收到整个处理过程成功的通知时，我们才能认为处理过程的各个参与方达到了最终一致性。诚然，对于有些长时处理过程来说，整个处理过程的成功并不需要所有的并行执行流都成功。还有可能出现的情况是，一个处理过程在成功完成之前可能会延迟好几天的时间。但是，如果一个处理过程被搁浅，那么所有的参与系统都将处于一种不一致的状态，此时做出一些补偿是必要的。但是，补偿可能增加处理过程的复杂性。还有可能是，业务需求是允许失败情况发生的，而此时采用工作流方案可能更加合适。

SaaSOvation公司在不同的限界上下文之间采用了事件驱动架构。ProjectOvation团队将使用最简单形式的长时处理过程来管理为Product实例创建Discussion的过程。他们首选六边形架构，以在整个企业范围之类发布领域事件。

值得注意的事，长时处理过程的执行器可以发布一个或者多个事件来触发并行处理流程。同时，事件的订阅方也不见得只能有两个，而是可以有多个。换句话说，在一个长时处理过程中，可能存在许多彼此分离的业务处理过程同时运行。因此，上面的简单例子只是向大家演示了长时处理过程的基本概念。

当与遗留系统的集成存在很大的时间延迟时，采用长时处理过程将非常有用。当然，即便时间延迟和遗留系统并不是我们的主要关注点，我们依然能从长时处理过程中得到好处，即由分布式和并行处理所带来的优雅性，这样也有助于我们开发高可伸缩性、高可用性的业务系统。

有些消息机制中已经内建了对长时处理过程的支持，这可以大大提高这些软件本身的采用率。其中一个例子便是[NServiceBus]，在NServiceBus中，长时处理过程被称为Saga。另一个例子是[MassTransit]。

事件源

有时，我们的业务可能需要对发生在领域对象上的修改进行跟踪。此时的跟踪有不同的层次，而每个层次又对应有不同的方法。通常来说，业务人员可能只关心诸如实体的创建时间、最后修改时间和是谁做的修改等信息。这是一种非常简单的跟踪方式，而对于领域模型中每次单独的改变，这种方式并没有提供任何信息。

随着人们要求更多的变化跟踪，业务层也需要更多的元数据。业务层开始关心每一次单独操作，甚至希望得到某个业务操作的执行时间。这些需求要求维护一份审计日志（Audit Log）。然而，审计日志也是存在局限的，虽然它包含了系统中的一些事件发生信息，甚至可以用于系统调试，但是我们并不能检查单个领域对象在改变前和改变后的状态。那么，如果我们希望从变化跟踪中得到更多的信息，应该怎么办呢？

作为程序员，我们已经接触过一些优秀的变化跟踪工具，其中最常见的非源代码库莫属了，比如CVS、Subversioin、Git或Mercurial等。这些源代码管理工具都有一个相同的功能：它们都知道如何跟踪对每一个源代码文件的修改。这些工具使得我们从头到尾浏览对一个文件的修改。当把所有的源文件都提交给这些工具管理时，我们便可以跟踪软件在整个开发过程中的各种变化。

现在，如果我们将这种概念应用在单个实体上，然后用在单个聚合上，再用于模型中的每个聚合，那么我们便能体会到在对象层面上跟踪变化的好处，进而体会到变化跟踪对于整个系统的好处。因此，我们希望有种方式能够记录下诸如“创建聚合”这样的操作。有了所有操作的历史数据，我们甚至可以支持临时模型。这个层面上的变化跟踪便是事件源（Event Sourcing）的核心[9]。事件源模式如图4.11所示。

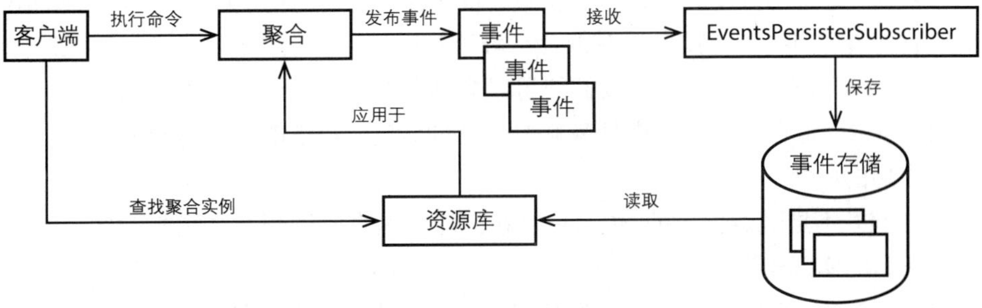

图4.11 从高层次看事件源，由聚合发布的事件被保存到事件存储中，同时这些事件被用于跟踪模型的状态变化。资源库从事件存储中读取事件，并将这些事件应用于对聚合状态的重建。

事件源存在多种定义，在此做些澄清是有必要的。我们这里所说的事件源是指：对于某个聚合上的每次命令操作，都有至少一个领域事件发布出去，该领域事件描述了操作的执行结果。每一个领域事件都将被保存到**事件存储**（Event Store, 8）中。每次从资源库中获取某个聚合时，我们将根据发生在该聚合上的历史事件来重建该聚合实例，事件的作用顺序应该与它们的产生顺序相同[10]。换句话说，第一个发生的事件将最先起作用，根据事件信息，聚合执行相应的操作以更新自身的状态。接着，第二个发生的事件进一步修改聚合状态。这样依次进行，直到所有的事件都被“重放”为止。此时，聚合的状态应该和最后一次命令执行后的状态相同。

移动的目标？

业界对于事件源的定义并没有达成统一，直到我写这本书时，这个问题都还没有解决。就像其他新技术一样，我们将不断地对事件源进行改进。本书所展现的是事件源在用于DDD时的一些核心方面，同时包含了事件源有可能的一些发展方向。

随着时间的增长，发生在聚合实例上的事件将越来越多，那么，重放这些成百上千的事件是否会对模型的处理造成影响呢？对于那些业务操作繁忙的模型来说，这种影响至少是存在的。

9. 要理解事件源，通常需要事先理解CQRS，请参考本章前面的相关内容。
10. 一个聚合的状态可以认为是先前事件的组合，但是在利用事件重建该聚合时，事件作用顺序必须和先前的产生顺序一致。

为了避免这种瓶颈，我们可以通过聚合状态“快照”的方式来进行优化。我们可以创建一个聚合内存状态的快照，此时的快照反映了聚合在事件存储历史中某个事件发生后的状态。为了达到这样的目的，我们需要利用该事件及其发生前的所有事件来重建聚合实例，之后对聚合状态进行序列化，再把序列化之后的快照保存在事件存储中。这样一来，我们便可以先通过聚合快照来实例化某个聚合，接着再“重放”比快照更新的事件来修改聚合的状态，最终使聚合达到最后一个事件发生后的状态。

快照并不是随意创建的，而是可以在所发生的事件达到某个数量时才创建。根据项目的实际情况，团队可以自行确定一个数量值。比如，我发现当两个快照之间的事件数在50到100个之间时，我们可以获得最优的聚合获取性能。

更多的，我们将事件源看成是一种技术解决方案。在没有事件源的情况下，我们同样可以创建能够发布领域事件的领域模型。作为一种持久化机制，事件源可以取代ORM。但同时，事件源和ORM又存在很大的不同。事件通常以二进制的方式保存在事件存储中，这使得事件源不能用于查询操作。事实上，为事件源所设计的资源库只需要一个接受聚合唯一标识为参数的查询方法。因此，我们需要另外一种方法来支持查询，通常将CQRS和事件源一同使用[11]。

事件源为我们提供了设计领域模型的新思路。从最基本的层面来看，事件历史可以用来消除系统中的bug，对调试也有很大的益处。事件源有助于获得高吞吐量的领域模型，从而极大地提高事务处理效率。比如，向单张数据库表中追加事件是非常快的。另外，事件源还有助于提高CQRS查询模型的伸缩性，因为此时查询模型的数据源可以在事件存储更新之后得到静默更新。这样做的另外一个好处是，我们可以复制多个查询模型的数据源实例以满足更多的新增客户。

然而，技术上的优势并不总能提高业务上的优势。无论如何，让我们考虑以下几种由事件源的技术优势所带来的业务优势：

- 用新的或者修改后的事件向事件存储打补丁可以修正许多问题。这对于业务来说可能不那么显而易见，但是这些补丁可以在很大程度上减少由模型中的bug所带来的系统问题。

- 除了补丁之外，我们可以通过重放一组事件的方式来重做或撤销对模型的修改。

11. 虽然我们可以在不使用事件源的情况下使用CQRS，但是反过来则不是一件容易的事情了。

- 有了所有事件的历史信息，业务层便可以考虑很多诸如“如果……会怎么样？”的问题。即通过重放一组发生在聚合上的事件，业务层可以得到很多问题的答案。通过模拟这些虚拟的业务场景，业务层可以从中获得不少好处，而这也是实现业务智能化的一种方式。

附录A为我们详尽地阐述了如何在聚合上实现事件源，同时还讲解了在CQRS中如何创建视图投射（View Projection）。更多信息请参考[Dahan, CQRS]和[Nijof, CQRS]。

数据网织和基于网格的分布式计算

由Wes William撰写

随着软件系统越来越复杂，用户越来越多，需求也更加地“大数据”化，传统的数据库可能会成为系统的性能瓶颈。面临这种现实的企业别无其他选择，只能在计算能力上寻求解决。数据网织（Data Fabric）——有时也称为网格计算[12]——可以满足这种性能上的需求。

牛仔的逻辑

AJ：“你想用一杯酒来交换一些信息吗？”

LB：“不好意思，J。我们这里只接受缓存。”

数据网织的一个好处是它对领域模型提供了自然的支持，几乎消除了所有的阻抗失配。事实上，分布式缓存可以非常容易地对领域模型进行持久化，此时可以将它看成是一种聚合存储（Aggregate Store）[13]。简单地说，在数据网织中，聚合即

12. 这并不是说网织和网格是相同的概念，但是对于那些从整体角度来看待这种架构的人来说，这两者指的是相同的东西。对于市场和营销人员来说，他们也倾向于将这两者同等对待。无论如何，本节将使用“数据网织”，因为通常它所表达的功能比网格计算要多。
13. Martin Fowler最近正在提倡使用“聚合存储”，虽然这个概念已经存在有一段时间了。

是基于图的缓存中的值部分[14]，而聚合的唯一标识则是标识键。这里的键即是聚合的唯一标识。聚合的状态将被持久化为二进制数据或文本数据，这些数据便是值部分的内容：

```
String key = product.productId().id();

byte[] value = Serializer.serialize(product);

// region (GemFire) or cache (Coherence)
region.put(key, value);
```

因此，数据网织能够很好地在技术层面上与领域模型保持一致，从而在很大程度上缩短开发周期[15]。

上例向我们展示了数据网织是如何将领域模型存放在缓存中的。那么，有了这样的数据网织，我们将如何使用长时处理过程来支持CQRS架构和事件驱动架构呢?

数据复制

考虑一个内存数据缓存，我们可以立刻想到由缓存失败造成系统状态丢失的种种可能性。这是一个真实存在的问题，但是在允许数据复制的数据网织中，这并不是什么大问题。

在使用“一个缓存对应一个聚合”的策略时，让我考虑一下由数据网织提供的内存缓存。在这种情况下，某个聚合类型的资源库由一个专门的缓存提供支持。只支持单个节点的缓存是很容易失效的。然而，一个具有多节点缓存的数据网织则是可靠的。根据节点有可能的失效数目，你可以选择不同层次的数据冗余性。由于多个缓存节点的存在，失效的几率将随之变小。同时你可以从数据冗余性中获得更高的性能，因为性能受到节点数目的影响。

对于缓存冗余性的工作机制，这里有一个例子：其中一个节点作为主缓存，其他节点作为二级缓存。如果主缓存失效，其中一个二级缓存将会成为新的主缓存。当先前失效的主缓存恢复之后，新主缓存中的数据将被复制到恢复后的缓存中，此时该恢复后的缓存将变为二级缓存。

---

14. 在Gemfire中，这称为区域（region），而在Coherence中，则称为缓存（cache），在本书中，我将使用后者。
15. 有些NoSQL存储也可以作为自然的聚合存储，它们也可以用来简化DDD的技术实现。

这种做法的另一个好处是，它可以保证对数据网织所发出事件的正确投递。因此，在聚合更新之后，数据网织所发出的事件是不会丢失的。显然，对于保存核心的领域模型来说，缓存冗余性和数据复制扮演着重要的角色。

事件驱动网织和领域事件

数据网织可以很好地支持事件驱动架构风格，因为它能确保对事件的投递。大多数数据网织都有内建的事件支持，即可以对缓存层面和入口层面上所发生的操作自动地发出事件通知。这些事件不应该和领域事件产生混淆。比如，一个缓存层面的事件用于通知诸如“重新初始化缓存”这样的操作；一个入口层面的事件描述诸如“创建入口和更新入口”等操作。

数据网织是支持开放架构的，因此应该有种方法可以从聚合中直接发布领域事件。此时，领域事件可能需要继承框架中的某种事件类型，比如GemFire中的EntryEvent，但是相比起这些领域事件所提供的强大功能来说，这种继承只是很小的代价。

那么，我们究竟应该如何在数据网织中使用领域事件呢？就像在领域事件（8）中所讨论到的一样，此时的聚合应该使用一个简单的DomainEventPublisher组件。对于数据网织的缓存来说，这个发布组件可能只是简单地将事件放在某个特定的缓存中。此后，缓存事件（Cached Event）将通过同步或异步的方式送达订阅方。因此，为了不浪费内存，我们可以在得到所有订阅方的应答之后，将缓存事件从缓存图中移除掉。当然，当事件被发送到消息队列或用于刷新CQRS的查询模型时，这个事件只会得到一次应答。

对于领域事件的订阅方来说，他们可以将事件用于同步地更新其他相关的聚合，由此最终一致性也得到了保证。

持续查询

有些数据网织支持一种名为持续查询（Continuous Query）的事件通知。客户端可以向数据网织注册一个查询，当对缓存的修改可能影响到查询结果时，客户端将自动接收到事件通知。持续查询可以用于用户界面组件，此时用户界面组件可以监听那些有可能影响用户视图的修改。

CQRS可以很好地与持续查询相结合，此时我们假设查询模型由数据网织维护。此时，我们不用等到视图表更新，而可以直接通过持续查询来及时地更新视图。在下面的例子中，一个客户端注册了一个GemFire持续查询事件：

```
CqAttributesFactory factory = new CqAttributesFactory();

CqListener listener = new BacklogItemWatchListener();

factory.addCqListener(listener);

String continuousQueryName = "BacklogItemWatcher";

String query = "select * from /queryModelBacklogItem qmbli "
        + "where qmbli.status = 'Committed'";

CqQuery backlogItemWatcher = queryService.newCq(
        continuousQueryName, query, factory.create());
```

现在，数据网织便可以通过客户端中的一个回调对象来更新CQRS查询模型，该回调对象由CqListner创建。同时，所传给回调对象的数据还包含了新增的或更新的元数据。

分布式处理

数据网织的另一个功能是，它可以在所有复制缓存范围内完成分布式处理，然后将处理结果聚合到一起发给客户端。这使得数据网织可以用于事件驱动的、分布式的并行处理过程中，比如长时处理过程。

为了演示以上功能，我们来看看GemFire和Coherence的一些实现细节。此时，长时处理过程的执行器可以实现为GemFire中的一个函数（Function），或者Coherence中入口处理器（Entry Processor）。这两者都实现了命令模式(Command) [Gamma et al.]，用于在分布式的复制缓存中执行命令。（你也可以将此想为领域服务，但是它并不会以领域为中心）为了使概念一致，我们将此功能统一称为函数。一个函数可以选择性地使用一个过滤器来去除掉那些不满足条件的聚合实例。

让我们来看看一个实现了长时处理过程的函数是如何处理先前的电话号码例子的。这个处理过程将在复制缓存中并行执行，使用的是GemFire函数：

```
public class PhoneNumberCountSaga extends FunctionAdapter {
    @Override
    public void execute(FunctionContext context) {
        Cache cache = CacheFactory.getAnyInstance();
        QueryService queryService = cache.getQueryService();

        String phoneNumberFilterQuery = (String) context.getArguments();
        ...
```

```
        // 伪代码
        // -执行函数以获取MatchedPhoneNumbersCounted。
        //-通过调用aggregator.sendResult(MatchedPhoneNumbersCounted)将答
//案发送给聚合器。
        //-执行函数以获取AllPhoneNumbersCounted。
        //-通过调用aggregator.sendResult(AllPhoneNumbersCounted)将答案发送
给聚合器。
        //-聚合器从每个分布式的函数返回中自动地收集答案，然后将聚合
        //之后的单一答案发送给客户端


    }
}
```

客户端可以通过以下方式来并行地执行一个长时处理过程：

```
PhoneNumberCountProcess phoneNumberCountProcess =
         new PhoneNumberCountProcess();

String phoneNumberFilterQuery =
        "select phoneNumber from /phoneNumberRegion pnr "
        + "where pnr.areaCode = '303'";

Execution execution =
        FunctionService.onRegion(phoneNumberRegion)
                .withFilter(0)
                .withArgs(phoneNumberFilterQuery)
                .withCollector(new PhoneNumberCountResultCollector());

PhoneNumberCountResultCollector resultCollector =
         execution.execute(phoneNumberCountProcess);

List allPhoneNumberCountResults = (List) resultsCollector.getResult();
```

当然，我们可以将以上处理过程变得更加复杂，也可以将其简化。这也说明，一个长时处理过程不见得一定是事件驱动的，而是可以通过其他并行处理方式来完成的。关于基于数据网织的分布式和并行处理的更多内容，请参考[GemFire Functions]。

本章小结

在本章中，我们学习了DDD的若干种架构风格和架构模式。这并不是一个关于DDD架构的详尽清单，因为还有很多种架构选择。比如，我们并没有将Map-Reduce考虑在内，那是我们将在未来讨论的一个话题。

- 我们讨论了传统的分层架构，并且学习了如何使用依赖倒置原则来改进分层架构。
- 我们学习了六边形架构，这是DDD的首选架构。
- 我们学习了如何将DDD应用在SOA、REST、数据网织环境中。
- 我们学习了CQRS，并且了解了它是如何简化应用程序的某些方面的。
- 我们学习了事件驱动是如何工作的，包括管道和过滤器、长时处理过程和事件源。

接下来，我们将转向DDD的战术建模。

第 5 章

实体

我才是Chevy Chase……而你不是。

—Chevy Chase

开发者趋向于将关注点放在数据上，而不是领域上。这对于DDD新手来说也是如此，因为在软件开发中，数据库依然占据着主导地位。我们首先考虑的是数据的属性（对应数据库的列）和关联关系（外键关联），而不是富有行为的领域概念。这样做的结果是将数据模型直接反映在对象模型上，导致那些表示领域模型的**实体（Entity）**包含了大量的getter和setter方法。另外，还存在大量的工具可以帮助我们生成这样的实体模型。虽然在实体模型中加入getter和setter并不是什么大错，但这却不是DDD的做法。

SaaSOvation的开发者便陷入了这样的陷阱中，我们需要汲取他们的经验教训。

本章学习路线图

- 当对具有“唯一性”的事物进行建模时，为什么需要考虑使用实体。
- 学习如何生成实体的唯一标识。
- 学习如何从实体设计中捕获**通用语言**。
- 学习如何表达实体的角色和职责。
- 学习如何对实体进行验证和持久化。

为什么使用实体

当我们需要考虑一个对象的个性特征，或者需要区分不同的对象时，我们引入实体这个领域概念。一个实体是一个唯一的东西，并且可以在相当长的一段时间内持续地变化。我们可以对实体做多次修改，故一个实体对象可能和它先前的状态大不相同。但是，由于它们拥有相同的身份标识（identity），它们依然是同一个实体。

随着对象的改变，我们可能会跟踪这样的改变过程，比如什么时候发生了改变，发生了什么改变，是谁做出的改变等。也或者，当前对象中已经包含了足够的先前状态的改变信息，此时我们便没有必要显式地对对象状态进行跟踪。即便我们并不打算跟踪对象的每一个变化细节，我们也应该慎重对待在对象整个生命周期中所发生的合法改变。唯一的身份标识和可变性（mutability）特征将实体对象和**值对象**（Value Objects, 6）区分开来。

有时，实体并不见得是一种适当的建模工具，而我们对实体的使用也有可能是不恰当的。很多时候，一个领域概念应该建模成值对象，而不是实体对象。这也意味着DDD并不总能满足我们的业务需求，一个基于CRUD（译注：Create、Retrieve、Update、Delete，即增删改查）的软件系统可能更加合适，同时又可以为你节约了时间和金钱。但问题是，购买一套基于CRUD的软件系统通常并不能为你节约这两种宝贵的资源。

我们将太多的投入放在开发数据库表编辑器上。但是如果工具选择不当，一个基于CRUD的系统可能是非常昂贵的。在有理由使用CRUD时，对语言和框架的选择就很重要了，此时可以选择Groovy和Grails、Ruby on Rails等。

牛仔的逻辑

AJ：“我刚才踩在什么样的CRUD（渣滓）上了？”

LB：“是奶牛馅饼， J！”

AJ：“我知道馅饼是什么，有苹果馅饼和樱桃馅饼。”

LB：“常言道，不要在热天踢到奶牛馅饼上。还好你没有。”

另一方面，如果我们将CRUD应用在了错误的系统上——那些更复杂的，需要采用DDD的系统——就有我们后悔的了。随着软件复杂性的增加，我们就越能体会到由错误的工具选择所带来的限制。由于只从数据出发，CRUD系统是不能创建出好的业务模型的。

在可以使用DDD的情况下，我们会将数据模型转变为实体模型。

> 我们通过标识对对象进行区分，而不是属性，此时我们应该将标识作为主要的模型定义。同时我们需要保持简单的类定义，并且关注对象在其生命周期中的连续性和唯一标识性。我们不应该通过对象的状态形式和历史来区分不同的实体对象……对于什么是相同的东西，模型应该给出定义。[Evans, p.92]

在本章中，我们将学到如何正确地使用和设计实体。

唯一标识

在实体设计早期，我们将刻意地把关注点放在能体现实体身份唯一性的主要属性和行为上，同时还将关注如何对实体进行查询。另外，我们还会刻意地忽略掉那些次要的属性和行为。

在设计实体时，我们首先需要考虑实体的本质特征，特别是实体的唯一标识和对实体的查找，而不是一开始便关注实体的属性和行为。只有在对实体的本质特征有用的情况下，才加入相应的属性和行为[Evans, p.93]。

那么，首先我们应该怎么做呢？找到多种能够实现唯一标识性的方式是非常重要的，同时我们还应该考虑如何在实体的生命周期内维持它的唯一性。

实体的唯一标识并不见得一定有助于对实体的查找和匹配。将唯一标识用于实体匹配通常取决于标识的可读性。比如，如果系统提供根据人名查找功能，但此时一个Person实体的唯一标识极有可能不是人名，因为存在大量重名的情况。另一方面，如果一个系统提供根据公司税号的查找功能，此时税号便可以作为Company实体的唯一标识，因为政府为每个公司分配了唯一的税号。

值对象可以用于存放实体的唯一标识。值对象是不变（immutable）的，这可以保证实体身份的稳定性，并且与身份标识相关的行为也可以得到集中处理。这样，我们便可以避免将身份标识相关的行为泄漏到模型的其他部分或者客户端中。

以下是一些常用的创建实体身份标识的策略，从简单到复杂依次为：

- 用户提供一个或多个初始唯一值作为程序输入，程序应该保证这些初始值是唯一的。
- 程序内部通过某种算法自动生成身份标识，此时可以使用一些类库或框架，当然程序自身也可以完成这样的功能。
- 程序依赖于持久化存储，比如数据库，来生成唯一标识。
- 另一个**限界上下文**（2）（系统或程序）已经决定出了唯一标识，这作为程序的输入，用户可以在一组标识中进行选择。

接下来，我们将依次讨论以上策略。通常来说，每一种技术方案都存在副作用，其中之一便出现在将关系型数据库用于对象持久化的时候，这样的副作用将泄漏到领域模型中。在讨论实体的身份标识创建策略时，我们将考虑标识生成的时间、关系型数据的引用标识和ORM在标识创建过程中的作用等。另外，我们还会考虑如何保证唯一标识的稳定性。

用户提供唯一标识

让用户手动地输入对象标识看起来是一种很直接的做法。这时用户将输入一些可识别的数值或符号，或者从一系列已有的标识中选择其中之一，然后创建实体对象。诚然，这是一种非常简单的方法，但是这种方法也可能变得复杂。

复杂性之一便是需要用户自己生成高质量的标识。此时标识可能是唯一的，但却有可能是不正确的。在多数情况下，标识必须是不变的，因此用户不能对标识进行修改。但是情况并不总是如此，有时赋予用户修改标识值的权力是有好处的。例如，如果我们将Forum和Discussion的名字作为唯一标识，那么在发生拼写错误时怎么办，或者用户之后决定采用新的名字又该怎么办？如图5.1所示。要改变这些标识值，我们需要付出多大的代价？虽然用户提供的身份标识看似一种节约成本的做法，但也有可能不是。此时我们可以依赖用户来提供唯一的、正确的并且稳定的对象标识吗？

要避免上述问题，我们需要重新讨论一下设计。开发团队需要采用无故障的方法来保证用户输入的的确是唯一的身份标识。虽然基于工作流的标识审批过程对于高吞吐量的领域来说并没有多大帮助，但是它对于生成具有可读性的身份标识来说却是必需的。如果这种方式生成的标识会在将来继续使用，而工作流也是可能的，那么添加一个额外的阶段来保证身份标识的质量是值得的。

我们通常将一些用户输入作为实体的属性，这些属性可以用于对象匹配，但是我们并不将这样的属性作为唯一身份标识。简单属性可以作为实体状态的一部分，他们更容易修改，在这种情况下，我们需要考虑另外的方法来生成实体的唯一标识。

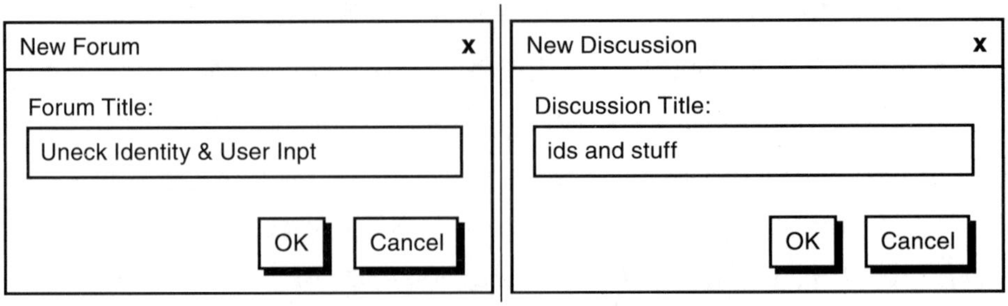

图5.1 Forum的名字拼写错误，Discussion的名字长度小于所要求的。

应用程序生成唯一标识

有很多可靠的方法都可以自动生成唯一标识，但是如果应用程序处于集群环境或者分布在不同的计算节点中，我们就需要额外小心了。有些方法可以生成完全唯一的标识，比如UUID (Universally Unique Identifier) 或者GUID (Globally Unique Identifier) 。以下是生成唯一标识的另一种方法，其中每一步生成的结果都将添加到最终的文本标识中：

1. 计算节点的当前时间，以毫秒记
2. 计算节点的IP地址
3. 虚拟机 (Java) 中工厂对象实例的对象标识
4. 虚拟机 (Java) 中由同一个随机数生成器生成的随机数

以上可以产生一个128位的唯一值。通常该唯一值通过一个32字节或36字节的16进制数的字符串来表示。在使用36字节时，我们可以用连字符 (-) 来连接以上各个步骤所生成的结果，比如f36ab21c-67dc-5274-c642-1de2f4d5e72a。在不用连字符时，该标识即为32字节。但无论如何，这都是一个很大的唯一标识，并且不具有可读性。

在Java世界里，以上方法被标准的UUID生成器所替代了 (自从Java 1.5) ，相应的Java类是java.util.UUID。该类支持4种不同的唯一标识生成算法，这些算法都基于Leach-Salz变量。使用Java标准API，我们可以简单地生成伪随机的唯一标识：

```
String rawId = java.util.UUID.randomUUID().toString();
```

以上代码使用了第4类算法，该算法采用高度加密的伪随机数生成器，而该生成器又基于java.security.SecureRandom生成器。第3类算法采用对名字加密的方法，它使用了java.security.MessageDigest类。我们可以通过以下方式生成一个基于名字的UUID：

```
String rawId = java.util.UUID.nameUUIDFromBytes(
        "Some text".getBytes()).toString();
```

另外，我们还可以对所生成的伪随机数进行加密：

```
SecureRandom randomGenerator = new SecureRandom();

int randomNumber = randomGenerator.nextInt();
```

```
String randomDigits = new Integer(randomNumber).toString();

MessageDigest encryptor = MessageDigest.getInstance("SHA-1");

byte[] rawIdBytes = encryptor.digest(randomDigits.getBytes());
```

接下来，剩下的工作只是将rawIdBytes数组转换成16进制数的字符串表示即可。此时我们可以先将随机数转换成字符串类型，再将该字符串传给UUID的nameUUIDFromBytes()**工厂**[Gamma et al.]方法。

除此之外，还有另外的身份标识生成工具，比如java.rmi.server.UID和java.rmi.dgc.VMID，但这些工具不及java.util.UUID，这里我们不予讨论。

UUID是一种快速生成唯一标识的方法，它不需要与外界交互，比如持久化机制。即便需要在1秒钟之内多次创建实体，UUID生成器也是可以应付的。对于有性能要求的领域来说，我们可以将UUID实例缓存起来，使其在背后不间断地向缓存中填入新的UUID值。如果缓存中的UUID实例由于服务器重启而丢失，在不同的唯一标识之间是不会存在缺口的，因为所有的标识都是随机的，因此重新向缓存中填入UUID值并不会对系统造成影响。

对于如此大的唯一标识，有时从内存使用的角度来看可能并不实际。这时我们可以采用由持久化机制生成的8字节长标识。或者甚至4字节长的标识都已经足够了。这些方法我们将在下文中讨论。

通常来说，我们并不会在用户界面上显示UUID：

```
f36ab21c-67dc-5274-c642-1de2f4d5e72a
```

如果UUID可以隐藏起来，或者我们可以使用可读性的引用技术，那么我们便可以使用完整的UUID。比如，我们可以通过E-mail或者其他消息机制来发送具有URI的超媒体资源。此时，超媒体链接中的文本部分便可以用于隐藏UUID，就像HTML中“<a>text<a>”里的text一样。

根据UUID能够表达实体的唯一程度，我们可以只使用UUID中的其中一部分来标记实体。在**聚合**（10）边界之内，我们可以将缩短后的标识作为实体的本地标识。本地标识表示在同一个聚合中，一个实体的标识只需要和该聚合中的其他实体区分开来即可。而另一方面，作为聚合根（Aggregate Root）的实体则需要全局的唯一标识。

对于我们自己创建的标识生成器来说，我们依然可以使用UUID的某些部分。比如对于APM-P-08-14-2012-F36AB21C，该25字节的标识表示在*敏捷项目管理上下文*（APM）中创建的一个Product，创建时间为2012年8月14日。额外的F36AB21C

即为UUID的第一部分，该部分用于区分同一天所创建的不同Product。这样的标识一方面满足了可读性要求，一方面又提供了很好的全局唯一性。当然，用户并不是唯一的受益者，当这样的标识从一个限界上下文传到另一个限界上下文时，开发者可以立即识别出实体的出处。对于SaaSOvation来说，我们还可以向标识中加入租户信息。

将这样的标识作为String来维护并不是一个好办法，此时使用一个值对象更加合适：

```
String rawId = "APM-P-08-14-2012-F36AB21C"; // 即将生成
ProductId productId = new ProductId(rawId);
...
Date productCreationDate =  productId.creationDate();
```

客户可以询问标识的细节信息，比如一个Product的创建时间等，这样的信息已经方便地包含在标识中。客户并不需要知道原始的标识格式，此时聚合根Product可以通过creationDate()方法向外界暴露该Product的创建时间，而客户并不需要知道对创建时间的获取细节。

```
public class Product extends Entity {
    private ProductId productId;
    ...
    public Date creationDate() {
        return this.productId().creationDate();
    }
    ...
}
```

我们也可以通过第三方的类库和框架来生产实体的唯一标识。比如Apache Commons项目提供了一个Commons Id组件，该组件提供了5种标识生成器。

有些持久化存储，比如NoSQL的Riak和MongoDB，也可以用于生成唯一标识。通常我们使用HTTP的PUT方法向Riak保存一个对象，此时我们需要提供一个键值：

```
PUT /riak/bucket/key

[object serialization]
```

但是，在使用POST方法保存对象时却不需要提供键值，此时Riak将自动为对象生成一个唯一标识。此外，我们还需要考虑标识及早生成和延迟生成之间的区别，我们将在本章后续内容中对此进行讨论。

对于程序生成的标识来说，什么样的对象可以作为创建标识的工厂对象呢？对于聚合根的唯一标识，我们可以采用**资源库（12）**来生成唯一标识：

```
public class HibernateProductRepository
        implements ProductRepository  {
    ...
    public ProductId nextIdentity() {
        return new ProductId(
                java.util.UUID.randomUUID().toString().toUpperCase());
    }
    ...
}
```

将唯一标识的生成放在资源库中是一种自然的选择。

持久化机制生成唯一标识

将唯一标识的生成委派给持久化机制是有特别的好处的。如果我们向数据库获取一个序列值（Sequence）或递增值，结果总是唯一的。

根据标识的所需范围，数据库可以生成2字节、4字节和8字节的唯一标识。在Java中，2字节整数可以表示32,767种不同的标识值；4字节整数可以表示2,147,483,647种标识值；而一个8字节的整数则可以表示9,223,372,036,854,775,807种不同的标识值。

性能可能是这种方法的一个缺点。从数据库中获取标识比直接从应用程序中生成标识要慢得多。一种解决方法是将数据库序列缓存在应用程序中，比如缓存在资源库中。这固然是一种好的方法，但是如果服务器节点需要重启，那么我们将失去很大一部分标识值区间。如果丢失的区间是不能接受的，又或者你只需要相对较小的标识值（2字节整数），这样的缓存机制便不实用了，并且也没有必要。当然，我们可以找回丢掉的标识值区间，但是这有可能引入新的麻烦。

如果可以使用延迟生成的方式，那么缓存标识便不是什么问题了。以下是如何使用Hibernate和Oracle的序列来生成标识：

```
<id name="id" type="long" column="product_id">
    <generator class="sequence">
        <param name="sequence">product_seq</param>
```

```
    </generator>
</id>
```

在采用MySQL的自增列时配置如下：

```
<id name="id" type="long" column="product_id">
    <generator class="native"/>
</id>
```

这种方式的性能是很好的，同时配置Hibernate映射也是简单的。但是这种方式在标识生成时间上可能存在一些不足，对此我们将稍后讨论。本节余下部分将讨论及早生成标识策略。

顺序很重要

有时，标识的生成和赋值时间对于实体来说是重要的。

及早标识生成和赋值发生在持久化实体之前。

延迟标识生成和赋值发生在持久化实体的时候。

以下资源库支持及早标识生成，它的作用是通过查询来生成下一个可用的Oracle序列值：

```
public ProductId nextIdentity() {
    Long rawProductId = (Long)
        this.session()
            .createSQLQuery(
                "select product_seq.nextval as product_id from dual")
            .addScalar("product_id", Hibernate.LONG)
            .uniqueResult();

    return new ProductId(rawProductId);
}
```

由于Hibernate将Oracle生成的序列值映射成了BigDecimal实例，我们必须通知Hibernate将product_id转化成Long类型。

对于不支持序列的数据库来说，比如MySQL，我们应该怎么办呢？MySQL支持自增列。通常来说，只有在向MySQL中插入数据时，MySQL才会产生自增值。然而，我们依然有办法使MySQL的自增功能像Oracle的序列一样工作：

```
mysql> CREATE TABLE product_seq (nextval INT NOT NULL);
Query OK, 0 rows affected (0.14 sec)

mysql> INSERT INTO product_seq VALUES (0);
Query OK, 1 row affected (0.03 sec)

mysql> UPDATE product_seq SET nextval=LAST_INSERT_ID(nextval + 1);
Query OK, 1 row affected (0.03 sec)
Rows matched: 1  Changed: 1  Warnings: 0

mysql> SELECT LAST_INSERT_ID();
+------------------+
| LAST_INSERT_ID() |
+------------------+
|                1 |
+------------------+
1 row in set (0.06 sec)

mysql> SELECT * FROM product_seq;
+---------+
| nextval |
+---------+
|       1 |
+---------+
1 row in set (0.00 sec)
```

在MySQL中，我们创建了一个名为product_seq的表。接着向该表中插入了一行数据，此时nextval列中有唯一一条记录0。以上两个步骤为Product实体创建了一个模拟序列值生成器。之后的两个步骤展示了如何生成单个序列值。我们通过使nextval列自加1的方式来更新该列——product_seq表中的唯一列。更新语句使用了MySQL的一个函数——LAST_INSERT_ID来增加nextval列中的值。首先执行的是表达式参数，执行结果赋给了nextval列。在LAST_INSERT_ID()函数中，表达式参数nextval+1保持稳定，当之后的SELECT LAST_INSERT_ID()语句执行时，nextval列中的值将作为结果集返回。最后，作为测试，我们可以使用SELECT * FROM product_seq来保证nextval的当前值就是函数的返回值。

Hibernate 3.2.3使用org.hibernate.id.enhanced.SequenceStyleGenerator来生成序列值，但是它只支持延迟标识生成（当向数据库中插入实体时）。要使资源库支持及早标识生成，我们需要自己创建一个Hibernate或JDBC查询语句。下面是在ProductRepository资源库中实现的nextIdentity()方法，该方法为MySQL提供及早标识生成功能：

```
public ProductId nextIdentity() {
    long rawId = -1L;
    try {
        PreparedStatement ps =
            this.connection().prepareStatement(
                "update product_seq "
                + "set next_val=LAST_INSERT_ID(next_val + 1)");

        ResultSet rs = ps.executeQuery();

        try {
            rs.next();
            rawId = rs.getLong(1);
        } finally {
            try {
                rs.close();
            } catch(Throwable t) {
                // 忽略
            }
        }

    } catch (Throwable t) {
        throw new IllegalStateException(
                "Cannot generate next identity", t);
    }

    return new ProductId(rawId);
}
```

在使用JDBC时，我们没有必要使用另外的查询语句来获取LAST_INSERT_ID()函数的执行结果，因为update语句已经为我们做了这件事情了。之后我们从ResultSet中取出long类型的数值，再用该数值创建一个ProductId值对象用来表示实体标识。

另外，我们还可以从Hibernate中直接获得JDBC连接，这是有点痛苦的，但却是可能的：

```
private Connection connection() {
    SessionFactoryImplementor sfi =
            (SessionFactoryImplementor)sessionFactory;
    ConnectionProvider cp = sfi.getConnectionProvider();
    return cp.getConnection();
}
```

如果没有Connection对象，我们便不能使用PreparedStatement来获取到ResultSet，当然也不能使用序列了。

在使用Oracle、MySQL和其他数据库的序列功能时，我们可以在插入操作之前创建更加紧凑、更有保证的唯一标识。

另一个限界上下文提供唯一标识

如果另一个限界上下文用于给实体标识赋值，那么我们需要对每一个标识进行查找、匹配和赋值。有关DDD集成方面的知识请参考**上下文映射图**（3）和**集成限界上下文**（13）。

其中最重要的是精确匹配。此时用户需要提供一种或多种属性，比如账户、用户名和E-mail地址等，以精确定位需要匹配的结果。

通常来说，匹配的输入是模糊的，这样将导致多个查询结果，此时用户需要手动地进行选择，如图5.2所示。用户输入了模糊的查找信息，通过调用外部限界上下文的API，返回的结果可能是0个、1个或多个匹配对象。接着，用户需要在结果中选择某个特定的对象。所选对象的身份标识将作为本地标识。外部实体的一些额外的属性也有可能被复制到本地实体中。

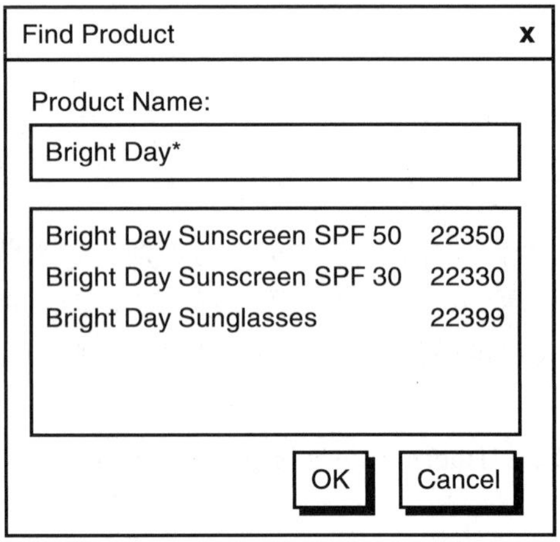

图 5.2 从外部系统中获取需要查找的唯一标识。用户界面中可以显示唯一标识（本图即如此），也可以不显示。

在这种方式中，对象同步可能是个问题。外部对象的改变将如何影响本地对象呢？我们如何知道所关联的对象已经改变了呢？这个问题可以通过**事件驱动架构**（4）和**领域事件**（8）予以解决。本地限界上下文订阅外部系统中的领域事件，当本地上下文接收到外部系统的事件通知时，它将相应地更新本地对象。有时同步事件可能由本地上下文发出，外部系统在接受到该事件时同样会做相应的更新操作。

要达到这样的目的并不容易，但是这样做能够创建出更加具有自治性的系统。在自治系统中，我们可以将对象查找限定在本地对象中。这并不是说将外部对象缓存在本地系统中，而是将外部概念翻译成本地限界上下文中的概念，请参考**上下文映射图（3）**。

这是最为复杂的标识创建策略。要维护本地实体，我们不但需要考虑由本地领域行为所导致的改变，还需要将外部系统也考虑在内。所以在使用这种策略时，我们应该持保守态度。

标识生成时间

实体唯一标识的生成既可以发生在对象创建的时候，也可以发生在持久化对象的时候。有时我们需要及早地生成实体标识，而有时标识生成时间则不那么重要。在需要考虑标识生成时间时，我们应该知道需要将哪些因素考虑在内。

让我们先考虑一种最简单的情形，此时我们允许在持久化对象时——即向数据库中插入数据时才生成实体标识，如图5.3所示。客户端只需要初始化一个Product对象，然后将其加入到资源库中。在新建Product时，客户端并不需要实体标识，这是好的，因为此时标识并不存在。只有在该Product被持久化之后，实体标识对于客户端才可用。

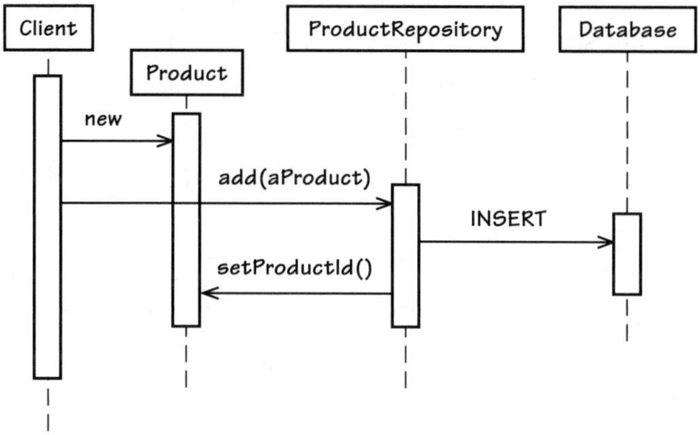

图5.3 生成唯一标识最简单的方式便是：在持久化对象时，通过数据存储生成。

那么，标识创建时间为什么重要呢？考虑一下当客户端需要向外界发布领域事件的情形。在Product初始化完成之后，系统将产生一个领域事件，该事件将保存在**事件存储（8）**中。最后，所存储的事件将被外部限界上下文中的订阅方所接收。在图5.3中，在客户端将Product加到ProductRepository之前，领域事件有可能已经被订阅方接收到了。因此，此时领域事件中并不包含新建Product的实体标识。为了正确地创建领域事件，我们应该及早生成实体标识，如图5.4所示。客户端向ProductRepository获取下一个实体标识，然后将该标识作为参数传递给Product的构造函数。

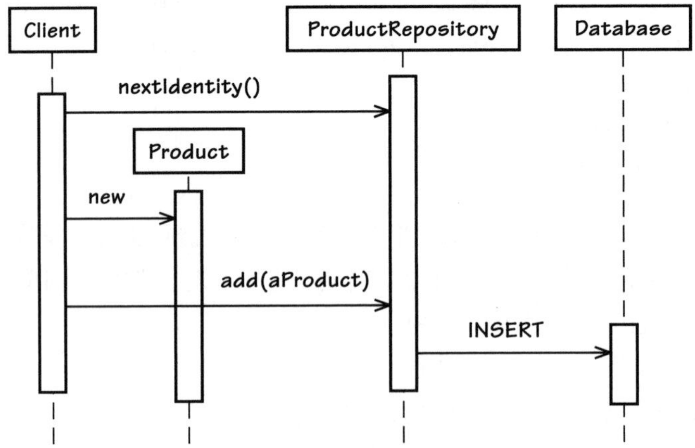

图5.4 此时的唯一标识从资源库中获取得到，并在实例化对象时赋给该对象。生成唯一标识的实现细节被资源库隐藏了。

将标识生成延迟到实体持久化时还有另外一个问题。当两个或多个实体需要加入到集合java.util.Set中时，由于此时它们都还没有实体标识，它们的默认标识值都是相等的（比如都为null，或者0，或者1）。如果实体的equals()方法比较的是实体标识，此时所有新建实体对象都被认为是同一个对象。所以只有第一个对象被保留下来，所有其他对象都被排除在集合之外。这将导致一个严重的bug，并且是一个难以查找的bug。

要避免这样的问题，我们有两种方法。一种方法是及早地生成实体标识，另一种是修改实体的equals()方法，使该方法比较对象的属性，而不是实体标识。如果选择修改equals()方法，此时对实体的实现就像一个值对象一样，同时我们还需要相应地修改hashCode()方法：

```
public class User extends Entity  {
    ...
    @Override
    public boolean equals(Object anObject) {
        boolean equalObjects = false;
        if (anObject != null &&
                this.getClass() == anObject.getClass()) {
            User typedObject = (User) anObject;
```

```
            equalObjects =
                this.tenantId().equals(typedObject.tenantId()) &&
                this.username().equals(typedObject.username()));
        }
        return equalObjects;
    }

    @Override
    public int hashCode() {
        int hashCode =
            + (151513 * 229)
            + this.tenantId().hashCode()
            + this.username().hashCode();

        return hashCode;
    }
    ...
}
```

在一个多租户环境中，TenantId也被认为是User唯一标识的一部分。如果两个User拥有不同的TenantId，那么这两个User一定是不同的。

对于刚才向集合中添加对象的例子来说，我更倾向于及早地生成实体标识这种做法。因为实体的equals()和hashCode()方法最好是基于对象的唯一标识，而不是其他属性。

委派标识

有些ORM工具，比如Hibernate，通过自己的方式来处理对象的身份标识。Hibernate更倾向于使用数据库提供的机制，比如使用一个数值序列来生成实体标识。如果我们自己的领域需要另外一种实体标识，此时这两者将产生冲突。为了解决这个问题，我们需要使用两种标识，一种为领域所使用，一种为ORM所使用，在Hibernate中，这被称为委派标识（Surrogate Identity）。

创建一个委派标识是非常直接的事情——在实体上创建一个属性来保存委派标识即可。通常来说，委派标识采用long和int类型。同时，我们还需要相应地在数据库中创建一个列来保存该委派标识，并加上主键约束。然后，在实体的Hibernate映射定义中加入<id>元素。请注意，此时的委派标识和领域中的实体标识没有任何关系，委派标识只是为了迎合ORM而创建的。

对外界来说，我们最好将委派标识隐藏起来，因为委派标识并不是领域模型的一部分，而将委派标识暴露给外界可能造成持久化漏洞。虽然一些持久化漏洞是不可避免的，但通过向优秀的开发者学习，我们可以尽量避免这些漏洞。

此时，我们可以使用**层超类型**(Layer Supertype) [Fowler, P of EAA]：

```
public abstract class IdentifiedDomainObject
        implements Serializable  {

    private long id = -1;

    public IdentifiedDomainObject() {
        super();
    }

    protected long id() {
        return this.id;
    }

    protected void setId(long anId) {
        this.id = anId;
    }
}
```

这里的IdentifiedDomainObject便是层超类型，这是一个抽象基类，通过protected关键字，它向客户端隐藏了委派主键。所有实体都扩展自该抽象基类。在实体所处的**模块**(9)之外，客户端根本就不用关心id这个委派标识。我们甚至可以将protected换为private。Hibernate既可以通过getter和setter方法来访问属性，也可以通过反射机制直接访问对象属性，故无论是使用protected还是private都是无关紧要的。另外，层超类型还有其他好处，比如支持乐观锁，请参考**聚合**(10)。

在Hibernate中，我们需要将委派标识id映射到数据库表的某一列。在下面的例子中，User对象的id属性被映射到数据库表中名为id的列上：

```
<hibernate-mapping default-cascade="all">
    <class
     name="com.saasovation.identityaccess.domain.model.identity.User"
     table="tbl_user" lazy="true">

        <id
            name="id"
            type="long"
            column="id"
            unsaved-value="-1">

            <generator class="native"/>
        </id>
        ...
    </class>
</hibernate-mapping>
```

以下是MySQL中对User对象的定义：

```
CREATE TABLE `tbl_user` (
    `id` int(11) NOT NULL auto_increment,
    `enablement_enabled` tinyint(1) NOT NULL,
    `enablement_end_date` datetime,
    `enablement_start_date` datetime,
    `password` varchar(32) NOT NULL,
    `tenant_id_id` varchar(36) NOT NULL,
    `username` varchar(25) NOT NULL,
    KEY `k_tenant_id_id` (`tenant_id_id`),
    UNIQUE KEY `k_tenant_id_username` (`tenant_id_id`,`username`),
    PRIMARY KEY (`id`)
) ENGINE=InnoDB;
```

第一列，id，即为委派标识。最后一行将id作为表的主键。这里我们可以区分出委派标识和领域标识。其中的两列——tenant_id_id和username——提供了领域标识，它们联合起来形成了一个唯一键k_tenant_id_username。

领域标识不需要作为数据库的主键。这里我们只将委派标识id作为了主键，Hibernate也能正常地工作。

委派主键还可以作为外键与其他表关联，这样提供了引用一致性。这可能出自数据管理上的需求或者为了支持一些工具。引用一致性对于Hibernate来说是重要的，特别是当保存any-to-any（比如1:M）的数据模型时。另外，在从数据库中读取聚合时，引用一致性还支持SQL的联合查询。

标识稳定性

在多数情况下，我们都不应该修改实体的唯一标识，这样可以在实体的整个生命周期中保持标识的稳定性。

我们可以通过一些简单的措施来确保实体标识不被修改。此时，我们可以将标识的setter方法向客户隐藏起来。我们也可以在setter方法中添加逻辑以确保标识在已经存在的情况下不会再被更新，比如可以使用一些断言语句：

```
public class User extends Entity  {
    ...
    protected void setUsername(String aUsername) {
        if (this.username != null) {
            throw new IllegalStateException(
                    "The username may not be changed.");
        }
```

```
        if (aUsername == null) {
            throw new IllegalArgumentException(
                    "The username may not be set to null.");
        }
        this.username = aUsername;
    }
    ...
}
```

在上面的例子中，username属性是User实体的领域标识，该属性只能进行一次修改，并且只能在User对象之内修改。setter方法setUsername()实现了自封装性，并且对客户端不可见。当实体的公有方法自委派给该setter方法时，该方法将对username属性进行检查，看它是否已经被赋值过。如果是，表明该User对象的领域标识已经存在，此时程序将抛出IllegalStateException异常。

白板时间

- 对于你当前领域中的一些实体，列出它们的名字。

> 这些实体的领域标识和委派标识分别是什么？我们是否可以使用更好的标识生成方式？

- 考虑一下，对于不同的实体，哪种标识生成方式是最佳的方式——用户提供、程序生成、持久化机制生成还是另外的限界上下文生成？为什么？
- 再思考一下，对于这些实体，应该采用及早标识生成方式呢，还是延迟生成方式？为什么？

> 我们应该顾及到标识的稳定性。同时，这也是我们可以进一步改进的地方。

以上这个setter方法并不会阻碍Hibernate对对象的重建，因为对象在创建时，它的属性都是使用默认值，并且采用无参数构造函数，因此username属性的初始值为null。然后，Hibernate将调用setter方法，由于username属性此时为null，该setter方法得以正确地执行，username属性也将被赋予正确的标识值。

我们可以通过一个测试来保证只能对领域标识做一次修改：

```
public class UserTest extends IdentityTest {
    ...
    public void testUsernameImmutable() throws Exception {
        try {
            User user = this.userFixture();
            user.setUsername("testusername");
            fail("The username must be immutable after↵
initialization.");
        } catch (IllegalStateException e) {
            // 所期待的异常
        }
    }
    ...
}
```

上面的测试向我们演示了User模型的工作方式。同时它验证了：程序不允许对已有的领域标识进行修改，否则将抛出异常。

发现实体及其本质特征

接下来，让我们看看SaaSOvation团队都学到了什么……

一开始，CollabOvation团队便遇到了陷阱，他们在Java代码中进行了大量的实体-关系建模。他们将太多的关注点放在了数据库、表、列和对象映射上。这样导致的结果是：他们所创建的模型实际上只是含有大量getter和setter的**贫血领域模型**[Fowler, Anemic]。他们应该在DDD上有更多的思考。那时正值他们将安全处理机制从核心域中分离之际，他们学到了如何使用通用语言来更好地辅助建模。在本节中，我们将看到新组建的身份与访问上下文团队是如何从CollabOvation团队身上学到经验教训的。

限界上下文中的通用语言向我们提供了设计领域模型的概念术语。通用语言不是平白产生的，它必须通过与领域专家详细讨论之后才能得到。在通用语言的术语中，名词用于给概念命名，形容词用于描述这些概念，而动词则表示可以完成的操作。但是，如果我们认为对象就是一组命名的类和在类上定义的操作，除此之外并不包含其他内容，那么，我们就错了。在领域模型中还可以包含很多其他内容。团队讨论和规范文档可以帮助我们创建更有意义的通用语言。到最后，团队可以直接使用通用语言来进行对话，而此时的模型也能够非常准确地反映通用语言。

如果一些特定的领域场景会在今后继续使用，这时可以用一个轻量的文档将它们记录下来。简单形式的通用语言可以是一组术语和一些简单的用例场景。但是，如果我们就此认为通用语言只包含术语和用例场景，那么我们又错了。在最后，通用语言应该直接反映在代码中，而要保持设计文档的实时更新是非常困难的，甚至是不可能的。

揭开实体及其本质特征的神秘面纱

让我们来看一个非常简单的例子。在*身份与访问上下文*中，SaaSOvation团队成员知道他们应该创建一个User模型。诚然，这里的建模例子并不是来自于**核心域（2）**，但是之后我们会转到核心域中。

以下是团队成员根据软件需求（不是通过用例或用户故事）对于User的理解，这种理解大致能反映出通用语言，但是还有改进的空间：

- User存在于某个Tenant之下，并受该Tenant控制
- 必须对系统中的User进行认证
- User可以处理自己的个人信息，包括名字和联系方式等
- User的个人信息可以被其本人和Manager修改
- User的安全密码是可以修改的

团队成员应该仔细地读，仔细地听。一旦他们发现“修改”这个词时，他们便应该知道此时的User是一个实体。当然，“修改”也可以被定义为“替换一个值”，而不是“改变一个实体”。另外，请注意“认证”这个词，它暗示着团队所开发的系统需要提供查找功能。如果你有一大堆东西，而你需要从中找出一件东西，那么你便需要一个唯一标识将它与其他东西区分开来。在*身份与访问上下文*中，对于某个租户下的多个用户，查找功能可以精确地定位其中的一个用户。

但是上面提到的“受该租户控制”又是什么意思呢？这是不是意味着这里的实体应该为Tenant，而不是User呢？对此，我们需要对**聚合（10）**展开讨论，请参考第10章。简单而言，答案既是，也不是。回答为“是”，是说确实存在一个Tenant实体；回答为“不是”，是说User实体同样也是存在的。Tenant和User都是实体。要理解Tenant和User为什么分别表示两种不同聚合的**根（10）**，请参考第10章。是的，User和Tenant是两种不同类型的聚合，但是SaaSOvation的团队成员起初并没有意识到这点。

一个User应该具有唯一的标识，以区别于其他User。一个User同时还应该支持在其生命周期中的各种修改。显然，此时的User是一个实体。这里，我们并不关心如何对User的内部进行建模。

团队成员需要对以上的第一条需求做个澄清：

- User存在于某个Tenant之下，并受该Tenant控制

团队本来可以添加一些注释或者修改一下用词，以此来说明这里的意思是“Tenant拥有User”，但是他们并没有这么做。此时，团队成员们需要格外小心，因为他们不应该陷入技术和战术建模这样的细节中。最后，他们对User的描述做了以下修改：

- Tenant可以邀请多个User进行注册
- Tenant可以处于激活状态或失活状态
- 系统必须对User进行认证，并且只有当Tenant处于激活状态时才能对User进行认证
- ……

惊喜吧，通过更多的讨论，团队成员可以进一步修改用词，同时使需求更加明晰。他们发现先前的“Tenant控制User”的说法并不完整。事实上是一个User向一个Tenant进行注册，并且只有在接受到邀请的时候才能注册。另外值得一提的是，一个Tenant可以处于激活状态和失活状态，并且只有在Tenant处于激活状态的情况下，才能对User进行认证。

以上关于User的解释并没有提及由谁来管理User的生命周期，但是却清楚地表明：不管是谁拥有User，都有可能存在一个User不可用的情况。这些是SaaSOvation成员需要考虑的重要场景。

现在看来，团队成员已经有了通用语言的一套术语。但是，他们依然没有提炼出一套好的定义。

他们有了一些已知的实体对象，如图5.5所示。接下来，我们应该知道如何区分这些不同的实体，另外还应该知道应该向这些实体中加入哪些属性。

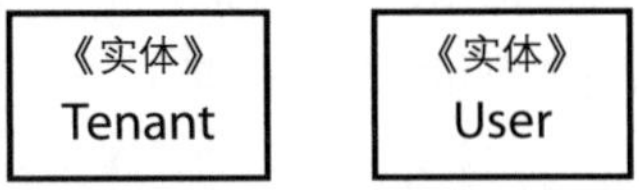

图5.5 先前所发现的2个实体：Tenant和User。

团队成员决定使用应用程序生成的UUID来作为Tenant的唯一标识。他们使用了长文本的标识值，这不仅可以保证实体的唯一性，还可以增加订阅方访问时的安全性，因为要伪造一个UUID是困难的。同时，还可以将属于不同Tenant的实体显式地区分开来。这样一来，系统中的每一个实体都拥有唯一标识，要对这些实体进行查找也变得非常简单。

Tenant的唯一标识本身并不是实体，而只是一种值对象而已。问题是，这个标识值需要有特殊的类型呢，还是可以使用简单的字符串？

似乎没有必要在标识上实现**无副作用函数**（6），它只是一个16进制数所对应的字符串文本而已。但是，实体的唯一标识会用在很多地方，它可以用在不同限界上下文的所有实体上。在这种情况下，使用一个强类型的实体标识是有好处的。通过定义TenantId值对象，SaaSOvation团队可以保证所有订阅方所持有的实体都能使用正确的标识。图5.6展示了这样的建模过程，其中同时包含有Tenant和User实体。

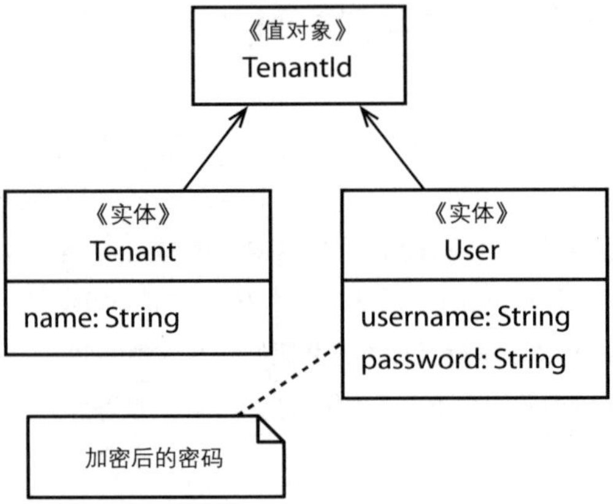

图5.6 在发现并命名实体之后，找到那些起唯一标识作用的属性。

Tenant实体必须有个名字，它的name属性可以是简单的字符串，因为name并没有特殊的行为。Tenant中的name属性有助于查询操作，比如帮助中心的服务人员可以通过name属性来查找出需要服务的Tenant。因此，name属性是必要的，并且是Tenant实体的“本质特征”。同时，我们也可以将唯一性约束加在name属性上，但这并不是我们目前的重点。

我们还可以向Tenant中添加另外的属性，比如售后支持联系人信息、支付信息等，但是这些都是业务层面的概念，而不是安全层面的。对于*身份与访问上下文*来说，团队成员能有以上认识，已经非常不错了。

售后支持可以通过另一个限界上下文来管理。在通过name找到对应的Tenant之后，系统便可以使用Tenant的唯一标识TenantId了。该TenantId可以进一步用于售后支持上下文中、付账上下文或者客户关系管理上下文。售后支持联系人、租户地址和租户联系人与安全没有什么关系。另外，将名字name属性加在Tenant上也可以帮助售后支持人员快速地为客户提供服务。

在Tenant之后，团队将关注点转向了User实体。什么可以作为User实体的唯一标识呢？多数身份系统都为User定义了一个唯一的用户名username。一个username由什么组成并不重要，只要它能够在一个Tenant中唯一地表示一个User即可（相同的username可以出现在不同的Tenant中）。通常来说，username由用户自己指定。如果订阅租户对于用户名做出了限制，或者用户名由联合安全集成机制所决定，那么注册用户需要服从这些限制。对于SaaSOvation团队来说，他们简单地在User实体上定义了一个username属性。

SaaSOvation团队需要满足的另一个需求是用户需要提供安全密码。对此，团队成员向User实体添加了password属性。他们认为，password属性绝对不能使用可读文本来表示，而是需要对password属性进行加密。由于在将password赋给User之前，password属性需要加密，这暗示着需要某种形式的**领域服务（Domain Service, 7）**。之前，团队成员已经在通用语言的术语中为领域服务预留了一个位置。现在，是时候使用它了。此时的术语包括：

- 租户：一个有名字的企业订阅方，它提供身份与访问服务，同时还包括其他的在线服务。租户向用户发出注册邀请，并处理用户注册过程。
- 用户：一个租户下的注册用户，包含有个人名字和联系信息。一个用户拥有唯一的用户名和密码。
- 加密服务：对密码或其他敏感信息进行加密。

还有一个问题没有解决：password应该作为User唯一标识的一部分吗？毕竟，password也用于对User实体的查找。如果是，我们可能希望将username和password合为一个值对象，比如名为SecurityPrincipal，这样可以更加清晰地表达安全概念。这是一个很有趣的想法，但是它忽略了一个重要的需求：密码是可以修改的。另外，有时在查找User的时候，我们并不需要提供密码（考虑一些检查用户角色的情形，我们不能每次在检查用户的安全权限时都提供密码）。此时的密码并不是实体标识。当然，我们依然可以在单个认证查询中同时包含username和password属性信息。

但是，创建一个SecurityPrincipal值对象的想法本身则是一个不错的建模主张，我们将在后面进行讨论。此外，我们还遗漏了另外一些概念，比如如何发出注册邀请，如何提供用户名和联系方式的一些细节信息等。SaaSOvation团队将在下一个迭代中处理到这些。

挖掘实体的关键行为

在识别出实体的重要属性之后，SaaSOvation团队开始转向实体的行为……

SaaSOvation团队回顾了一下先前的需求，现在他们开始考虑Tenant和User的行为：

- Tenant可以处于激活状态或失活状态

当我们思考激活（Activate）或禁用（Deactivate）一个Tenant时，我们想的可能是一个布尔开关，至于如何实现这个开关在这里并不重要。如果我们将一个activate属性添加在Tenant类图中，别人在看到这张类图时，她/他能够知道activate表示什么意思吗？在Tenant类中，下面的属性能够表达出它的意图吗？

```
public class Tenant extends Entity {
    ...
    private boolean active;
    ...
```

上面的activate恐怕并不能完全地表达出它的意图。在开始的时候，我们将关注点放在对身份和查询有用的属性上，之后我们希望通过相似的方法加入一些与服务相关的信息。

团队也许会定义一个setActive(boolean)的方法，虽然这个方法并不能很好地表达需求术语。这里并不是说公有的setter方法不合适，而是说只有在符合通用语言的情况下才能使用setter方法，也或者，只有当我们不必使用多个setter方法来完成单个请求时，才有道理使用setter方法。多个setter方法使意图充满了歧义，同时也使发布领域事件变得更加复杂，因为一个领域事件应该对应于逻辑上的单个命令。

考虑到通用语言，团队成员意识到领域专家使用的是"激活"和"冻结"这两个动作。为了准确地体现这些术语，他们将setter方法改成了activate ()和deactivate()方法。

以下代码是一个**意图展现接口 (Intention Revealing Interface)** [Evans]，它符合SaaSOvation团队所处理的通用语言：

```
public class Tenant extends Entity {
    ...
    public void activate() {
        // TODO: 实现
    }

    public void deactivate() {
        // TODO:实现
    }
    ...
```

为了更好地表达出Tenant的意图，他们首先编写了测试代码：

```
public class TenantTest ... {
    public void testActivateDeactivate() throws Exception {
        Tenant tenant = this.tenantFixture();
        assertTrue(tenant.isActive());

        tenant.deactivate();
        assertFalse(tenant.isActive());

        tenant.activate();
        assertTrue(tenant.isActive());
    }
}
```

此时，团队对于Tenant类的质量有了充足的信心。通过编写测试，他们意识到还需要另一个方法——isActivate()。以上3个方法如图5.7所示。通用语言中的术语也随之增加：

- 激活租户：通过该操作激活一个租户，激活后再对租户的当前状态进行确认。
- 禁用租户：通过该操作禁用一个租户，在禁用一个租户时，用户可能还没有被认证。
- 认证服务：协调对用户的认证过程，首先需要保证他们所属的租户处于激活状态。

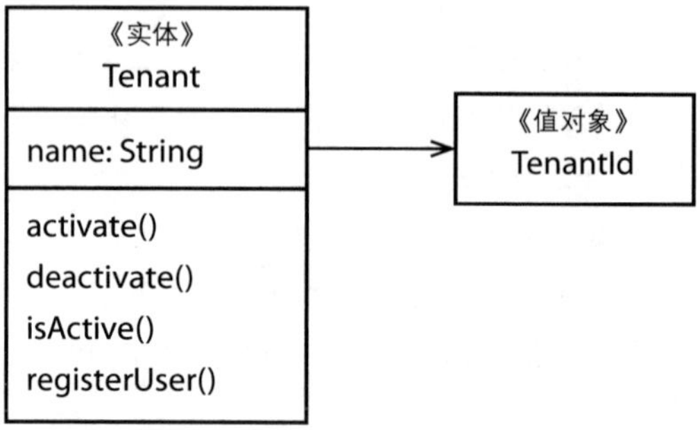

图5.7 在第一个迭代中，Tenant中被加入了一些不合适的行为。处于复杂性考虑，有些行为被省略了，当然，我们可以在之后加入。

最后一条术语表明，SaaSOvation团队发现了另外一个领域服务。在对User实例进行匹配之前，他们需要调用Tenant的isActivate()方法来检查租户的活跃状态。我们也可以通过以下需求看出该认证服务的必要性：

- 系统必须对User进行认证，并且只有当Tenant处于激活状态时才能对User进行认证

可以看出，提供User的username和password信息只是认证用户的其中一个步骤，因此我们需要一个更高层面的认证协调者。领域服务便能很好地完成这样的任务。我们可以在后面再加入额外的细节，对于SaaSOvation团队来说，此时重要的是提出AuthenticationService这个概念，并将其加入到通用语言中。看来测试驱动的确有用啊！

团队同时考虑到了以下需求：

- 通过邀请，租户允许用户进行注册

当他们开始仔细分析这项需求时，他们发现该需求比先前所想象的要复杂。这里似乎需要存在一个诸如Invitation的对象，但是需求并没有向他们提供足够的信息，管理邀请的行为

也不清晰。因此，SaaSOvation团队决定推迟这个建模过程，等到有了领域专家和早期客户提供更多的输入信息时才继续。然而，他们还是创建了registerUser()方法，该方法对于创建User实例来说非常重要（请参考下文的“创建”一节）。

对于他们先前对User类的理解：

- User处理自己的信息，包括名字和联系方式
- User个人的信息可以被其本人和Manager修改
- User的安全密码是可以被修改的

这里我们使用两种经常联合使用的安全模式——用户和基本身份（Fundamental Identity）[1]。很明显，“个人”的概念伴随着“User”概念。基于以上对User的理解，团队提出了一些组合概念和与之相关的行为。

团队创建了一个Person类，以避免将过多的职责放在User类上。上面的“个人的”一词使得团队将“个人”加入到通用语言中：

- 个人：包含并管理用户的个人信息，包括名字和联系方式等。

这里的Person是实体还是值对象呢？同样，“修改”一词是关键。我们似乎没有必要在一个用户修改电话号码时就将整个Person对象替换掉，因此SaaSOvation团队将其建模成了实体，如图5.8所示。该Person实体包含了两个值对象——ContactInformation和Name，这些都是比较模糊的概念，之后在必要的时候我们将对其进行重构。

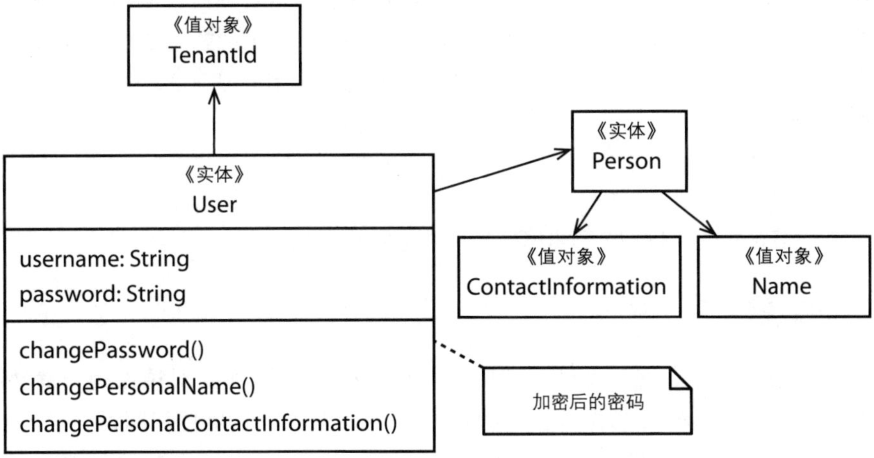

图5.8 User的基本行为导致了更多的关联关系。团队成员们还创建了一些额外的对象。

1. 请参考我发布的模式：http://vaughnvernon.co/。

这里，我们还需要思考一下如何管理用户的名字和联系信息。客户端可以访问到User中的Person对象吗？团队中的一员质疑到一个User是否总是一个Person。如果一个User表示的是一个外部的系统，又该怎么办呢？虽然这并不是当前的需求，但是这样的考虑是有价值的。如果我们允许客户访问Person，那么客户端代码可能需要做出相应的重构。

反之，如果团队成员将Person的行为直接放在User上，这可能会避免一些麻烦。在编写了测试来模拟对User的使用后，他们发现这样做是正确的，修改之后的User对象如图5.8所示。

还有另外的考虑。SaaSOvation团队是应该完全地将Person暴露给外界呢，还是应该向客户隐藏起来？现在，团队决定将Person暴露给外界，目的是为了获得查询信息。之后，他们会对此进行重新设计以服务于Principal接口，而Person和System分别是两种特殊的Principal。当团队有了更深的理解之后，他们将做出这样的重构。

团队保持了以往的节奏，此时团队开始考虑最后一条需求所反映的通用语言：

- User的安全密码是可以被修改的

User拥有一个changePassword()行为方法。该方法反映了以上需求，领域专家对此也表示满意。客户是绝对不能访问到密码的，哪怕是加密之后的密码也不行。在设置了密码之后，该密码是不会暴露在聚合边界之外的。所有需要和安全认证打交道的代码都必须通过AuthenticationService。

团队还意识到，在成功执行所有的修改行为之后都需要向外发布领域事件。和上文提到的“邀请用户注册”一样，这比团队先前所想象的要复杂。但是，他们的确意识到了事件的必要性。事件至少可以完成两项功能。首先，有了事件，我们可以对对象的整个生命周期进行跟踪（稍后讨论）。其次，事件可以通知外界订阅方完成同步操作，从而使这些订阅方具有潜在的自治性。

这些话题将在事件（8）和集成限界上下文（13）中进行讨论。

角色和职责

建模的一个方面便是发现对象的角色和职责。通常来说，对角色和职责分析是可以应用在领域对象上的。这里我们特别关注的是实体的角色和职责。

对于“角色”这个概念，我们需要一些上下文来理解。在*身份与访问上下文*中，一个角色是一个实体，同时是身份安全领域中的一个聚合根。客户可以询问一个用户是否拥有一种安全角色。该“角色”和我现在要讲的“角色”是两个全然不同的概念。我们这里所讨论的，是模型中的对象可以扮演什么样的角色。

领域对象扮演多种角色

在面向对象编程中，通常由接口来定义实现类的角色。在正确设计的情况下，一个类对于每一个它所实现的接口来说，都存在一种角色。如果一个类没有显式的角色——即该类没有实现任何显式接口，那么在默认情况下它扮演的即是本类的角色。也即，该类的公有方法表示该类的隐式接口。比如，上面的User类并没有实现任何接口，但是它依然扮演了一种角色，即User角色。

我们可以使一个对象同时扮演User和Person的角色，虽然这并不是我所建议的，但就目前而言，让我们假设这是一个好的主意。这样一来，我们便没有必要在User中引用一个Person了，而是只需创建一个对象来同时扮演这两种角色即可。

那我们为什么要这么做呢？通常是因为两个或多个对象既有相似之处，又有不同之处。此时，这些对象上重叠的属性可以通过一个实现了多个接口的对象来表示。比如，我们可以创建一个HumanUser对象，该对象既是一个User，又是一个Person：

```
public interface User {
    ...
}

public interface Person {
    ...
}

public class HumanUser implements User, Person {
    ...
}
```

以上代码看似合乎情理的，但是它也可能使事情变得复杂。如果两个接口都是复杂的，那么HumanUser对象实现起来将是困难的。另外，如果User不是一个人，而是一个系统又该怎么办呢？此时我们可能需要3个接口，而要设计一个实现了这3个接口的对象将变得更加困难。我们可能需要创建一个通用的Principal来简化这个问题：

```
public interface User {
    ...
}
```

```
public interface Principal {
    ...
}

public class UserPrincipal implements User, Principal {
    ...
}
```

有了以上代码，我们可以直到运行时才决定一个Principal的类型。一个人对应的Principal和一个系统对应的Principal在实现上是不同的。一个系统不需要拥有像人一样的联系信息。另外，我们还可以通过委派的方式来实现以上两个接口，此时我们需要在运行时检查存在哪种类型的Principal，再将逻辑委派给这个实际的Principal对象：

```
public interface User {
    ...
}

public interface Principal {
    public Name principalName();
    ...
}

public class PersonPrincipal implements Principal {
    ...
}

public class SystemPrincipal implements Principal {
    ...
}

public class UserPrincipal implements User, Principal {
    private Principal personPrincipal;
    private Principal systemPrincipal;
    ...
    public Name principalName() {
        if (personPrincipal != null) {
            return personPrincipal.principalName();
        } else if (systemPrincipal != null) {
            return systemPrincipal.principalName();
        } else {
            throw new IllegalStateException(
                    "The principal is unknown.");
        }
    }
    ...
}
```

以上代码设计存在多个问题，其中之一便是对象分裂症（Object Schizophrenia）[2]。对象的行为通过技术上的转向和分发来进行委派。无论是personPrincipal，还是systemPrincipal，它们都不具有UserPrincipal实体的身份标识，而UserPrincipal才是行为的最初执行对象。对象分裂症描述的是：委派对象根本不知道原来被委派对象的身份标识，因此我们无法知道委派对象的真正身份。虽然并不是所有的委派对象都需要知道被委派对象的身份标识，但是在有些情况下的确是必要的。我们可以向principalName()传入一个UserPrincipal对象的引用，但这使设计变得更加复杂，并且需要改变Principal接口，因此显然是不好的。就像[Gamma et al]中提到的一样，"委派只有在使问题简化而不是复杂化时，才是好的。"

这里，我们并不打算解决这个建模难题，它只是向我们展示在建模对象角色时可能遇到的问题，并且提醒大家在这个时候应该额外小心。有一些好的工具可以帮助我们改进，比如 Qi4j[Öberg]。

正如Udi Dahan[Dahan, Roles]所倡导的，它可以帮助我们设计更好的角色接口。以下两项需求有助于我们设计出好的接口：

- 向一个客户添加订单。
- 使客户成为优先（Preferred）客户。

Customer类实现了两个细粒度的角色接口：IAddOrdersToCustomer和IMakeCustomerPreferred。每一个接口都只定义了单个操作，如图5.9所示。我们甚至还可以使Customer实现另外的接口，比如IValidator。

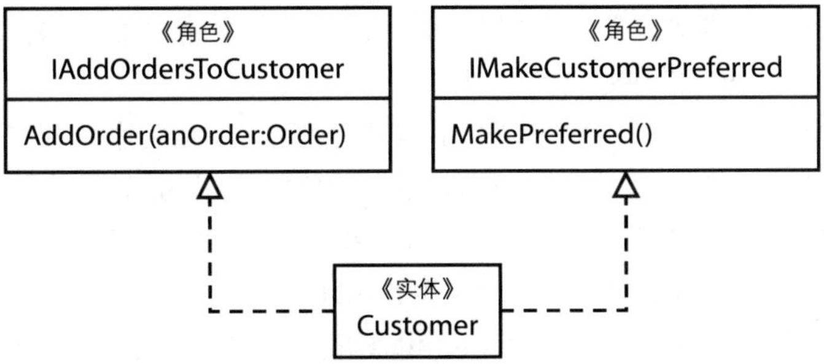

图5.9 在C#.NET命名规范中，Customer实体实现了2个对象角色，即IAddOrdersToCustomer和IMakeCustomerPreferred。

2. 即表示一个具有多重身份的对象。

在**聚合**(10) 中我们提到，我们并不希望创建一个拥有大量对象的集合，比如向Customer中添加大量的订单。但是，这并不是我们当前的重点，这里的重点是演示对象角色的使用。

接口名字中的前缀“I”是.NET编程中的一种常见风格。这里的“I”除了表示“接口”之外，还表示“我”的意思，从而有助于提高代码的可读性，比如：“我将订单添加给客户”和“我将客户变成优先客户。”在没有前缀“I”的情况下，接口的可读性可能没有那么好：AddOrdersToCustomer和MakeCustomerPreferred。我们也有可能更倾向于使用名词和形容词来命名接口，这种方式显然也是适用的。

想想这种风格能给我们带来了哪些好处？实体的角色可以在不同的用例之间发生转变。将一个新的Order实例添加到Customer，或者使Customer变成优先客户，在这两种情况下一个Customer所扮演的角色是不同的。同时，这种风格还有技术上的好处，不同的用例所使用的Customer获取策略可能是不同的：

```
IMakeCustomerPreferred customer =
    session.Get<IMakeCustomerPreferred>(customerId);
customer.MakePreferred();

...

IAddOrdersToCustomer customer =
    session.Get<IAddOrdersToCustomer>(customerId);
customer.AddOrder(order);
```

通过使用泛型，持久化机制从基础设施中查找不同的获取策略。如果某个接口没有特殊的获取策略，那么将使用默认的获取策略。在使用特定的获取策略时，所获取的Customer能够满足特定的用例。

当然，还存在其他的特定于某个用例的行为可以与角色联系起来，比如验证功能，在实体被持久化时，它可以充当验证器的角色对自身进行数据验证。

好的接口设计也有助于实现类，比如Customer，将功能实现在其自身上，而没有必要将实现委派给其他类，对象分裂症也由此得到避免。

很自然地，你可能会问到，将Customer的行为通过角色进行划分是否能给领域建模带来好处呢？我们可以将前面的Customer和图5.10中的Customer做个对比，哪个更好呢？当需要调用MakePreferred()方法时，图5.10中的Customer是否更容易引导客户端错误地调用成AddOrder()方法？恐怕不见得，但是这并不是唯一的评判标准。

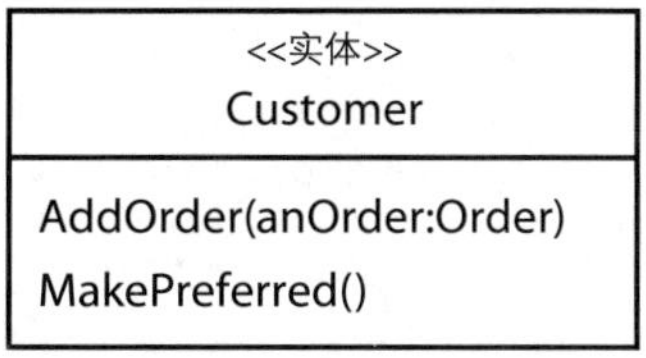

图5.10 这里，先前实现了不同接口的Customer变成了实现单个接口的实体。

角色接口最实用之处可能也是其最简单之处。通过接口，我们可以将实现细节隐藏起来，从而不至于将实现细节泄漏到客户端中。我们所设计的接口应该刚好能够满足客户端的需求，不多也不少。实现类可以比接口复杂得多，它可以拥有大量的支撑性属性，外加这些属性的getter和setter方法。但是，客户端是看不到这些实现细节的。比如，有些工具或框架可能强制性地要求在类上创建公有方法，而我们并不希望客户端调用这些公有方法。即便如此，领域模型接口也不会被技术上的实现细节所影响。显然，这是一个领域建模方面的好处。

不管采用哪种设计方式，我们都应该确保领域语言优先于技术实现。在DDD中，业务领域的模型才是最重要的。

创建实体

当我们新建一个实体时，我们希望通过构造函数来初始化足够多的实体状态，这一方面有助于表明该实体的身份，另一方面可以帮助客户端更容易地查找该实体。在使用及早生成唯一标识的策略时，构造函数至少需要接受一个唯一标识作为参数。如果我们还有可能通过其他方式对实体进行查找，比如名字或描述信息，那么我们应该将这些参数也一并传给构造函数。

有时一个实体维护了一个或多个不变条件（Invariant）。不变条件即是在整个实体生命周期中都必须保持事务一致性的一种状态。不变条件主要是聚合所关注的，但是由于聚合根通常也是实体，故这里我们也稍作提及。如果实体的不变条件要求该实体所包含的对象都不能为null状态，或者由其他状态计算所得，那么这些状态需要作为参数传递给构造函数。

每一个User对象都必须包含tenantId、username、password和person属性。换句话说，在User对象得到正确实例化之后，这些属性绝对不能为null。User对象的构造函数和实例变量对应的setter方法保证了这一点：

```
public class User extends Entity {
    ...
    protected User(TenantId aTenantId, String aUsername,
            String aPassword, Person aPerson) {
        this();
        this.setPassword(aPassword);
        this.setPerson(aPerson);
        this.setTenantId(aTenantId);
        this.setUsername(aUsername);
        this.initialize();
    }
    ...
    protected void setPassword(String aPassword) {
        if (aPassword == null) {
            throw new IllegalArgumentException(
                    "The password may not be set to null.");
        }
        this.password = aPassword;
    }

    protected void setPerson(Person aPerson) {
        if (aPerson == null) {
            throw new IllegalArgumentException(
                    "The person may not be set to null.");
        }
        this.person = aPerson;
    }

    protected void setTenantId(TenantId aTenantId) {
        if (aTenantId == null) {
            throw new IllegalArgumentException(
                    "The tenantId may not be set to null.");
        }
        this.tenantId = aTenantId;
    }

    protected void setUsername(String aUsername) {
        if (this.username != null) {
            throw new IllegalStateException(
                    "The username may not be changed.");
        }
        if (aUsername == null) {
            throw new IllegalArgumentException(
                    "The username may not be set to null.");
        }
        this.username = aUsername;
    }
    ...
}
```

User对象展示了一种自封装性。在构造函数对实例变量赋值时，它把操作委派给了实例变量所对应的setter方法，这样便保证了实例变量的自封装性。实例变量的自封装性使用setter方法来决定何时给实例变量赋值。每一个setter方法都“代表着实体”对所传进的参数做非null检查，这里的断言称为守卫（Guard）（请参考“验证”一节）。在“标识稳定性”一节中我们讲到，setter方法的自封装性技术可能会变得非常复杂。

对于那些非常复杂的创建实体的情况，我们可以使用工厂，请参考工厂（Factories，11）。在上面的例子中，你是否注意到User对象的构造函数被声明为了protected？Tenant实体即为User实体的工厂，也是同一个模块中唯一能够访问User构造函数的类。这样一来，只有Tenant能够创建User实例：

```
public class Tenant extends Entity  {
    ...
    public User registerUser(
            String aUsername,
            String aPassword,
            Person aPerson) {

        aPerson.setTenantId(this.tenantId());

        User user =
                new User(
                        this.tenantId(),
                        aUsername,
                        aPassword,
                        aPerson);

        return user;
    }
    ...
}
```

这里的registerUser()便是工厂。该工厂简化了对User的创建，同时保证了TenantId在User和Person对象中的正确性。此外，该工厂是能够反映通用语言的。

验证

验证的主要目的在于检查模型的正确性，检查的对象可以是某个属性，也可以是整个对象，甚至是多个对象的组合。我们将对模型进行三个级别的验证。虽然有很多种验证方式，包括专门用于验证的框架和类库等，但这里我们并不会讲到这些。我们要讨论的主要是一些通用的验证方法。

验证可以达到不同的目的。即便领域对象的各个属性都是合法的，这也并不表示该对象作为一个整体是合法的。两个合法属性组合起来有可能使整个对象不合法。同样的道理，单个对象的合法性并不能保证对象组合的合法性。两个合法实体对象的组合有可能是不合法的。因此，我们需要采用不同级别的验证来处理这些情况。

验证属性

我们如何确保属性处于合法状态呢？正如我在本书其他地方所讲，我强烈建议使用自封装 (Self-Encapsulation) 来验证属性。

Martin Fowler曾说："自封装性要求无论以哪种方式访问数据，即使从对象内部访问数据，都必须通过getter和setter方法" [Fowler, Self Encap]。这种方式有诸多优点。首先它为对象的实例变量和类变量提供了一层抽象。其次，我们可以方便地在对象中访问其所引用对象的属性。重要的是，自封装性使验证变得非常简单。

事实上，我并不愿意将自封装性称为验证。在一些开发者看来，验证是一个单独的关注点，因此应该将该职责放在验证类上，而不是领域对象上。我是同意这一点的。此外，我还想谈谈断言 (Assertion)，这是一种契约式设计 (Design-by-Contract) 方式。

从定义来看，在契约式设计中，我们可以指定前置条件、后置条件和组件中的不变条件。这种设计方法首先由Bertrand Meyer所提出，并在他开发的Eiffel语言中得到了充分的体现。在Java和C#语言中，我么也可以进行契约式设计，请参考《Design Patterns and Contracts》[Jezequel et al.]。这里我们只讨论前置条件，它为对象提供了一个保护层，因此也可以看作是一种验证形式：

```
public final class EmailAddress {

    private String address;

    public EmailAddress(String anAddress) {
        super();
        this.setAddress(anAddress);
    }
    ...
    private void setAddress(String anAddress) {
        if (anAddress == null) {
            throw new IllegalArgumentException(
                    "The address may not be set to null.");
        }
        if (anAddress.length() == 0) {
            throw new IllegalArgumentException(
```

```
                "The email address is required.");
        }
        if (anAddress.length() > 100) {
            throw new IllegalArgumentException(
                    "Email address must be 100 characters or less.");
        }
        if (!java.util.regex.Pattern.matches(
            "\\w+([-+.']\\w+)*@\\w+([-.]\\w+)*\\.\\w+([-.]\\w+)*",
                anAddress)) {
            throw new IllegalArgumentException(
                    "Email address and/or its format is invalid.");
        }

        this.address = anAddress;
    }
    ...
}
```

在上面的代码中，setAddress()方法中存在4个前置条件。所有的前置条件都对anAddress参数进行断言：

- anAddress不能为null。
- anAddress不能为空字符串。
- anAddress的长度不能大于100。
- anAddress需要满足电子邮件格式。

只有所有这些前置条件都通过了，anAddress才能被赋给address属性。否则，程序将抛出IllegalArgumentException异常。

EmailAddress类并不是一个实体，而是值对象。这里我们使用该值对象是有原因的。首先它向我们展示了一个很好的前置条件验证的例子，从null检查到格式检查。其次，EmailAddress是Person实体的属性——Person实体持有ContactInformation值对象，ContactInformation进而持有EmailAddress，因此EmailAddress和其他直接声明在Person中的简单属性一样，都是Person实体的属性。在为其他简单属性创建setter方法时，我们可以采用完全相同的方式对它们进行验证。在将一个整体值对象赋给实体时，只有当值对象中的所有较小属性得到验证时，我们才能保证对整体值对象的验证。

牛仔的逻辑

LB：“我还以为刚才和那位夫人进行了一场合法的争论(Argument)呢，哪知道她突然向我抛出了非法争论异常。”

有些开发者认为这种前置条件检查是一种防御式编程（Defensive Programming）。其中一些人并不同意这种多级检查的验证方式，另有些认为对null和空字符串的检查是可以接受的，但是没有必要验证字符串长度、数值范围和格式等信息。另外，还有人认为将对字符串长度和数值范围的验证放在数据库中是最好的办法，因为这些功能并不属于领域对象。

有时我们没有必要对字符串的长度做出检查，此时可以定义一个拥有足够宽度的数据库列，比如在Microsoft SQL Server数据库中，我们可以使用max关键字来定义一个文本列：

```
CREATE TABLE PERSON (
    ...
    CONTACT_INFORMATION_EMAIL_ADDRESS_ADDRESS
            NVARCHAR(max) NOT NULL,
    ...
) ON PRIMARY
GO
```

这里并不是说我们希望一个E-mail地址有1,073,741,822个字符这么长，而是定义一个足够大的范围，使得任何实际的E-mail地址都不会超出该范围。

然而，对于有些数据库来说，这种方法便不见得可行了。在MySQL中，最大的行宽为65,535字节，请注意，这里是行宽，而不是列宽。如果我们将其中一个列定义为最大宽度为65,535的VARCHAR类型，那么其他的列便没有存放空间了。根据数据库中所定义VARCHAR列的数量，我们需要对每一列的宽度进行限制。在这种情况下，我们可能需要将某些列定义为TEXT类型，因为TEXT列和BLOB列存储在不同的块中。因此，对于不同的数据库，我们需要找到适当的限制列宽的方法，以避免在领域模型中对字符串长度进行验证。

如果对象的属性有可能超过列宽，那么此时在模型中进行长度验证便是有必要的了。思考一下，如果将以下错误转换成一个领域中的错误，这将有多大的实际意义？

```
ORA-01401: inserted value too large for column
```

我们甚至都不知道到底是哪个列超出了范围，此时最好的方式便是将长度验证放在前置条件中。另外，长度检查并不见得只是对数据库的列宽做出约束。最终，我们还是要根据各种领域需求来限制字符串长度，比如当需要集成的遗留系统对字符串长度有约束时。

有时我们还需要考虑诸如区间范围检查之类的验证。即便是非常简单的格式检查，比如E-mail地址格式，对于保护实体的合法性来说也是有意义的。在单个实体验证通过的情况下，要再对由不同实体组成的整体对象或组合对象进行验证，也将变得更加简单。

验证整体对象

虽然有时实体中的所有单个属性都是合法的，但是这并不意味着整个实体就是合法的。要验证整个实体，我们需要访问整个对象的状态——所有对象属性。此时我们可能还需要使用**规范（Specification）**[Evans & Fowler, Spec]或者策略（Strategy）[Gamma et al.]来进行验证。

Ward Cunningham在他的Checks模式语言中[Cunningham, Checks]讨论了多种验证方法，其中验证整体对象的一种方法为**延迟验证（Deferred Validation）**。Ward解释道："这是一种到最后一刻才进行验证的方法。"之所以需要延迟，是因为我们需要进行非常详细的验证，比如对复杂对象的验证，甚至对对象组合的验证。我们将在稍后的"验证对象组合"一节中讲到延迟验证。在本节中，我们主要讲解Ward所谓的"简单活动验证（the checks of simpler activities）"。

由于验证逻辑需要访问实体的所有状态，有人可能会直接将验证逻辑嵌入到实体对象中。这里我们需要注意了，更多的时候验证逻辑比领域对象本身变化还快，而将验证逻辑嵌入在领域对象中也使领域对象承担了太多的职责。

此时我们可以创建一个单独的组件来完成模型验证。在Java中设计单独的验证类时，我们可以将该类放在和实体相同的模块（包）中，将属性的getter方法声明在包级别（即用protected修饰），这样验证类便能访问到这些属性了。当然，将属性声明为public也是可以的。但是，声明为private便不行了，因为此时验证类无法访问到领域对象的属性状态。如果验证类和领域对象不在相同的包中，那么所有属性的getter方法都应该声明为public，而这并不是我们希望看到的情形。

验证类可以实现规范模式或策略模式。当发现非法状态时，验证类将通知客户方或者记录下验证结果以便后用（比如，在批处理完成之后）。验证过程应该收集到所有的验证结果，而不是在一开始遇到非法状态时就抛出异常。考虑以下的例子：

```
public abstract class Validator {
    private ValidationNotificationHandler notificationHandler;
    ...
    public Validator(ValidationNotificationHandler aHandler) {
        super();
        this.setNotificationHandler(aHandler);
    }

    public abstract void validate();

    protected ValidationNotificationHandler notificationHandler() {
        return this.notificationHandler;
    }

    private void setNotificationHandler(
            ValidationNotificationHandler aHandler) {
        this.notificationHandler = aHandler;
    }
}
```

```
public class WarbleValidator extends Validator {

    private Warble warble;

    public Validator(
            Warble aWarble,
            ValidationNotificationHandler aHandler) {
        super(aHandler);
        this.setWarble(aWarble);
    }
    ...
    public void validate() {
        if (this.hasWarpedWarbleCondition(this.warble())) {
            this.notificationHandler().handleError(
                    "The warble is warped.");
        }
        if (this.hasWackyWarbleState(this.warble())) {
            this.notificationHandler().handleError(
                    "The warble has a wacky state.");
        }
        ...
    }
}
```

在上例中，WarbleValidator在初始化时传入了一个ValidationNotificationHandler。任何时候，当发现非法状态时，WarbleValidator都会调用ValidationNotificationHandler来处理。ValidationNotificationHandler是一个通用实现，它拥有一个

handleError()方法，该方法接受一个String类型的验证通知消息。我们也可以为ValidationNotificationHandler创建不同的方法来处理不同的非法状态：

```
class WarbleValidator extends Validator {
    ...
    public void validate() {
        if (this.hasWarpedWarbleCondition(this.warble())) {
            this.notificationHandler().handleWarpedWarble();
        }
        if (this.hasWackyWarbleState(this.warble())) {
            this.notificationHandler().handleWackyWarbleState();
        }
    }
    ...
}
```

这样一来，我们便将错误消息、消息键值或者消息通知与验证过程进行了解耦。还有更好的方法，将验证通知封装在方法中：

```
class WarbleValidator extends Validator {
    ...
    public Validator(
            Warble aWarble,
            ValidationNotificationHandler aHandler) {
        super(aHandler);
        this.setWarble(aWarble);
    }
    ...
    public void validate() {
        this.checkForWarpedWarbleCondition();
        this.checkForWackyWarbleState();
        ...
    }
    ...
    protected checkForWarpedWarbleCondition() {
        if (this.warble()...) {
            this.warbleNotificationHandler().handleWarpedWarble();
        }
    }
    ...
    protected WarbleValidationNotificationHandler
            warbleNotificationHandler() {
        return (WarbleValidationNotificationHandler)
                this.notificationHandler();
    }
}
```

在这个例子中，我们使用了一个特定的ValidationNotificationHandler。在传入WarbleValidator时，它是一个标准类型，然后在使用时我们将其强制转换成一个特定的WarbleValidationNotificationHandler类型。对于使用什么样的ValidationNotificationHandler类型，验证类和客户端应该达成一致。

客户端如何保证对实体的验证确实发生了呢？验证过程又从何处开始呢？

要将validate()方法应用在所有需要验证的实体上，我们可以使用层超类型：

```
public abstract class Entity
        extends IdentifiedDomainObject  {

    public Entity() {
        super();
    }

    public void validate(
            ValidationNotificationHandler aHandler) {

    }
}
```

任何继承自Entity的类都可以安全地调用validate()方法。如果具体的实体类拥有自身的验证逻辑，该验证逻辑将被执行，否则validate()方法不做任何事情。同时，我们应该只在需要进行验证的实体中才定义validate()方法。

然而，实体应该进行自我验证吗？拥有validate()方法并不表示需要实体自行执行验证过程。此时实体可以将验证过程交给单独的验证类：

```
public class Warble extends Entity {
    ...
    @Override
    public void validate(ValidationNotificationHandler aHandler) {
        (new  WarbleValidator(this, aHandler)).validate();
    }
    ...
}
```

每一个专有的Validator都会执行特定的验证过程。实体类不用知道验证过程是如何发生的。单独的Validator也将验证逻辑的变化与实体对象本身的变化分离开来，并且有助于对复杂验证过程的测试。

验证对象组合

正如Ward Cunningham所说，在需要对复杂对象进行验证时，我们可以使用延迟验证。这里我们关注的并不只是某个单独的实体是否合法，而是多个实体的组合是否全部合法，包括一个或多个聚合实例。要达到这样的目的，我们需要创建继承自Validator的不同验证类实例。但是，最好的方式是把这样的验证过程创建成一个领域服务。该领域服务可以通过资源库读取那些需要验证的聚合实例，然后对每个实例进行验证，可以是单独验证，也可以和其他聚合实例组合起来验证。

在任何时候，我们都需要决定是否可以展开验证。有时某个聚合或一组聚合可能处于临时的、中间的状态。此时我们可以在聚合上创建一个状态标识来避免对这些状态的验证。当验证条件成熟时，模型通过发送领域事件的方式通知客户方：

```
public class SomeApplicationService ... {
    ...
    public void doWarbleUseCaseTask(...) {
        Warble warble =
            this.warbleRepository.warbleOfId(aWarbleId);

        DomainEventPublisher
            .instance()
            .subscribe(new DomainEventSubscriber<WarbleTransitioned>(){
                public void handleEvent(DomainEvent aDomainEvent) {
                     ValidationNotificationHandler handler = ...;
                     warble.validate(handler);
                     ...
                }
                public Class<WarbleTransitioned>
                        subscribedToEventType() {
                    return WarbleTransitioned.class;
                }
            });

        warble.performSomeMajorTransitioningBehavior();
    }
}
```

当客户方接收到事件时，其中的WarbleTransitioned表示可以进行验证了。而在这之前，客户方是不会进行验证的。

跟踪变化

根据实体的定义，我们没有必要在整个生命周期中对状态的变化进行跟踪，而是只需要跟踪那些持续改变的状态。然而，有时领域专家可能会关心发生在模型中的一些重要事件，此时我们便应该对实体的一些特殊变化进行跟踪了。

跟踪变化最实用的方法是领域事件和事件存储。我们为领域专家所关心的所有状态改变都创建单独的事件类型，事件的名字和属性表明发生了什么样的事件。当命令操作执行完后，系统发出这些领域事件。事件的订阅方可以接收发生在模型上的所有事件。在接收到事件后，订阅方将事件保存在事件存储中。

领域专家并不会关心发生在模型中的所有变化，但这却是技术团队所应该关心的。这主要是出于技术上的原因，请参考事件源（Event Sourcing，4）模式。

本章小结

本章我们主要学习了与实体相关的知识，其中包括：

- 我们学习了4种主要的生成实体唯一标识的方法。
- 我们了解到实体标识生成时间的重要性，还学习了委派标识。
- 我们学习了如何保证实体标识的稳定性。
- 我们讨论了如何通过通用语言来发现实体的本质特征，还讨论了实体的属性和行为。
- 除了核心行为之外，我们还学习了通过角色来建模实体的优缺点。
- 最后，我们学习了如何创建实体，如何验证实体和如何跟踪实体变化。

在下一章中，我们将讲到战术建模的另一个重要概念——值对象。

第6章

值对象

付出的是价格，获得的是价值。

——Warren Buffett

值对象虽然经常被掩盖在实体的阴影之下，但它却是非常重要的DDD部件。值对象的常见例子包括数字，比如3、10和293.51；或者文本字符串，比如"hello, world"和"Domain-Driven Design"；或者日期、时间；还有更加详细的对象，比如某人的全名，其中包含姓氏、名字和头衔；再比如货币、颜色、电话号码和邮寄地址等。当然还有更加复杂的值对象。在本章中，我们将讨论那些能够反映**通用语言**概念的值对象。

> **认识值类型的优点**
>
> 值类型用于度量和描述事物，我们可以非常容易地对值对象进行创建、测试、使用、优化和维护。

我们应该尽量使用值对象来建模而不是实体对象，你可能对此非常惊讶。即便一个领域概念必须建模成实体，在设计时也应该更偏向于将其作为值对象容器，而不是子实体容器。这并不是源自于无端的偏好，而是因为我们可以非常容易地对值对象进行创建、测试、使用、优化和维护。

本章学习路线图

- 学习如何将一个领域概念建模成值对象。
- 学习如何通过值对象来简化集成的复杂性。
- 学习以值对象来创建领域标准类型。
- 学习SaaSOvation是如何学到值对象的重要性的。
- 学习SaaSOvation是如何测试、实现和持久化值对象的。

一开始，SaaSOvation公司的团队滥用了实体建模。事实上，在用户和权限等概念进入协作领域之前，实体建模并没有给他们带来什么坏处。在项目启动时，他们采用了常用的建模方式，即将领域模型中所有的属性都映射到对应的数据库表中，并且为所有的属性创建setter和getter方法。由于每个对象都有一个数据库主键，各个实体被组织在了一个庞大且复杂的对象网中。这种建模方式是一种数据建模方式，它在很大程度上受到了关系型数据库的影响，认为所有的东西都需要范式化，并且通过外键进行关联引用。后来，SaaSOvation团队成员们才知道，全然面向实体的思维方法不仅没有必要，而且还浪费开发时间。

在设计得当的情况下，我们可以对值对象实例进行创建和传递，甚至在使用完之后将其直接扔掉。我们不用担心客户端对值对象的修改。一个值对象的生命周期可长可短，它就像一个无害的过客在系统中来来往往。

从这个角度来看待值对象是一个很大的转变，就像从没有垃圾回收机制的语言转变到有垃圾回收机制的语言一样。

那么，我们如何确定一个领域概念应该建模成一个值对象呢？此时我们需要密切关注值对象的特征。

> 当你只关心某个对象的属性时，该对象便可作为一个值对象。为其添加有意义的属性，并赋予它相应的行为。我们需要将值对象看成不变对象，不要给它任何身份标识，还应该尽量避免像实体对象一样的复杂性。[Evans, p.99]

虽然创建一个值对象类型非常简单，但是有时甚至连有经验的DDD开发者都面临这样一个难题：是应该建模成实体呢还是值对象？和如何实现值对象一道，我希望在本章中教你理清这些含糊的概念。

值对象的特征

首先，在将领域概念建模成值对象时，我们应该将通用语言考虑在内，这是建模值对象的首要原则，该原则将贯穿本章始末。

当你决定一个领域概念是否是一个值对象时，你需要考虑它是否拥有以下特征：

- 它度量或者描述了领域中的一件东西。
- 它可以作为不变量。
- 它将不同的相关的属性组合成一个概念整体 (Conceptual Whole) 。
- 当度量和描述改变时，可以用另一个值对象予以替换。
- 它可以和其他值对象进行相等性比较。
- 它不会对协作对象造成副作用[Evans]。

对于以上特征，我们将在下文中做详细讲解。在使用这种方法分析模型时，你会发现很多领域概念都可以设计成值对象，而不是你先前认为的实体对象。

度量或描述

当你的模型中的确存在一个值对象时，不管你是否意识到，它都不应该成为你领域中的一件东西，而只是用于度量或描述领域中某件东西的一个概念。一个人拥有年龄，这里的年龄并不是一个实在的东西，而只是作为你出生了多少年的一种度量。一个人拥有名字，同样这里的名字也不是一个实在的东西，而是描述了如何称呼这个人。

该特征和下面的“概念整体”特征是紧密联系在一起的。

不变性

一个值对象在创建之后便不能改变了。[1]例如，在使用Java或C#编程时，我们使用构造函数来创建值对象实例，此时传入的参数包含了该值对象的所有状态所需的数据信息。所传入的参数既可以作为该值对象的直接属性，也可以用于计算出新的属性。在下面的例子中，一个值对象将另外一个值对象作为属性：

```
package com.saasovation.agilepm.domain.model.product;

public final class BusinessPriority implements Serializable  {
```

1. 有时一个值对象是可以改变的，但是这种情况非常罕见。这里我们并不讨论可变的值对象。如果你对此感兴趣，可以参考[Evans]的101页。

```
    private BusinessPriorityRatings ratings;

    public BusinessPriority(BusinessPriorityRatings aRatings) {
        super();
        this.setRatings(aRatings);
        this.initialize();
    }
    ...
}
```

光凭初始化是不能保证值对象的不变性的。在值对象初始化之后，任何方法都不能对该对象的属性状态进行修改。在上面的例子中，只有setRatings()和initialize()方法可以修改对象的状态，而它们只在对象构建过程中才被使用。方法setRatings()被声明为private，外界不能直接调用。[2]

此外，BusinessPriority必须保证除了构造函数之外，其他方法均不能调用setter方法。之后我们还会讲到如何测试值对象的不变性。

根据需要，有时我们可以在值对象中维持对实体对象的引用。在这种情况下我们需要谨慎行事。当实体对象的状态发生改变时，引用它的值对象也将发生改变，由此违背了值对象的不变性。因此，在值对象中引用实体时，我们的出发点应该是不变性、表达性和方便性。否则，如果实体对象有可能违背值对象的不变性，那么我们便没有理由在值对象中引用实体对象。在本章的后续内容中，我们将讲到值对象的无副作用特征。

> **挑战你的假设**
>
> 如果你认为一个值对象必须通过行为方法进行改变，那么你得问问自己这是否有必要。在这种情况下可以用其他值对象来替换吗？使用值对象替换可以简化设计。
>
> 有时将一个对象设计成不变对象是没有意义的，此时往往意味着该对象应该建模成一个实体对象，请参考实体（5）。

概念整体

一个值对象可以只处理单个属性，也可以处理一组相关联的属性。在这组相关联的属性中，每一个属性都是整体属性所不可或缺的组成部分，这和简单地将一组属性组装在对象中是不同的。如果一组属性联合起来并不能表达一个整体上的概念，那么这种联合并无多大用处。

2. 在有些情况下，一些框架——比如ORM或序列化类库（XML或JSON等）——可能需要setter方法来重建值对象。

就像Ward Cunningham在他的**整体值对象**模式[Cunningham, Whole Value aka Value Object]中提到[3]，值对象{50,000,000美元}具有两个属性，一个是50,000,000，一个是美元。单独一个50,000,000可能表示另外的意思，而单独一个“美元”更不能表示该值对象。只有当这两者联合起来才是一个表达货币度量的概念整体。因此我们并不希望将表示50,000,000的amount和表示美元的currency看作两个相对独立的属性，比如：

```
//不正确建模的ThingOfWorth
public class ThingOfWorth {
    private String name;          //描述属性
    private BigDecimal amount;    //描述属性
    private String currency;      //描述属性

    // ...
}
```

在上面的例子中，ThingOfWorth的客户端必须知道什么时候应该同时使用amount和currency，并且还应该知道应该如何使用这两个属性，原因在于这两个属性并没有组成一个概念整体。我们需要更好的方式。

要正确地表达货币度量，我们不应该将以上两个属性分离开来，而应该将它们建模成一个整体值对象：{50,000,000美元}。下面的代码创建了一个整体值对象：

```
public final class MonetaryValue implements Serializable  {
    private BigDecimal amount;
    private String currency;

    public MonetaryValue(BigDecimal anAmount, String aCurrency) {
        this.setAmount(anAmount);
        this.setCurrency(aCurrency);
    }
    ...
}
```

这并不是说MonetaryValue就是完美的，我们还可以用Currency值对象类型来表示货币单位。这里我们可以将currency属性从String类型替换成Currency类型。同时，我们还可以使用Factory和Builder[Gamma et al.]来创建该值对象，但是我们这里的重点在于讲解整体值对象。

3.有时也称为意义整体

在一个领域中，概念的整体性是非常重要的，因此作为整体值对象的MonetaryValue已经不再单单是一个起描述作用的描述属性（Attribute）了，而是一个资产属性（Property）。诚然，一个值对象可以拥有一个或多个描述属性（比如MonetaryValue拥有两个描述属性），但是对于持有该值对象实例的对象来说，该值对象便是一个资产属性。因此，一个价值50,000,000美元的物品——ThingOfWorth——将拥有一个名为worth的资产属性——该属性即为一个表示{50,000,000美元}的值对象。请注意，这个资产属性的名字——worth——和该值对象类型的名字——MonetaryValue——只有在创建好了**限界上下文（2）**和通用语言之后才能确定。以下是一个改进后的例子：

```
//正确建模的ThingOfWorth
public class ThingOfWorth {
    private ThingName name;        //资产属性
    private MonetaryValue worth; //资产属性
    // ...
}
```

这里，一个ThingOfWorth对象拥有一个类型为MonetaryValue、名为worth的资产属性。该worth值对象即表示一种整体概念。

上面的代码还存在一点变化，这可能是你意料之外的。ThingOfWorth中的name和worth同样重要，因此我们用ThingName类型取代了原来的String类型。虽然用String类型在一开始看来已经足够，但是在随后的迭代中，它将带来问题。围绕着name展开的领域逻辑有可能从ThingOfWorth模型中泄露出去，如下面的代码所示：

```
//有客户端处理命名相关逻辑

String name = thingOfWorth.name();
String capitalizedName =
        name.substring(0, 1).toUpperCase()
        + name.substring(1).toLowerCase();
```

在上面的代码中，客户端自已试图解决name的大小写问题。通过定义ThingName类型，我们可以将与name有关的所有逻辑操作集中在一起。以上面的例子来说，ThingName可以在初始化时对name进行格式化，而不用客户端自身来处理。此时，ThinsOfWorth并没有直接包含3个毫无意义的描述属性，而是包含了2个具有专属类型的资产属性。

值对象的构造函数用于保证概念整体的有效性和不变性。我们希望值对象的构造函数可以一次性地构建好整个值对象。在初始化完成之后，我们便不允许对值对象做进一步修改了。上文中的BusinessPriority和MonetaryValue展示了这么一个过程。

还存在另一个层面的对基本值类型（比如String、Integer或Double）的滥用。有些编程语言（比如Ruby）允许我们简单地向一个类添加新的行为。此时，你可能会琢磨着使用浮点数来表示货币。如果需要计算不同货币之间的汇率，我们只需要向Double类加上convertToCurrency(Currency aCurrency)行为方法即可。这可以是一种很炫的语言特性，但是在这种场景下使用语言特性就一定是一个好主意吗？首先，和货币相关的行为很有可能丢失在通用的浮点数计算中。另外，单单从Double类中我们也不能看出货币的概念。因此，我们需要向编程语言的默认类型中添加大量的信息来理解货币概念。毕竟，你需要传入一个Currency对象来通知Double类应该兑换成什么样的货币。更重要的是，Double类型丝毫没有表达出你的领域概念，由于没有使用通用语言，你很快就丢失掉了领域关注点。

> **挑战你的假设**
>
> 如果你试图将多个属性加在一个实体上，但这样却弱化了各个属性之间的关系，那么此时你便应该考虑将这些相互关联的属性组合在一个值对象中了。每个值对象都是一个内聚的概念整体，它表达了通用语言中的一个概念。如果其中一个属性表达了一种描述性概念，那么我们应该把与该概念相关的所有属性集中起来。如果其中一个或多个属性发生了改变，那么可以考虑对整体值对象进行替换。

可替换性

在你的模型中，如果一个实体所引用的值对象能够正确地表达其当前的状态，那么这种引用关系可以一直维持下去。否则，我们需要将整个值对象替换成一个新的值对象实例。

值对象的可替换性可以通过数字的替换性来理解。假设领域中有一个名为total的概念，该概念用整数表示。如果total的当前值被设成了3，但是之后需要重设为4，此时我们并不会将整数3修改成整数4，而是简单地将total的值重新赋值为4。

```
int total = 3;

//稍后…

total = 4;
```

这种替换值的方法是非常显然的，但是它却向我们展示了很重要的一点。在上例中，我们只是将total的值从3替换成了4。这并不是过度简化，而正是值对象替换工作方式。考虑下面一种更复杂的值对象替换：

```
FullName name = new FullName("Vaughn", "Vernon");

//稍后…
name = new FullName("Vaughn", "L", "Vernon");
```

首先，name通过firstName和lastName进行初始化，随后name变量被替换成了另一个FullName值对象实例，该实例中包含了firstName、middleName和lastName。这里，我们并没有使用FullName的某个方法来改变其自身的状态，因为这样破坏了值对象的不变性。我们使用了简单的替换将另一个FullName实例的引用重新赋给了name变量（这种方式的表达性并不强，我们将在下文讲到更好的替换方法）。

挑战你的假设

在有些情况下，值对象的属性将发生改变，如果此时你开始倾向于创建实体对象，那么你便需要挑战自己的假设了。思考一下，可以对整个值对象进行替换吗？考虑上文中的替换例子，你可能会认为创建一个新的值对象实例并不实用，并且缺乏表达性。即便你所处理的值对象非常复杂而又经常改变，我们依然可以对其进行替换。在下文中，我们将用一个例子来演示对整体值对象的替换，该替换过程是无副作用的、简单的，并且是富有表达性的。

值对象相等性

在比较两个值对象例时，我们需要检查这两个值对象的相等性。在整个系统中，有可能存在很多相等的值对象实例，但它们并不表示相同的实例引用。相等性通过比较两个对象的类型和属性来决定。如果两个对象的类型和属性都相等，那么这两个对象也是相等的。进而，如果两个或多个值对象实例是相等的，我们便可以用其中一个实例来替换另一个实例。

以下代码测试两个FullName值对象的相等性：

```
public boolean equals(Object anObject) {
    boolean equalObjects = false;
    if (anObject != null &&
            this.getClass() == anObject.getClass()) {
        FullName typedObject = (FullName) anObject;
        equalObjects =
            this.firstName().equals(typedObject.firstName()) &&
```

```
            this.lastName().equals(typedObject.lastName());
    }
    return equalObjects;
}
```

一个FullName值对象实例中的每一个属性都与另一个FullName实例中的对应属性进行比较。如果两个对象中所有的属性都相等，那么我们便认为这两个值对象相等。由于FullName在创建时便对firstName和lastName进行了非null验证，这里在equals()方法中我们便没有必要再进行非null验证了。另外，我们使用了属性的自封装性，即通过调用查询方法来获取某个属性。在Java中，equals()方法和hashCode()方法通常同时出现，我们将在下文中讲到hashCode() 方法。

思考一下，值对象的哪些特征可以用来支持**聚合 (10)** 的唯一标识性。我们需要值对象的相等性，比如在通过实体标识查询聚合时便会用到。同时，不变性也是重要的。实体的唯一标识是不能改变的，这可以部分地通过值对象的不变性达到。此外，我们还可以从值对象的概念整体特性中得到好处，因为实体的唯一标识是根据通用语言来命名的，并且需要在一个实例中包含所有的可以表示唯一标识的属性。然而，这里我们并不需要值对象的可替换性，因为我们不会替换聚合根的唯一标识。尽管如此，我们依然可以在聚合中使用值对象。此外，如果实体的唯一标识需要一些无副作用的行为，这些行为便可以在值对象上实现。

挑战你的假设

问问自己，你所设计的概念是否必须用实体来实现，是否从值对象中得到了足够的支持？如果该概念不需要唯一标识，那么请将其建模成一个值对象。

无副作用行为

一个对象的方法可以设计成一个**无副作用函数** (Side-Effect-Free Function) [Evans]。这里的函数表示对某个对象的操作，它只用于产生输出，而不会修改对象的状态。由于在函数执行的过程中没有状态改变，这样的函数操作也称为无副作用函数。对于不变的值对象而言，所有的方法都必须是无副作用函数，因为它们不能破坏值对象的不变性。你可以将这种特性看作是不变性的一部分，但是我更倾向于将该特性从不变性中分离出来，因为这样做可以强调出值对象的一大好处。否则，我们可能只会将值对象看成一个属性容器，而忽略了值对象模式的一个功能强大的特性——无副作用函数。

函数式编程

函数式编程语言通常都强制性地保留了这种特性。事实上，纯函数式语言只允许有无副作用行为存在，并且要求所有的闭包只能接受和产生不变的值对象。

Bertrand Meyer在他的命令查询分离（CQS，请参考Martin Fowler的[Fowler, CQS]）原则中，将无副作用函数描述为查询方法。一个查询方法即向某个对象问一个问题。根据定义，问题不应该对答案进行修改。

在下面的例子中，通过在一个FullName对象上调用无副作用方法将该对象本身替换成另一个实例：

```
FullName name = new FullName("Vaughn", "Vernon");

//稍后…

name =  name.withMiddleInitial("L");
```

这和先前“可替换性”一节中的例子所产生的结果是一样的，但是代码更具表达性。这个无副作用的withMiddleInitial()方法的实现如下：

```
public FullName withMiddleInitial(String aMiddleNameOrInitial) {
    if (aMiddleNameOrInitial == null) {
        throw new IllegalArgumentException(
                "Must provide a middle name or initial.");
    }

    String middle = aMiddleNameOrInitial.trim();

    if (middle.isEmpty()) {
        throw new IllegalArgumentException(
                "Must provide a middle name or initial.");
    }

    return new FullName(
            this.firstName(),
            middle.substring(0, 1).toUpperCase(),
            this.lastName());
}
```

在上例中，withMiddleInitial()方法并没有修改值对象的状态，因此它不会产生副作用。该方法通过已有的firstName和lastName，外加传入的middleName创建了一个新的FullName值对象实例。此外，withMiddleInitial()方法还捕获到了重要的领域业务逻辑，从而避免了将这些逻辑泄漏到客户端。

当值对象引用实体对象

一个值对象允许对传入的实体对象进行修改吗？如果值对象中的确有方法会修改实体对象，那么该方法还是无副作用的吗？该方法容易测试吗？我会说，既容易，也不容易。因此，如果一个值对象方法将一个实体对象作为参数时，最好的方式是，让实体对象使用该方法的返回结果来修改其自身的状态。

然而，这种方式存在一个问题。例如，在Scrum中，我们有个实体对象Product，该对象被值对象BusinessPriority所使用：

```
float priority = businessPriority.priorityOf(product);
```

你能看出有什么不妥吗？我们至少可以看出以下问题：

- 这里的BusinessPriority值对象不仅依赖于Product，还试图去理解该实体的内部状态。我们应该尽量地使值对象只依赖于它自己的属性，并且只理解它自身的状态。虽然在有些情况下这并不可行，但这是我们的目标。
- 阅读本段代码的人并不知道使用了Product的哪些部分。这种表达方法并不明确，从而降低了模型的清晰性。更好的方式是只传入需要用到的Product属性。
- 更重要的是，在将实体作为参数的值对象方法中，我们很难看出该方法是否会对实体进行修改，测试也将变得非常困难。因此，即便一个值对象承诺不会修改实体，我们也很难证明这一点。

有了以上的分析，我们需要对以上的值对象进行改进。要增加一个值对象的健壮性，我们传给值对象方法的参数依然应该是值对象。这样我们可以获得更高层次的无副作用行为。要实现这样的目标并不困难：

```
float priority =
        businessPriority.priority(
                product.businessPriorityTotals());
```

在上例中，我们只需要将Product实体的BusinessPriorityTotals值对象传给priority()方法即可。你可能会认为priority()方法应该返回一个值对象类型，而不是float类型。这是正确的，特别是当priority是通用语言中的正式概念的时候。这种决定来自于持续改进模型的结果。通过分析，SaaSOvation的团队成员认为不应该由Product实体自身来计算priority，而应该将该功能交给**领域服务（7）**，在本章后面，你将看到这种更好的解决方案。

如果你打算使用语言提供的基本值对象（例如primitive或wrapper），而不使用特定的值对象，那么你便是在欺骗自己的模型了。我们是无法将领域特定的无副作用函数分配给语言提供的基本值对象的。任何领域特有行为都将从值中分离出来。即便编程语言允许我们向基本值对象中添加新的行为，这能够在深层次上捕获领域概念吗？

挑战你的假设

如果你认为一个方法不能达到无副作用的要求，并且该方法肯定会修改该对象实例的状态，那么你应该挑战你的假设了。此时可以使用对象替换吗？上文中的例子便是一个非常简单的替换方案。在该例中，我们将原有属性和新传入属性结合起来创建一个新的值对象实例。在一个系统中，很少出现每个对象都是值对象的情况，有些对象必须通过实体进行建模。我们应该仔细地将值对象的特征和实体对象特征进行对比。通过思考和讨论，一个团队是能得到正确结论的。

当SaaSOvation的团队成员阅读了无副作用函数[Evans]和整体值对象的相关材料之后，他们意识到应该更多地使用值对象。通过理解消化上文中所讲到的值对象特征，他们知道了如何更好地在领域中去发现那些自然存在的值对象。

所有东西都是值对象吗？

到现在，你可能倾向于将所有东西都看成值对象。这总比将所有东西看作实体好。此时你需要注意的是，有些真正简单的属性是没有必要特殊对待的。例如，对于有些布尔类型或数值类型的值对象来说，它们已经能够自给了，并不需要额外的功能支持，也并不和实体中的其他属性相关联。这些简单的属性称为意义整体。你可能还是会“错误地”将这些单一的属性封装成值对象类型。当你发现这样做有些过度时，你需要重构了。

最小化集成

在所有的DDD项目中，通常存在多个限界上下文，这意味着我们需要找到合适的方法对这些上下文进行集成。当模型概念从上游上下文流入下游上下文中时，尽量使用值对象来表示这些概念。这样的好处是可以达到最小化集成，即可以最小化下游模型中用于管理职责的属性数目。使用不变的值对象使得我们做更少的职责假设。

为什么要如此负责任？

使用不变的值对象使得我们做更少的职责假设。

重用**限界上下文（2）**中的一个例子：上游的身份与访问上下文会影响下游的协作上下文，如图6.1所示。在身份与访问上下文中，两个聚合分别为User和Role。在协作上下文中，我们关心的是一个User是否拥有一个特定的Role，比如Moderator。协作上下文使用它的**防腐层（3）**向身份与访问上下文的**开放主机服务（3）**提出查询。如果这个集成的查询过程表明某个User拥有Moderator角色，协作上下文便会创建一个代表性的Moderator对象。

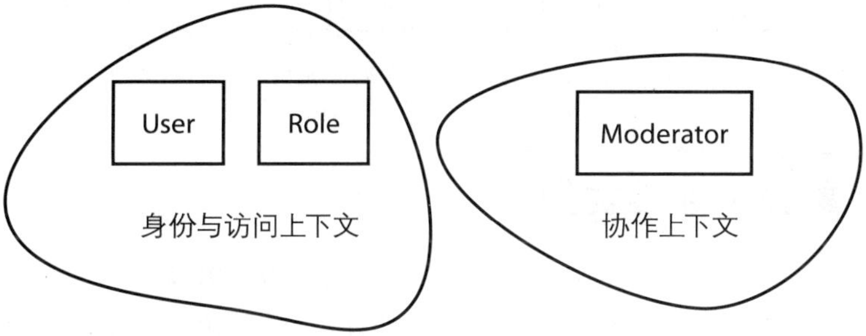

图6.1 协作上下文中的Moderator对象基于身份与访问上下文中的User和Role对象。User和Role是聚合，但Moderator则是值对象。

Moderator和其他Collaborator的子类如图6.2所示，这些对象被建模成了值对象。这些值对象的实例通过静态方式创建，并且和一个Forum聚合关联。这里的重点在于，上游的身份与访问上下文对下游的协作上下文的影响被最小化了。虽然上游上下文需要处理许多对象属性，但是它传给下游的Moderator却只包含了通用语言中的关键性属性。此外，Moderator并不包含Role聚合中属性，而是通过自身的名字表明一个用户所扮演的角色。我们选择静态创建Moderator的方式，并且没有必要使下游中的值对象与上游保持同步。这种考虑了服务质量（Quality Of Service）的契约可以大大地减轻下游上下文的负担。

当然，有时下游上下文中的对象必须和远程上下文中的聚合保持最终一致性。在这种情况下，我们可以在下游上下文中设计一个聚合，因为该聚合实体可以用于维护状态变化。但是，我们应该尽量地避免这种建模方式，在有可能的情况下使用值对象来完成限界上下文之间的集成，这对于许多需要消费标准类型的上下文来说都是适用的。

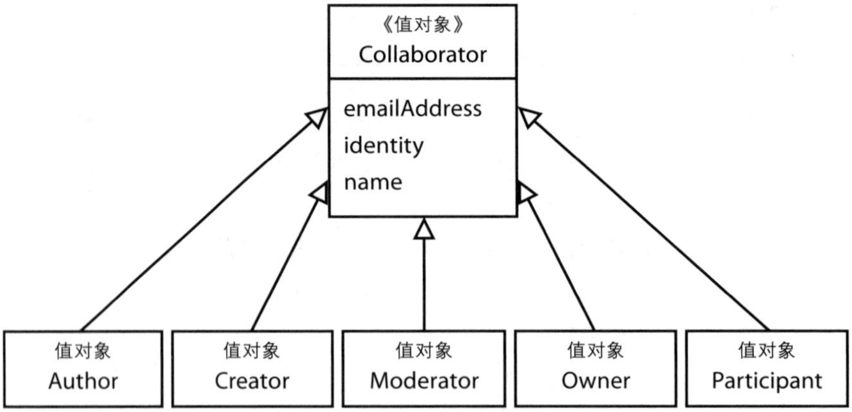

图6.2 值对象Collaborator的类层级。只有少数几个属性来自上游上下文中，因为此时的类名已经能够表示出“角色”的概念了。

用值对象表示标准类型

在许多的应用和系统中，都会使用到**标准类型**（Standard Type）。标准类型是用于表示事物类型的描述性对象。系统中既有表示事物的实体和描述实体的值对象，同时还存在标准类型来区分不同的类型。我并不知道工业上是否存在一个标准的名字来表达这样的概念，但是我却听说过类型码（type code）和查阅对象（lookup）。类型码并没有传达足够的信息，而查阅对象需要查询什么我们也不知道。为了使这个概念更加清晰，可以考虑几个用例场景。在有些场景下，这个概念被建模成了**动力类型**（Power Types）。

你的通用语言定义了一个PhoneNumber值对象，同时需要为每个PhoneNumber对象制定一个类型。“这个号码是家庭电话、移动电话、工作电话还是其他类型的电话号码？”不同类型的电话号码类型需要建模成一种类的层级关系吗？为每一个类型创建一个类对于客户端使用来说是非常困难的。此时，你需要的是使用标准类型来描述不同类型的电话号码，比如Home、Mobile、Work或者Other。

正如先前所讨论的，在一个金融领域中，我们需要一个Currency值对象来表示一个MonetaryValue对象的货币类型。在这个例子中，一个标准类型可以用于表示AUD、CAD、CNY、EUR、GBP、JPY和USD等货币类型。使用标准类型可以避免伪造货币。虽然一个不正确的货币类型可能被赋给MonetoryValue，但是一个不存在的货币类型是不能的。如果使用字符串属性来表示货币类型，那么便有可能导致一种不正确的状态。想想如果将表示美元的dollar拼写成了doolar，结果会怎么样？

你也可能在制药行业里工作，你所开发的药剂具有不同的给药途径。某种药剂（实体）可能拥有很长的生命周期，从概念设计、研究、开发、测试、生产、改进到终止使用。我们可以使用标准类型来管理这些不同的阶段，当然也可以使用不同的限界上下文来管理。另一方面，对于给药途径，使用标准类型便是更好的方法了，比如静脉注射、口服或者局部施用等。

根据标准化程度，这些类型可能只能用在应用程序级别，也或者可以在不同的系统间共享，更或者可以成为一种国际标准。

标准化程度有时会影响到对标准类型的获取，同时还有可能影响到标准类型在模型中的使用方式。

我们可以将这些概念建模成实体，因为它们在自己的限界上下文中都拥有自己的生命周期。在不考虑创建方式和由什么样的标准组织维护的情况下，在作为消费方的限界上下文中，我们应该尽可能地在将这些概念建模成值对象。这是一种很好的做法，因为这些概念本来就是用来度量和描述事物的，而值对象便是建模度量和描述概念的最佳方式。再者，一个{静脉注射}实例和另一个{静脉注射}表示的是相同的概念，它们是可以互换的，进而说明它们是可以相互代替的，并且可以进行相等性比较。因此，在限界上下文中，如果没有必要维护一个描述类型对象的生命周期，那么请将其建模成值对象。

为了维护方便，最好是为标准类型创建单独的限界上下文。在这样的上下文中，这些标准类型便是实体了，拥有持久化的生命周期，并且还含有属性，比如identity、name和description。可能还有其他属性，但是这里的3个属性对于消费上下文来说是最常见的。通常来说，我们只会使用其中一个属性，这也是最小化集成的目标。

作为一个简单例子，考虑一个表示两种成员类型的标准类型。成员类型分别为USER和GROUP（可以嵌套），在Java中可以使用枚举来表示该标准类型：

```
package com.saasovation.identityaccess.domain.model.identity;

public enum GroupMemberType {

    GROUP {
        public boolean isGroup() {
            return true;
        }
    },
    USER {
        public boolean isUser() {
            return true;
```

```
        }
    };

    public boolean isGroup() {
        return false;
    }

    public boolean isUser() {
        return false;
    }
}
```

一个GroupMember值对象实例在初始化时接受一个GroupMemberType标准类型。当一个User或一个Group被指派给了某个Group，完成指派操作的聚合应该创建正确的GroupMember：

```
protected GroupMember toGroupMember() {
    GroupMember groupMember =
        new GroupMember(
                this.tenantId(),
                this.username(),
                GroupMemberType.USER); //枚举标准类型

    return groupMember;
}
```

Java的枚举是实现标准类型的一种简单方法。枚举提供了一组有限数量的值对象，它是非常轻量的，并且无副作用。但是该值对象的文本描述在什么地方呢？对于此，存在两种答案。通常来说，没有必要为标准类型提供描述信息，只需要名字就足够了。为什么？文本描述通常只在**用户界面层（4）**中才能用到，此时可以用一个显示资源和类型名字匹配起来。很多时候用于显示的文本都需要进行本地化（比如在多语言环境中），因此将这种功能放在模型中并不合适。通常来说，在模型中使用标准类型的名字便是最好的方式。另外一种答案是，在枚举中已经存在描述信息了，比如上面的USER和GROUP。你可以调用toString()方法来获得标准类型的文本描述。

这个简单的由Java枚举所表示的标准类型也是一种优雅的**状态**[Gamma et al.]对象。GroupMemberType的isGroup()和isUser()方法实现了所有状态的默认行为，即在默认状态下，这两个方法都返回false，这种默认行为是合适的。然后在每一个状态定义中，相应的方法被重载以表示正确的状态。当标准类型的状态为GROUP时，isGroup()方法将返回true；而当标准类型的状态为USER时，isUser()方法则将返回true。状态的改变通过把当前枚举替换成另一个枚举来实现。

以上的枚举向我们展示了一些基本的行为，根据领域的需要，状态模式的实现可以变得非常复杂。本书中另一个重要的标准类型是BacklogItemStatusType，其中包含了PLANNED、SCHEDULED、COMMITTED、DONE和REMOVED状态。在本书的3个示例限界上下文中，我们都将使用到这种标准类型。

状态模式是有害的？

有人并不看好状态模式，他们的一个抱怨是：状态模式需要创建一个抽象基类，其中包含了需要支持的所有行为（比如GroupMemberType的最后2个方法），然后为每个实际状态创建一个实体类来覆盖抽象类的行为。在Java中，我们需要为抽象类和实际状态类分别创建一个类（通常是一个类文件）。不管你是否喜欢这种做法，这就是状态模式的工作方式。

我同意，为所有的状态创建单独的类会使系统变得复杂。对于实体状态类来说，有些行为来自于自身，有些行为继承自抽象基类，这一方面在子类和父类之间形成了紧耦合，另一方面使代码的可读性变差。但是，使用Java的枚举则是非常简单的，与通过状态模式来创建标准类型相比，枚举可能是更好的方法。我认为这里我们同时得到了两种方法的好处。一方面我们获得了一个非常简单的标准类型，另一方面又能有效地表示当前的状态。

如果你不喜欢使用Java的枚举来表示标准类型，你仍然可以使用某个值对象实例来表示。然而，如果你并不打算使用状态模式，那么枚举可能是最简单的方法。当然，除了枚举和状态模式之外，还有另外的方式可以实现标准类型。

我们还可以使用聚合来表示标准类型，其中每一个聚合实例代表一种类型。但是，此时我们需要慎重考虑。作为消费方的限界上下文并不会维护标准类型。被大范围使用的标准类型应该在一个单独的限界上下文中进行维护。在向消费上下文提供标准类型的聚合时，我们应该保证这些聚合的不变性。这时，我们需要思考，这个不变的聚合实体还是一个真正意义上的实体吗？如果不是，我们应该将其建模成一个共享的值对象实例。

一个共享的不变值对象可以从持久化存储中获取，此时可以通过标准类型的**领域服务（7）**或**工厂（11）**来获取值对象。我们应该为每组标准类型创建一个领域服务或工厂（比如一个服务处理电话号码类型、一个服务处理邮寄地址类型，另一个服务处理货币类型），如图6.3所示。服务或工厂将按需从持久化存储中获取标准类型，而客户方并不知道这些标准类型是来自数据库中的。另外，使用领域服务或工厂还使得我们可以加入不同的缓存机制，由于值对象在数据库中是只读的，并且在整个系统中是不变的，缓存机制也将变得更加简单和安全。

总的来说，我还是建议尽量使用枚举来表示标准类型，即便你认为某个标准类型更像一种状态模式。如果存在大量的标准类型实例，我们可以考虑通过代码生成来创建枚举。例如，代码生成工具将从数据库中读取标准类型，然后为每一个标准类型（数据库中的一条记录）创建对应的枚举。

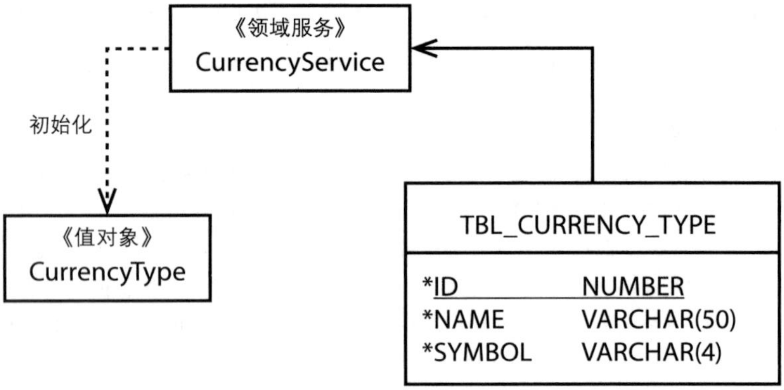

图6.3 领域服务可以用于提供标准类型。在本例中，CurrencyService从数据库中读取某个CurrencyType的状态。

如果你打算用常规的值对象来表示标准类型，那么此时可以使用领域服务或工厂来静态地创建值对象实例。这种方式在动机上和前面的方法存在相似之处，但是在实现上却与共享值对象是不同的。在这种情况下，领域服务或工厂将为每一种标准类型提供静态创建的不变值对象实例。由于是静态的，数据库中标准类型的改变不会自动反映到代码中。如果你希望这两者是同步的，那么你应该创建一些定制化的方案来查询并更新模型的状态。这样做可能减少值对象作为标准类型所带来的好处[4]。因此，你可以在设计早期做出一个决定：这些静态创建的值对象在消费限界上下文中是永远不会被更新的。

测试值对象

为了强调测试驱动，在实现值对象之前，让我们先来看看测试。通过模拟客户端对值对象的使用，这些测试可以驱动出对领域模型的设计。

这里，我们所关心的并不仅仅是单元测试的各个方面，而是演示客户端是如何使用我们的领域模型的。在设计领域模型时，从客户端的角度思考有助于捕获关键的领域概念。否则，我们便是在从自己的角度设计模型，而不是业务的角度。

4. 此时可以在上游上下文和下游上下文中分别创建聚合实体对象，它们不见得一定是相同的类，但是我们应该保证这两种聚合之间的最终一致性。

最好是采用示例代码

我们可以这么看待这种测试风格：如果我们要为自己的模型编写一个用户手册，我们便可以通过这些测试代码来展示客户端对领域模型的使用。.

当然，也不是说我们就不应该编写单元测试，对于团队所要求的所有类型的测试，我们都应该完成。但是，每种测试的关注点是不同的。单元测试和行为测试有它们自己的关注点，而下面的模型测试则有另外的关注点。

这里我们选择的值对象来自于敏捷项目管理上下文的**核心域**（2），它是演示模型测试的好例子。

在该限界上下文中，领域专家会说"待定项的业务优先级"。为了建模这部分通用语言，我们创建了一个名为BusinessPriority的类。该类用于衡量每一个待定项的业务价值[Wiegers]，它返回的是成本百分比，或者当前待定项与其他待定项的比较成本。同时，BusinessPriority还向外提供了开发某个待定项的总价值，或者开发当前待定项与其他待定项的比较价值。此外，该类还提供了当前待定项与其他待定项相比起来的业务优先级。

这些测试在开发的过程中需要逐步改进，最终的测试代码如下：

```
package com.saasovation.agilepm.domain.model.product;

import com.saasovation.agilepm.domain.model.DomainTest;

import java.text.NumberFormat;

public class BusinessPriorityTest extends DomainTest {

    public BusinessPriorityTest() {
        super();
    }
    ...
    private NumberFormat oneDecimal() {
        return this.decimal(1);
    }

    private NumberFormat twoDecimals() {
        return this.decimal(2);
    }

    private NumberFormat decimal(int aNumberOfDecimals) {
        NumberFormat fmt = NumberFormat.getInstance();
```

```
        fmt.setMinimumFractionDigits(aNumberOfDecimals);
        fmt.setMaximumFractionDigits(aNumberOfDecimals);
        return fmt;
    }
}
```

该测试类中存在一些帮助函数。由于团队需要测试各个计算过程的精确性，他们提供了一些NumberFormat对象来确保计算结果中保留小数的数目：

```
public void testCostPercentageCalculation() throws Exception {

    BusinessPriority businessPriority =
        new BusinessPriority(
            new BusinessPriorityRatings(2, 4, 1, 1));

    BusinessPriority businessPriorityCopy =
        new BusinessPriority(businessPriority);

    assertEquals(businessPriority, businessPriorityCopy);

    BusinessPriorityTotals totals =
        new BusinessPriorityTotals(53, 49, 53 + 49, 37, 33);

    float cost = businessPriority.costPercentage(totals);

    assertEquals(this.oneDecimal().format(cost), "2.7");

    assertEquals(businessPriority, businessPriorityCopy);
}
```

在测试值对象的不变性时，团队成员想出了一个好主意：每个测试首先创建一个BusinessPriority实例，然后通过复制构造函数创建一个与之相等的复制实例。测试的第一个断言保证了复制构造函数所创建的实例和原来的实例是相等的。

接下来，创建一个BusinessPriorityTotals实例，并将其赋给totals变量。有了该变量，他们便可以调用cosePercentage()查询方法，然后将查询结果赋给cost变量。再验证cost的值为2.7，该值是他们手工计算出来的期望值。最后，他们需要验证costPercentage()方法是无副作用的，即验证businessPriority和businessPriorityCopy依然是相等的。通过以上测试，团队成员便知道如何计算成本百分比，并且知道返回的结果是什么样子。

之后，他们需要测试优先级，总价值和价值百分比，他们可以使用和以上测试相同的测试模板：

```
public void testPriorityCalculation() throws Exception {

    BusinessPriority businessPriority =
        new BusinessPriority(
                new BusinessPriorityRatings(2, 4, 1, 1));

    BusinessPriority businessPriorityCopy =
        new BusinessPriority(businessPriority);

    assertEquals(businessPriorityCopy, businessPriority);

    BusinessPriorityTotals totals =
        new BusinessPriorityTotals(53, 49, 53 + 49, 37, 33);

    float calculatedPriority = businessPriority.priority(totals);

    assertEquals("1.03",
                 this.twoDecimals().format(calculatedPriority));

    assertEquals(businessPriority, businessPriorityCopy);
}

public void testTotalValueCalculation() throws Exception {

    BusinessPriority businessPriority =
        new BusinessPriority(
                new BusinessPriorityRatings(2, 4, 1, 1));

    BusinessPriority businessPriorityCopy =
        new BusinessPriority(businessPriority);

    assertEquals(businessPriority, businessPriorityCopy);

    float totalValue = businessPriority.totalValue();

    assertEquals("6.0", this.oneDecimal().format(totalValue));

    assertEquals(businessPriority, businessPriorityCopy);
}

public void testValuePercentageCalculation() throws Exception {

    BusinessPriority businessPriority =
        new BusinessPriority(
                new BusinessPriorityRatings(2, 4, 1, 1));

    BusinessPriority businessPriorityCopy =
        new BusinessPriority(businessPriority);

    assertEquals(businessPriority, businessPriorityCopy);

    BusinessPriorityTotals totals =
```

```
        new BusinessPriorityTotals(53, 49, 53 + 49, 37, 33);

    float valuePercentage =
            businessPriority.valuePercentage(totals);

    assertEquals("5.9", this.oneDecimal().format(valuePercentage));

    assertEquals(businessPriorityCopy, businessPriority);
}
```

测试应该具有领域含义

在创建测试时，我们应该保证领域专家能够读懂这些测试，即测试应该具有领域含义。

在获得足够帮助的情况下，非技术的领域专家通过阅读以上的测试代码是能够理解BusinessPriority的使用方式的，他们也能从中看出，BusinessPriority的确表达出了通用语言的意图。

重要的是，对值对象的每次操作都没有破坏它的不变性。客户代码可以计算任何数量待定项的优先级、对它们进行排序、比较，或者调整每个待定的BusinessPriorityRatings。

实现

我是喜欢这个BusinessPrioriy示例的，因为它向我们展示了值对象的所有特征。除了展示不变性、概念整体、可替换性、相等性和无副作用行为之外，BusinessPriority还向我们展示了如何将值对象用作**策略模式**[Gamma et al.]。

有了以上的测试，团队成员们知道了客户端是如何使用BusinessPriority对象的，他们按照测试中的断言实现了BusinessPriority类：

```
public final class BusinessPriority implements Serializable  {
```

```
    private static final long serialVersionUID = 1L;

    private BusinessPriorityRatings ratings;

    public BusinessPriority(BusinessPriorityRatings aRatings) {
        super();
        this.setRatings(aRatings);
    }

    public BusinessPriority(BusinessPriority aBusinessPriority) {
        this(aBusinessPriority.ratings());
    }
```

团队成员决定使该值对象实现Serializable接口。有时，一个值对象实例是需要序列化的，比如当和某个远程系统通信时。另外，当需要对值对象持久化时，序列化也是有帮助的。

BusinessPriority自身维护了一个类型为BusinessPriorityRatings的值对象属性ratings。该属性描述了一个待定项的业务价值，它向BusinessPriority提供了benefit、cost、penalty和risk等排名信息，使得我们可以在BusinessPriority上进行不同类型的计算。

通常来说，我至少都会为值对象创建两个构造函数。第一个构造函数接受用于构建对象状态的所有属性参数，它是主要的构造函数。该构造函数首先初始化默认的对象状态，对于基本属性的初始化通过调用私有的setter方法实现。该私有的setter方法向我们展示了一种自委派性，这是我所推荐的。

保持值对象的不变性

只有主构造函数才能使用自委派性来设置属性值，除此之外，其他方法都不能使用setter方法。由于值对象中的所有setter方法都是私有的，消费方是没有机会直接调用这些setter方法的。这是保持值对象不变性的两个重要因素。

第二个构造函数用于将一个值对象复制到另一个新的值对象，即复制构造函数。该构造函数采用浅复制（Shallow Copy）的方式，因为它也是将构造过程委派给主构造函数的，先从原对象中取出各个属性值，再将这些属性值作为参数传给主构造函数。当然，我们也可以采用深复制（Deep Copy）或者克隆（clone）的方式，即为每个所引用的属性都创建一份其自身的备份。然而，这种方式既复杂，也没有必要。当需要深度复制时，我们才考虑添加该功能。但是对于不变的值对象来说，在不同的实例间共享属性是不会出现什么问题的。

复制构造函数对于单元测试来说是非常重要的。在测试值对象时，我们希望验证它的不变性。就像前面所展示的一样，在单元测试开始时，创建一个值对象实例，并通过复制构造函数创建该实例的一份备份，同时验证这两个实例的相等性。接下来，测试值对象的无副作用行为方法。如果所有的验证都通过了，最后我们需要验证这两个实例依然是相等的。

现在，我们来实现值对象的策略部分：

```
public float costPercentage(BusinessPriorityTotals aTotals) {
    return (float) 100 * this.ratings().cost() /
        aTotals.totalCost();
}

public float priority(BusinessPriorityTotals aTotals) {
    return
        this.valuePercentage(aTotals) /
            (this.costPercentage(aTotals) +
                this.riskPercentage(aTotals));
}

public float riskPercentage(BusinessPriorityTotals aTotals) {
    return (float) 100 * this.ratings().risk() /
        aTotals.totalRisk();
}

public float totalValue() {
    return this.ratings().benefit() + this.ratings().penalty();
}

public float valuePercentage(BusinessPriorityTotals aTotals) {
    return (float) 100 * this.totalValue() / aTotals.totalValue();
}

public BusinessPriorityRatings ratings() {
    return this.ratings;
}
```

有些计算方法需要一个类型为BusinessPriorityTotals的参数。该值对象提供了有关待定项成本和风险的总体描述，它对于计算某个待定项的优先级百分比来说是有必要的。这些行为都不会改变实例的自身状态。在各个行为方法执行完毕之后，我们都会在测试中验证状态的不变性。

在当前的策略模式中，并不存在**独立接口**（Fowler, P of EAA），因为此时只有一种实现。在将来，可能会有更多的实现，比如该敏捷项目管理软件可能会让用户自己提供优先级计算算法，每种算法策略都对应着各自的实现。

这些无副作用方法的名字是重要的。虽然所有的方法都返回值对象（因为它们都是CQS查询方法），但是团队成员故意没有使用JavaBean的命名规范，即为方法加上“get”前缀。这种方式使得代码与通用语言保持一致。使用getValuePercentage()只是一个技术上的用法，但是valuePercentage()则是一种流畅的、可读的语言表达。

流畅的Java表达式到哪里去了？

我认为JavaBean规范对于对象设计来说存在负面影响，同时它也没有体现出领域驱动设计的原则。让我们来看看JavaBean规范之前的那些API。比如java.lang.String，String类中只有为数不多的查询方法使用了get前缀。多数查询方法的命名都是非常流畅的，比如charAt()、compareTo()、concat()、contains()、endsWith()、indexOf()、length()、replace()、startsWith()、substring()等。这里并没有多少JavaBean的坏味道。当然，只是这一个例子是不能说明问题的。然而，JavaBean规范出来之后的API的确缺少了很多流畅性。一种流畅的、可读的语言表达方式是值得拥有的。

对于一些使用了JavaBean规范的工具，我们是有解决办法的。比如，Hibernate支持字段级别的访问（对象属性），因此在使用Hibernate时，我们可以根据自己的需要来命名方法的名字，而不会对持久化造成影响。

然而，对于其他的一些工具，要使用富有表达性的接口可能就会有问题了。比如在使用Java EL或OGNL时，你很有可能得不到期望的结果。当然，我们还可以使用其他的方式，比如**数据传输对象（Data Transfer Object，DTO）**[Fowler，P of EAA]，该对象提供了getter方法，它将值对象的属性通过getter方法暴露给用户界面。DTO是一个常用的模式，但是从技术上来说并没有多大必要，因此，DTO也不见得是最好的选择。此时，我们可以考虑使用**展现模型（Presentation Model）**，我们将在**应用程序（14）**中对此做详细讲解。由于展现模型实现了适配器模式[Gamma et al.]，它可以向使用EL的视图层提供getter方法。如果以上方法都失败了，那么你不得不回到原地，乖乖地在领域对象中使用getter方法。

即便如此，在设计值对象时，我们也不应该完全地遵循JavaBean规范。比如，JavaBean规范要求我们提供公有的setter方法，而这将违背值对象的不变性特征。

下面一组方法包含了标准的equals()、hashCode()和toString()方法：

```
@Override
public boolean equals(Object anObject) {
    boolean equalObjects = false;
    if (anObject != null &&
            this.getClass() == anObject.getClass()) {
        BusinessPriority typedObject = (BusinessPriority) anObject;
        equalObjects =
            this.ratings().equals(typedObject.ratings());
    }
    return equalObjects;
}

@Override
public int hashCode() {
    int hashCodeValue =
        + (169065 * 179)
        + this.ratings().hashCode();

    return hashCodeValue;
}

@Override
public String toString() {
    return
        "BusinessPriority"
        + " ratings = " + this.ratings();
}
```

这里的equals()方法用于检查不同值对象的相等性。通常来说，在比较相等性时，我们将省略掉对非null的检查。传入的参数对象必须与当前对象具有相同的类型。在类型相同时，equals()方法会对两个对象所有的属性进行比较，当它们之间每组对应的属性都相等时，两个整体值对象则相等。

根据Java标准，hashCode()方法和equals()方法拥有相同的契约，即如果两个对象是相等的，那么它们的hashCode()方法也应该返回相同的结果。

对于toString()方法来说，并没有什么特别之处。它为值对象的状态创建一条人类可读的描述信息。根据需要，你可以对该描述信息进行格式化。

BusinessPriority还剩下几个方法:

```
protected BusinessPriority() {
    super();
}

private void setRatings(BusinessPriorityRatings aRatings) {
```

```
        if (aRatings == null) {
            throw new IllegalArgumentException(
                    "The ratings are required.");
        }
        this.ratings = aRatings;
    }
}
```

无参数构造函数是为一些框架准备的，比如Hibernate。由于该构造函数总是隐藏起来的，我们没有必要担心客户端会使用该构造函数来创建非法对象实例。在构造函数和setter/getter被隐藏的情况下，Hibernate依然可以工作。这个无参数的构造函数使得Hibernate或其他工具能够对对象进行重建，比如重建保存在持久化存储中的对象实例。这些工具首先通过无参数构造函数初始化一个空对象，再通过setter方法向该空对象中填入属性值。对于Hibernate，我们可以将其配置成直接设置属性值，而不用使用setter方法。这里的BusinessPriority便是如此，我们并没有完全遵循JavaBean规范。需要注意的是，客户端使用的是公有的构造函数，而不是这个隐藏的构造函数。

最后，BusinessPriority提供了对ratings的setter方法。这里我们可以看到自封装/自委派的一大好处。一个对象的setter和getter方法并不见得只局限于设置对象的属性值，还可以进行**断言**[Evans]操作，这对于通常的软件开发和DDD模型来说都是很重要的。

对参数的合法性进行断言称为守卫，此时的断言保护着对象，使其处于一种合法的状态。守卫断言能够，并且应该用于任何有可能接受错误参数的地方。在本例中，setRatings()方法首先检查所传入的aRatings参数是否为null，如果是，则抛出IllegalArgumentException异常。诚然，该setter方法在一个BusinessPriority实例的生命周期中只会使用一次，但是这里的守卫断言依然是有用的。你还会在别处看到自委派的好处。特别地，**实体 (5)** 一章在讨论验证时对此做了详细的讲解。

持久化值对象

有很多种方式可以用于持久化值对象。通常来讲，持久化过程即是将对象序列化成文本格式或者二进制格式，然后将其保存到计算机磁盘中。然而，由于我们关注的并不是单个值对象自身的持久化，我不会将重点放在通用持久化机制上，而是如何持久化包含有值对象的聚合实例。在接下来的讨论中，我们假设一个父实体包含有多个值对象，这些值对象是需要被持久化的。另外，我们假设对聚合实体的读取和保存通过**资源库**（12）完成，聚合所包含的值对象随着该聚合的持久化而持久化。

对象-关系映射（ORM，比如Hibernate）持久化机制是流行的。但是，使用ORM将每个类映射到一张数据库表，再将每个属性映射到数据库表中的列会增加程序的复杂性。当下，NoSQL数据库和键值对存储越来越受到人们的欢迎，因为它们具有高性能、可伸缩性、容错性和高可用性等优点。键值对存储可以在很大程度上简化对聚合的持久化。在本章中，我们依然使用ORM持久化机制。对于NoSQL和键值对存储，我们将在**资源库**（12）中做详细讲解。

但是，在讲解对值对象的ORM持久化之前，有一点我们需要好好理解。让我们先来看看当数据建模（相比领域建模而言）对你的领域模型造成不利影响时会发生什么情况，我们又可以做些什么。

拒绝由数据建模泄漏带来的不利影响

多数时候，在持久化值对象时（比如使用ORM和关系型数据库），我们都是通过一种非范式的方式完成的，即所有的属性和实体对象都保存在相同的数据库表中。这样可以优化对值对象的保存和读取，并且可以防止持久化逻辑泄漏到模型中。

但是，有时值对象需要以实体的身份进行持久化。换句话说，某个值对象实例会单独占据一张表中的某条记录，而该表也是专门为这个值对象类型而设计的，它甚至拥有自己的主键列。比如，当聚合中维持了一个值对象的集合时，便会发生这种情况。在这种情况下，一个值对象被当成了数据库实体而被持久化。

这是否意味着我们应该将领域对象建模成实体而不是值对象呢？当然不是。当你面临这种阻抗失配时，你应该从领域模型的角度，而不是持久化的角度去思考问题。要达到这样的目的，问问自己以下几个问题：

1. 我当前所建模的概念表示领域中的一个东西呢，还是只是用于描述和度量其他东西？

2. 如果该概念起描述作用，那么它是否满足先前所提到的值对象的几大特征？

3. 将该概念建模成实体是不是只是持久化机制上的考虑？

4. 将该概念建模成实体是不是因为它拥有唯一标识，我们关注的是对象实例的个体性，并且需要在其整个生命周期中跟踪其变化？

如果你的答案是“描述，是的，是的，不是”，那么此时你应该使用值对象。我们不应该使持久化机制影响到对值对象的建模。

数据建模是次要的

根据领域模型来设计数据模型，而不是根据数据模型来设计领域模型。

在可能的情况下，尽量根据领域模型来设计数据模型，而不是根据数据模型来设计领域模型。采用前者，我们是在从领域模型的角度看待问题。而采用后者，我们则是从持久化的角度看待问题，此时的领域模型只是对数据模型的映射而已。采用面向领域模型的思维方式——DDD思维方式——而不是数据模型思维方式，这样我们可以免除由数据模型泄漏所造成的影响。更多关于DDD思维方式的讨论，请参考**实体**（5）。

当然，有时我们需要考虑数据库的引用一致性（比如外键关联）。毫无疑问地，你希望为键值列建立适当的索引。同时，你可能也需要使用一些商业智能化报表工具来操作业务数据。事实上，你是可以通过其他方式来完成这样的功能的。很多人都认为，报表和商业智能化应该由专门的数据模型进行处理，而不是生产环境中的数据。跟随这种战略层次的思维方式，我们根据领域模型所创建的数据模型将能更好地满足DDD原则。

无论你使用什么技术来完成数据建模，数据库实体、主键、引用完整性和索引都不能用来驱动你对领域概念的建模。DDD不是关于如何根据范式来组织数据的，而是在一个一致的限界上下文中建模一套通用语言。在这个过程中，你应该尽量地避免数据模型从你的领域模型中泄漏到客户端中，对此我们将在下一节中进行讲解。

ORM与单个值对象

向数据库中保存单个值对象是非常直接的。这里我们使用Hibernate和MySQL为例，基本的思路是将值对象与其所在的实体对象保存在同一张表中，值对象的每一个属性保存为一列，换句话讲是通过一种非范式的方式将单个值对象与实体对象保存在相同的数据库记录中。此时采用标准的命名约定是有好处的。

在使用Hibernate保存值对象实例时，我们可以使用component映射元素，该元素可以用于将值对象直接映射到实体对象的数据库表中。这是一种优化的序列化技术，此时我们依然可以将值对象包含在SQL查询语句中。在下面的示例代码中，实体对象BacklogItem引用了一个BusinessPriority值对象：

```
<component name="businessPriority"
    class="com.saasovation.agilepm.domain.model.product.↵
        BusinessPriority">
```

```
    <component name="ratings"
           class="com.saasovation.agilepm.domain.model.product.↵
               BusinessPriorityRatings">
        <property
            name="benefit"
            column="business_priority_ratings_benefit"
            type="int"
            update="true"
            insert="true"
            lazy="false"
            />
        <property
            name="cost"
            column="business_priority_ratings_cost"
            type="int"
            update="true"
            insert="true"
            lazy="false"
            />
        <property
            name="penalty"
            column="business_priority_ratings_penalty"
            type="int"
            update="true"
            insert="true"
            lazy="false"
            />
        <property
            name="risk"
            column="business_priority_ratings_risk"
            type="int"
            update="true"
            insert="true"
            lazy="false"
            />
    </component>
</component>
```

以上的例子很好地演示了对单个值对象的映射，同时该值对象还包含了一个子值对象。BusinessPriority包含一个名为ratings的值对象，除此之外，并无其他属性。因此，在映射配置中，一个component元素嵌套了另一个component元素，外层表示BusinessPriority，内层表示BusinessPriorityRatings。由于BusinessPriority不再包含其他属性，外层的component并没有映射配置。在内层component中，我们为ratings值对象进行映射配置。最终，我们将BusinessPriorityRatings的4个整数型属性分别保存在表tbl_backlog_item的4个列中。这里我们映射了两个component元素，一个没有属性映射，一个拥有4个属性映射。

请注意，以上各个property元素中的列名都使用了标准的命名约定。该命名约定表示了从最上层的值对象到下层单个属性的路径指向过程。比如，对于benefit属性，逻辑上的指向路径应该为：

```
businessPriority.ratings.benefit
```

为了使用单个列名来表示该路径，我们使用：

```
business_priority_ratings_benefit
```

当然，你也可以使用其他的方式来表示该路径，比如将“驼峰”式命名规范与下画线一同使用：

```
businessPriority_ratings_benefit
```

在本书中，我将全部采用下画线的方式，因为这种方式和传统的SQL列名相吻合，而不是对象名。上例所对应的MySQL数据库定义如下：

```
CREATE TABLE `tbl_backlog_item` (
    ...
    `business_priority_ratings_benefit` int NOT NULL,
    `business_priority_ratings_cost` int NOT NULL,
    `business_priority_ratings_penalty` int NOT NULL,
    `business_priority_ratings_risk` int NOT NULL,
    ...
) ENGINE=InnoDB;
```

Hibernate映射和数据库表定义一道向我们提供了优化的、可查询的持久化对象。由于值对象属性通过非范式的方式保存在与实体对象相同的记录中，我们没有必要使用联合查询来获取实体对象，即便对于存在深层嵌套的值对象也是如此。在使用HQL时，Hibernate可以简单地将对象属性表达式映射到SQL查询表达式，比如：

```
businessPriority.ratings.benefit
```

将变成：

```
business_priority_ratings_benefit
```

这样一来，虽然在对象和关系型数据库之间存在阻抗失配，我们依然可以在它们之间找到一种合适的映射方式。

多个值对象序列化到单个列中

使用ORM将多个值对象的集合映射到数据库中是困难的。我们这里所说的集合是指实体对象所引用的List或者Set，这些集合中可以包含零个、一个或多个值对象元素。当然困难也不是克服不了，但是这里的对象-关系阻抗失配表现得更加明显。

一种方式是将整个集合序列化成某种形式的文本，然后将此文本保存到单个数据库列中。这种方式是存在缺点的，但有时和它的好处相比起来，缺点就不那么突出了，此时我们便可以考虑采用这种方式。以下是这种方式的一些潜在缺点：

- 列宽。有时我们不能决定集合中元素的最大数量，或者序列化后的最大数据量。比如，有些对象集合可以包含任意多个元素——即没有数量上限。另外，集合中的每个元素序列化之后的字符宽度也是不可确定的。比如当值对象中存在String类型的属性时，便有可能发生这种情况，因为String类型并没有字符数量上限。因此，不管是以上的哪种情况，最终序列化后的数据都有可能超过数据库的列宽。对于那些最大列宽比较狭窄的数据库来说，这尤其是个问题。例如，对于MySQL的InnoDB引擎来说，VARCHAR类型的最大宽度为65,535个字符。另外，对于单条记录，InnoDB引擎所规定的最大宽度也是65,535个字符。因此，在保存整个实体时，我们需要保留足够大的空间。在Oracle数据库中，VARCHAR2/NVARCHAR2类型的最大宽度为4,000。如果我们不能预先确定序列化后文本的宽度，那么我们应该避免采用这种方案。

- 必须查询。由于值对象集合被序列化到扁平化的文本中，此时值对象的属性便不能用于SQL查询语句了。如果其中的任何一个属性存在查询必要，那么我们也不能使用这种方案。有可能这并不是一个充分的理由，因为从一个集合中查询一个或多个属性是比较少见的情况。

- 需要自定义类型。要采用这种方案，我们必须自定义一个Hibernate类型来处理对每个集合的序列化和反序列化。就我个人而言，这和其他缺点相比起来并不那么突出，因为我们只需要一种自定义类型的实现便可以支持集合中的每种值对象类型。

这里我并没有提供一个Hibernate自定义类型的例子，但是Hibernate社区向我们展示了很多这样的例子，感兴趣的读者可以参考一下。

使用数据库实体保存多个值对象

在使用诸如Hibernate这样的ORM工具来保存值对象集合时，一种直接方式便是使用数据模型。在“拒绝由数据建模泄漏带来的不利影响”一节中我们曾讲到，在采用这种方式时，我们不能因为某个概念非常符合数据库实体而将其建模成领域模型中的实体。有时，是对象-关系阻抗失配需要我们采用这种方法，但这种方法绝非DDD原则。如果存在更好的持久化风格，我们应该首先考虑将领域概念建模成值对象，而绝不是采用数据库实体。

要实现这种方案，我们可以采用**层超类型**[Fowler, P of EAA]。就我个人而言，我比较喜欢称之为委派身份标识（主键）。然而，由于Java中的每个对象在JVM中都已经存在一个唯一标识，因此你可能会倾向于直接使用该标识。而我认为不管我们采用哪种方法，在处理对象-关系阻抗失配时，我们都需要为自己做出的技术选择找到充足的理由。

下面是我所倾向于使用的一种委派主键的方式，其中使用了两层的层超类型：

```
public abstract class IdentifiedDomainObject
        implements Serializable  {

    private long id = -1;

    public IdentifiedDomainObject() {
        super();
    }

    protected long id() {
        return this.id;
    }

    protected void setId(long anId) {
        this.id = anId;
    }
}
```

第一层层超类型是IdentifiedDomainObject。该抽象基类提供了一个基本的委派主键，该主键对客户端是不可见的。由于getter和setter方法都被声明为了protected，客户端根本就没有机会知道这些方法的存在。当然，你还可以进一步将这些方法声明为private。对于Hibernate而言，它可以通过反射机制直接访问到这里的委派主键。

接下来，我们定义另一层层超类型，该层超类型是值对象专属的：

```
public abstract class IdentifiedValueObject
        extends IdentifiedDomainObject  {

    public IdentifiedValueObject() {
        super();
    }
}
```

你可能会认为这里的IdentifiedValueObject类只是起标记作用，因为它并没有什么行为。我认为这有文档说明上的好处，因为它显式地指出了建模意图。IdentifiedDomainObject还应该有另外一个专属于实体的抽象子类Entity，请参考实体（5）。我是喜欢这种方法的，当然你也可以根据自己的喜好去除这里多余的类。

现在，每一个值对象类型都可以方便地获得一个隐藏的委派主键，示例代码如下：

```
public final class GroupMember extends IdentifiedValueObject  {
    private String name;
    private TenantId tenantId;
    private GroupMemberType type;

    public GroupMember(
            TenantId aTenantId,
            String aName,
            GroupMemberType aType) {
        this();
        this.setName(aName);
        this.setTenantId(aTenantId);
        this.setType(aType);
        this.initialize();
    }
    ...
}
```

GroupMember是一个值对象，聚合实体Group维护了一个GroupMember的集合。我们可以通过值对象的委派主键来标定某个GroupMember的实例，此时我们可以自由地将其映射成数据库实体，而同时在领域模型中将其建模成值对象。Group类的部分代码如下：

```
public class Group extends Entity  {
    private String description;
    private Set<GroupMember> groupMembers;
    private String name;
    private TenantId tenantId;

    public Group(
            TenantId aTenantId,
            String aName,
            String aDescription) {
        this();
        this.setDescription(aDescription);
        this.setName(aName);
        this.setTenantId(aTenantId);
        this.initialize();
    }
    ...
    protected Group() {
        super();
        this.setGroupMembers(new HashSet<GroupMember>(0));
    }
    ...
}
```

一个Group类型的实例会逐渐向groupMembers集合中添加GroupMember值对象实例。请记住，在执行整个集合替换时，请记得在替换之前调用Collection类的clear()方法，这样做可以保证背后的Hibernate的Collection实现类及时地从数据库中删除那些过期的数据。下面的代码并不是Group类的一个方法，这里只是用于演示如何进行全集合替换：

```
public void replaceMembers(Set<GroupMember> aReplacementMembers) {
    this.groupMembers().clear();
    this.setGroupMembers(aReplacementMembers);
}
```

从以上代码中我们几乎看不出ORM向领域模型的泄漏，因为我们使用了一个通用的Collection类。另外，客户端也看不到这个类。此时，我们并不用过于关注集合内容与数据库的同步。要删除一个值对象，我们只需要调用Collection类上的remove()方法。这个过程中并不存在ORM泄漏。

下一步，我们来看看如何对集合进行映射：

```
<hibernate-mapping>
    <class name="com.saasovation.identityaccess.domain.model.↵
        identity.Group"
     table="tbl_group" lazy="true">
        ...
        <set name="groupMembers" cascade="all,delete-orphan"
          inverse="false" lazy="true">
            <key column="group_id" not-null="true" />
            <one-to-many class="com.saasovation.
              identityaccess.domain.model.identity.GroupMember" />
        </set>
        ...
    </class>
</hibernate-mapping>
```

这里的groupMembers集合与数据库实体精确地映射起来，以下是完整的GroupMember映射：

```
<hibernate-mapping>
    <class name="com.saasovation.identityaccess.domain.model.↵
           identity.GroupMember"
           table="tbl_group_member" lazy="true">
        <id
            name="id"
            type="long"
            column="id"
            unsaved-value="-1">

            <generator class="native"/>
        </id>
        <property
            name="name"
            column="name"
            type="java.lang.String"
            update="true"
            insert="true"
            lazy="false"
        />
        <component name="tenantId"
            class="com.saasovation.identityaccess.domain.model.↵
                identity.TenantId">
            <property
                name="id"
                column="tenant_id_id"
                type="java.lang.String"
                update="true"
                insert="true"
                lazy="false"
            />
```

```
        </component>
        <property
            name="type"
            column="type"
            type="com.saasovation.identityaccess.infrastructure.↵
                persistence.GroupMemberTypeUserType"
            update="true"
            insert="true"
            not-null="true"
        />
    </class>
</hibernate-mapping>
```

请注意表示持久化委派主键的<id>元素。最后是MySQL中数据表的定义：

```
CREATE TABLE `tbl_group_member` (
    `id` int(11) NOT NULL auto_increment,
    `name` varchar(100) NOT NULL,
    `tenant_id_id` varchar(36) NOT NULL,
    `type` varchar(5) NOT NULL,
    `group_id` int(11) NOT NULL,
    KEY `k_group_id` (`group_id`),
    KEY `k_tenant_id_id` (`tenant_id_id`),
    CONSTRAINT `fk_1_tbl_group_member_tbl_group`
        FOREIGN KEY (`group_id`) REFERENCES `tbl_group` (`id`),
    PRIMARY KEY (`id`)
) ENGINE=InnoDB;
```

这里的GroupMember映射和数据库表定义给人的印象是：我们的确是在处理实体。数据库表中存在id，并且存在一个单独的表与tbl_group表联合，该表维持了一个到tbl_group表的外键关联。但是，这里处理的实体只是出于数据模型的角度。在领域模型中，GroupMember显然是一个值对象。在领域模型中，我们采用了适当的方法将那些与持久化相关的信息隐藏起来。客户端是觉察不到任何持久化泄漏的，而即便是开发者，也很难从代码中找出持久化泄漏的痕迹。

使用联合表保存多个值对象

Hibernate还提供一种以联合表的方式持久化集合数据，这种方式并不需要值对象表现出数据模型的实体特征。这种方式简单地将值对象的集合元素保存到一个单独的数据库表中，然后在该表中维护一个到领域实体所对应表的外键关联，该外键指向实体的数据库id。这样一来，所有的集合元素都可以通过实体id进行查询，然后用于重建该值对象集合。这种方式的好处在于，我们不需要隐藏委派主键便可以实现对数据库的联合查询。在Hibernate中，我们可以使用<composite-element>来达到这样的目的。

这种方式看似非常完美，或者正是我们所需要的。然而，这种方式也是存在缺点的，其中之一便是即便我们的值对象并不需要委派主键，我们依然会用到对数据库表的联合操作，因为我们需要在两张表之间满足数据库范式。诚然，在"使用数据库实体保存多个值对象"一节中采用的方式也需要表间联合，但是那种方式并不存在"使用联合表保存多个值对象"的第二个缺点，即……

如果保存值对象的集合是Set类型，那么值对象的每一个属性都不应该为null。原因在于，为了从Set中删除某个值对象，所有用于标定该值对象唯一性的属性都会被用作联合主键的一部分，进而完成对值对象的查找和删除。当然，如果你知道所有属性都没有为null的时候，这种方式是可行的。

第三个缺点在于所映射的值对象可能还包含嵌套的集合，而这并不是<composite-element>能处理的情况。如果你的值对象不包含嵌套的集合，并且满足这种映射风格的需求，那么可以考虑采用这种方式。

最后，我发现这种方式存在太大的限制性，因此我们应该尽量避免采用这种方式。相反，采用隐藏委派主键的方式将值对象集合映射成一对多的关系要简单得多。当然，你可能有不一样的看法，此时你需要选择最适合自己的方式。

ORM与枚举状态对象

如果你发现枚举是建模标准类型和状态对象的好方式，那么你应该找到一种方式来持久化该枚举。对于Hibernate来说，Java的枚举需要一项专门的持久化技术。不幸的是，Hibernate目前还不提供对枚举属性的直接支持。因此，要对我们自己模型中的枚举进行持久化，我们需要创建一个自定义的类型。

回想一下，前面的GroupMember有一个GroupMemberType：

```
public final class GroupMember extends IdentifiedValueObject  {
    private String name;
    private TenantId tenantId;
    private GroupMemberType type;

    public GroupMember(
            TenantId aTenantId,
            String aName,
            GroupMemberType aType) {
        this();
        this.setName(aName);
        this.setTenantId(aTenantId);
```

```
        this.setType(aType);
        this.initialize();
    }
    ...
}
```

这里的GroupMembrType枚举标准类型包括GROUP和USER，定义如下：

```
package com.saasovation.identityaccess.domain.model.identity;

public enum GroupMemberType {

    GROUP {
        public boolean isGroup() {
            return true;
        }
    },
    USER {
        public boolean isUser() {
            return true;
        }
    };

    public boolean isGroup() {
        return false;
    }

    public boolean isUser() {
        return false;
    }
}
```

持久化Java枚举的一种简单方式是保存枚举所对应的文本展现。然而，这种方式需要我们创建一个Hibernate的自定义类型。这里我并不演示Hibernate社区所提供的EnumUserType，而是向大家提供一个wiki链接：http://community.jboss.org/wiki/Java5EnumUserType。

在我写本书时，该wiki页向我们提供了多种方式，同时还包含了实现多种枚举类型的示例代码，包括使用Hibernate的参数化类型来避免为每一种枚举类型都创建一个自定义类型、分别使用字符串和数字来表示枚举类型，甚至还含有一种由Gavin King改进过后的实现方式，该方式允许将枚举作为类型鉴别器或者数据表id。

采用以上方法的其中一种，我们可以对GroupMemberType做如下映射：

```
<hibernate-mapping>
    <class name="com.saasovation.identityaccess.domain.model.↵
            identity.GroupMember" table="tbl_group_member" lazy="true">
        ...
        <property
            name="type"
            column="type"
            type="com.saasovation.identityaccess.infrastructure.↵
                persistence.GroupMemberTypeUserType"
            update="true"
            insert="true"
            not-null="true"
        />
    </class>
</hibernate-mapping>
```

请注意，这里<property>元素的类型被设成了GroupMemberTypeUserType的全路径名称。这只是一种选择，你也可以采用自己喜欢的方式。在对应的MySQL表定义中，包含有表示该枚举的列：

```
CREATE TABLE `tbl_group_member` (
    ...
    `type` varchar(5) NOT NULL,
    ...
) ENGINE=InnoDB;
```

这里的type列类型为VARCHAR，最大长度为5个字符，对于GROUP和USER来说，这已经足够了。

本章小结

在本章中，你学到了尽量使用值对象的重要性，因为值对象易于开发、测试和维护。

- 你学到了值对象的特征并且如何使用值对象。
- 你学到了如何使用值对象来简化集成的复杂性。
- 你学习了使用值对象来表示领域标准类型以及如何实现。
- 你了解到了SaaSOvation团队是如何将建模重点转向值对象的。
- 从SaaSOvation项目中，你获得了如何测试、实现和持久化值对象。

接下来，我们将学习领域服务和无状态操作，这些都是领域模型的一部分。

第7章

领域服务

有时，它不见得是件东西。

—Eric Evans

领域中的服务表示一个无状态的操作，它用于实现特定于某个领域的任务。当某个操作不适合放在**聚合**(10)和**值对象**(6)上时，最好的方式便是使用领域服务了。有时我们倾向于使用聚合根上的静态方法来实现这些这些操作，但是在DDD中，这是一种坏味道。

本章路线图

- 学习如何在领域模型中使用领域服务。
- 学习什么是领域服务。
- 学习何时应该使用领域服务。
- 从SaaSOvation项目的两个例子中学习如何对领域服务进行建模。

坏味道？这正是SaaSOvation的开发者们在重构聚合时所遇到的问题。让我们看看他们是如何应对这些问题的……

在项目的早些时候，项目成员们在Product中维护了一个BacklogItem实例的集合。这种建模方式使得他们可以计算一个Product的总业务优先级：

```
public class Product extends ConcurrencySafeEntity {
    ...
    private Set<BacklogItem> backlogItems;
    ...
    public BusinessPriorityTotals businessPriorityTotals() {
        ...
```

```
    }
    ...
}
```

在当时，这种设计方式是非常完美的，businessPriorityTotals()方法只需要遍历所有的BacklogItem实例，然后计算出总的业务优先级。并且，这种方式适当地使用了值对象BusinessPriorityTotals。

但是，我却不这么认为。通过对**聚合** (10) 的分析我们知道，这里的Product对象过于庞大，而BacklogItem本身就应该成为一个聚合。因此，上面的实例方法businessPriorityTotals()已经不再适用于这种场景。

由于Product不再包含BacklogItem集合，团队成员们的第一反应便是使用一个资源库BacklogItemRepository来获取所需的BacklogItem实例，这是一种好的做法吗？

事实上，团队中的高级开发者并不建议这么做。一个基本的原则是，我们应该尽量避免在聚合中使用**资源库** (12)。那么，将businessPriorityTotals()方法声明为静态方法，然后将BacklogItem集合作为参数传入，如何呢？这样，我们几乎不用对该方法做多少修改，只需要传入新的参数即可：

```
public class Product extends ConcurrencySafeEntity {
    ...
    public static BusinessPriorityTotals businessPriorityTotals(
            Set<BacklogItem> aBacklogItems) {
        ...
    }
    ...
}
```

请思考，Product是创建该静态方法的最佳位置吗？看来要将该方法放在合适的地方并不是一件易事。由于该方法只使用了每个BacklogItem中的值对象，将该方法放在BacklogItem上似乎更合适。但是，这里计算所得的业务价值却是属于Product的，而不是BacklogItem。进退两难啊！

此时，团队中的高级开发者发话了。他指出，这些问题用一个单一的建模工具就可以解决，即领域服务（Domain Service）。那么，领域服务是如何工作的呢？

让我们先了解一些背景知识，再回过头来看看这个建模场景，看看SaaSOvation团队做了什么样的决定。

什么是领域服务（首先，什么不是领域服务）

当我们在软件开发领域中听到“服务”这个词时，自然地我们可能会想到一个远程客户端与某个复杂的业务系统交互的场景，该场景基本上描述了SOA (4) 中的一个服务。有多种技术和方法可以实现SOA服务，最终这些服务强调的都是系统层面的远程过程调用（RPC）或者面向消息的中间件（MoM）。这些技术使得我们可以通过服务与分布在不同地方的系统进行业务交互。

以上这些都不是领域服务。

另外，请不要将领域服务与**应用服务**混杂在一起了。在应用服务中，我们并不会处理业务逻辑，但是领域服务却恰恰是处理业务逻辑的。如果你还是不明白它们之间的区别，请参考**应用程序 (14)**。简单来讲，应用服务是领域模型很自然的客户方，进而也是领域服务的客户方。在本章后面，我们将对此进行演示。

虽然领域服务中有“服务”这个词，但它并不意味着需要远程的、重量级的事务操作[1]。

牛仔的逻辑

LB：“在你吃东西之前，请仔细看看你吃的是什么。重要的不是看它现在是什么，而是它之前是什么。”

领域模型中的服务的确是一种非常好的建模工具。现在，我们已经知道领域服务不是什么了，那么，它到底又是什么呢？。

> 有时，它不见得是一件东西……当领域中的某个操作过程或转换过程不是实体或值对象的职责时，我们便应该将该操作放在一个单独的接口中，即领域服务。请确保该领域服务和通用语言是一致的；并且保证它是无状态的。[Evans, pp. 104, 106]

通常来说，领域模型主要关注于特定于某个领域的业务，同样，领域服务也具有相似的特点。由于领域服务有可能在单个原子操作中处理多个领域对象，这将增加领域服务的复杂性。

---

1. 有时，当与另一个限界上下文交互时，领域服务的确需要进行远程操作，但此时我们关注的并不是将领域服务作为一个服务提供方，而是将其作为RPC的客户端。

那么，在什么情况下，一个操作不属于**实体**（5）或者值对象呢？要给出一个全面的原因列表是困难的，这里我罗列了以下几点。你可以使用领域服务来：

- 执行一个显著的业务操作过程。
- 对领域对象进行转换。
- 以多个领域对象作为输入进行计算，结果产生一个值对象。

需要明确的是，对于最后一点中的计算过程，它应该具有"显著的业务操作过程"的特点。这也是领域服务很常见的应用场景，它可能需要多个聚合作为输入。当一个方法不便放在实体或值对象上时，使用领域服务便是最佳的解决方法。请确保领域服务是无状态的，并且能够明确地表达限界上下文中的**通用语言**（1）。

请确定你是否需要一个领域服务

请不要过于倾向于将一个领域概念建模成领域服务，而是只有在有必要的时候才这么做。一不小心，我们就有可能陷入将领域服务作为"银弹"的陷进。过度地使用领域服务将导致**贫血领域模型**[Fowler, Anemic]，即所有的业务逻辑都位于领域服务中，而不是实体和值对象中。下面的例子为我们展示了仔细思考的重要性。以这些例子为指导，你将学到应该在什么情况下使用领域服务。

让我们来看一个需要建立领域服务的例子。考虑*身份与访问上下文*，我们需要对一个User进行认证。回忆一下，在**实体**（5）章节中，我们曾遇到了一个建模场景，那时团队决定将问题延后。那时所说的"延后"便是现在了：

- 系统必须对User进行认证，并且只有当Tenant处于激活状态时才能对User进行认证。

我们来看看为什么领域服务在此时是必要的。我们可以简单地将该认证操作放在实体上吗？从客户的角度来看，我们可能会使用以下代码来实现认证过程：

```
// client finds User and asks it to authenticate itself

boolean authentic = false;

User user =
    DomainRegistry
        .userRepository()
        .userWithUsername(aTenantId, aUsername);
```

```
if (user != null) {
    authentic = user.isAuthentic(aPassword);
}

return authentic;
```

对于以上设计，我认为至少存在两个问题。首先，客户端需要知道某些认证细节，他们需要找到一个User，然后再对该User进行密码匹配。这种方法也不能显式地表达通用语言。这里，我们询问的是一个User“是否被认证了”，而没有表达出“认证”这个过程。在有可能的情况下，我们应该尽量使建模术语直接地表达出团队成员的交流用语。但是，还有更糟糕的。

这种建模方式并不能准确地表达出团队成员所指的“对User进行认证”的过程。它缺少了“检查Tenant是否处于激活状态”这个前提条件。如果一个User所属的Tenant处于非激活状态，我们便不应该对该User进行认证。或许我们可以通过以下方法予以解决：

```
//客户端查找User，然后User完成自我认证

boolean authentic = false;

Tenant tenant =
    DomainRegistry
        .tenantRepository()
        .tenantOfId(aTenantId);

if (tenant != null && tenant.isActive()) {
    User user =
        DomainRegistry
            .userRepository()
            .userWithUsername(aTenantId, aUsername);

    if (user != null) {
        authentic = tenant.authenticate(user, aPassword)
    }
}

return authentic;
```

这种方式的确对Tenant的活跃性做了检查，同时我们也将User的isAuthentic()方法换成了Tenant的authenticate()方法。

然而，这种方式也是有问题的。请看看我们带给客户端的额外负担，此时客户端需要知道更多的认证细节，而这些是他们不应该知道的。当然，我们可以将

Tenant的isActive()方法放在authenticat()方法中，但是我得说，这并不是一个显式的模型。同时，这将带来另外一个问题，即此时的Tenant需要知道如何对密码进行操作。回忆一下该认证过程的另一个需求：

- 必须对密码进行加密，并且不能使用明文密码。

对于以上解决方案，我们似乎给模型带来了太多的问题。对于最后一种方案，我们必须从以下四种解决办法中选择一种：

1. 在Tenant中处理对密码的加密，然后将加密后的密码传给User。这种方法违背了**单一职责原则**[Martin, SRP]。
2. 由于一个User必须保证对密码的加密，它可能已经知道了一些加密信息。如果是这样，我们可以在User上创建一个方法，该方法对明文密码进行认证。但是，在这种方式下，认证过程变成了Tenant上的门面（Facade），而实际的认证功能全在User上。另外，User上的认证方法必须声明为protected，以防止外界客户端对认证方法的直接调用。
3. Tenant依赖于User对密码进行加密，然后将加密后的密码与原有密码进行匹配。这种方法似乎在对象协作之间增加了额外的步骤。此时，Tenant依然需要知道认证细节。
4. 让客户端对密码进行加密，然后将其传给Tenant。这样导致的问题在于，客户端承载了它本不应该有的职责。

以上这些方法都无济于事，同时客户端依然非常复杂。强加在客户端上的职责应该在我们自己的模型中予以处理。只与领域相关的信息决不能泄漏到客户端中去。即使客户端是一个应用服务，它也不应该负责对身份与访问权限的管理。

牛仔的逻辑

AJ：“当你发现自己在一个洞穴中时，第一件要做的事便是停止凿洞。”

回想一下，客户端需要处理的唯一业务职责是：调用单个业务操作，而由该业务操作去处理所有的业务细节：:

```
//应用服务只用于协调任务

UserDescriptor userDescriptor =
    DomainRegistry
        .authenticationService()
        .authenticate(aTenantId, aUsername, aPassword);
```

以上方式是简单的，也是优雅的。客户端只需要获取到一个无状态的AuthenticationService，然后调用它的authenticate()方法即可。这种方式将所有的认证细节放在领域服务中，而不是应用服务。在需要的情况下，领域服务可以使用任何领域对象来完成操作，包括对密码的加密过程。客户端不需要知道任何认证细节。此时，通用语言也得到了满足，因为我们将所有的领域术语都放在了身份管理这个领域中，而不是一部分放在领域模型中，另一部分放在客户端中。

领域服务方法返回一个UserDescirptor值对象，这是一个很小的对象，并且是安全的。与User相比，它只包含3个关键属性：

```
public class UserDescriptor implements Serializable  {
    private String emailAddress;
    private TenantId tenantId;
    private String username;

    public UserDescriptor(
            TenantId aTenantId,
            String aUsername,
            String anEmailAddress) {
        ...
    }
    ...
}
```

该UserDescriptor对象可以存放在一次Web会话（Session）中。对于作为客户端的应用服务来说，它可以进一步将该UserDescriptor返回给它自己的调用者。

建模领域服务

根据创建领域服务的目的，有时对领域服务进行建模是非常简单的。你需要决定你所创建的领域服务是否需要一个**独立接口**[Fowler, P of EAA]。如果是，你的领域服务接口可能与以下接口相似：

```
package com.saasovation.identityaccess.domain.model.identity;

public interface AuthenticationService {

    public UserDescriptor authenticate(
            TenantId aTenantId,
            String aUsername,
            String aPassword);
}
```

该接口和那些与身份相关的聚合（比如Tenant，User和Group）定义在相同的**模块**（9）中，因为AuthenticationService也是一个与身份相关的概念。当前，我们将所有与身份相关的概念都放在identity模块中。该接口定义本身是简单的，只有一个authenticate()方法。

对于该接口的实现类，我们可以选择性地将其存放在不同的地方。如果你正使用**依赖倒置原则**（4）或**六边形**（4）架构，那么你可能会将这个多少有些技术性的实现类放置在领域模型之外。比如，技术实现类可以放置在基础设施层的某个模块中。

以下是对该接口的实现：

```
package com.saasovation.identityaccess.infrastructure.services;

import com.saasovation.identityaccess.domain.model.DomainRegistry;
import com.saasovation.identityaccess.domain.model.identity.
AuthenticationService;
import com.saasovation.identityaccess.domain.model.identity.Tenant;
import com.saasovation.identityaccess.domain.model.identity.TenantId;
import com.saasovation.identityaccess.domain.model.
identity.User;
import com.saasovation.identityaccess.domain.model.
identity.UserDescriptor;

public class DefaultEncryptionAuthenticationService
        implements AuthenticationService  {

    public DefaultEncryptionAuthenticationService() {
        super();
    }

    @Override
    public UserDescriptor authenticate(
            TenantId aTenantId,
            String aUsername,
            String aPassword) {
        if (aTenantId == null) {
```

```
            throw new IllegalArgumentException(
                    "TenantId must not be null.");
        }
        if (aUsername == null) {
            throw new IllegalArgumentException(
                    "Username must not be null.");
        }
        if (aPassword == null) {
            throw new IllegalArgumentException(
                    "Password must not be null.");
        }

        UserDescriptor userDescriptor = null;

        Tenant tenant =
            DomainRegistry
                .tenantRepository()
                .tenantOfId(aTenantId);

        if (tenant != null && tenant.isActive()) {
            String encryptedPassword =
                DomainRegistry
                    .encryptionService()
                    .encryptedValue(aPassword);

            User user =
                DomainRegistry
                    .userRepository()
                    .userFromAuthenticCredentials(
                            aTenantId,
                            aUsername,
                            encryptedPassword);

            if (user != null && user.isEnabled()) {
                userDescriptor = user.userDescriptor();
            }
        }

        return userDescriptor;
    }
}
```

该方法首先对null参数进行检查。如果在正常情况下认证失败，那么该方法返回的UserDescriptor将为null。

在对一个User进行认证时，我们首先根据aTenantId从Tenant的资源库中取出对应的Tenant。如果Tenant存在并且处于激活状态，下一步我们将对传入的明文密码进行加密。加密的目的在于，我们需要通过加密后的密码来获取一个User。在获取一个User时，我们不但需要传入aTenantId和username，还需要传入加密后的密码进行匹配（对于两个明文相同的密码，加密后也是相同的）。User的资源库将根据这三个参数来定位一个User。

如果用户提交的aTenantId、username和password都是正确的，我们将获得相应的User实例。但是，此时我们依然不能对该User进行认证，我们还需要处理最后一条需求：

- 只有在一个User被激活后，我们才能对该User进行认证。

即便我们通过资源库找到了一个User，该User也有可能处于未激活状态。通过向User添加激活功能，Tenant可以从另一个层面来控制对User的认证。因此，认证过程的最后一步即是检查所获取到的User实例是否为null和是否处于激活状态。

独立接口有必要吗

由于这里的AuthenticationService并没有一个技术上的实现，我们真的有必要为其创建一个独立接口并将其与实现类分离在不同的层和模块中吗？这是没有必要的。我们只需要创建一个实现类即可，其名字与领域服务的名字相同。

```
package com.saasovation.identityaccess.domain.model.identity;

public class AuthenticationService {

    public AuthenticationService() {
        super();
    }

    public UserDescriptor authenticate(
            TenantId aTenantId,
            String aUsername,
            String aPassword) {
        ...
    }
}
```

对于领域服务来说，以上的例子同样是可行的。我们甚至会认为这样的例子更加合适，因为我们知道不会再有另外的实现类。但是，不同的租户可能有不同的安全认证标准，所以产生不同的认证实现类也是有可能的。然而此时，SaaSOvation的团队成员决定弃用独立接口，而是采用了上例中的实现方法。

给领域服务的实现类命名

在Java世界中，常见的命名实现类的方法便是给接口名加上Impl后缀。按照这种方法，我们的认证实现类为AuthenticatioinServiceImpl。此外，实现类和接口通常被放在相同的包下。这是一种好的做法吗？

事实上，如果你采用这种方式来命名实现类，这往往意味着你根本就不需要一个独立接口。因此，在命名一个实现类时，我们需要仔细地思考。这里的AuthenticationServiceImpl并不是一个好的实现类名，而DefaultEncryptionAuthenticationService也不见得能好到哪里去。基于这些原因，SaaSOvation的团队成员决定去除独立接口，而直接使用AuthenticationService作为实现类。

如果领域服务具有多个实现类，那么我们应该根据各种实现类的特点进行命名，而这往往又意味着在你的领域中存在一些特定的行为功能。

有人认为采用相似的名字来命名接口和实现类有助于代码浏览和定位。但是，还有人则认为将接口和实现类放在相同的包中会使包变得很大，这是一种糟糕的模块设计，因此他们偏向于将接口和实现类放在不同的包中，我们在**依赖倒置原则**（4）中便是这么做的。比如，可以将接口EncryptionService放在领域模型中，而将MD5EncryptionService放在基础设施层中。

对于非技术性的领域服务来说，去除独立接口是不会破坏可测试性的，因为这些领域服务所依赖的所有接口都可以注入进来，或者通过服务工厂（Service Factory）进行创建。请记住，非技术性的领域服务，比如计算性的服务等，都必须进行正确性测试。

可以理解，这是一个具有争议性的话题，我也知道有很大一部分人依然采用Impl后缀的方式来命名实现类。即便如此，我们仍然有强烈的理由不这么做。当然，选择权在你自己手上。

有时，领域服务总是和领域密切相关，并且不会有技术性的实现，或者不会有多个实现，此时采用独立接口便只是一个风格上的问题。Fowler在[Fowler, P of EAA]中说，独立接口对于解偶来说是有用处的，此时客户端只需要依赖于接口，而不需要知道具体的实现。但是，如果我们使用了**依赖注入**或者**工厂**[Gamma et al.]，即便接口和实现类是合并在一起的，我们依然能达到这样的目的。换句话说，以下的DomainRegistry可以在客户端和服务实现之间进行解耦，此时的DomainRegistry便是一个服务工厂。

```
//DomainRegistry在客户端与具体实现之间解耦

UserDescriptor userDescriptor =
    DomainRegistry
        .authenticationService()
        .authenticate(aTenantId, aUsername, aPassword);
```

或者，如果你使用的是依赖注入，你也可以得到同样的好处：

```
public class SomeApplicationService ... {
    @Autowired
    private AuthenticationService authenticationService;
    ...
}
```

依赖倒置容器（比如Spring）将完成服务实例的注入工作。由于客户端并不负责服务的实例化，它并不知道接口类和实现类是分开的还是合并在一起的。

与服务工厂和依赖注入相比，有时他们更倾向于将领域服务作为构造函数参数或者方法参数传入[2]，因为这样的代码拥有很好的可测试性，甚至比依赖注入更加简单。也有人根据实际情况同时采用以上三种方式，并且优先采用基于构造函数的注入方式。本章中有些例子使用了DomainRegistry，但这并不是说我们应该优先考虑这种方式。互联网上很多源代码例子都倾向于使用构造函数注入，或者直接将领域服务作为方法参数传入。

一个计算过程

让我们来看一个计算过程的例子，该例子来自于*敏捷项目管理上下文*。该例子中的领域服务从多个聚合的值对象中计算所需结果。就目前来看，我们没有必要使用独立接口。该领域服务总是采用相同的方式进行计算。除非有需求变化，不然我们没有必要将接口和实现分离开来。

2.译注：更多的时候，将对象作为构造函数参数传入也被看成是一种依赖注入。

牛仔的逻辑

LB：“我的公马每次能给我挣5,000美元，现在我打算把那些母马也加到服务中来。”

AJ：“看来那匹马已经进入它的领域了。”

回忆一下，SaaSOvation的开发者们曾经在Product上创建了静态方法来完成计算过程，以下是接下来发生的事……

团队中的高级开发者同时指出，采用领域服务比静态方法更好。此时的领域服务和当前的静态方法完成相似的功能，即计算并返回一个BusinessPriorityTotals值对象。但是，该领域服务还需要完成额外的工作，包括找到一个Product中所有未完成的BacklogItem，然后单独计算它们的BusinessPriority。以下是实现代码：

```
package com.saasovation.agilepm.domain.model.product;

import com.saasovation.agilepm.domain.model.DomainRegistry;
import com.saasovation.agilepm.domain.model.tenant.Tenant;

public class BusinessPriorityCalculator {

    public BusinessPriorityCalculator() {
        super();
    }


    public BusinessPriorityTotals businessPriorityTotals(
            Tenant aTenant,
            ProductId aProductId) {
        int totalBenefit = 0;
        int totalPenalty = 0;
        int totalCost = 0;
        int totalRisk = 0;

        java.util.Collection<BacklogItem> outstandingBacklogItems =
            DomainRegistry
                .backlogItemRepository()
                .allOutstandingProductBacklogItems(
```

```
                        aTenant,
                        aProductId);

        for (BacklogItem backlogItem : outstandingBacklogItems) {
            if (backlogItem.hasBusinessPriority()) {
                BusinessPriorityRatings ratings =
                    backlogItem.businessPriority().ratings();

                totalBenefit += ratings.benefit();
                totalPenalty += ratings.penalty();
                totalCost += ratings.cost();
                totalRisk += ratings.risk();
            }
        }

        BusinessPriorityTotals businessPriorityTotals =
            new BusinessPriorityTotals(
                    totalBenefit,
                    totalPenalty,
                    totalBenefit + totalPenalty,
                    totalCost,
                    totalRisk);

        return businessPriorityTotals;
    }
}
```

BacklogItemRepository用于查找所有未完成的BacklogItem实例。一个未完成的BacklogItem是拥有Planned，Scheduled或者Committed状态的BacklogItem，而状态为Done或Removed的BacklogItem则是已经完成的。我们并不推荐将资源库对BacklogItem的获取放在聚合实例中，相反，将其放在领域服务中则是一种好的做法。

有了一个Product下所有未完成的BacklogItem，我们便可以对它们进行遍历，并计算出BusinessPriority的总和。计算所得的总和进一步用于实例化一个BusinessPriorityTotals，然后返回给客户端。领域服务不一定非常复杂，即使有时的确会出现这种情况。上面的例子则是非常简单的。

请注意，在上面的例子中，我们绝对不能将业务逻辑放到应用层中。即使你认为这里的for循环非常简单，它依然是业务逻辑。当然，还有另外的原因：

```
        BusinessPriorityTotals businessPriorityTotals =
            new BusinessPriorityTotals(
                    totalBenefit,
```

```
                totalPenalty,
                totalBenefit + totalPenalty,
                totalCost,
                totalRisk);
```

在实例化BusinessPriorityTotals时，它的totalValue属性由totalBenefit和totalPenalty相加所得。这是和领域密切相关的业务逻辑，自然不能泄漏到应用层中。当然，你可能会说，可以将totalBenefit和totalPenalty作为两个参数分别传给应用服务。然而，虽然这是一种改进模型的方式，但这也并不意味着将剩下的计算逻辑放在应用层就是合理的。

虽然我们不会将业务逻辑放在应用层，但是应用层却可以作为领域服务的客户端：

```
public class ProductService ... {
    ...
    private BusinessPriorityTotals productBusinessPriority(
            String aTenantId,
            String aProductId) {
        BusinessPriorityTotals productBusinessPriority =
                DomainRegistry
                    .businessPriorityCalculator()
                    .businessPriorityTotals(
                            new TenantId(aTenantId),
                            new ProductId(aProductId));

        return productBusinessPriority;
    }
}
```

在上例中，应用层中的一个私有方法负责获取一个Product的总业务优先级。该方法可能只需要向ProductService的客户端（比如用户界面）提供BusinessPriorityTotals的部分数据即可。

转换服务

在基础设施层中，更加技术性的领域服务通常是那些用于集成目的的服务。正是这个原因，我们将与此相关的例子放在了**集成限界上下文（13）**中，其中你将看到领域服务接口、实现类、**适配器**[Gamma et al.]和不同的转换器。

为领域服务创建一个迷你层

有时我们可能希望在实体和值对象之上创建一个领域服务的迷你层。正如我先前所说，这样做可能会导致贫血领域模型这种反模式。

但是，对于有些系统来说，为领域服务创建一个不至于导致贫血领域模型的迷你层是值得的。当然，这取决于领域模型的特征。对于本书的身份与访问上下文来说，这样的做法是非常有用的。

如果你正工作在这样的领域里，并且你决定为领域服务创建一个迷你层，请注意这样的迷你层和应用层中的服务是不同的。在应用服务中，我们关心的是事务和安全，但是这些不应该出现在领域服务中。

测试领域服务

我们希望对领域服务进行测试，并且希望从客户端的角度对领域服务进行建模，同时我们希望测试能够反映出领域服务的使用方式。

> **此时进行测试是否为时已晚？**
>
> 在前面的章节中，我正式向大家介绍了测试驱动开发，也向大家展示了一些例子。在本章中我并没有这么做，单单只是因为我希望尽早地与大家讨论对领域服务的实现。但是，这的确也说明测试先行的策略并不总是必要的，虽然不这样做可能会遗漏一些建模关注点。

以下测试展示了如何正确地使用AuthenticationService，首先我们测试认证成功的场景：

```
public class AuthenticationServiceTest
        extends IdentityTest {

    public void testAuthenticationSuccess() throws Exception {

        User user = this.getUserFixture();

        DomainRegistry
            .userRepository()
            .add(user);

        UserDescriptor userDescriptor =
            DomainRegistry
                .authenticationService()
                .authenticate(
                        user.tenantId(),
```

```
                    user.username(),
                    FIXTURE_PASSWORD);

        assertNotNull(userDescriptor);
        assertEquals(user.tenantId(), userDescriptor.tenantId());
        assertEquals(user.username(), userDescriptor.username());
        assertEquals(user.person().emailAddress(),
                userDescriptor.emailAddress());
    }
    ...
```

上面的例子向我们展示了应用服务的客户端是如何使用AuthenticationService的。这是一个顺利的使用场景，此时一个User得到了成功的认证。

请注意，这里的资源库可以是真实产品环境下的资源库，也可以是内存资源库，还可以是模拟（mock）资源库。当然，采用哪种类型的资源库只是一个选择问题。

接下来，我们需要测试认证失败的场景：

```
    public void testAuthenticationTenantFailure() throws Exception {

        User user = this.getUserFixture();

        DomainRegistry
            .userRepository()
            .add(user);

        TenantId bogusTenantId =
            DomainRegistry.tenantRepository().nextIdentity();

        UserDescriptor userDescriptor =
            DomainRegistry
                .authenticationService()
                .authenticate(
                        bogusTenantId, //假冒的
                        user.username(),
                        FIXTURE_PASSWORD);

        assertNull(userDescriptor);
    }
```

在上例中，由于我们传入的TenantId和创建User时的TenantId不一样，认证过程将失败。此外，如果我们传入的username不合法，认证过程也将失败：

```
    public void testAuthenticationUsernameFailure() throws Exception {
```

```
        User user = this.getUserFixture();

        DomainRegistry
            .userRepository()
            .add(user);

        UserDescriptor userDescriptor =
            DomainRegistry
                .authenticationService()
                .authenticate(
                        user.tenantId(),
                        "bogususername",
                        user.password());

        assertNull(userDescriptor);
    }
```

在上例中，由于我们传入了一个错误的username，认证过程也将失败。最后，还有另外一个认证失败的场景：

```
    public void testAuthenticationPasswordFailure() throws Exception {

        User user = this.getUserFixture();

        DomainRegistry
            .userRepository()
            .add(user);

        UserDescriptor userDescriptor =
            DomainRegistry
                .authenticationService()
                .authenticate(
                        user.tenantId(),
                        user.username(),
                        "passw0rd");

        assertNull(userDescriptor);
    }
}
```

在上例中，我们传入了一个错误的password，认证过程同样会失败。在所有失败的认证过程中，返回的UserDescriptor都将是null。客户端需要知道这样的细节，因为返回的null表示对一个User的认证不成功。同时，它表示认证失败并不是一个异常性错误，而是该领域中本来就存在的一种可能。否则，我们需要从领域服务中抛出AuthenticationFailedException异常。

事实上，我们还缺少了几个测试用例。对于一个Tenant处于失活状态和一个User处于未激活状态的场景，请读者自行完成测试。在此之后，你可以继续为BusinessPriorityCalculator编写测试。

本章小结

在本章中，我们讨论了什么是领域服务，什么不是领域服务，并且分析了何时应该采用领域服务。另外还有：

- 你学到了不要滥用领域服务。
- 你学到了滥用领域服务将导致贫血领域模型这种反模式。
- 你学到了如何实现领域服务。
- 你学到了使用独立接口的优缺点。
- 你学习了敏捷项目管理上下文中的一个示例计算过程。
- 最后，你学到了通过测试来展示对领域服务的使用。

接下来，我们将学习一种新的DDD战术建模工具——领域事件。

第 8 章

领域事件

历史就是人们认同的过去所发生的事件。

—Napoleon Bonaparte

使用**领域事件** (Domain Event) 来捕获发生在领域中的一些事情。领域事件是一个功能强大的建模工具，一旦你使用了它，你便无法释手了。在一开始使用领域事件时，你要做的是对不同的事件进行定义。

本章学习路线图

- 学习什么是领域事件，什么时候并且为什么要使用领域事件。
- 学习如何将领域事件建模成对象，何时应该为领域事件创建唯一的身份标识。
- 学习一个轻量级的**发布-订阅**[Gamma et al.]模式。
- 学习哪些组件用于发布事件，哪些组件用于订阅事件。
- 学习为什么我们需要一个事件存储、如何实现事件存储、如何使用事件存储。
- 学习SaaSOvation团队是如何通过不同的方式将领域事件发布给自治系统的。

何时/为什么使用领域事件

[Evans]书中并没有给出领域事件的正式定义。这种模式是在该书出版之后才提出来的。在讨论领域事件之前，让我们先来看看当前对领域事件的定义：

> 领域专家所关心的发生在领域中的一些事件。
>
> 将领域中所发生的活动建模成一系列的离散事件。每个事件都用领域对象来表示……领域事件是领域模型的组成部分，表示领域中所发生的事情。[Evans, Ref, p.20]

我们如何确定哪些事件对领域专家是重要的呢？在我们与领域专家讨论时，我们需要仔细地听，找到领域事件的线索。考虑以下领域专家所说的关键词汇：

- “当……”
- “如果发生……”
- “当……的时候，请通知我”
- “发生……时”

当然，对于“当……的时候，请通知我”，这里的通知本身并不能构成一个事件，而只是表明我们需要向外界发出通知。另外，领域专家可能还会说“如果发生这样的事情，它并不重要；如果发生那样的事情，它就很重要了（将“这样”和“那样”用你自己领域中的事件予以替换）。”根据你的组织文化，可能还有更多的事件用语。

牛仔的逻辑

AJ：“当我需要我的马时，我只是吆喝：‘过来过来！’，然后马就跑过来了。

有时，从领域专家的话中，我们看不出领域事件的迹象，但是业务需求依然有可能需要领域事件。领域专家有可能意识不到这些需求，只有在跨团队讨论之后他们才能意识到这些。发生这样的事情往往是由于领域事件需要发布到外部系统中，比如发布到另一个**限界上下文中**（2）。由于这样的事件由订阅方处理，它将对本地和远程上下文产生深远的影响。

> **领域专家和领域事件**
>
> 虽然领域专家在起初可能意识不到所有类型的领域事件，但是通过讨论之后，他们是应该能够了解到其中的原因的。当团队成员对领域事件达成一致之后，领域事件便是**通用语言**的正式组成部分了。

当领域事件到达目的地之后——无论是本地系统还是外部系统——我们通常都将领域事件用于维护事件的一致性。这是有意而为之的，并且是根据设计而来的。这样可以消除两阶段提交（全局事务），还可以支持**聚合**（10）原则。聚合的其中一个原则是，在单个事务中，只允许对一个聚合实例进行修改，由此产生的其他改变必须在单独的事务中完成。因此，本地限界上下文中的其他聚合实例便可以通过领域事件的方式予以同步。另外，领域事件还可以用于使远程依赖系统与本地系统保持一致。本地系统和远程系统的解耦有助于提高双方协作服务的可伸缩性。

图8.1向我们展示了领域事件的产生、存储、分发和使用。领域事件既可以由本地限界上下文所消费，也可以由外部的限界上下文消费。

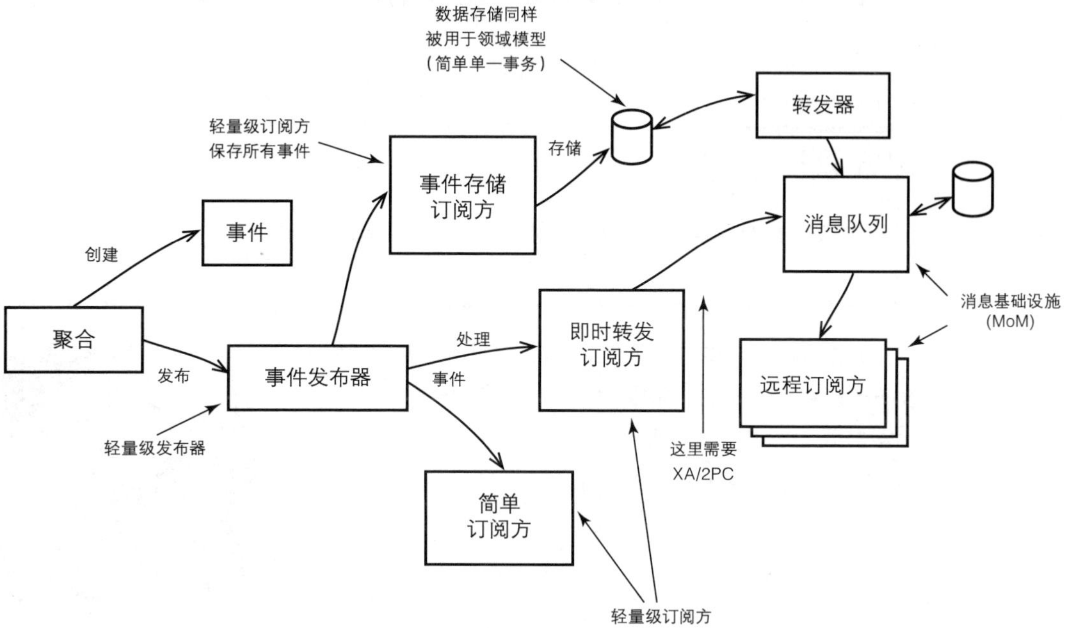

图 8.1 聚合创建并发布事件。订阅方可以先存储事件，然后再将其转发到远程的订阅方中；或者不经存储，直接转发。除非消息中间件共享了模型的数据存储，不然即时转发需要XA（两阶段提交）。

现在，让我们来考虑一下系统中的批处理过程。在系统的非高峰时期，批处理过程通常进行一些系统维护工作，比如删除过期的对象、创建新的对象以支持新的业务需求、或者通知用户所发生的重要事件等。这样的批处理过程通常需要复杂的查询，并且需要庞大的事务支持。如果这些批处理过程存在冗余又会怎么样呢？

那么，让我们重新思考一下。对于系统中发生的每一件事情，我们都用事件的形式予以捕获，然后将事件发布给订阅方处理，这能达到简化系统的目的吗？答案是肯定的。它可以消除先前批处理过程中的复杂查询，因为我们能够准确地知道在何时发生了什么事情，限界上下文也由此知道“接下来应该做什么”。在接收到领域事件时，系统可以予以立即处理。这样一来，原本批量集中处理的过程可以分散成许多粒度较小的处理单元，业务需求也由此得到更快地满足，用户也可以及时地进行下一步操作。

聚合上的每一个命令方法都会产生事件吗？与何时需要使用领域事件同等重要的是，我们需要知道何时不应该使用领域事件。出于技术实现和协作系统上的考虑，有时领域事件可以提供比领域专家所要求的更多的功能，比如可以用于**事件源**（4，**附录A**）。

我们将在**集成限界上下文**（13）中对此进行探讨，这里我们只讨论领域事件的核心方面。

建模领域事件

让我们看看敏捷项目管理上下文中的一条需求：

允许将每一个待定项提交到冲刺中。只有在待定项位于发布计划中时，才能进行提交。如果待定项已经提交到了另外的冲刺中，必须先将其回收才能进行新的提交。提交待定项时，通知对应的冲刺和相关兴趣方。

在建模领域事件时，我们应该根据限界上下文中的通用语言来命名事件及其属性。如果事件由聚合上的命令操作产生，那么我们通常根据该操作方法的名字来命名领域事件。对于上面的例子，当我们向一个冲刺提交待定项时，我们将发布与之对应的领域事件：

命令方法：BacklogItem#commitTo(Sprint aSprint)

事件输出：BacklogItemCommitted

事件的名字表明了聚合上的命令方法在执行成功之后所发生的事情："待定项提交完毕。"当然，我们还可以创建更详细的事件名字，比如BacklogItemCommittedToSprint。但是，在Scrum的通用语言中，待定项只能提交到冲刺中。换句话说，待定项是不能提交到发布中的。因此，使用原先的

BacklogItemCommitted已经足够了，并且更加简捷。如果你倾向于使用更详细的事件命名，也是可以的，这只是一个选择问题。

在聚合发布事件时，请注意我们应该使事件的名字反映过去发生的事情，即该事件并不是当前发生的，而是先前发生的。

在有了正确的事件名后，我们还需要什么样的事件属性呢？首先，我们需要一个时间戳来表示事件发生的时间。在Java中，可以使用java.util.Date类来表示。

```
package com.saasovation.agilepm.domain.model.product;

public class BacklogItemCommitted implements DomainEvent {
    private Date occurredOn;
    ...
}
```

所有的领域事件都将实现DomainEvent接口，该接口定义了一个occurredOn()方法：

```
package com.saasovation.agilepm.domain.model;

import java.util.Date;

public interface DomainEvent {
    public Date occurredOn();
}
```

接下来，团队成员还需要考虑其他有意义的属性。考虑一下，是谁导致了领域事件的产生。这通常包括产生该领域事件的聚合和其他参与操作的聚合，也有可能是其他任何类型的数据属性。

分析之后，我们可以得到以下BacklogItemCommitted事件：

```
package com.saasovation.agilepm.domain.model.product;

public class BacklogItemCommitted implements DomainEvent {
    private Date occurredOn;
    private BacklogItemId backlogItemId;
    private SprintId committedToSprintId;
    private TenantId tenantId;
    ...
}
```

团队成员认为，BacklogItem和Sprint的身份标识对于BacklogItemCommitted事件来说是最关键的。BacklogItem是事件的发起方，而Sprint则是事件的参与方。当然，他们还讨论了更多的话题。该需求特别指出，当BacklogItem被提交到Sprint之后，该Sprint应该得到通知。因此，位于同一个限界上下文中的事件订阅方应该及时地通知Sprint，但前提条件是BacklogItemCommitted事件中存在SprintId。

此外，在一个多租户环境中，记录TenantId也是有必要的，虽然TenantId不会作为参数传给命令方法，但是它却是本地和远程限界上下文所必需的。在本地上下文中，我们需要TenantId来查询BacklogItem和Sprint。同样，在远程上下文中，我们需要TenantId来查出领域事件的作用对象。

我们如何建模由事件提供的行为操作呢？通常来说，这是非常简单的，因为领域事件通常都被设计成不变的。事件所携带的属性能够反映出该事件的来源。多数事件的构造函数都只允许全状态初始化，同时，事件对象还提供了访问不同属性的getter方法。

基于此，ProjectOvation团队做了以下实现：

```
package com.saasovation.agilepm.domain.model.product;

public class BacklogItemCommitted implements DomainEvent {
    ...
    public BacklogItemCommitted(
            TenantId aTenantId,
            BacklogItemId aBacklogItemId,
            SprintId aCommittedToSprintId) {
        super();
        this.setOccurredOn(new Date());
        this.setBacklogItemId(aBacklogItemId);
        this.setCommittedToSprintId(aCommittedToSprintId);
        this.setTenantId(aTenantId);
    }

    @Override
    public Date occurredOn() {
        return this.occurredOn;
```

```
    }

    public BacklogItemId backlogItemId() {
        return this.backlogItemId;
    }

    public SprintId committedToSprintId() {
        return this.committedToSprintId;
    }

    public TenantId tenantId() {
        return this.tenant;
    }
    ...
}
```

在该事件发布时，本地上下文的订阅方可以用该事件来通知相应的Sprint：

```
MessageConsumer.instance(messageSource, false)
    .receiveOnly(
            new String[] { "BacklogItemCommitted" },
            new MessageListener(Type.TEXT) {
        @Override
        public void handleMessage(
            String aType,
            String aMessageId,
            Date aTimestamp,
            String aTextMessage,
            long aDeliveryTag,
            boolean isRedelivery)
        throws Exception {
            //第一条消重之后的消息，以aMeesageId标定
            ...
            //从JSON中获取到tenantId、sprintId和backlogItemId
            ...

            Sprint sprint =
                    sprintRepository.sprintOfId(tenantId, sprintId);

            BacklogItem backlogItem =
                    backlogItemRepository.backlogItemOfId(
                        tenantId,
                        backlogItemId);

            sprint.commit(backlogItem);
        }
    });
```

根据系统需求，在处理了BacklogItemCommitted消息之后，Sprint与刚才所提交的BacklogItem达到了最终一致性。我们将在本章后续内容中讨论订阅方是如何接收领域事件的。

团队成员意识到，这种方式还存在一个小问题。Sprint如何处理更新事务呢？我们可以让消息处理器来处理事务。但是，无论如何我们都需要相应地重构代码。最好的方式是将事务处理委派给**应用服务**（14），这是一种很自然的选择，同时这种方式能够很好地融入**六边形架构**(4)中。如此一来，代码将变成：

```
MessageConsumer.instance(messageSource, false)
    .receiveOnly(
            new String[] { "BacklogItemCommitted" },
            new MessageListener(Type.TEXT) {
        @Override
        public void handleMessage(
            String aType,
            String aMessageId,
            Date aTimestamp,
            String aTextMessage,
            long aDeliveryTag,
            boolean isRedelivery)
        throws Exception {
            //从JSON中获取到tenantId、sprintId和backlogItemId

            String tenantId = ...
            String sprintId = ...
            String  backlogItemId = ...

            ApplicationServiceRegistry
                    .sprintService()
                    .commitBacklogItem(
                            tenantId, sprintId, backlogItemId);
        }
    });
```

在上面的例子中，我们没有必要消除对事件的重复提交，因为向Sprint提交BacklogItem是一个幂等操作。如果某个BacklogItem已经提交给了Sprint，当再次提交时，Sprint将予以忽略。

除了事件的来源信息，如果订阅方还需要进行更多的操作，那么我们可以向事件中添加额外的状态和行为。这样，订阅方便不用回头再对聚合进行查询，而只需要对所接收到的事件进行查询即可。富有行为和状态的领域事件在事件源中更加常见，因为那些需要持久化并进而发布到外部限界上下文的领域事件需要更多的额外状态，请参考附录A。

白板时间

- 列出你领域中已经存在但是还未被捕获的领域事件。
- 想想如何将这些事件显现在自己的领域模型中。

> 最容易识别出的便是当一个聚合依赖于另外一个聚合的时候，此时我们需要保证它们之间的最终一致性。

正如在值对象（6）中所讨论的，我们需要确保这些额外的事件行为是无副作用的，这样可以保证对象的不变性。

创建具有聚合特征的领域事件

有时，领域事件并不由聚合中的命令方法产生，而是直接由客户方所发出的请求产生。此时，领域事件可以建模成一个聚合，并且可以拥有自己的资源库。但是，又由于领域事件表示的是发生在过去的事情，因此资源库是不能对事件进行删除的。

和聚合一样，由这种方式所创建的事件应该成为模型结构的一部分。因此，它们不再仅仅表示过去发生的事情。

此时的领域事件依然应该设计成不变的，但是它们将拥有唯一标识。对于领域事件而言，我们可以使用事件属性来表示唯一标识。然而，即便事件的唯一标识可以由一组属性来决定，最好的方式还是采用生成的唯一标识，请参考**实体**（5）。这样，如果设计有变化，我们依然可以保证事件的唯一性。

由这种方式所创建的事件可以通过消息设施进行分发，同时又可以将其添加到资源库中。客户方可以通过调用**领域服务**（7）来创建事件，然后将其添加到资源库中，再通过消息设施进行发布。在这种情况下，资源库和消息设施必须使用相同的持久化实例（数据源），或者使用全局事务（即XA和两阶段提交），以此来保证对事件的成功提交。

在消息设施成功存储事件之后，它将异步地将事件发送给消息队列监听器、话题订阅方或者Actor Model[1]中的Actor等。如果消息设施所使用的存储和模型所使用的存储是分离的，并且消息设施不支持全局事务，那么在调用领域服务时，事件必须已经存在于消息存储中。消息转发组件将对消息存储中的每一个事件进行处理，然后通过消息设施将事件发布出去。对此，我们将在本章后续内容做详细讨论。

身份标识

这里，我们再讨论一下领域事件为什么需要唯一标识。有时，我们需要对不同的事件进行区分。在创建、发布事件的限界上下文中，我们几乎没有理由对不同事件进行比较。但是，如果我们的确需要对不同的事件进行比较，我们应该怎么办呢？再者，如果此时的事件被设计成了聚合，我们又该怎么办呢？

对于领域事件来说，使用属性来表示唯一标识似乎已经足够了，就像值对象一样。使用事件的名字、产生事件的聚合标识和事件时间戳已经足以对不同的事件进行区分了。

当领域事件被建模成了聚合；或者我们需要对不同的事件进行比较，但是事件的属性又不足以区分事件时，我们便需要为事件创建唯一标识。当然，还有其他的原因。

当我们需要将领域事件发布到外部限界上下文中时，为事件创建唯一标识也是有必要的。在有些情况下，单条消息可能会被多次分发，比如，在消息设施确定消息发出之前，消息发布器便瘫痪了。

不管是什么原因导致了对消息的重新分发，消息订阅方都需要检查出重复的消息，并且将其忽略掉。为了达到这样的目的，有些消息设施在消息头中加入了唯一性的消息标识，此时我们自己的领域模型是不能生成这样的标识的。即便消息设施不会自动地向消息中加入唯一标识，消息的发送方也会向事件本身或者消息中加入这样的标识信息。不管采用哪种方法，远程的订阅方都有机会知道一条消息是否是重复发送的。

有必要为领域事件提供equals()和hashCode()方法吗？有，但是通常来说，只有当事件用于本地限界上下文中时，我们才这么做。对于通过消息设施发送的事件，有时订阅方接收的并不是事件对象本身，而是以XML、JSON或键值对等表示的事

1. 请参考Erlang和Scala的Actor Model。在使用Scala或Java时，可以特别关注一下Akka。

件数据。另一方面，当一个事件被设计成聚合并且保存在资源库中时，那么事件应该为这些数据展现形式提供相应的方法支持。

从领域模型中发布领域事件

我们应该避免将领域模型暴露给任何类型的消息中间件。这些消息中间件只存在于基础设施层中。虽然有时领域模型会间接地与基础设施层打交道，但是它们绝不会显式地耦合起来。我们所采用的方法将彻底地避免对基础设施的使用。

一种简单高效的发布领域事件的方法便是使用**观察者**(Observer)模式[Gamma et al.]，这种方法可以在领域模型和外部组件之间进行解耦。出于命名的原因，我将使用“发布-订阅”来表示该模式，这也是[Gamma et al.]书中给观察者模式的别名。我这里给出的例子是非常轻量级的，因为无论是订阅事件还是发布事件，其中都没有网络的参与。消息的订阅方和发布方位于相同的进程空间中，并且运行在相同的线程中。当事件发布时，每一个订阅方都会同步地得到通知。这也意味着所有的订阅方都运行在相同的事务中，也许它们都被相同的应用服务所管理，而应用服务则是领域模型的直接客户。

为了更好地理解DDD中的领域事件，我们将分别讨论对消息的发布和订阅。

发送方

也许使用领域事件最常见的便是，由聚合创建一个事件，然后将其发布出去。此时的发送方位于模型的某个**模块** (9) 中，但是它并没有表达出多少领域概念，而是向聚合中添加了一个简单的服务，该服务用于通知订阅方所发生的领域事件。以下是一个DomainEventPublisher，顾名思义，该类用于发布领域事件，请参考图8.2。

```
package com.saasovation.agilepm.domain.model;

import java.util.ArrayList;
import java.util.List;

public class DomainEventPublisher {

    @SuppressWarnings("unchecked")
    private static final ThreadLocal<List> subscribers =
            new ThreadLocal<List>();

    private static final ThreadLocal<Boolean> publishing =
            new ThreadLocal<Boolean>() {
```

```
        protected Boolean initialValue() {
            return Boolean.FALSE;
        }
    };

    public static DomainEventPublisher instance() {
        return new DomainEventPublisher();
    }

    public DomainEventPublisher() {
        super();
    }

    @SuppressWarnings("unchecked")
    public <T> void publish(final T aDomainEvent) {
        if (publishing.get()) {
            return;
        }
        try {
            publishing.set(Boolean.TRUE);
            List<DomainEventSubscriber<T>> registeredSubscribers =
                    subscribers.get();
            if (registeredSubscribers != null) {
                Class<?> eventType = aDomainEvent.getClass();
                for (DomainEventSubscriber<T> subscriber :
                     registeredSubscribers) {
                    Class<?> subscribedTo =
                            subscriber.subscribedToEventType();
                    if (subscribedTo == eventType ||
                        subscribedTo == DomainEvent.class) {
                        subscriber.handleEvent(aDomainEvent);
                    }
                }
            }
        } finally {
            publishing.set(Boolean.FALSE);
        }
    }

    public DomainEventPublisher reset() {
        if (!publishing.get()) {
            subscribers.set(null);
        }
        return this;
    }

    @SuppressWarnings("unchecked")
    public <T> void subscribe(DomainEventSubscriber<T> aSubscriber) {
        if (publishing.get()) {
            return;
        }
        List<DomainEventSubscriber<T>> registeredSubscribers =
```

```
            subscribers.get();
        if (registeredSubscribers == null) {
            registeredSubscribers =
                    new ArrayList<DomainEventSubscriber<T>>();
            subscribers.set(registeredSubscribers);
        }
        registeredSubscribers.add(aSubscriber);
    }
}
```

由于每一个用户请求都将在单独的线程中予以处理，我们将通过线程来区分消息发送方。因此，对于上例中的两个ThreadLocal变量，subscribers和publishing，每个线程都会拥有自己的实例。当订阅方通过subscribe()方法向DomainEventPublisher进行注册时，该订阅方将被加入到所属线程的List中。每个线程都可以有多个注册的订阅方。

根据不同的应用服务器，有些服务器可能会维护一个线程池，不同的请求有可能重用同一个线程。对于在先前请求线程中注册的订阅方，我们不希望它在同一个线程的下一个请求到来时依然处于注册状态。当系统接收到一个新的用户请求时，我们应该调用reset()方法来清除掉先前的订阅方。这样保证了只有在执行了reset()之后注册的订阅方才能处理事件。在展现层（即图8.2中的"User Interface"），我们可以使用过滤器（filter）来拦截每个请求。该拦截组件将调用reset()方法：

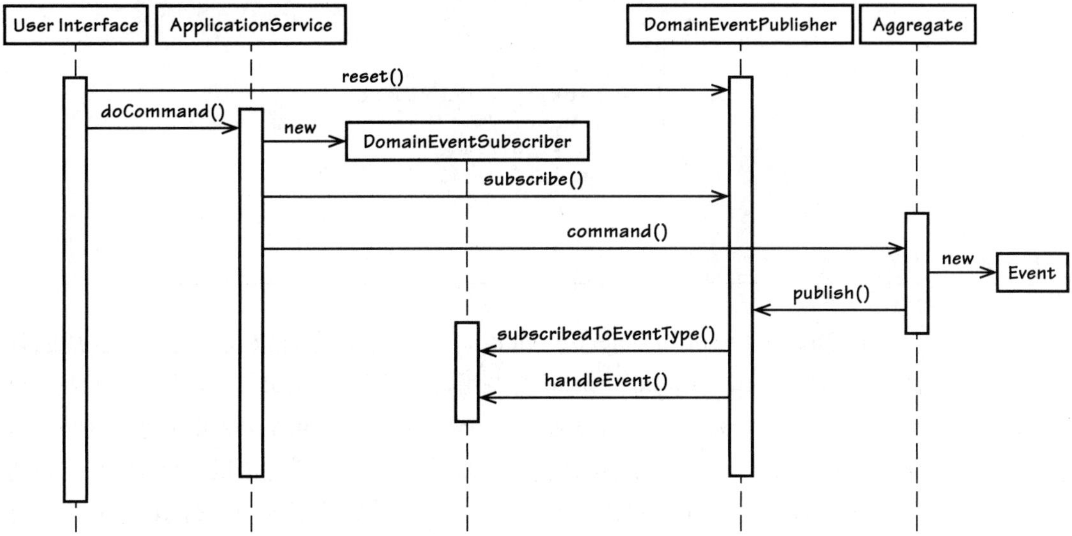

图8.2 轻量级观察者、**用户界面**（14）、应用服务和**领域模型**（1）之间的序列交互，这是一个抽象视图。

```
//在Web过滤器组件中，用户请求抵达
DomainEventPublisher.instance().reset();

...

//稍后，同一个请求对应的应用服务
DomainEventPublisher.instance().subscribe(subscriber);
```

随着代码的执行——图8.2中的两个分离组件——线程中只能有一个注册的订阅方。通过subscribe()方法的实现我们知道，只有当发送方没有进行发送操作时，我们才能注册订阅方。这可以避免线程同步问题，比如两段代码同时修改一个List。

当一个订阅方在处理事件时，如果它反过来再向发送方中添加一个新的订阅方，那么上面的线程同步问题便是非常明显的。

接下来，让我们来看看聚合是如何发送一个事件的。继续前面的例子，当BacklogItem的commitTo()方法执行成功之后，它将发布一个BacklogItemCommitted事件：

```
public class BacklogItem extends ConcurrencySafeEntity {
    ...
    public void commitTo(Sprint aSprint) {
        ...
        DomainEventPublisher
            .instance()
            .publish(new BacklogItemCommitted(
                    this.tenantId(),
                    this.backlogItemId(),
                    this.sprintId()));
    }
    ...
}
```

在DomainEventPulisher执行publish()方法时，它将依次遍历所有注册的订阅方。此时，DomainEventPulisher将调用每个订阅方的subscribedToEventType()方法来判断该订阅方是否可以处理一个特定类型的事件。如果订阅方返回的是DomainEvent.class，则表明该订阅方可以处理任何类型的领域事件。所有有资格处理事件的订阅方都将使用handleEvent()方法来处理事件。在过滤或通知完所有的订阅方之后，发布过程执行完毕。

和subscribe()方法一样，publish()方法在发布事件时是不允许嵌套请求的。所以在执行publish()方法，我们首先需要检查Boolean类型的线程变量publishing，只有在该变量为false时，我们才执行发布操作。

对事件的发布如何延伸到远程的限界上下文，从而支持自治性服务呢？我们将在本章的后面进行讨论，这里我们只将关注点放在本地限界上下文的订阅方上。

订阅方

由什么组件向领域事件注册订阅方呢？通常来说，这种功能由**应用服务（14）**完成，有时也由领域服务完成。订阅方可以是任何类型的组件，只要它和发布事件的聚合位于相同的线程中，并且在发布事件之前可以完成注册即可。这意味着，事件订阅方是在使用领域模型的方法执行流中进行注册的。

牛仔的逻辑

LB：“我想订阅一份《The Fence Post》，以便在本书中有更多可说的。”

在使用六边形架构时，由于应用服务是领域模型的直接客户，它可以作为注册订阅方的理想场所，即在应用服务调用聚合方法产生事件之前，它可以先对订阅方进行注册。以下是应用服务注册订阅方的一个例子：

```
public class BacklogItemApplicationService ... {
   public void commitBacklogItem(
           Tenant aTenant,
           BacklogItemId aBacklogItemId,
           SprintId aSprintId) {

       DomainEventSubscriber subscriber =
               new DomainEventSubscriber<BacklogItemCommitted>() {
           @Override
           public void handleEvent(BacklogItemCommitted aDomainEvent) {
               //在这里处理事件
           }
           @Override
           public Class<BacklogItemCommitted> subscribedToEventType() {
               return BacklogItemCommitted.class;
           }
       }
```

```
        DomainEventPublisher.instance().subscribe(subscriber);

        BacklogItem backlogItem =
                backlogItemRepository
                        .backlogItemOfId(aTenant, aBacklogItemId);

        Sprint sprint = sprintRepository.sprintOfId(aTenant, aSprintId);

        backlogItem.commitTo(sprint);
    }
}
```

在上例中，BacklogItemApplicationService是一个应用服务，它拥有一个commitBacklogItem()服务方法。该方法将实例化一个匿名的DomainEventSubscirber。然后，应用服务的任务协调器向DomainEventPublisher注册该DomainEventSubscirber。最后，commitBacklogItem()方法通过资源库获取到BacklogItem和Sprint，再执行BacklogItem的commitTo()方法。当该方法执行完后，它将发布一个BacklogItemCommitted事件。

上例并没有包含订阅方如何处理事件的代码。订阅方可以向外发送一封E-mail以告知BacklogItemCommitted事件的发生；也可以将该事件存放在事件存储中；或者通过消息设施将该事件转发出去。对于后两种情形，我们并不会创建一个特定于用例的应用服务，而是设计一个订阅组件予以处理。在"事件存储"一节中，你将看到这样的例子。在该例中，一个具有单一职责的组件负责将领域事件保存到事件存储中。

对于事件处理器，你要小心了

应用服务控制着事务。不要在事件通知过程中修改另外一个聚合实例，因为这样破坏了聚合的一大原则：在一个事务中，只对一个聚合进行修改。

事件订阅方不应该在另一个聚合上执行命令方法，因为这样将破坏"在单个事务中只修改单个聚合实例"的原则，请参考**聚合**（10）。正如[Evans]所讲，所有聚合实例之间的最终一致性必须通过异步的方式予以处理。

通过消息设施转发事件可以异步地将事件发送到不同的订阅方。每一个订阅方都可以在各自单独的事务中修改额外的聚合实例。这些额外的聚合实例可以位于相同的限界上下文中，也可以位于不同的限界上下文中。将事件分发到不同限界上下文的**子域**中，这里的"子域"强调了领域事件中的"领域"一词。换句话说，这里的事件是领域范围内的概念，而不是限界上下文中的概念。事件发布的契约应该放在整个企业范围之内，或者更大的范围。但是，大范围的事件分发并不意味着我们不能在相同的限界上下文中对事件进行分发。请参考图8.1。

有时，有必要使用领域服务来注册事件订阅方。这样的动机可能和让应用服务来注册订阅方一样，但是此时我们可能有特定于领域的原因。

向远程限界上下文发布领域事件

有多种方法可以将本地限界上下文中产生的事件发送到远程限界上下文中。首先，可以使用消息机制。需要明确的是，这里讨论的概念要比先前的发布-订阅概念宽泛得多。这里我们讨论的是那些轻量级的发布-订阅机制无法处理的情况。

存在多种消息组件，它们通常称为中间件。在开源社区有ActiveMQ、RabbitMQ、Akka、NserviceBus和MassTransit等。另外还存在很多商业化的消息中间件产品。当然，我们也可以通过REST资源的方式自己实现一套消息机制，此时，作为订阅客户方的自治系统将与消息的发布系统彻底分离，他们所请求的每一条消息通知都是先前没有处理过的。以上所有的消息系统都采用**发布-订阅**模式[Gamma et al.]，它们都有各自的优缺点。各个开发团队可以根据自身的预算、功能需求和质量需求而采用最适合自己的消息系统。

在不同的限界上下文之间采用这些消息系统时，我们必须保证最终一致性。在一个模型中的改变可能需要很长一段时间才能反映到另一个模型中。此外，根据各个系统的吞吐量和它们对其他系统的影响程度，在某个时间点，所有交互系统作为一个整体有可能根本就无法达到最终一致性。

消息设施的一致性

对于最终一致性，我们至少需要在两种存储之间保持最终一致性：领域模型所使用的持久化存储和消息设施所使用的持久化存储。这样保证了在持久化领域模型时，相应的领域事件也总能够得以发布。如果这两者没有得到同步，有可能导致模型处于不正确的状态。

那么，我们如何保证领域模型存储和事件存储之间一致性呢？有三种基本的方式：

1. 领域模型和消息设施共享持久化存储（比如，数据源）。在这种情况下，对模型的修改和对事件的提交发生在同一个本地事务中。这种方式的优点在于性能很高，而缺点在于消息系统的存储区域（比如数据库表）必须和领域模型位于同一个数据库中。当然，如果你的领域模型和消息机制不能共享持久化存储，这种方式便不合适了。

2. 领域模型的持久化存储和消息持久化存储由全局的XA事务（两阶段提交）所控制。这种方式的优点在于模型和消息所使用的持久化存储可以分开；缺点在于全局事务需要额外的支持，但不见得所有的存储机制都支持全局事务。全局事务的成本是很高的，而性能却很差。有可能出现的情况是，要么领域模型存储不支持XA事务，要么消息存储不支持XA事务，要么两者都不支持。

3. 在领域模型的持久化存储中，创建一个特殊的存储区域（比如一张数据库表），该区域用于存储领域事件。这便是一个事件存储（Event Store），对此我们将在本章后面予以讨论。这种方式和方式1相似，但是，此时的事件存储区域不再由消息机制所拥有和控制，而是你的限界上下文。同时，你需要创建一个消息外发组件将事件存储中的所有消息通过消息机制发送出去。这种方式的优点在于：模型修改和事件提交可以同时位于单个本地事务中。另一个额外的优点是，我们可以发布基于REST的事件通知。使用这种方式时，消息机制所使用的消息存储是完全私有的。在将领域事件保存到事件存储之后，我们需要使用一个消息中间件来发送消息。因此，这种方式的缺点是，我们可能需要定制开发一个消息转发组件来发送消息，同时客户方需要对消息进行消重处理（请参考"事件存储"）。

在本书的例子中，我们采用了方式3。虽然这种方式存在一些缺点，但是在"事件存储"中我们将看到，这种方式也是存在很多优点的。当然，我的选择并不能看作是唯一正确的选择，每种方式都存在自身的优缺点，你的团队需要根据实际情况做出适合于自己的选择。

自治服务和系统

通过使用领域事件，我们可以将任何企业系统设计成自治服务和系统。这里的自治服务表示一个设计良好的业务服务，我们可以将其看成一个系统或者应用程序。在整个企业范围之内，这些自治服务相互独立的完成各自的功能。自治服务可能拥有多个服务接口端点，表明该自治服务向远程客户方提供了多种技术上的服务接口。自治服务可以避免对远程过程调用（RPC）的使用，这可以带来更高程度的独立性。

远程系统有可能不可用或者处于超负荷状态，此时RPC可能会影响客户方的成功调用。随着RPC API的增加，这种风险也将随之增大。因此，避免对RPC的使用可以大大地简化系统之间的依赖，并且可以减少由远程系统不可用所带来的彻底请求失败。

在与远程系统交互时，客户方可以不用主动地发起请求调用，而是可以通过异步的消息来达到更高层次的独立性——自治性。当携带远程限界上下文中领域事件的消息抵达之后，本地上下文将对该事件做出相应的处理，比如调用本地聚合上的命令方法等。但是，这并不意味着我们只是简单地将消息中的对象复制到自己的业务系统中。诚然，数据复制是不可避免的，比如我们至少需要复制远程上下文中聚合的唯一标识。然而，我们几乎没有可能对远程上下文所传来的对象进行整体复制。如果发生了这样的建模错误，请参考**限界上下文**（2）和**上下文映射图**（3），这两个章节向我们解释了这样做为什么是错误的，并且如何避免这些错误。事实上，在领域事件设计正确的情况下，它们极少会携带远程上下文中的某个对象的所有信息。

领域事件将携带有限的命令参数和聚合状态，这些信息足以使作为订阅方的限界上下文做出相应的操作。否则，该事件在领域范围之内的契约应该进行修改，结果将导致一个新的事件契约版本，或者一个完全不同的事件。

有时，RPC是不可避免的。有些遗留系统可能只向客户方提供了RPC的调用方式。另外，有时将一个外部限界上下文中的概念翻译成本地上下文中的概念是存在困难的，而从不同事件中抽取信息以达到这样的翻译目的又会增加复杂度。如果你希望尽可能全面地将外部模型复制到本地模型中，那么此时便可以考虑使用RPC。当然，这不能成为一种优选的解决方案，我建议尽量不要使用RPC。如果RPC确实是不可避免的，此时要么采用RPC，要么可以说服外部模型的团队简化他们的设计。应该承认的是，后一种方法是非常困难的。

容许时延

发送事件和接收事件之间的时间延迟会导致问题吗？需要肯定的是，我们应该细心地应对这种情况，因为数据的不同步可能导致非常严重的负面影响。我们必须知道多长的时间延迟是可以接受的，多长是可能导致问题的。对于此，领域专家可能是非常清楚的。可能令开发者感到惊讶的是，数秒钟、数分钟、数小时甚至好几天的事件时延都是可以接受的。当然，这种说法并不总是对的，但是我们应该知道，长时间的事件延迟是有可能发生的。

有时，回答以下问题有助于我们更好地理解事件时延：在没有计算机之前业务是如何开展的，如今，将我们手中的计算机扔掉，我们的业务又将如何开展？也许最简单的基于纸张的系统也不见得有多好的最终一致性。因此，自动化的计算机系统也是有理由存在事件延时的。

设想一个用于计划团队未来活动的子域。当任何一个团队活动被批准时，系统都将发布一个TeamActivityApproved领域事件。在该事件发布之前，还可能存在其他已经发布的事件。另一个限界上下文将等待所有的事件到达之后才启动团队活动。

我们知道，一项活动在启动之前，必须提前两周得到批准。因此，事件延时并不是一个大问题，数分钟、数小时甚至数天的延时都是可以接受的。比如，由于系统失效导致了事件延迟了几个小时，这种故障对于该场景来说是完全可以接受的。

牛仔的逻辑

AJ：“肯塔基人经常说‘一小会儿’，对吧？”

LB：“对，纽约人说的是‘一分钟’。”

有些业务服务可能需要更高的吞吐量，此时我们需要好好地考虑最大容许时延，系统的架构应该满足在事件时延上的需求。对于自治服务和支持它们的消息设施来说，我们应该在可用性和可伸缩性上下足功夫，以便更好地完成那些非功能性的需求。

事件存储

对于单个限界上下文的所有领域事件来说，为它们维护一个事件存储是有好处的。考虑一下，如果你要存储由每个模型的命令方法所产生的离散领域事件，你将怎么做？你有可能：

1. 将事件存储作为一个消息队列来使用，该消息队列的作用是将所有的领域事件通过消息设施发布出去。这种方法是本书中首要使用的方法，它允许在不同的限界上下文之间进行集成，此时远程的订阅方将对领域事件做出反应以满足自身上下文的需求（请参考“向远程限界上下文发布领域事件”一节）。

2. 将相同的事件存储用于基于REST的事件通知（在逻辑上，这和第1点是相同的，但在实际使用时却存在不同）。

3. 检查由模型的命令方法所产生的所有结果的历史记录。这可以用于跟踪bug，不只是跟踪自己模型中的bug，还可以跟踪客户方中的bug。因此，此时的事件存储不再只是一个简单的审计日志。审计日志对于调试来说是有用的，但是却很少包含由聚合命令方法所产生的完整结果。

4. 使用事件存储中的数据来进行业务预测和分析。很多时候，业务人员只有在需要使用这些数据的时候才能意识到这些历史数据的重要性，而在没有事件存储来维护这些数据的时候，他们便捉襟见肘了。

5. 当从资源库中获取一个聚合实例时，使用事件来重建该聚合实例。对于事件源来说，这是一个必要的组成部分。重建聚合通过顺序地应用发生在该聚合上的所有事件来完成。你可以将任意数量的事件用于聚合重建（比如，以100个事件进行分组）。

6. 撤销对聚合的操作。为了达到这一点，我们可以在重建聚合时避免应用某一些事件（比如通过移除事件或使事件过期等方式）。另外，我们还可以添加一些事件补丁或者插入一些额外的事件来修复系统中的bug。

根据使用初衷的不同，事件存储将表现出不同的特征。由于本书中使用的例子主要是关于以上的第1点和第2点，我们在使用事件存储时将主要关注于顺序地将事件序列化到事件存储中。当然，这并不意味着我们就无法享受到第3点和第4点的好处，因为这两点是建立在第1点和第2点基础之上的。因此，在有了第1点和第2点之后，我们可以进而享受到由第3点和第4点的好处。然而，在本章中，我们不会谈及到上面的第5点和第6点。

要达到上面的第1点和第2点，我们需要几个步骤，请参考图8.3。我们首先将讨论图8.3中的不同步骤和其中所包含的组件。我们将通过SaaSOvation团队的经历来讲解。

不管是出于什么原因而使用事件存储，我们首先要做的便是创建事件的订阅方。SaaSOvation团队成员决定通过面向切面（Aspect-Oriented）的方式在每个应用层的执行流中插入对订阅方的注册功能。

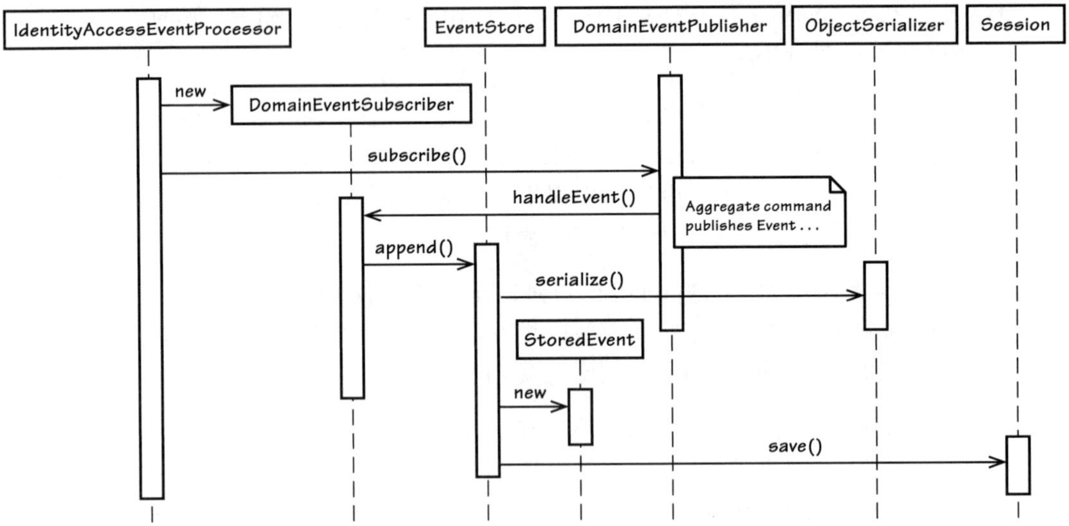

图8.3 IdentityAccessEventProcessor 通过匿名的方式订阅了模型中的所有事件。它将处理逻辑委派给EventStore，EventStore将把每一个事件序列化成StoreEvent，然后保存。

以下是SaaSOvation团队在身份与访问上下文中的实现代码，它保证了所有的领域事件都能得到保存。

```
@Aspect
public class IdentityAccessEventProcessor {
    ...
    @Before(
    "execution(* com.saasovation.identityaccess.application.*.*(..))")
    public void listen() {
        DomainEventPublisher
            .instance()
            .subscribe(new DomainEventSubscriber<DomainEvent>() {

                public void handleEvent(DomainEvent aDomainEvent) {
                    store(aDomainEvent);
                }

                public Class<DomainEvent> subscribedToEventType() {
```

```
                return DomainEvent.class; //所有领域事件
            }
        });
    }

    private void store(DomainEvent aDomainEvent) {
        EventStore.instance().append(aDomainEvent);
    }
}
```

以上是一个非常简单的事件处理器，在其他限界上下文中我们也可以采用相似的方法。该事件处理器使用了一个切面（Spring AOP）来拦截所有的应用层方法。当执行一个应用层方法时，消息处理器将对模型中所发布的所有事件进行监听。事件处理器向当前线程中的DomainEventPublisher实例注册了一个DomainEventSubscriber。通过subscribedToEventType()方法所返回的DomainEvent.class我们知道，该DomainEventSubscriber可以处理任何类型的领域事件。在执行handleEvent()方法时，该DomainEventSubscriber将委派给store()方法，store()方法进而委派给EventStore实例的append()方法。

下面是EventStore的append()方法：

```
package com.saasovation.identityaccess.application.eventStore;
...
public class EventStore ... {
    ...
    public void append(DomainEvent aDomainEvent) {

        String eventSerialization =
            EventStore.objectSerializer().serialize(aDomainEvent);

        StoredEvent storedEvent =
                new StoredEvent(
                        aDomainEvent.getClass().getName(),
                        aDomainEvent.occurredOn(),
                        eventSerialization);

        this.session().save(storedEvent);

        this.setStoredEvent(storedEvent);
    }
}
```

这里的store()方法将对DomainEvent实例进行序列化，然后将其用于创建新的StoredEvent实例，最后将该StoredEvent保存到事件存储中。以下是StoredEvent类的部分代码：

```
package com.saasovation.identityaccess.application.eventStore;
...
public class StoredEvent {
    private String eventBody;
    private long eventId;
    private Date occurredOn;
    private String typeName;

    public StoredEvent(
            String aTypeName,
            Date anOccurredOn,
            String anEventBody) {
        this();
        this.setEventBody(anEventBody);
        this.setOccurredOn(anOccurredOn);
        this.setTypeName(aTypeName);
    }
    ...
}
```

每一个StoredEvent实例都有一个唯一的序列号eventId，该序列号由数据库自动产生。StoredEvent的eventBody包含了DomainEvent的序列化数据。在该例中，我们使用了[Gson]库将DomainEvent序列化成了JSON格式的数据，当然你也可以采用其他格式。StoredEvent的typeName保存了领域事件的实际类名，而occurredOn则和DomainEvent中的occurredOn相同。

所有的StoredEvent对象都将持久化到MySQL数据库中。此时，数据库应该为序列化后的事件数据保留足够的存储空间，这里我们使用了具有65,000字符宽度的varchar来保存序列化数据，这对于当前的事件实例来说已经足够了。

```
CREATE TABLE `tbl_stored_event` (
    `event_id` int(11) NOT NULL auto_increment,
    `event_body` varchar(65000) NOT NULL,
    `occurred_on` datetime NOT NULL,
    `type_name` varchar(100) NOT NULL,
    PRIMARY KEY (`event_id`)
) ENGINE=InnoDB;
```

以上，我们在一个较高层次上向大家展示了用于事件存储的必要组件。在本章后面，我们将讨论更多的细节。接下来，让我们看看其他系统是如何使用这些存储事件的。

转发存储事件的架构风格

一旦领域事件被保存在了事件存储中，我们便可以对这些事件进行转发以通知其他系统。我们将讨论两种转发事件的架构风格。一种是基于REST资源的方式，一种是基于消息中间件的方式。

诚然，基于REST的方式并不是一种真正意义上的转发技术。但是，它可以达到和发布-订阅风格相同的效果，就比如，一个E-mail客户方可以作为一个“订阅方”，它所订阅的便是由E-mail服务器所“发布”的E-mail信件。

以REST资源的方式发布事件通知

在那些具有基本发布-订阅功能的系统环境中，采用REST风格的事件通知是最合适的。在这些环境中，一个发布方发布的事件存在着多个消费方。另一方面，如果你试图通过消息队列的方式来使用REST事件通知，就会出问题了。以下是REST风格事件通知的优缺点：

- 如果多个客户方都可以通过单个URI来请求相同的事件通知，那么此时REST便是合适的。一个事件通知可以拥有任意多的消费方。虽然REST使用的是“拉”的方式，而不是“推”的方式[2]。
- 如果一个或多个消费方需要从多个发布方中获取资源以顺序地完成一系列任务，那么此时你便会感到REST所带来的痛苦了。这实际上描述了一个消息队列，许多发送方同时为一个或多个消费方服务，此时事件的接收顺序是重要的。对于实现消息队列来说，“拉”的方式并不是一个好的选择。

与那些典型的消息设施相比，采用REST来发布事件通知是一种截然不同的风格。其中，“发布方”并不会持有注册的“订阅方”，因为REST不会对事件进行“推送”。相反，这种方式需要REST的客户方通过一个公认的URI来“拉取”事件通知。

2. 请参考http://c2.com/cgi/wiki?ObserverPattern），它依然遵从基本的发布-订阅模式。

让我们再从一个高的层次来考虑REST。如果你理解Web领域中Atom的工作机制，那么你便能更好地理解基于REST的消息通知方式了，因为它们非常相似。事实上，REST消息通知即是建立在Atom概念之上的。

客户方通过HTTP的GET方法来请求所谓的当前日志（Current Log）。这里的当前日志表示所发布事件通知的最新版本。客户方所接收到的当前日志包含了若干数量的事件通知，通知数量不能超过标准上限。在本书的例子中，我们将每个当前日志所包含的通知数量设成20。客户方将依次遍历当前日志中所有的事件通知，从中找出那些还没有被本地限界上下文所处理的事件通知。

那么，客户方在本地如何处理事件通知呢？它将根据事件类型把序列化数据翻译成本地限界上下文中的模型。在这个过程中，可能还会涉及到获取本地上下文中的聚合实例，然后根据事件信息在本地聚合实例上执行命令操作。当然，客户方必须按照顺序对事件进行处理，因为越老的事件越早发生。否则，在本地模型中有可能出现bug。

在我们的实现中，当前日志中最多包含19个事件通知。当当前日志中的事件达到20条之后，多余的将被自动地存档。如果在前一个日志存档之后不再有事件通知，那么新的当前日志将为空。

存档日志到底是什么？

存档日志没有什么神秘的。它只是表明：一个存档日志不能再被其所在的系统修改。同时，这也告诉客户方：无论他们请求多少次存档日志，所获得的数据都是相同的。

另一方面，对于当前日志来说，在事件通知的数量达到最大上限之前，都是可以修改的。当日志中的事件通知达到上限之后，当前日志将被存档。当然，修改当前日志的唯一方法便是向其中加入新的事件通知。

在事件加入到日志中之后，该事件便不能再修改了，这主要是为了向客户方做出保证。

因此，当前日志中可能不会包含最新的或最老的事件通知。老的事件通知有可能存在于先前的存档日志中。这主要和日志的填充频率和客户方的请求频率有关。图8.4向我们展示了一个通知日志链。

在图8.4中，假设通知1到通知58已经被消费方处理过了，而通知59到通知65还未被处理过。当客户方通过URI发出请求时，他将收到当前日志：

```
//iam/notifications
```

在客户方的数据库中，保存了最近一次处理的通知号，在本例中即为58。客户方应该知道需要处理的下一个通知号，而不是服务器端。客户方将从上到下依次遍历整个当前日志，以查找58号事件通知。它并没有找到该通知，于是再在先前的日志（即存档日志）中进行查找。先前日志通过超媒体链接的方式出现在当前日志中。使用超媒体链接的一种方式便是添加一个消息头：

```
HTTP/1.1 200 OK
Content-Type: application/vnd.saasovation.idovation+json
...
Link: <http://iam/notifications/61,80>; rel=self
Link: <http://iam/notifications/41,60>; rel=previous
...
```

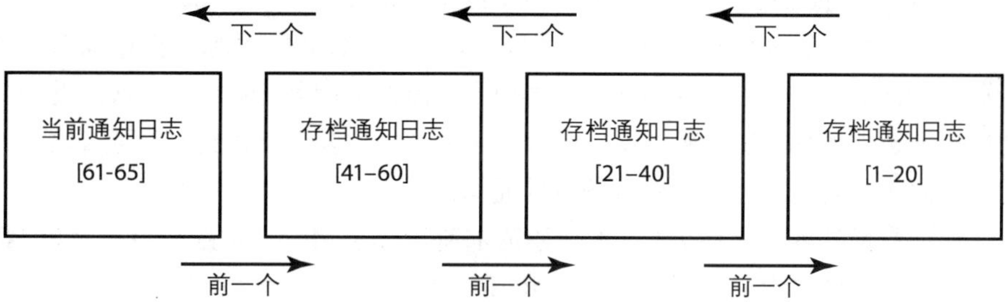

图8.4当前日志和存档日志组成了所有事件的一个虚拟数组，从最早的事件到最近的事件。这里的事件1-65都是过期事件。每一个存档日志所能包含的最大通知数为20，而当前日志中只包含了5个通知。

URI为什么没有反映出当前日志中实际包含的内容？

请注意，就本例来说，虽然当前日志中只包含了61-65号通知，但是URI依然包含了整个事件通知范围，即从61到80，比如：

```
Link: <http://iam/notifications/61,80>; rel=self
```

这是因为，REST资源必须在其整个生命周期中保持稳定性。这有助于资源访问的一致性，另外还有利于缓存的正常工作。

对于包含了“rel=previous”的Link来说，该URI也用于HTTP的GET请求，它将获取当前日志的前一个存档日志：

```
//iam/notifications/41,60
```

通过该存档日志，客户方将找到与58号通知处于相同日志的事件通知（60、59、58）。由于客户方已经处理了58号通知，他将先找到并处理相同存档日志中的59号事件通知，然后是60号。此时，客户方已经处理完该存档日志中的所有事件通知。接下来，客户方将遍历“ rel=next”资源，即当前日志：

```
HTTP/1.1 200 OK
Content-Type: application/vnd.saasovation.idovation+json
...
Link: <http://iam/notifications/61,80>; rel=next
Link: <http://iam/notifications/41,60>; rel=self
Link: <http://iam/notifications/21,40>; rel=previous
...
```

客户方将从当前日志中找到第61、62、63、64和65号事件通知，然后依次进行处理。到此，客户方已经处理完当前日志中的所有事件通知，这时它将停止事件处理，因为在当前日志中不会出现“rel=next”链接消息头。

一段时间之后，客户方将重复该处理过程。此时如果再次请求当前日志，日志中有可能将出现一些新的事件通知。客户方可能需要向前查找，以找到最近一次处理过的事件通知，在本例中即为65。和以前一样，当客户方找到65号通知之后，它将按顺序处理比65号通知更新的事件通知。

任何数量的客户限界上下文都可以请求通知日志。事实上，任何限界上下文都可能向发布事件的限界上下文发出请求，请求的内容甚至可以包括从最开始到现在所产生的所有事件通知。当然，客户方限界上下文需要足够的安全权限才能访问发布事件的限界上下文。

但是，这种“拉”的方式是否会使Web服务器处于超负荷状态呢？如果REST资源采用了有效的缓存机制，那么这便不是一个问题了。比如，客户方可以对当前日志进行缓存，缓存时长大约1分钟：

```
HTTP/1.1 200 OK
Content-Type: application/vnd.saasovation.idovation+json
...
Cache-Control: max-age=60
...
```

在缓存时长之内，如果客户方再次发出请求，那么客户方的缓存将直接返回先前已经获取到的当前日志。当缓存过期时，客户方将再次从服务器端获取最新的当前日志。存档日志可以拥有更长的缓存时长，因为它们不会改变，比如：

```
HTTP/1.1 200 OK
Content-Type: application/vnd.saasovation.idovation+json
...
Cache-Control: max-age=3600
...
```

客户方可以将当前日志的max-age作为一个定时器使用，因为没有必要向缓存的资源发出GET请求。这种方式对于客户方和服务器端来说都是有益的。在缓存没有过期之前，服务器是不会收到来自客户方的请求的。因此，在适当采用缓存的情况下，客户方并不会对服务器的性能和可用性造成影响。这也显示出Web的好处——通过内建的缓存机制可以增强系统的性能和可伸缩性。

当然，服务器也可以提供缓存。对于事件通知日志来说，服务器缓存可以工作得很好，因为存档日志不会改变。客户方对存档日志的请求不止是可以获取到资源，同时，如果其他客户方再对相同的资源发出请求，服务器将直接返回缓存中的资源。此时的缓存不需要刷新存档日志，因为存档日志是不变的。

好啦！以上已经够详细了，在**集成限界上下文中（13）**你将学到更多的细节知识。对于基于REST的事件通知，我建议读者参考一下[Parastatidis et al., RiP]，其中包含了对基于Atom的通知日志的优缺点讨论，同时还有一些参考实现。此外，Jim Webber在他的演讲[Webber, REST & DDD]中提供了更详尽的讨论。Stefan Tilkov在InfoQ上发表的文章[Tilkov, RESTful Doubts]是较早讨论REST事件通知的资料之一。你也可以参考我的演讲[Vernon, RESTful DDD]。

通过消息中间件发布事件通知

在采用REST发布事件通知时，我们需要自己处理很多细节，而在采用消息中间件时，比如RabbitMQ，我们便不用去处理这些细节了，消息中间件将为我们处理。此外，消息系统同时支持发布-订阅的事件通知方式和消息队列方式。在这两种方式中，消息系统都是通过"推送"的方式来发送事件通知消息的。

考虑一下将事件存储中的事件通过消息中间件发布出去的情形。我们将采用发布-订阅的方式，RabbitMQ称为扇出交换器（Fanout Exchange）。我们需要一系列的组件依次完成以下操作：

1. 对于某个扇出交换器来说，从事件存储中查找出所有还没有被发布的领域事件对象，再将这些对象按照唯一标识升序排列。

2. 依次遍历这些领域事件对象，并将它们发送给扇出交换器。

3. 当消息系统成功发布事件通知之后，在扇出交换器中对该领域事件进行跟踪。

我们不会等待订阅方的接收确认信号。当消息系统通过扇出交换器发布消息时，订阅系统有可能处于停机状态。每一个订阅系统都需要自己负责处理所接收到的消息，并保证其自身模型中的领域行为得到了正确的调用。对于消息系统来说，我们只是确保对消息的投递。

白板时间

- 为两个需要集成的限界上下文绘制一份上下文映射图，请确保该映射图能够显示出两个上下文之间的连接关系。
- 标注出这两个上下文之间的集成关系，比如**防腐层**(3)。
- 看看你将如何集成这两个限界上下文。你会使用RPC、REST事件通知还是消息设施？

请记住，当与遗留系统集成时，我们的选择是非常少的。

实现

在决定了发布事件的架构风格之后，SaaSOvation团队开始将重点转向实现上……

发布事件通知的核心行为位于应用服务NotificationService中。这样团队可以自己管理事务。此外，需要强调的是，事件通知是一个应用程序级别上的关注点，而不是领域的关注点，即便这些事件通知是源自于领域模型的也是如此。

没有必要为NotificationService创建一个**独立接口**[Fowler, P of EAA]。此时，对事件通知的发布只有一个实现，因此SaaSOvation的团队成员们决定采用尽量简单的方式。另外，每一个简单的类都有一个公有的接口：

```
package com.saasovation.identityaccess.application;
...
public class NotificationService {
```

```
    ...
    @Transactional(readOnly=true)
    public NotificationLog currentNotificationLog() {
        ...
    }

    @Transactional(readOnly=true)
    public NotificationLog notificationLog(String aNotificationLogId) {
        ...
    }

    @Transactional
    public void publishNotifications() {
        ...
    }
    ...
}
```

前两个方法用于查找NotificationLog实例，这些实例将以REST资源的方式提供给客户方。第三个方法将单个Notification实例通过消息机制发布出去。团队成员们首先将实现前两个查询方法，再实现第三个方法。

发布NotificationLog

回想一下，存在两种类型的通知日志——当前日志和存档日志。因此，NotificationService为每种类型的日志都提供了查询方法：

```
public class NotificationService {
    @Transactional(readOnly=true)
    public NotificationLog currentNotificationLog() {
        EventStore eventStore = EventStore.instance();

        return this.findNotificationLog(
                this.calculateCurrentNotificationLogId(eventStore),
                eventStore);
    }

    @Transactional(readOnly=true)
    public NotificationLog notificationLog(String aNotificationLogId) {
        EventStore eventStore = EventStore.instance();

        return this.findNotificationLog(
                new NotificationLogId(aNotificationLogId),
                eventStore);
```

```
    }
    ...
}
```

两个方法都返回一个NotificationLog对象，它们首先从事件存储中找到一系列的DomainEvent实例，再将每个实例包装成Notification，然后将不同的Notification组装到同一个NotificationLog中。当一个NotificationLog实例创建成功之后，它便可以通过REST资源的方式提供给客户方了。

由于当前日志可能一直处于改变状态，在每次请求时都需要重新计算日志标识。计算代码如下：

```
public class NotificationService {
    ...
    protected NotificationLogId calculateCurrentNotificationLogId(
            EventStore anEventStore) {

        long count = anEventStore.countStoredEvents();

        long remainder = count % LOG_NOTIFICATION_COUNT;

        if (remainder == 0) {
            remainder = LOG_NOTIFICATION_COUNT;
        }

        long low = count - remainder + 1;

        // 虽然当前有可能不存在一整套的通知，但是日志的id应该是崭新的
        long high = low + LOG_NOTIFICATION_COUNT - 1;

        return new NotificationLogId(low, high);
    }
    ...
}
```

另一方面，对于存档日志来说，我们只需要一个NotificationLogId用于表示通知的标识范围即可。回想一下，事件通知的标识是通过文本的方式来表示的，并且表示了一个范围，比如21-40。因此，NotificationLogId的构造函数可以通过以下方式实现：

```
public class NotificationLogId {
    ...
    public NotificationLogId(String aNotificationLogId) {
        super();
```

```
        String[] textIds = aNotificationLogId.split(",");
        this.setLow(Long.parseLong(textIds[0]));
        this.setHigh(Long.parseLong(textIds[1]));
    }
    ...
}
```

无论是查询当前日志还是存档日志，我们现在都有了相应的NotificationLogId，该NotificationLogId将用于findNotificationLog()方法：

```
public class NotificationService {
    ...
    protected NotificationLog findNotificationLog(
            NotificationLogId aNotificationLogId,
            EventStore anEventStore) {

        List<StoredEvent> storedEvents =
            anEventStore.allStoredEventsBetween(
                    aNotificationLogId.low(),
                    aNotificationLogId.high());

        long count = anEventStore.countStoredEvents();

        boolean archivedIndicator = aNotificationLogId.high() < count;

        NotificationLog notificationLog =
            new NotificationLog(
                    aNotificationLogId.encoded(),
                    NotificationLogId.encoded(
                            aNotificationLogId.next(
                                    LOG_NOTIFICATION_COUNT)),
                    NotificationLogId.encoded(
                            aNotificationLogId.previous(
                                    LOG_NOTIFICATION_COUNT)),
                    this.notificationsFrom(storedEvents),
                    archivedIndicator);

        return notificationLog;
    }
    ...
    protected List<Notification> notificationsFrom(
            List<StoredEvent> aStoredEvents) {
        List<Notification> notifications =
            new ArrayList<Notification>(aStoredEvents.size());

        for (StoredEvent storedEvent : aStoredEvents) {
            DomainEvent domainEvent =
                    EventStore.toDomainEvent(storedEvent);

            Notification notification =
```

```
                new Notification(
                        domainEvent.getClass().getSimpleName(),
                        storedEvent.eventId(),
                        domainEvent.occurredOn(),
                        domainEvent);

            notifications.add(notification);
        }

        return notifications;
    }
    ...
}
```

有趣的是，这里我们没有必要持久化Notification或者整个日志，而是在每次需要的时候新建这些对象实例。这样带来的好处是显然的，即我们可以在请求时对NotificationLog进行缓存，从而有助于提高系统的性能和可伸缩性。

上面的findNotificationLog()方法使用EventStore组件来查询StoredEvent实例，下面的代码展示了EventStore对StoredEvent的查找：

```
package com.saasovation.identityaccess.application.eventStore;
...
public class EventStore ... {
    ...
    public List<StoredEvent> allStoredEventsBetween(
            long aLowStoredEventId,
            long aHighStoredEventId) {

        Query query =
            this.session().createQuery(
                    "from StoredEvent as _obj_ "
                    + "where _obj_.eventId between ? and ? "
                    + "order by _obj_.eventId");

        query.setParameter(0, aLowStoredEventId);
        query.setParameter(1, aHighStoredEventId);

        List<StoredEvent> storedEvents = query.list();

        return storedEvents;
    }
    ...
}
```

最后，在Web层，我们发布当前日志和存档日志：

```
@Path("/notifications")
public class NotificationResource {
    ...
    @GET
    @Produces({ OvationsMediaType.NAME })
    public Response getCurrentNotificationLog(
            @Context UriInfo aUriInfo) {

        NotificationLog currentNotificationLog =
            this.notificationService()
                .currentNotificationLog();

        if (currentNotificationLog == null) {
            throw new WebApplicationException(
                    Response.Status.NOT_FOUND);
        }

        Response response =
            this.currentNotificationLogResponse(
                    currentNotificationLog,
                    aUriInfo);

        return response;
    }

    @GET
    @Path("{notificationId}")
    @Produces({ OvationsMediaType.ID_OVATION_NAME })
    public Response getNotificationLog(
            @PathParam("notificationId") String aNotificationId,
            @Context UriInfo aUriInfo) {

        NotificationLog notificationLog =
            this.notificationService()
                .notificationLog(aNotificationId);

        if (notificationLog == null) {
            throw new WebApplicationException(
                    Response.Status.NOT_FOUND);
        }

        Response response =
            this.notificationLogResponse(
                    notificationLog,
                    aUriInfo);

        return response;
    }
    ...
}
```

当然，我们也可以使用MessageBodyWriter来生成返回结果，但是这种方法会稍微复杂一些。

以上我们便讨论了以REST资源的方式发布当前日志和存档日志。

发布基于消息的事件通知

NotificationService提供一个单一的方法来通过消息设施发布DomainEvent：

```
public class NotificationService {
    ...
    @Transactional
    public void publishNotifications() {
        PublishedMessageTracker publishedMessageTracker =
            this.publishedMessageTracker();

        List<Notification> notifications =
            this.listUnpublishedNotifications(
                    publishedMessageTracker
                            .mostRecentPublishedMessageId());

        MessageProducer messageProducer = this.messageProducer();

        try {
            for (Notification notification : notifications) {
                this.publish(notification, messageProducer);
            }

            this.trackMostRecentPublishedMessage(
                    publishedMessageTracker,
                    notifications);
        } finally {
            messageProducer.close();
        }
    }
    ...
}
```

上面的publishNotification()方法首先获取到一个PublishedMessageTracker对象。该对象的作用是持久化已经被发布的事件：

```
package com.saasovation.identityaccess.application.notifications;
...
public class PublishedMessageTracker {
    private long mostRecentPublishedMessageId;
    private long trackerId;
    private String type;
    ...
}
```

请注意，PublishedMessageTracker并不属于领域模型，而是属于应用程序。该对象拥有一个唯一标识trackerId。属性type描述了事件所要发布到的话题/通道(topic/channel)。而mostRecentPublishedMessageId则表示了所发布DomainEvent的唯一标识，该DomainEvent将被序列化成StoredEvent，然后再进行持久化。因此，它维护了最近发布的事件实例的eventId。在所有的Notification消息发送完毕之后，publishNotifications()方法将保存PublishedMessageTracker，其中含有最近发布事件的唯一标识。

事件标识eventId和type属性使得我们可以在不同时间将同一个事件通知发布到任意数量的话题/通道中。我们只需要创建一个新的PublishedMessageTracker，其中的type属性表示了话题/通道的名称，然后从第一个StoredEvent开始发布。以下是publishedMessageTracker()方法：

```
public class NotificationService {
    private static final String EXCHANGE_NAME =
            "saasovation.identity_access";
    ...
    private PublishedMessageTracker publishedMessageTracker() {
        Query query =
            this.session().createQuery(
                    "from PublishedMessageTracker as _obj_ "
                    + "where _obj_.type = ?");

        query.setParameter(0, EXCHANGE_NAME);

        PublishedMessageTracker publishedMessageTracker =
            (PublishedMessageTracker) query.uniqueResult();

        if (publishedMessageTracker == null) {
            publishedMessageTracker =
                new PublishedMessageTracker(EXCHANGE_NAME);
        }

        return publishedMessageTracker;
    }
    ...
}
```

当前的实现并不支持多通道(Multichannel)，但是通过简单的重构，我们便可以达到支持多通道的目的。

接下来，listUnpublishedNotification()方法用于查询所有尚未被发布的Notification实例：

```
public class NotificationService {
    ...
    protected List<Notification> listUnpublishedNotifications(
            long aMostRecentPublishedMessageId) {
        EventStore eventStore = EventStore.instance();

        List<StoredEvent> storedEvents =
                eventStore.allStoredEventsSince(
                        aMostRecentPublishedMessageId);

        List<Notification> notifications =
            this.notificationsFrom(storedEvents);

        return notifications;
    }
    ...
}
```

在现实情况下，该方法将返回那些eventId大于aMostRecentPublishedMessageId的StoredEvent，返回结果将用于创建一个新的Notification实例集合。

现在，我们回到主要的publishNotifications()方法。对于封装了DomainEvent的Notification实例集合来说，publishNotifications()方法将遍历该集合，然后分别调用publish() 方法来逐一发布Notification：

```
...
for (Notification notification : notifications) {
    this.publish(notification, messageProducer);
}
```

该方法通过RabbitMQ来发布单个Notification实例，但是它使用了一个简单的类库使其接口更加具有面向对象的特征：

```
public class NotificationService {
    ...
    protected void publish(
            Notification aNotification,
            MessageProducer aMessageProducer) {

        MessageParameters messageParameters =
            MessageParameters.durableTextParameters(
                    aNotification.type(),
                    Long.toString(aNotification.notificationId()),
                    aNotification.occurredOn());
```

```
        String notification =
            NotificationService
                .objectSerializer()
                .serialize(aNotification);

        aMessageProducer.send(notification, messageParameters);
    }
    ...
}
```

这里的publish()方法首先创建一个MessageParameters实例，然后将JSON格式的DomainEvent通过MessageProducer[3]发送出去。MessageParameters包含了一些需要和消息体一起发送的参数值，其中包含了事件的type属性、消息ID和领域事件的时间戳occuredOn。这些参数使得订阅方可以在不解析JSON消息体的情况下获取到该事件通知的一些重要信息。这里的消息ID为消息消重提供了支持，对此我们将在本章后面进行讨论。

再考虑以下用于消息发布的方法：

```
public class NotificationService {
    ...
    private MessageProducer messageProducer() {

        //当交换器不存在时，创建一个交换器
        Exchange exchange =
            Exchange.fanOutInstance(
                    ConnectionSettings.instance(),
                    EXCHANGE_NAME,
                    true);

        //创建一个消息发布器以转发事件
        MessageProducer messageProducer =
            MessageProducer.instance(exchange);

        return messageProducer;
    }
    ...
}
```

3. Exchange、ConnectionSettings、MessageProducer、MessageParameters等类属于上面提到的那个简单类库，该类库为RabbitMQ提供了一个抽象层。通过该类库，我们可以通过更加面向对象的方式使用RabbitMQ。本书的其他示例代码也使用了该类库。

上面的messageProducer()被publishNotifications()方法所调用，它的作用在于确保扇出交换器是存在的，并且获取一个用于发布消息的MessageProducer实例。RabbitMQ支持扇出交换器的幂等性，即在第一次使用扇出交换器时，RabbitMQ将为我们创建一个新的扇出交换器，后续使用时我们将使用先前创建的那个扇出交换器。我们并不会保留处于打开状态的MessageProducer实例，而是在每次发布时重新创建一个连接，这样可以避免整体性的发布失败。当然，如果不断地重复连接造成了性能上的瓶颈，那么我们就得注意了。但是，就现在而言，我们可以依赖于两次发布操作之间的暂停时间来解决由不断连接所导致的问题。

说到发布操作之间的暂停时间，在以上代码中我们并没有看到这是如何实现的。有几种不同的方式都可以实现这样的功能，比如，可以使用一个JMX的TimerMBean。

在展示定时功能之前，有一点我们需要注意。Java的MBean标准也使用了“通知”一词，但是这和我们发布领域事件时所用到的“通知”是不同的。在Java的MBean中，在每次定时事件发生时，一个监听器都将得到通知。对于这两种不同的“通知”，读者要心中有数。

在设定好定时器的时间间隔之后，我们向MBeanServer注册一个NotificationListener：

```
mbeanServer.addNotificationListener(
        timer.getObjectName(),
        new NotificationListener() {
            public void handleNotification(
                    Notification aTimerNotification,
                    Object aHandback) {
                ApplicationServiceRegistry
                        .notificationService()
                        .publishNotifications();
            }
        },
        null,
        null);
```

在上例中，handleNotification()方法将调用NotificationService上的publishNotifications()方法。只要TimerMBean不断地触发，那么领域事件便会不断地通过扇出交换器发布出去。

使用由应用服务器所管理的定时器还有额外的好处：我们不用单独创建一个组件来监视事件发布的整个过程。比如，如果publishNotifications()方法的某次执行由于种种原因而失败，TimerMBean依然会继续运行，然后在定时间隔到达时重新触发publishNotifications()方法。系统管理员会照看那些由基础设施（比如RabbitMQ）导致的错误，一旦问题解除，消息将得以继续发送。除了以上提到的TimberMBean之外，还有其他的定时工具，比如[Quartz]。

到现在为止，我们依然没有处理消息消重的问题。什么是消息消重？消息订阅方为什么需要支持消息消重？

事件消重 在有些环境中，消息系统可能多次向订阅方发送消息，在这种情况下，我们便需要对事件进行消重。有多种原因可能导致消息的重复发送。其中一种是：

1. RabbitMQ将一条新建的消息发送到一个或多个订阅方。
2. 订阅方处理该消息。
3. 在订阅方发回确认信号之前，订阅方失败。
4. RabbitMQ重新发送消息。

另一可能便是：当从事件存储中发送消息时，消息系统并不与事件存储共享持久化机制，而全局的XA事务又没有控制事件存储和消息系统之间的原子提交。本章前面的"通过消息中间件发布事件通知"一节便是这种情形。以下描述了重复发送消息的情形：

1. NotificationService查找并发布3个先前未被发布的Notification实例，然后通过PublishedMessageTracker更新发送记录。
2. RabbitMQ接收到所有3条消息，并准备将它们发送给订阅方。
3. 但是，应用服务器出现故障，NotificationServcie出现问题，造成对PublishedMessageTracker的修改并未得到提交。
4. RabbitMQ将消息发送给订阅方。
5. 应用服务器的故障解除，消息发布过程重新启动，NotificationService继续发送未发布的事件，其中也包括那3条未被PublishedMessageTracker记录的事件。
6. RabbitMQ将所接收到的事件发送给订阅方，于是先前那3条消息便出现了重复。

在以上场景中，我随机性地使用了3个事件，当然我们也可以使用1条、2条或者更多数量的消息。这里的重复消息的数量并不多，重点是为了向大家展示对消息的重复投递是有可能发生的。当由于种种原因而导致消息重复时，对消息的消重便是有必要的了，对此，请参考**幂等接收器**[Hohpe & Woolf]。

幂等操作

幂等操作即进行多次重复操作和只进行一次操作所产生的结果相同。

处理重复消息的一种方式便是将订阅方的处理过程变成幂等操作过程。订阅方对消息的处理对于其自己的领域模型来说应该是幂等的。设计幂等领域对象的问题在于：太困难、太不实用、甚至是不可能的。另外，如果我们试图将事件本身设计成幂等操作，这也会给我们带来很多麻烦。首先，消息的发送方必须完全了解所有消息接收方的业务场景，其次，如果接收方由于延迟、重试等原因而导致了错误的消息接收顺序，那么这也将带来问题。

当领域对象无法满足幂等操作的要求时，我们可以转而将订阅方/接收方设计成幂等的。比如，消息接收方在接收到重复的消息时可以拒绝处理。首先，我们必须确认所使用的消息系统是否支持这样的功能。如果不是，接收方必须自己跟踪哪些消息已经被处理过了。一种方式便是在订阅方的持久化机制中保存消息的话题/交换器名称和一个唯一的消息ID——就像PublishedMessageTracker所采用的方式一样。然后，在处理消息之前，我们首先对已经处理的消息进行查询。如果发现所接收到的消息已经被处理过，那么订阅方可以简单地将其忽略掉。对消息的跟踪并不是领域模型的一部分，而只是一个技术上的解决方案。

在使用常用的消息中间件产品时，只保存最近处理的消息是不够的，因为消息的到达可能是无序的。因此，如果一个消重查询在检查那些ID小于最近一次所处理消息的ID的消息时，它有可能忽略掉一部分消息。另外，我们需要考虑的是，有时我们可能会忽略掉那些已经处理过的并且过期的消息，比如那些位于数据库垃圾回收过程中的消息。

在使用基于REST的事件通知时，消重并不是一个多大的问题。接收方只需要保存最近处理的消息通知标识，因为此时的接收方只会处理那些发生在最近处理消息之后的消息。每一个通知日志中的消息顺序和通知标识顺序是相反的。

在两种情况下——消息中间件订阅方和基于REST的消息客户方——我们都应该保证：对跟踪信息的修改和本地模型状态的修改必须一同提交。否则，对模型的修改和对跟踪信息的修改将无法达到一致。

本章小结

在本章中，我们学习了领域事件的定义，以及何时应该采用领域事件。

- 你学到了什么是领域事件，什么时候并且为什么要使用领域事件。
- 你学到了如何将领域事件建模成对象，何时应该为领域事件创建唯一标识。
- 你学到了什么时候一个领域事件应该具有聚合特征，以及何时应该使用基于值对象的领域事件。
- 你学到了在模型中如何使用轻量级的发布-订阅组件。
- 你学到了哪些组件用于发布消息，哪些组件用于订阅消息。
- 你学到了为什么需要一个事件存储，如何实现并使用事件存储。
- 你学到了将领域事件发布到外部限界上下文的两种方式：基于REST的消息通知和消息中间件的方式。
- 你学到了如何在订阅系统中对消息进行消重处理。

接下来，我们将转移学习方向，我们将在下一章中学习如何将领域对象组织在模块中。

第9章

模块

胜利的秘诀在于组织好民众。

—Marcus Aurelius

如果你正使用Java或者C#，那么你应该对**模块**（Module）已经非常熟悉了。在Java中，模块称为包；在C#中，模块称为命名空间。在Ruby中，我们可以通过module关键字来达到创建命名空间的效果。将模块映射到特定编程语言中的术语是简单的。这里，我不会花太多时间从技术上去解释模块的功能，对此你可能早已经知道了。

本章学习路线图

- 学习传统的模块和新的部署模块化之间的区别。
- 学习通过**通用语言**（1）来命名模块的重要性。
- 学习机械式模块是如何给建模带来阻碍的。
- 学习SaaSOvation团队是如何设计模块的。
- 学习模块在领域模型之外所扮演的角色，以及何时应该使用新的模块而不是新的限界上下文。

通过模块完成设计

在DDD中，模型中的模块表示了一个命名的容器，用于存放领域中内聚在一起的类。将类放在不同模块中的目的在于达到松耦合性。由于DDD中的模块并不是一个通用的存储区域，因此对其进行适当的命名是重要的。事实上，模块名是通用语言的重要组成部分。

> 模块应该包含一组具有高内聚性的概念集合，这样做的好处是可以在不同的模块之间实现松耦合。否则，我们应该修改模型以重新划分这些概念。……由于模块名是通用语言的一部分，模块名应该反映出它们在领域中的概念。[Evans, pp.110, 111]

在设计模块时，有几条简单的原则，如表9.1所示。

表9.1 设计模块的简单原则

原则	采用原则的原因？
模块应该和领域概念保持协调一致	通常，对于一个或一组内聚的**聚合**（10）来说，我们都相应地创建一个模块。
根据通用语言来命名模块	这也是DDD的一个基本目标。
不要机械式的根据通用的组件类型和模式来创建模块	如果我们将所有的聚合放在一个模块中，将所有的**领域服务**（7）放在一个模块中，又将所有的**工厂**（11）放在另一个模块中，那么我们是得不到什么好处的。这有悖于DDD设计原则，同时还会限制我们创建富含行为的领域模型。此时，我们的关注点不是在领域上，而是在当前的组件和模式上。
设计松耦合的模块	模块间的松耦合性与类间的松耦合性具有相同的好处。这样有利于我们维护和重构一些模块层面上的概念，比如OSGi和Jigsaw。
当同层模块（Peer Module）间出现耦合时，我们应该杜绝循环依赖（同层模块即位于相同层次的模块，或者在设计中具有相似权重的模块）	要使不同的模块完全独立是不可能的。但是，如果我们消除同层模块之间的双向依赖，我们便可以减少它们之间的耦合度（比如产品依赖于开发团队，但是开发团队却不依赖于产品）。
在父模块和子模块之间放松原则（父模块即位于较高层次的模块，子模块即位于较低层次的模块，比如parent.child）	要消除父模块和子模块之间的依赖的确是困难的。但是在有可能的情况下，我们依然应该避免它们之间的循环依赖，只有在无法避免时才引入循环依赖（比如，父模块中的对象创建一个子模块中的对象，而子模块对象又需要维护对父模块对象的引用）。
不要将模块设计成一个静态的概念，而是与模型中的对象一道进行建模	如果模型概念将随时间而改变，这往往意味着对应的模块也应该随之而变。当你发现概念名和模块名不再匹配时，你应该对模块进行重构。诚然，这是痛苦的，但是和那些糟糕的模块命名相比，这些痛苦是值得的。

我们应该将模块看作模型中的一等公民，在设计和命名上应该给予和**实体**（5）、**值对象**（6）、领域服务和领域事件（8）同等的重视程度。这意味着在有必要为模块重命名时，我们就应该为其重命名，并且按需地、及时地将领域概念添加到模块中。

我想，没有人愿意看到自己厨房的抽屉里杂乱无章地放着各种刀叉、勺子、螺丝刀、插线板和榔头等。此时，估计你也不再想用里面的刀叉来用食了。另外，你也不想翻来覆去地在抽屉里去找螺丝刀了，因为你怕一不小心被刀子给割伤。

相比之下，如果我们只在抽屉里整齐地存放刀叉、勺子等进餐用具，而将螺丝刀、榔头等工具分类存放在车库的不同抽屉里，你是不是会乐意得多？所有的东西都被很好地组织起来。有了这些组织良好的模块，我们不再需要从存放餐具的抽屉里去找杯具和茶碟之类的东西。我们完全可以预知，杯具和茶碟应该放在另一个属于它们自己的抽屉里。同时，那些锋利的刀具也另有专门的存放地点。

另一方面，我们也不会机械式地对厨房物品进行分类，比如将一些坚硬的东西放在一个抽屉里，而将所有易碎的东西放在另一个抽屉里。我们才不会因为花瓶和茶杯都是易碎的而将它们放在一起呢。

如果我们要对一个厨房进行建模，很自然地，我们希望创建一个名为placesettings的模块，其中包含Fork、Spoon和Knife等对象。另外，我们还可以将Serviette放入其中，表明该模块不只是存放金属器具的地方。另一方面，如果我们分别创建名为pronged、scooping和blunt的模块，那么这样的用处并不大。

需要注意的是，软件的当前进展正迈向一个更高层次的模块化。这种趋势将那些松耦合的，但是具有逻辑内聚性的软件分成具有版本号的部署单元。在Java世界中，我们依然考虑的是JAR这种文件格式，但是我们希望将版本号也加入其中，比如OSGi捆绑包 (bundle) 或者Java 8 的Jigsaw模块。因此，众多的高层模块、它们的版本号和依赖关系都可以通过捆绑包/模块予以管理。这种模块/捆绑包和DDD中的模块稍有不同，但是它们之间是可以互补的。比如，根据DDD中的模块划分将领域模型中存在松耦合关系的各个部分封装到不同的捆绑包中是有好处的。毕竟，将你的软件封装成OSGi捆绑包或Jigsaw模块得益于DDD模块之间的松耦合性。

牛仔的逻辑

LB：“你可能会问，这家加气站为什么能将他们的休息室打扮得如此干净整洁。”

AJ：“LB，是因为如果这间休息室遭龙卷风袭击，那么他们可以获得10,000美元的补偿。””

在本章中，我们主要讨论如何使用DDD模块。现在，思考实体、值对象、领域服务和领域事件各自的目的，这将有助于我们对模块的设计。

模块的基本命名规范

在Java和C#中，模块都具有一种层级形式[1]。层级中不同层通过圆点分开。通常，模块名都以你自己的公司/组织名称开头，其中还包含因特网域名。在使用因特网域名时，通常以顶级域名开头，然后是你公司/组织的域名：

```
com.saasovation // Java
SaaSOvation // C#
```

唯一的顶级模块名可以避免与第三方模块的命名冲突。如果你对基本的命名规范存在疑问，可以参考Java包的命名标准[2]。

很有可能的是，你的公司已经规定好了顶级模块名的命名规范，因此请保持命名规范的一致性。

领域模型的命名规范

接下来的一层模块名定位了一个限界上下文。在模块名中加入限界上下文的名称是有好处的。

以下是SaaSOvation团队对三个模块的命名：

```
com.saasovation.identityaccess
com.saasovation.collaboration
com.saasovation.agilepm
```

在此之前，他们考虑了以下的命名方式，但是和上面的命名方式相比，价值并不大。虽然他们使用了限界上下文的全称，但是这样却有可能带来没必要的噪音：

```
com.saasovation.identityandaccess
com.saasovation.agileprojectmanagement
```

1. Java的包和C#的命名空间是有区别的。如果你使用的是C#，这里的命名规范依然适用，但是你可能需要根据C#的语言特性做些修改。
2. http://java.sun.com/docs/books/jls/second_edition/html/packages.doc.html#26639）。

有趣的是，他们并没有在模块名中使用商业产品名（名牌）。品牌的名字有可能改变，而有时产品名和限界上下文并没有多大的联系。因此，限界上下文的名称更加重要，因为这是团队成员们的讨论用语。使用限界上下文的名称作为模块名的目的在于反映通用语言。如果团队使用以下名称，他们并达不到反映通用语言的目的：

```
com.saasovation.idovation
com.saasovation.collabovation
com.saasovation.projectovation
```

第一个模块名，com.saasovation.idovation，几乎与其所在的限界上下文没有联系。第二个要稍好一点。第三个比第一个也好不到什么地方去，但至少包含有"project"一词。无论如何，SaaSOvation的团队成员都认为，这些名字都无法与它们各自对应的限界上下文很好地匹配起来。再者，如果业务层决定更改产品的名字，那么这些模块名也将变得过时。因此，团队成员们决定采用第一种方法。

接下来，他们又向模块名中添加了另一层重要的名字，该层用于定位领域中某个特定的模块。

```
com.saasovation.identityaccess.domain
com.saasovation.collaboration.domain
com.saasovation.agilepm.domain
```

这种命名规范与传统的**分层架构**（4）和**六边形架构**（4）是兼容的。当下，一个使用分层的系统通常会用到六边形架构和依赖注入的风格。在使用六边形架构时，应用程序包含了一个"内在"的部分，其中包含了领域模型。这和其他架构风格相似。

以上的"domain"部分可能并不直接包含实际的接口/类，而是作为更低层模块的容器。以下是"domain"的下一层：

```
com.saasovation.identityaccess.domain.model
com.saasovation.collaboration.domain.model
com.saasovation.agilepm.domain.model
```

在该层中，我们定义模型中的类。接口类和抽象类也位于其中。

SaaSOvation团队喜欢在该模块中放入一些通用的接口，比如那些用于发布事件的类，还有实体和值对象的抽象基类：

```
ConcurrencySafeEntity
DomainEvent
DomainEventPublisher
DomainEventSubscriber
DomainRegistry
Entity
IdentifiedDomainObject
IdentifiedValueObject
```

如果你喜欢将领域服务放在domain.model之外，那么你可以为其创建一个与model同层的模块：

```
com.saasovation.identityaccess.domain.service
com.saasovation.collaboration.domain.service
com.saasovation.agilepm.domain.service
```

当然，将领域服务放在该模块中并不是必需的。此时，我们可以将领域服务看成是位于模型之上的一个迷你层，或者是环绕模型的一层[Evans, p.108, "Granularity"]。但是，请注意，这种方式可能会导致**贫血领域模型**，请参考**领域服务（7）**。

如果你不打算将模型和领域服务放在分离的包中，那么你也可以将所有的模型模块直接放在domain下：

```
com.saasovation.identityaccess.domain.conceptname
```

这种方式的确消除了多余的一层。但是，如果之后你又决定将一些领域服务放在domain.service子模块中，你该怎么办呢？那时，你可能会失望于先前没有创建domain.model这个子模块。

然而，我们还需要考虑到另一个更重要的方面。请记住，我们并不是开发一个领域。**领域（2）**表示的是我们所工作的一个业务范围。事实上，我们开发的是一个领域中的模型。因此，在命名模型中的一个最终模块时，使用domain.model是最合适的。当然，这同样只是一个选择问题。

敏捷项目管理上下文中的模块

SaaSOvation公司当前正工作于敏捷项目管理核心域（2），让我们看看他们是如何设计模块的。

SaaSOvation的ProjectOvation团队选用了3个顶层模块：tenant、team和project。以下是tenant模块：

```
com.saasovation.agilepm.domain.model.tenant
    <<value object>> TenantId
```

该模块中包含了值对象TenantId ，TenantId表示某个租户的唯一标识，该标识来自于*身份与访问上下文*。模型中的所有其他模块都依赖于tenant模块。我们需要将一个租户所对应的对象与另一个租户的对象分离开来。但是，这些模块之间的依赖是非循环依赖，即tenant模块并不依赖于其他模块。

上面的team模块包含了聚合类以及一个用于管理产品团队的领域服务：

```
com.saasovation.agilepm.domain.model.team
     <<service>> MemberService
     <<aggregate root>> ProductOwner
     <<aggregate root>> Team
     <<aggregate root>> TeamMember
```

该模块中含有3个聚合类和一个领域服务接口。Team类维护了一个ProductOwner实例，同时还拥有一个TeamMember的集合。ProductOwner和TeamMember实例由MemberService所创建。所有这三个聚合根实体都引用了tenant模块中的TenantId：

```
package com.saasovation.agilepm.domain.model.team;
import com.saasovation.agilepm.domain.model.tenant.TenantId;
public class Team extends ConcurrencySafeEntity {
    private TenantId tenantId;
    ...
}
```

这里的MemberService作为**防腐层**（3）的前端，它的作用在于从*身份与访问上下文*中同步TeamMember。同步过程采用静默方式，即不需要用户请求。当一个TeamMember在远程上下文中注册时，该MemberService将主动地调用同步方法。该同步过程与远程系统能够保持最终一致性，只是其中有短暂的时延。同时，MemberService还用于更新TeamMember的细节信息，比如名字和E-mail地址等。

敏捷项目管理上下文拥有一个名为product的父模块，它包含3个子模块：

```
com.saasovation.agilepm.domain.model.product
    <<aggregate root>> Product
    ...
    com.saasovation.agilepm.domain.model.product.backlogitem
        <<aggregate root>> BacklogItem
        ...
    com.saasovation.agilepm.domain.model.product.release
        <<aggregate root>> Release
        ...
    com.saasovation.agilepm.domain.model.product.sprint
        <<aggregate root>> Sprint
        ...
```

这是Scrum的核心模型所在的地方，其中有Product、BacklogItem、Release和Sprint。在聚合（10）中我们将学到为什么要将不同的概念建模成不同的聚合。

SaaSOvation的团队成员们非常喜欢这种自然的模块命名方式，因为它与通用语言有很好的对应关系："产品"、"产品待定项"、"产品发布"和"产品冲刺"。

这里出现了4个聚合——他们为什么没有将这4个聚合直接放在product模块中呢？除了这4个聚合之外，还存在其他聚合，比如Product所包含的ProductBacklogItem实体、BacklogItem所包含的Task实体、Release所包含的ScheduledBacklogItem实体和Sprint所包含的CommittedBacklogItem实体。有些聚合还有可能发布领域事件。这些类总计起来将近60个，要将它们放在同一个模块中显然是不合适的。

和ProductOwner、Team和TeamMember一样，Product、BacklogItem、Release和Sprint都引用了TenantId。此外，还存在额外的依赖。比如Product：

```
package com.saasovation.agilepm.domain.model.product;

import com.saasovation.agilepm.domain.model.tenant.TenantId;
```

```
public class Product extends ConcurrencySafeEntity {
    private ProductId productId;
    private TeamId teamId;
    private TenantId tenantId;
    ...
}
```

再看看BacklogItem：

```
package com.saasovation.agilepm.domain.model.product.backlogitem;

import com.saasovation.agilepm.domain.model.tenant.TenantId;

public class BacklogItem extends ConcurrencySafeEntity {
    private BacklogItemId backlogItemId;
    private ProductId productId;
    private TeamId teamId;
    private TenantId tenantId;
    ...
}
```

对TenantId和TeamId的依赖是非循环依赖，它们都是单向的。但是，从BacklogItem对ProductId引用来看，我们似乎只是在backlogitem模块和product模块之间引入了单向依赖，而事实上它们却是双向依赖。每个Product都作为创建BacklogItem（还包括Release和Sprint）的工厂。因此，它们之间的依赖是双向的。这里的3个子模块都以product模块作为父模块，所以我们可以放松依赖原则。在这种情况下，我们应该优先考虑模块的组织结构，而不是松耦合性。再重申一遍，BacklogItem、Release和Sprint都自然地从属于Product，因此我们没有必要再次撕开聚合边界。

然而，通过继承一个通用的标识类型，它们之间是可以实现松耦合的。此时，BacklogItem、Release和Sprint对Product的引用通过通用的Identity完成。

```
public class BacklogItem extends ConcurrencySafeEntity {
    private Identity backlogItemId;
    private Identity productId;
    private Identity teamId;
    private Identity tenantId;
    ...
}
```

诚然，在使用以上方式时，SaaSOvation团队获得了更好的松耦合性。但是，这种做法也有可能给程序带来bug，比如我们将无法对不同的Identity进行区分。

敏捷项目管理上下文还将进一步发展下去。SaaSOvation公司打算支持其他敏捷方法和工具。这将对当前的模型造成影响，至少会影响到对新模块的创建，当然，也有可能影响到对既有模块的修改。不管如何，SaaSOvation公司的团队都决定直面挑战，勇往直前。

接下来，让我们看看系统的其他地方是如何使用模块的。

其他层中的模块

在不考虑**架构**（4）的情况下，你总需要为架构中的非模型组件创建模块并为其命名。这里，我们讨论一个**分层架构**（4）中的模块命名规范，当然，这些规范也可以用于其他架构风格。

在一个典型的分层架构中，我们将系统分为以下不同的层：用户界面层、应用层、领域层和基础设施层。根据每层中组件的不同，它们中的模块也会不同。

让我们首先看看**用户界面层**（14）和其中的REST资源。可能的情况是，REST资源通过XML、JSON和HTML等数据展现形式向GUI和系统客户端提供服务。对于GUI而言，REST资源是不会为其创建展现布局的，而只是创建一些数据标记格式（XML、HTML），另外就是创建一些序列化的数据格式（XML、JSON和协议缓存等）。在客户端，用于图形布局的数据可能通过另外的渠道获取。因此，在支持REST的用户界面层中，我们至少需要两个模块：

```
com.saasovation.agilepm.resources
com.saasovation.agilepm.resources.view
```

REST资源由resources包维护，而那些只与展现相关的数据由view（或者称为presentation）包中的组件提供。根据系统所需的REST资源数量，你可能需要在每个主模块中创建多个子模块。需要记住的是，一个资源提供类可以服务于多个URI，你可能有多个这样资源提供类，此时可以将它们全部放在主模块中。之后，如果新的需求需要进一步为它们划分子模块，修改起来也是简单的。

应用层可能还有另外的模块，比如一种服务对应一个模块：

```
com.saasovation.agilepm.application.team
com.saasovation.agilepm.application.product
```

```
...
com.saasovation.agilepm.application.tenant
```

与组织REST资源的原则一样，只有在需要的时候才为应用层划分子模块。比如，在*身份与访问上下文*中只存在为数不多的应用服务，于是SaaSOvation团队决定将它们置放与主模块中：

```
com.saasovation.identityaccess.application
```

当然，你可能会倾向于使用第一种更加模块化的设计，那也是可以的。当应用服务变多时，我们便需要仔细考虑了。

先考虑模块，再是限界上下文

对于何时应该对领域模型进行分离，何时将领域模型建模成一个整体，我们应该仔细地思考与对待。有时，通用语言可以很好地帮助我们做出正确的选择。但是另外的时候，其中的术语将变得非常含糊。在这种情况下，我们并不清楚如何划分上下文边界。此时，我们可以首先将它们放在一起，使用模块来对模型进行划分，而不是限界上下文。

但是，这并不意味着我们就应该限制对限界上下文的创建。我们应该通过通用语言的需求来划分模型边界。你应该知道，限界上下文不是用来代替模块的。使用模块的目的在于组织那些内聚在一起的领域对象，对于那些内聚性不强或者没有内聚性的领域对象来说，我们应该将它们划分在不同的模块中。

本章小结

在本章中，我们学习了对领域模型的模块化，为什么它是重要的，以及如何创建模块。

- 你学到了传统的模块和部署模块之间的不同。
- 你学到了根据通用语言来命名模块的重要性。
- 你学到了对模块的不当设计，或者机械式的设计将给我们的建模带来负面影响。
- 你学到了如何设计敏捷项目管理上下文中的模块。
- 你学到了如何为模型之外的系统创建模块。
- 最后你了解到了：我们应该优先考虑使用模块而不是限界上下文，除非通用语言为我们展示出了明确的边界。

接下来，我们将学习DDD中最不容易理解的工具——聚合。

第10章

聚合

> 宇宙由一些永恒的物体聚合而成，这些物体通过某种因果关系联系在一起，这种关系独立于物体本身，并且存在于客观的空间和时间中。
>
> —Jean Piaget

将实体（5）和值对象（6）在一致性边界之内组成聚合（Aggregate）乍看起来是一件轻松的任务，但在DDD众多的战术性指导中，该模式却是最不容易理解的。

本章学习路线图

- 以SaaSOvation为例，学习对聚合的不当建模所带来的负面影响。
- 学习设计聚合的经验原则，并形成一套最佳实践。
- 根据真实的业务规则，掌握如何在一致性边界中对真正的不变条件进行建模。
- 学习一个聚合为什么应该通过标识（identity）去引用另一个聚合。
- 了解在聚合边界之外使用最终一致性的重要性。
- 学习聚合的实现技术，包括"告诉而非询问"（Tell Don't ask）原则和迪米特法则（Law of Demeter）。

让我们首先来看看一些常见的问题。聚合只是将一些共享父类、密切关联的对象聚集成一个对象树吗？如果是这样，对于存在于这个树中的对象有没有一个实用的数目限制？既然一个聚合可以引用另一个聚合，我们是否可以深度地递归遍历下去，并且在此过程中修改对象呢？聚合的不变条件和一致性边界究竟是什么意思？最后一个问题的答案将在很大程度上影响我们对前面所有问题的解答。

有很多途径都将导致我们建立不正确的聚合模型。一方面，我们可能为了对象组合上的方便而将聚合设计得很大。另一方面，我们设计的聚合又可能因为过于贫瘠而丧失了保护真正不变条件的目的。我们应该同时避免这两个极端，转而将注意力集中在业务规则上。

在Scrum核心领域中使用聚合

在本章中，你将看到SaaSOvation团队是如何使用聚合的，特别是在ProjectOvation项目的敏捷项目管理上下文中。ProjectOvation遵从传统的Scrum项目管理模型，其中包括产品、产品负责人、团队、待定项、计划发布和冲刺等，这些术语组成了最初的通用语言（1）。这是一个部署在SaaS平台上的基于订阅的应用程序，每一个订阅方都是一个租户。租户是通用语言中的另一个术语。

该公司召集了一群Scrum专家和开发者。然而，由于他们缺乏DDD经验，难免会犯一些错误。通过艰难的学习，他们学会了如何设计聚合。他们的经验也是值得我们学习的。

该领域中的概念要比先前协作上下文的核心域（2）中的概念复杂得多；同时，对性能和可伸缩性的要求也更高。为了解决这样的问题，聚合便是一种很好的DDD战术工具。

他们应该如何选择最佳的对象树呢？聚合模式讨论的是对象组合和信息隐藏，这是团队成员们已经知道的。此外，聚合模式还包含了一致性边界和事务，这是团队成员们所忽略了的地方。虽然他们采用的持久化机制可以帮助他们完成对数据的原子提交，但这却将是一个使他们打退堂鼓的致命错误。事情是这样发生的，他们根据通用语言达成了以下一致：

- 产品拥有待定项，发布和冲刺。
- 为新的待定项制定计划。
- 为产品发布制定进度表。
- 为产品冲刺制定进度表。
- 一个计划好的待定项可以被安排在发布中。
- 位于发布中的待定项可以提交到冲刺中。

基于以上条款，团队成员们建立起了一个模型，并开始了他们的第一次设计尝试。

第一次尝试：臃肿的聚合

团队特别强调“一个产品拥有什么”，这在很大程度上影响了他们对聚合的设计。

对于那些喜欢对象组合的团队成员来说，他们强调应该将相关联的对象组成对象树，并且将这些对象的生命周期放在一起来维护。因此，他们设计出了以下一致性原则：

- 如果一个待定项提交到了冲刺中，那么我们不能将该待定项其从系统中移除。
- 如果一个冲刺中含有待定项，那么我们不能将该冲刺从系统中移除。
- 如果一个发布中含有待定项，那么我们不能将该发布从系统中移除。
- 如果一个待定项位于发布中，那么我们不能将该待定项从系统中移除。

如此，Product首先被建模成了一个非常大的聚合。此时的Product作为一个根（root）对象而存在，它包含了所有的BacklogItem、Release和Sprint，而Product的接口设计避免了客户端对其所包含数据的意外删除。

此时Product的实现代码如下，对应的UML图请参考图10.1：

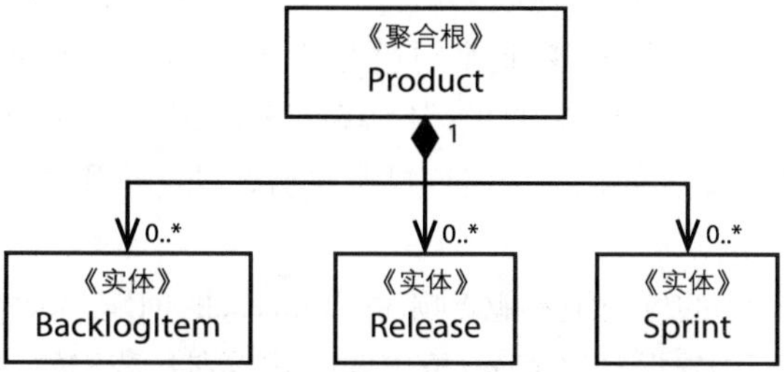

图10.1 Product被建模成了一个臃肿的聚合

```
public class Product extends ConcurrencySafeEntity  {
    private Set<BacklogItem> backlogItems;
    private String description;
    private String name;
    private ProductId productId;
    private Set<Release> releases;
    private Set<Sprint> sprints;
    private TenantId tenantId;
    ...
}
```

这个巨大的聚合看似诱人，但是却不实用。当系统运行于多租户环境中时，时常会出现事务失败的情况。让我们再进一步看看客户端是如何与这个技术性模型交互的。在持久化时，我们使用了乐观并发 (optimistic concurrency) 的方式以避免多个客户端同时修改一个Product实例。在实体 (5) 中我们讲到，持久化对象携带有一个递增的版本号，该版本号随着每次对该对象的修改而增加。如果对象在数据库中的版本号大于在客户端中的版本号，服务器将拒绝客户端的请求。

考虑以下一种常见的同时操作对象的情形：

- 两个用户，Bill和Joe，都获取到了版本号为1的同一个Product，然后各自开始工作。
- Bill创建并提交了一个新的BacklogItem，此时Product的版本号更新为2。
- Joe创建了一个新的Release，当他试图保存Product时，提交失败，因为此时Joe手中Product的版本号依然是1。

通常来说，持久化机制都是通过这种方式来处理并发的[1]。你可能会说，可以通过修改默认并发配置的方式来解决这个问题，此时，你得重新思考了。事实上，当我们并发地修改一个聚合时，这种方式对于保护聚合不变条件来说是非常重要的。

从以上的例子可以看出，即便在只有两个用户的情况下，系统都是有可能出现一致性问题的。随着用户的增多，这个问题也将越来越明显。在Scrum中，多个用户同时修改一个聚合的情况是很常见的，比如在召开冲刺计划会议的时候，或者在一个冲刺执行的过程中。这种在一个时刻只能成功处理一个用户请求的情况是完全不能接受的。

对新BacklogItem的创建绝不能影响对新Release的创建。Joe的提交为什么会失败？究其根源，是因为在设计这个庞大的Product聚合时，我们的思维被一些错误的不变条件所占据，而不是真正的业务规则。这些错误的不变条件只是开发者人工引入的约束而已。此外，除了事务问题，这种设计还会影响到系统的性能和可伸缩性。

第二次尝试：多个聚合

现在，让我们来看看另一种方法，如图10.2所示，该方法使用了4个分离的聚合类。它们之间通过ProductId关联起来，ProductId是Product的唯一标识。此时，Product作为其他3个聚合类的父聚合而存在。

1. 比如，Hibernate就是采用的这种方法。一些键值对存储机制也可能使用了这种方法，因为通常我们都是对整个聚合进行序列化的。

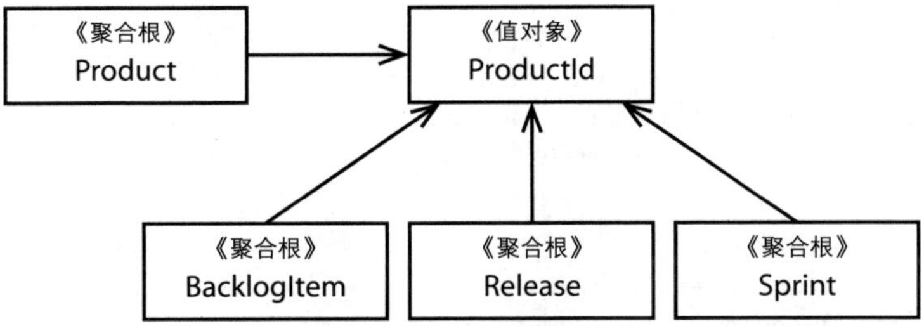

图10.2 Product和相关概念被建模成了不同的聚合类型

在将一个大的Product聚合拆分成4个相对较小的聚合时，Product类的方法签名也将发生改变。对于先前那个庞大的Product，它的方法签名如下：

```
public class Product ... {
    ...
    public void planBacklogItem(
        String aSummary, String aCategory,
        BacklogItemType aType, StoryPoints aStoryPoints) {
            ...
    }
    ...
    public void scheduleRelease(
        String aName, String aDescription,
        Date aBegins, Date anEnds) {
        ...
    }

    public void scheduleSprint(
        String aName, String aGoals,
        Date aBegins, Date anEnds) {
        ...
    }
    ...
}
```

以上所有的方法都是CQS命令方法[Fowler, CQS]；即它们将修改Product的状态，比如向集合中添加新元素，因此这些方法的返回类型为void类型。在采用多个聚合时，Product的实现如下：

```
public class Product ... {
    ...
    public BacklogItem planBacklogItem(
        String aSummary, String aCategory,
        BacklogItemType aType, StoryPoints aStoryPoints) {
        ...
```

```
    }

    public Release scheduleRelease(
        String aName, String aDescription,
        Date aBegins, Date anEnds) {
        ...
    }

    public Sprint scheduleSprint(
        String aName, String aGoals,
        Date aBegins, Date anEnds) {
        ...
    }
    ...
}
```

此时，这些方法变成了CQS查询方法；并且扮演了**工厂**（11）的角色，即每个方法都创建一个新的聚合实例然后予以返回。现在，当客户端计划一个待定项时，**应用层**（14）将变成：

```
public class ProductBacklogItemService ... {
    ...
    @Transactional
    public void planProductBacklogItem(
        String aTenantId, String aProductId,
        String aSummary, String aCategory,
        String aBacklogItemType, String aStoryPoints) {

        Product product =
            productRepository.productOfId(
                    new TenantId(aTenantId),
                    new ProductId(aProductId));

        BacklogItem plannedBacklogItem =
            product.planBacklogItem(
                    aSummary,
                    aCategory,
                    BacklogItemType.valueOf(aBacklogItemType),
                    StoryPoints.valueOf(aStoryPoints));

        backlogItemRepository.add(plannedBacklogItem);
    }
    ...
}
```

这样，通过将BacklogItem分开处理，我们解决了先前的事务问题。多个用户请求可以同时创建任何数量的BacklogItem、Release和Sprint实例。这是非常简单的。

然而，对客户端来说，这4个较小的聚合却多少会带来一些不便。或许，我们可以对先前的大聚合进行优化，以消除由并发带来的问题。在Hibernate中，我们可以将optimistic-lock设置成false，这样便可以消除先前多米诺式的事务问题。既然对BacklogItem、Release和Sprint的实例数目没有限制，那么我们为什么不允许客户端顺其自然地向Product中添加这些实例呢？要维护一个庞大的聚合还存在哪些额外的成本？问题在于，随着时间的增长，这样的聚合将变得难以控制。在深入讨论之前，让我们先来看看SaaSOvation团队所需的最重要的建模原则。

原则：在一致性边界之内建模真正的不变条件

要从**限界上下文**（2）中发现聚合，我们需要了解模型中真正的不变条件。只有这样，我们才能决定什么样的对象可以放在一个聚合中。

这里的不变条件表示一个业务规则，该规则应该总是保持一致的。存在多种类型的一致性，其中之一便是事务一致性，事务一致性要求立即性和原子性。同时，还存在最终一致性。在讨论不变条件时，我们讨论的是事务一致性。我们可能有以下不变条件：

```
c = a + b
```

当a等于2，b等于3时，c必定等于5。根据这条规则，如果c不为5，那么我们便违背了系统的不变条件。为了保持c的一致性，我们应该在模型中为这些属性设计了一个边界：

```
AggregateType1 {

    int a;

    int b;

    int c;

    operations ...

}
```

在上例中，聚合边界之内的所有内容组成了一套不变的业务规则，任何操作都不能违背这些规则。边界之外的任何东西与该聚合都是不相关的。因此，聚合表达了与事务一致性边界相同的意思（在该例中，AggregateType1拥有3个int类型的属性，当然，任何聚合都可以拥有不同类型的属性）。

对于一个典型的持久化机制来说，我们通常使用单事务[2]来管理一致性。在提交事务时，边界之内的所有内容都必须保持一致。对于一个设计良好的聚合来说，无论由于何种业务需求而发生改变，在单个事务中，聚合中的所有不变条件都是一致的。而对于一个设计良好的限界上下文来说，无论在哪种情况下，它都能保证在一个事务中只修改一个聚合实例。此外，在设计聚合时，我们必须将事务分析也考虑在内。

在一个事务中只修改一个聚合实例，这听起来可能过于严格。但是，这却是设计聚合的重要经验原则，也是我们为什么要使用聚合的原因。

白板事件

- 在白板上列出你系统中所有的大聚合。
- 在每个聚合名旁边记下笔记，包括该聚合之所以成为大聚合的原因、这将导致什么样的问题。
- 另起一栏，列出那些在同一个事务中进行修改的聚合。
- 在每个聚合名旁边记下笔记，看看不变条件是否影响了对聚合边界的设计。

前面我们提到，在设计聚合时，我们需要慎重地考虑一致性，这意味着每次客户请求应该只在一个聚合实例上执行一个命令方法。如果客户所请求的业务过多，那么有可能出现一次请求修改多个聚合实例的情况。

因此，在设计聚合时，我们主要关注的是聚合的一致性边界，而不是创建一个对象树。现实世界中的有些不变条件可能比这更加复杂。但是即便如此，通常情况下的不变条件所需要的建模代价并不大，所以，要设计出小的聚合是可能的。

2. 这种类型的事务可以由**工作单元**（Unit of Work）来处理[Fowler, P of EAA]。

原则：设计小聚合

现在，我们可以全面地回答前面的问题了：要维护一个庞大的聚合还存在哪些额外的成本？对于大聚合，即便我们可以保证事务的成功执行，它依然有可能限制系统的性能和可伸缩性。SaaSOvation公司的产品在上市之后，必将有大量的租户。随着每个租户对ProjectOvation的深入使用，SaaSOvation公司需要运行更多的敏捷项目，另外还需要管理更多的项目资产。这样导致的结果是，ProjectOvation系统中将存在大量的产品、待定项、发布和冲刺等。系统性能和可伸缩性虽然是非功能性需求，但是我们绝不应该予以忽视。

考虑一下系统性能和可伸缩性，假定一个存在了1年多的敏捷项目，其中已经包含有数以千计的待定项，如果一个租户的某个用户只是需要将一个待定项添加到产品中，会发生什么情况？假设我们使用了延迟加载的持久化机制（比如Hibernate），我们几乎不用同时加载待定项、发布和冲刺。但是，为了添加一个待定项，我们依然需要先将所有的待定项集合元素加载到内存里，而这个数目是巨大的。对于那些不支持延迟加载的持久化机制来说，问题就更糟了。即便我们将内存使用考虑在内，有时我们仍然需要加载多个集合，比如将某个待定项加入到发布中，或者将某个待定项提交到冲刺中。此时，所有的待定项、发布或冲刺都需要加载进内存。

为了清晰起见，请参考图10.3。请不要被图中的“0..*”所欺骗了，对象之间的关联数目几乎不可能为0，并且还会随着时间不断增加。为了完成一项基本的操作，我们可能需要将成百上千个对象一同加载进内存中，而这只是一个租户中的一个团队成员操作一个产品的情况。ProjectOvation将拥有成百上千的租户，每个租户都有多个团队和多个产品。随着时间的增加，这种情况将变得更糟。

如果我们要设计小的聚合，那么，这里的“小”是什么意思呢？最极端的情况是，一个聚合只拥有全局标识和单个属性，当然，这并不是我们所推荐的做法（除非这正是需求所在）。好的做法是，使用根实体（Root Entity）来表示聚合，其中只包含最小数量的属性或值类型属性[3]。这里的“最小数量”表示所需的最小属性集合，不多也不少。

3. 值类型属性即引用了值对象的属性，这里主要是为了与那些原始类型（比如String或数字类型）区分开来。Ward Cunningham在**整体值对象**[Cunningham, Whole Value]中也采用这种方法。

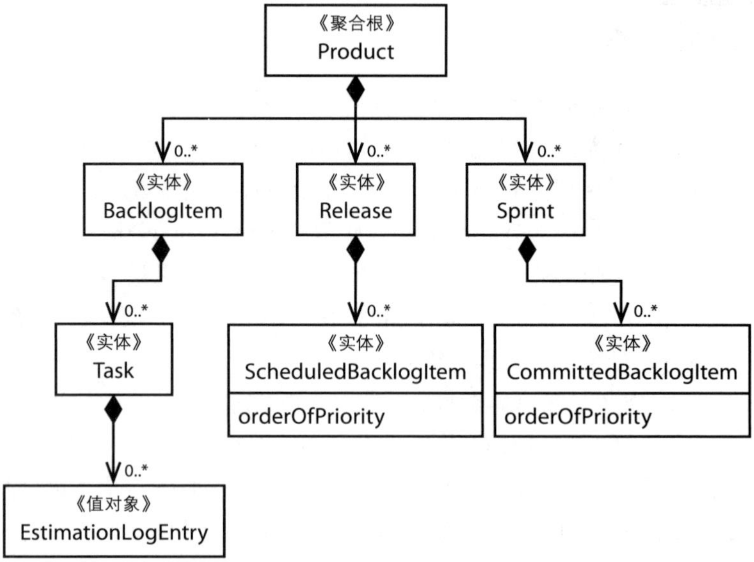

图10.3 对于这种Product模型来说，许多基本的操作都需要加载多个对象集合

哪些属性是所需的呢？简单的答案是：那些必须与其他属性保持一致的属性——虽然这不是领域专家所指定的原则。比如，一个Product拥有name和description属性，这里的name和description是需要保持一致的，将它们放在两个不同的聚合中显然是没有意义的。当我们修改name的时候，很有可能也会同时修改description。如果你只修改了其中之一，你很有可能是在修改语法上的错误，或者使description能够更加匹配name。虽然领域专家并不会将此作为一个显式的业务规则，但是它却是一个隐式的规则。

在聚合中，如果你认为有些被包含的部分应该建模成一个实体，此时你该怎么办呢？首先，思考一下，这个部分是否会随着时间而改变，或者该部分是否能被全部替换。如果可以全部替换，那么请将其建模成值对象，而非实体。有时，建模成实体也是有必要的。但是很多情况下，许多建模成实体的概念都可以重构成值对象。优先选用值对象并不意味着聚合就是不变的，因为当值对象属性被替换成其他值时，根实体也就随之改变了。

将聚合的内部建模成值对象有很多好处的。根据你所选用的持久化机制，值对象可以随着根实体而序列化，而实体则需要单独的存储区域予以跟踪。此外，实体还会带来某些不必要的操作，比如，在使用Hibernate时，我们需要对多张表进行联合查询。对单张表进行读取要快得多，而使用值对象也更加方便与安全。再者，由于值对象是不变的，测试起来也相对简单，对此请参考**值对象（6）**。

在一个使用Qi4j[Öberg]的金融项目中，Niclas Hedhman[4]的团队将系统中70%的聚合都设计成了包含值类型属性的根实体。其余的30%也只包含2~3个实体。当然，这并不是说所有的领域模型都存在一个70/30的比例，而是说大量的聚合都可以建模成单个实体——根实体。

在[Evans]中，Eric Evans讨论了一个聚合包含多个实体的情况。一个订单限制了其中所包含物品的最大数目。当多个用户同时添加物品时，情况就变得玄乎了。在单次添加物品时，系统不允许超过最大物品数，但是多个用户同时添加时，这些物品合起来却有可能超过最大物品数。这里，我并不会复述原书中的解决方法，而是强调在多数情况下，业务模型的不变条件要比那个例子简单得多。这种认识有助于我们设计小的聚合。

小聚合不仅有性能和可伸缩性上的好处，它还有助于事务的成功执行，即它可以减少事务提交冲突。这样一来，系统的可用性也得到了增强。在你的领域中，迫使你设计大聚合的不变条件约束并不多。当你遇到这样的情况时，可以考虑添加实体或者是集合，但无论如何，我们都应该将聚合设计得尽量小。

不要相信每一个用例

在交付用例规范时，业务分析人员扮演着非常重要的角色。他们将大量的精力放在了那些大而细的规范上，而这将在很大程度上影响我们的设计。此时，我们应该知道，以这种方式产生的用例并没有表达出领域专家的意图。对于每一个用例，我们依然需要用当前模型来进行验证，其中便包括聚合。此时容易出现的一个问题是，某个用例需要修改多个聚合实例。在这种情况下，我们需要搞清楚的是，对用户需求的实现是否分散在多个事务中，还是单个事务？如果是后者，那么我需要注意了。无论写得多好，这样的用例都不能准确地反映出模型中真正的聚合。

假设你的聚合边界与真实的业务约束是一致的，如果业务分析人员给了你如图10.4中的用例需求，问题也将随之而来。考虑不同的提交顺序，你会发现在有些情况下，3次请求中的2次都会失败[5]。对于你的设计来说，这能说明什么呢？这个问题的答案将引导你更深层次地去理解自己的领域。试图保持多个聚合实例间的一致性通常意味着我们缺少了某些聚合不变条件。为了满足新的业务规则，你可能会将多个聚合组合在一起而创建一个新的概念（当然，有可能只是将原有聚合中的某些部分提取出来，然后创建一个新的聚合）。

---

4. 请参考www.jroller.com/niclas/
5. 这并不包含那些在多个事务中修改多个聚合的用例，那样的用例是可能存在的。用户目标不能与事务等同起来。这里我们关注的是在同一个事务中修改多个聚合实例的情形。

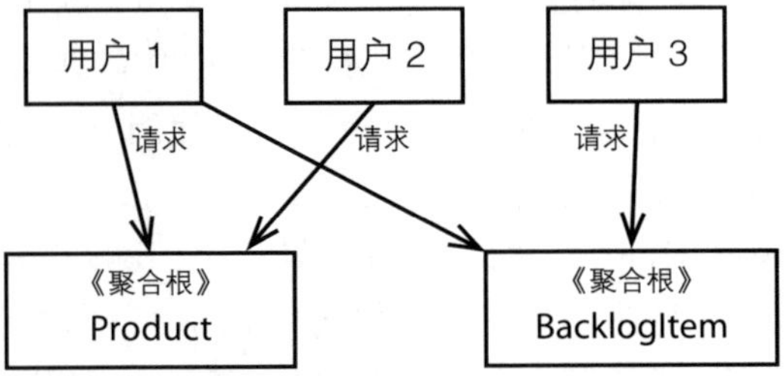

图10.4 当3个用户同时访问同一个聚合实例时，有可能产生并发竞争，从而导致大量的事务失败。

因此，新的用例可能引导我们重新对聚合进行建模，但是此时你依然需要谨慎行事。从多个聚合中创建一个新的聚合可能会引出一个全新的概念，该概念拥有全新的名字。但是，如果对这个新概念的建模导致了一个大的聚合，这样显然是不好的。那么，此时我们还可以采用什么方法呢？

一个用例可能要求在单个事务中维持聚合的一致性，但是，这并不意味着我们就必须这么做。通常来说，在这种情况下，业务目标都是可以通过聚合间的最终一致性来实现的。因此，我们需要带着批判性的态度来审查用例，并在必要的时候敢于挑战自己的假设。你的团队可能需要重新编写用例。新的用例需要包含最终一致性，并且应该包含可接受的更新延迟时间。对此，我们将在本章后面进行讨论。

原则：通过唯一标识引用其他聚合

在设计聚合时，我们可能希望使用对象组合，因为这样我们可以对聚合中的对象树进行深度遍历。但是，这并不是使用聚合模式的动机。[Evans]写道，一个聚合可以引用另一个聚合的根聚合。然而，我们需要注意的是，此时被引用的聚合不应该放在引用聚合的一致性边界之内。同时，这种引用方式也并非创建了一个整体性的聚合。让我们看看图10.5中的例子。

在Java中，对象之间的关联可以通过以下方式实现：

```
public class BacklogItem extends ConcurrencySafeEntity  {
    ...
    private Product product;
    ...
}
```

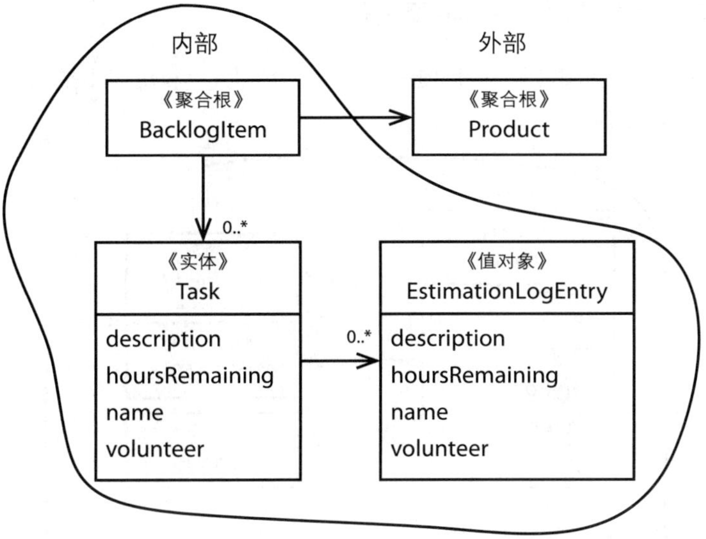

图10.5 这里有2个聚合，而不是1个。

在上例中，一个BacklogItem直接关联了一个Product。

结合前文已经讨论的和接下来即将讨论的，以上实现方式隐含着以下几点：

1. 引用聚合（BacklogItem）和被引用聚合（Product）不可以在同一个事务中进行修改。

2. 如果你试图在单个事务中修改多个聚合，这往往意味着此时的一致性边界是错误的。发生这样的情况通常是因为我们遗漏了某些建模点，或者尚未发现通用语言中的某个概念。

3. 如果你试图采用第2点，但却遇到了先前所讲的有关大聚合的种种麻烦，那么此时你可能需要使用最终一致性（请参考本章后续章节），而不是原子一致性。

在不持有对象引用的情况下，我们是不能修改其他聚合的，因此我们可以避免在同一个事务中修改多个聚合。但是，这种方式的缺点在于限制性太强，因为在领域模型中我们总需要对象之间的关联关系来完成一些任务。那么，此时我们应该怎么办呢？

通过标识引用使多个聚合协同工作

我们应该优先考虑通过全局唯一标识来引用外部聚合，而不是通过直接的对象引用，如图10.6所示。

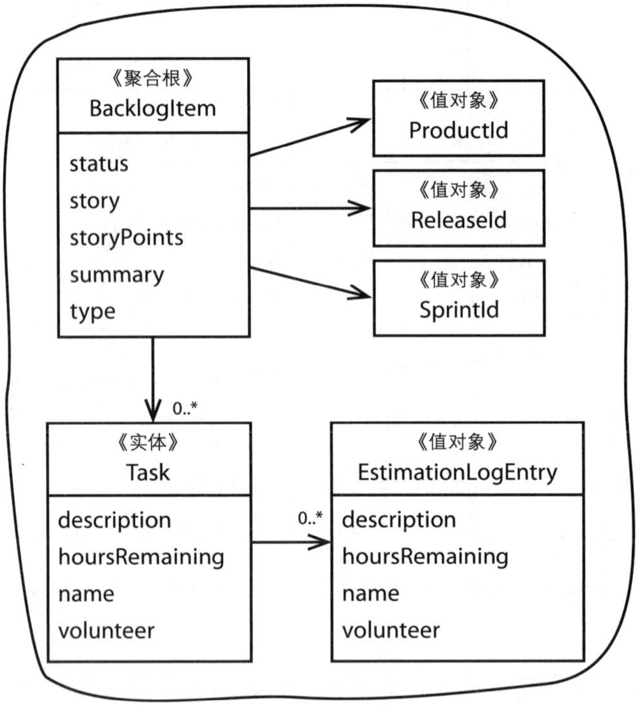

图10.6 通过唯一标识，BacklogItem聚合间接地引用边界之外的对象。

因此，我们可以对BacklogItem做个重构：

```
public class BacklogItem extends ConcurrencySafeEntity  {
    ...
    private ProductId productId;
    ...
}
```

自然地，通过这种方式创建的聚合也会变得更小，因为此时所关联的聚合是不会即时加载的。模型的性能也将随之变好，因为它需要更少的加载时间和更小的内存。更小的内存使用量不止在内存分配上有好处，对于垃圾回收也是有好处的。

建模对象导航性

通过标识引用并不意味着我们完全丧失了对象导航性。有些人习惯在聚合中使用**资源库**（12）来定位其他聚合。这种技术称为**失联领域模型**（Disconnected Domain Model），而事实上这只是延迟加载的一种形式。此外，我们还推荐另一种方法：在调用聚合行为方法之前，使用资源库或**领域服务**（7）来获取所需要的对象。在客户端中，应用服务可以对此做出控制，然后分发给聚合：

```
public class ProductBacklogItemService ... {
    ...
    @Transactional
    public void assignTeamMemberToTask(
        String aTenantId,
        String aBacklogItemId,
        String aTaskId,
        String aTeamMemberId) {

        BacklogItem backlogItem =
            backlogItemRepository.backlogItemOfId(
                new TenantId(aTenantId),
                new BacklogItemId(aBacklogItemId));

        Team ofTeam =
            teamRepository.teamOfId(
                backlogItem.tenantId(),
                backlogItem.teamId());

        backlogItem.assignTeamMemberToTask(
                new TeamMemberId(aTeamMemberId),
                ofTeam,
                new TaskId(aTaskId));
    }
    ...
}
```

通过应用服务来处理依赖关系可以避免在聚合中使用资源库或领域服务。然而，如果要处理特定于领域的复杂依赖关系，在聚合的命令方法中使用领域服务却是最好的方法。这里再次重申一遍，不管使用哪种方式在一个聚合中引用另外的聚合，我们都不能在同一个事务中修改多个聚合实例。

牛仔的逻辑

LB：“当我在夜里行路时，我有两个参考点。当我闻到鲜牛肉的味道时，我知道我正朝着屠宰场走去；当我闻到烤牛肉的味道时，我便知道我回家了。”

在模型中只使用唯一标识来引用对象的缺点在于：在客户端的**用户界面**（14）层，要组装多个聚合并予以显示将变得非常困难，我们不得不使用多个资源库。此时，如果对聚合的查询导致了性能问题，那么我们可以考虑theta联合查询或者CQRS。比如，Hibernate就支持theta联合查询。而如果CQRS和theta联合查询都不能满足我们的需求，那么就需要在标识引用和直接引用之间折中考虑了。

如果以上所有的建议有损模型的使用方便性，那么我们可以转而考虑它们的其他好处——小聚合可以增强模型的性能和可伸缩性，另外它还有助于创建分布式系统。

可伸缩性和分布式

当在一个聚合中引用其他聚合时，由于我们使用了标识引用而不是直接引用，此时我们便可以大规模地对聚合进行持久化。正如Amazon的Pat Helland在他的论文“Life beyond Distributed Transactions: An Apostate’s Opinion”[Helland]中所说，通过持续地对聚合数据存储进行再分配，我们几乎可以得到无限的伸缩性。Helland将我们这里的聚合称为实体，但是它所描述的依然是聚合的概念，只是使用了不同的名字：一个拥有事务一致性的组合单元。有些NoSQL的持久化机制本身便支持Helland所提出的分布式存储。在使用分布式存储时，甚至在通过相似的方式使用SQL数据库时，通过标识来引用聚合扮演着重要的角色。

当然，这里的分布式不只是关于存储的。在一个核心域中，通常存在多个限界上下文，使用标识引用使得我们可以将分布式的领域模型关联起来。在使用事件驱动架构时，基于消息的**领域事件**（8）包含了聚合标识，这样的领域事件将在整个企业范围之内传播。外部限界上下文中的消息订阅方将使用聚合标识在他们自己的领域模型中展开操作。标识引用形成了一种远程关联或者合作者（partner）关系。分布式操作通过双方活动（two-party activiy）进行管理[Helland]，但是在**发布–订阅**

[Buschmann et al.]或者**观察者模式**[Gamma et al.]中，却是多方（multi-party）的。分布式系统中的事务并不是原子性的，各个系统中的聚合通过事件达到一致性。

原则：在边界之外使用最终一致性

在[Evans]对聚合模式的定义中，有一条经常被忽略。如果单次用户请求需要修改多个聚合实例，而此时我们又需要保证模型的一致性时，这一条便非常重要了：

> 任何跨聚合的业务规则都不能总是保持处于最新状态。通过事件处理、批处理或者其他更新机制，我们可以在一定时间之内处理好他方依赖。[Evans, p.128]

因此，当在一个聚合上执行命令方法时，如果还需要在其他的聚合上执行额外的业务规则，那么请使用最终一致性。在一个大规模、高吞吐量的企业系统中，要使所有的聚合实例完全一致是不可能的。认识到这一点，你便知道在较小规模的系统中使用最终一致性也是有必要的。

问问你的领域专家，对于修改不同聚合实例之间的时间延迟，他们是否能够容忍。有时，领域专家甚至比开发者更能接受这种延迟。因为他们能意识到，在他们的业务中，延迟是客观存在的，而开发人员则总是期待着原子性操作。领域专家通常能回忆起在那个没有计算机的时代，他们的业务操作是什么样子。那时，总是存在各种各样的延迟，而一致性绝非立即之事。因此，领域专家通常是愿意接受那些有理由的延迟的——数秒钟、数分钟、数小时甚至数天的时间都是可以的。

在DDD中，有一种很实用的方法可以支持最终一致性，即一个聚合的命令方法所发布的领域事件及时地发送给异步的订阅方：

```
public class BacklogItem extends ConcurrencySafeEntity  {
    ...
    public void commitTo(Sprint aSprint) {
        ...
        DomainEventPublisher
            .instance()
            .publish(new BacklogItemCommitted(
                    this.tenantId(),
                    this.backlogItemId(),
                    this.sprintId()));
    }
    ...
}
```

在接收到事件之后，每个订阅方都会获取自己的聚合实例，然后在该聚合上完成相应的操作。每个订阅方都在单独的事务中进行操作，也即满足了“在一次事务中只修改一个聚合实例”的原则。

如果一个订阅方与其他客户端发生了并发竞争而使修改失败怎么办？此时，订阅方并不会向消息机制发回成功确认信号，所以消息会重发，然后开始一个新的事务重新触发更新操作。这个过程将持续进行直到一致性得到满足或者达到重试上限为止[6]。如果更新彻底失败，此时我们可以做个妥协，或者发出失败报告。

在上面的例子中，当BacklogItemCommitted领域事件发出之后，订阅方会做出什么反应呢？回忆一下，BacklogItem已经维护了一个Sprint的唯一标识，要在它们之间维护双向关联并无多大意义。在接收到事件之后，订阅方会创建一个CommittedBacklogItem，然后传给Sprint。由于每个CommittedBacklogItem都拥有一个ordering属性，此时Sprint便可以为每个BacklogItem排序，该顺序与Product和Release中的BacklogItem顺序是不同的，另外，这里的顺序和BacklogItem的BusinessPriority是没有关系的。因此，Product和Release所维护的关联是相似的，即它们分别维护了ProductBacklogItem和ScheduledBacklogItem。

白板时间

- 回到你先前所列的大聚合列表。
- 想想如何拆分这些大聚合。在拆分后的小聚合中，圈出那些真正的不变条件，并做好笔记。
- 描述一下，你将如何保证这些小聚合之间的最终一致性。

上面的例子向我们展示了如何在单个限界上下文中使用最终一致性，这种方式同样可以应用到那些分布式系统中。

谁的任务？

在有些场景下，我们很难决定是否应该使用事务一致性还是最终一致性。那些使用传统DDD手法的人可能更倾向于事务一致性，而那些使用CQRS的人则更

6. 可以考虑盖帽指数后退算法。

倾向于采用最终一致性。但是哪种方法才是正确的呢？坦白地说，以上两种倾向都没有给出一个特定于领域的答案，而只是技术上的偏好而已。那么，是否有更好的方式来帮助我们选择呢？

牛仔的逻辑

LB：“我儿子告诉我说他在互联网上学到了如何使奶牛更加高产，我告诉他说那是公牛的任务。”

在与Eric Evans讨论了之后，我得到了一个简单而实用的指导原则。对于一个用例，问问是否应该由执行该用例的用户来保证数据的一致性。如果是，请使用事务一致性，当然此时依然需要遵循其他聚合原则。如果需要其他用户或者系统来保证数据一致性，请使用最终一致性。以上原则不仅有助于我们做出决定，还能帮助我们更深入地了解自己的领域。它向我们展示了真正的系统不变条件：那些必须使用事务一致性的不变条件。通过领域来理解问题比纯粹的技术学习更有价值。

对于聚合来说，以上原则是非常重要的。当然，由于我们还需要考虑其他因素，这个原则并不见得总是我们的最终选择。但无论如何，该原则通常能帮助我们更深层次地去了解自己的模型。在本章后面，当SaaSOvation的团队成员重新审视他们的聚合边界时，他们便使用了这个原则。

打破原则的理由

对于有经验的DDD开发者来说，有时他们可能会选择在单个事务中更新多个聚合实例。但是，这么做的前提是：他们有充足的理由。那么，会有什么样的理由呢？

理由之一：方便用户界面

有些时候，出于方便考虑，用户界面可能允许用户一次性地给多个对象定义共有的属性，然后再对它们进行批量处理。比如，在Scrum中，团队成员可能会一次性地创建多个待定项。在用户界面中，他们可以先填入那些公有的待定项属性，然后再分别填入各个待定项的特有属性。所有的待定项将一次性地进行处理：

```
public class ProductBacklogItemService ... {
    ...
    @Transactional
    public void planBatchOfProductBacklogItems(
        String aTenantId, String productId,
        BacklogItemDescription[] aDescriptions) {

        Product product =
            productRepository.productOfId(
                    new TenantId(aTenantId),
                    new ProductId(productId));

        for (BacklogItemDescription desc : aDescriptions) {
            BacklogItem plannedBacklogItem =
                product.planBacklogItem(
                    desc.summary(),
                    desc.category(),
                    BacklogItemType.valueOf(
                            desc.backlogItemType()),
                    StoryPoints.valueOf(
                            desc.storyPoints()));

            backlogItemRepository.add(plannedBacklogItem);
        }
    }
    ...
}
```

这会违背聚合的不变条件吗？在此例中，答案是否定的，因为重复创建单个待定项和批量创建多个待定项并无什么区别。我们所创建的实例都是整体性的聚合实例，它们会自行管理自己的不变条件。因此，在这种情况下，我们是有理由打破原则的。

理由之二：缺乏技术机制

最终一致性需要使用诸如消息、定时器或者后台线程之类的技术。如果你的项目并未采用这些技术，你应该怎么办呢？有人可能认为这非常奇怪，但是我的确遇到过这样的问题。在没有消息机制、没有定时器、没有后台线程的情况下，我们能做什么呢？

一不小心，我们就可能陷入设计大聚合的陷阱中。虽然这种方式满足了单一事务原则，但是，就像先前所讨论的，它将在很大程度上降低系统的性能和可伸缩性。为了避免这样的情况，我们可能会大规模地修改系统中的聚合，这样，我们便是在修改模型来解决问题。我们知道，项目规范不是轻易就能修改的，所以此时留给我们的空间并不大。虽然这并不是DDD的做法，但是它的确是有可能发生的。此时，我们是没有理由修改模型的。在这种情况下，我们可以考虑在单个事务中修改多个聚合实例。但是，我们不应该急切地做出这样的决定，而是应该慎重行事。

牛仔的逻辑

AJ：“如果你认为规则是用来打破的，那么请找一个好的修理师。”

再考虑一下另一个可以打破原则的因素：用户-聚合亲和度（user-aggregate affinity）。思考是否存在这么一种业务流：在某个时间，对于一组聚合实例，只有一个用户在处理它们。保证用户-聚合亲和度使我们更有理由在单个事务中修改多个聚合实例，因为这样不会违背聚合的不变条件，同时还可以避免事务冲突。即便在这种情况下，并发冲突也是有可能发生的。然而，要从并发冲突中恢复也是很直接的。因此，有时在单个事务中修改多个聚合是能够正常工作的。

理由之三：全局事务

此外，我们还需要考虑遗留技术和企业政策所带来的影响。在这种情况下，我们通常需要使用全局的两阶段提交事务。但是，至少从短期看来，我们是不可能消除全局事务的。

即便我们必须使用全局事务，这也并不意味着我们必须在本地限界上下文中一次性地修改多个聚合实例。如果可以避免全局事务，我们至少可以在自己的模型中消除事务竞争，从而满足聚合原则。全局事务的负面影响在于，我们的系统很难有好的伸缩性。

理由之四：查询性能

有时，最好的方式还是在一个聚合中维护对其他聚合的直接引用，这有利于提高资源库的查询性能。当然，此时我们需要多方位权衡。在本章后面的一个例子中，我们便采用了直接引用对象这种方式。

遵循原则

有很多因素都需要我们做出妥协，比如用户界面上的考虑、技术限制、生硬的企业政策等。当然，我们不应该去找各种借口来打破聚合原则。从长远看来，遵循聚合原则对整个项目是有益的。我们将尽可能地保证一致性，并且致力于创建高性能的、高可伸缩性的系统。

通过发现，深入理解

接下来，你将看到聚合原则是如何影响SaaSOvation团队设计他们的Scrum模型的。你将看到产品团队如何重新思考他们的设计。这些有助于他们深入理解自己的模型。

重新思考设计

在对大的Product聚合进行拆分之后，BacklogItem也变成了聚合，如图10.7所示。SaaSOvation团队在BacklogItem中维护了一个Task的集合。每一个BacklogItem都有一个全局的唯一标识BacklogItemId。BacklogItem对其他聚合的引用都是通过标识引用完成的，包括Product、Release和Sprint。此时的BacklogItem已经足够小了。

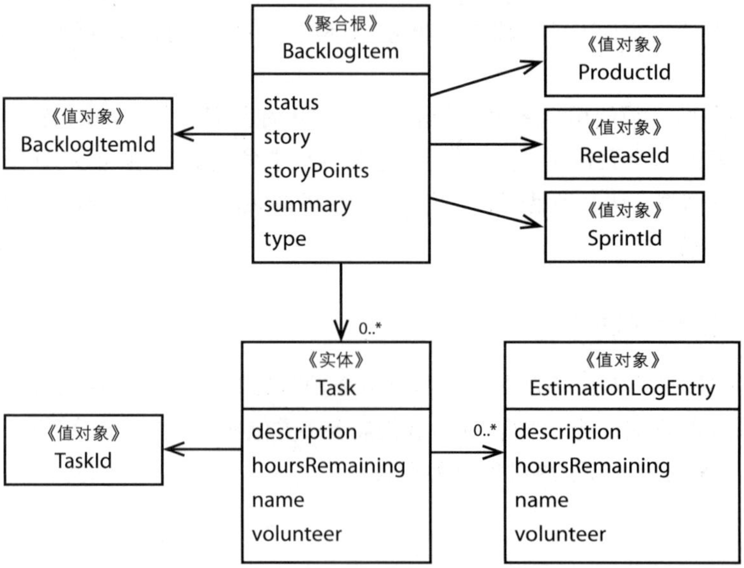

图10.7 BacklogItem聚合全貌。

现在，他们都知道了应该设计小的聚合，问题就在于，他们是否会把事情做得过度？

在上一个迭代中，团队成员们从大聚合Product中拆出了较小的BacklogItem聚合，他们感觉非常不错。但是，还有一些问题他们应该考虑，比如文本类型的story属性。在敏捷项目中，一个用户故事的描述通常不会太长。但是，有一个编辑器组件却允许用户输入很长的描述，此时的story属性可能包含成百上千个字节。因此，我们有必要考虑一下这种情况。

这种情况同时也出现在图10.1和图10.3所示的Product中，现在，团队正致力于缩小限界上下文中的每个聚合。关键的问题来了：在BacklogItem和Task之间是否存在真正的不变条件？或者我们应该将它们拆分开来，然后形成各自的聚合？保持原有设计的成本何在？

做出决定的关键在于正确地使用通用语言。以下是团队成员提出的不变条件：

- 当BacklogItem中的Task有进展时，团队成员需要估计该Task的剩余时间。
- 当某个团队成员估计某个Task的剩余时间为零时，BacklogItem将检查所有的Task，如果所有的Task的剩余时间都为零，那么该BacklogItem的状态将被标记为完成。
- 当某个团队成员估计出某个Task的剩余时间不为零，而此时BacklogItem已经被标记为完成状态，那么该BacklogItem的状态将被自动调回。

这看起来的确是一个不变条件，BacklogItem的状态将自动调整，并且完全依赖于所包含Task的所有剩余时间。如果我们需要在BacklogItem和所有Task的总剩余时间之间保持一致，那么图10.7所表示的聚合一致性边界则是正确的。然而，我们依然需要考虑这种设计所带来的性能和可伸缩性影响。此时，我们可以将其与另一种情况进行比较：在BacklogItem与所有Task的总剩余时间之间维持最终一致性。

有人可能认为，这是使用最终一致性的一个典型场景。但是，我们还不能轻易地得出这样的结论。让我们先看看在使用事务一致性时的情况如何，然后再讨论最终一致性。最后，得出自己的结论。

估算聚合成本

在图10.7中，每一个Task都拥有一个EstimationLogEntry实例的集合。一个EstimationLogEntry记录了团队成员对Task剩余时间的一次估计。在实际使用中，一个BacklogItem将拥有多少个Task，而一个Task又将拥有多少个EstimationLogEntry呢？对于此，我们很难给出确切的答案，因为这取决于Task的复杂程度和一个Sprint的持续时间。但是，我们依然可以通过back-of-the-envelope (BOTE) 这种粗略的方法予以估算[Bentley]。

一个Task的剩余时间通常会在团队成员完成一天的工作之后进行重新估算。让我们假设，多数的Sprint都会持续2～3周的时间。当然，有些Sprint可能会持续很长时间，但是通常来说2 ～ 3周已经足够了。因此，让我们将一个Sprint的持续时间设为10 ～ 15天。在不需要特别精确的情况下，我们可以将Sprint的持续时间设为12天，因为实际上持续2周的Sprint比持续3周的Sprint更多。

接下来，让我们考虑一下分配给每个Task的小时数。我们必须将任务分为一些可管理的单元。通常情况下，我们给每个Task分配的小时数在4 ～ 16小时之间。经常地，如果一个Task的剩余时间超过了12小时，那么Scrum专家便会建议对该Task做进一步拆分。但是，这里我们将Task的剩余时间设成了12小时，这样有助于对Task时间的均等分配，比如对于一个持续12天的Sprint，我们可以每天给每个Task分配1小时的工作时间。

到这里，我们还是没有解决这个问题：一个BacklogItem可以包含多少个Task？要回答这个问题也是困难的。我们假设，系统中的每一个**层** (4) 或者**六边形端口-适配器** (4) 都需要2～3个Task。比如，**用户界面层** (14) 需要3个Task；**应用层** (14) 需要2个Task；领域层需要3个Task；**基础设施层** (14) 也需要3个Task。这样一来，我们便有11个Task了。这个数目可能正好，或者还是有点少，但是我们已经对各种Task进行了估算。让我们给每一个BacklogItem分配12个Task。此时，又由于我们为每个Task预估了12个EstimationLogEntry，那么一个BacklogItem将总共包含144个集合元素。虽然这可能多于常规，但是它至少给我们提供了一个默认的预估值。

我们还需要考虑另一个不变条件。如果Scrum专家建议采用较小的Task，那么以上估算就得随之改变了。将Task的数目上调成24，而将每个Task所包含的EstimationLogEntry数目下调成6，此时我们所得到的依然是144个对象。然而，这种方法将导致的问题是：在所有的估算请求中，我们需要加载更多的Task，从而会消耗更多的内存。团队可以尝试不同的分配组合，然后观察每种组合对性能的影响。但是，作为开始，他们将维持先前的分配方式。

常见用例场景

现在，是考虑常见的用例场景的时候了。要一次性地加载所有的144个对象，这样的用户请求频率会有多高？这种情况会发生吗？看来似乎没有发生的可能，但是我们需要核实。如果不会发生这样的情况，那么我们依然需要知道加载对象数目的平均期望值。另外，是否存在因为多个用户同时访问而产生并发竞争的情况？

在以下场景中，我们使用了Hibernate作为持久化机制。此外，每一种实体类型都维护了用于乐观并发的版本号。这是可行的，因为对状态的更新是通过根实体BacklogItem来管理的。当状态自动更改时，根实体的版本号也将随之更新。因此，对某个Task的修改不会影响到其他的Task，并且不会影响到根实体，除非对Task的修改将导致根实体状态的变化（在使用基于文档的存储时，由于每次集合的更改都会导致对根实体的修改，因此，对于下面的分析，我们需要回过头来重新考虑）。

在刚创建一个BacklogItem时，它并不包含任何Task。通常来说，直到召开冲刺计划会议时，Scrum团队才会开始创建Task，然后将Task添加到相应的BacklogItem中。此时，他们没有必要争着添加Task，比如两个成员比赛，看谁能以更快的速度添加Task。如果真是这样，结果将导致并发冲突，两个请求当中只有一个能够成功（与先前的同时向Product中添加内容是一个道理）。然而，这两个成员立即便会意识到，这种方式反而降低了效率。

如果的确存在多个用户同时添加Task的情况，那么我们的分析将大作修改。此时，我们应该考虑将BacklogItem和Task分成两个不同的聚合。另一方面，这也正是将Hibernate的optimistic-lock设置成false的时候。允许同时添加多个Task对于有些场景来说是有意义的，特别是当这样做并不会带来性能和可伸缩性问题的时候。

如果Task的预估算剩余时间为零，我们依然不会遇到并发竞争的情况，但是这将导致EstimationLogEntry的BOTE数目变成13。同时添加多个Task并不会修改BacklogItem的状态。只有当总共剩余时间从非零变成零时，或者从零变成非零时，BacklogItem的状态才会改变——这是两个不常见的事件。

每天都对剩余时间进行估算会造出问题吗？在一个Sprint的第一天，其中所包含的EstimationLogEntry数通常为零。该天结束时，每个团队成员都会将相应Task的剩余时间减1。这将向Task中添加一个新的EstimationLogEntry，但是此时BacklogItem的状态并没有改变。对于某个Task来说，是不会出现并发竞争的，因为只有一个成员修改该Task的剩余时间数。只有在第12天时，我们才会修改BacklogItem的状态。另外，其他Task也不会造成BacklogItem状态的改变。只有在最后一次估算时，即第144次估算，才有可能导致BacklogItem状态的变化。

通过以上分析，团队成员们意识到了很重要的一点。即便他们修改用例场景，将任务完成时间缩短一半（6天），他们依然无法改变任何东西。不管怎么样，只有在最后一次估算时，根实体的状态才会发生改变。这看来是一种安全的设计，虽然此时的内存消耗依然是一个问题。

内存消耗

现在，让我们来讨论一下内存消耗。有一点非常重要：每次估算都是按天进行的，并且采用了值对象来保存。如果一个团队成员在一天中进行了反复的估算，那么只有最后一次估算得以保留。后一次估算的值对象将替换掉同一天中的前一次估算。此时，还没有跟踪错误估算的需求，基本的假设是：某个Task所包含的EstimationLogEntry数目不应该超过Sprint所持续的天数。当然，如果Task在先于冲刺计划会议之前（比如提前1天或好几天）就创建好了，那么此时的假设也应该随之更改，另外，我们还需要重新估算在先前那些天中，一个Task所消耗的小时数。每多1天，EstimationLogEntry也应该随之增加。

在每次重新估算时，所有Task和EstimationLogEntry的内存使用情况如何呢？对于一次请求，当采用延迟加载时，我们至多会一次性地向内存中加载12+12个集合对象。这是因为，在访问Task集合时，所有的12个Task实例都将加载到内存中；而要向某个Task添加EstimationLogEntry，我们则需要加载整个EstimationLogEntry集合，即另外的12个对象。最终，我们需要加载一个BacklogItem、12个Task和12个EstimationLogEntry，即最多25个对象。这样的内存消耗量并不大，此时的BacklogItem也是一个小聚合。另一方面，加载所有25个对象的情况也只会发生在冲刺的最后一天。在冲刺的执行过程中，BacklogItem会更小。

延迟加载会造成性能上的影响吗？可能会，因为此时我们事实上需要两次延迟加载，一次是加载Task，另一次则是加载EstimationLogEntry。对此，团队成员需要进行性能测试。

还有另外一点：为了帮助团队做出正确的计划，Scrum允许团队进行计划试验。[Sutherland]提到，有经验的团队可以通过用户故事点数（story point）而不是Task时间来估算速度。在他们定义Task时，他们可以为每个Task只分配1小时的时间。在冲刺执行过程中，对于每个Task，他们只会重新估算一次，即当Task完成时将时间由1小时改成零。使用用户故事点数可以减少一个Task中的EstimationLogEntry数目，并且可以优化对内存的消耗。

之后，ProjectOvation的开发者们将使用真实的产品数据来分析一个BacklogItem所包含的Task数和EstimationLogEntry的数目。

对于测试BOTE估算来说，先前的分析已经足够了。然而，在没有明确结果的情况下，他们认为依然存在很多不可预测的因素，这些因素足以使他们采用另外的设计。

探索另外的设计

有没有更好的设计比前面的用例场景能更好地处理聚合边界呢？

团队成员希望找到一种方式将Task设计成单独的聚合，他们的方案如图10.8所示。这样做的好处在于，他们将12个EstimationLogEntry从BacklogItem中彻底分离出来，对于延迟加载来说，这也是有好处的。事实上，这使得他们在加载EstimationLogEntry时可以采用即时加载的方式。

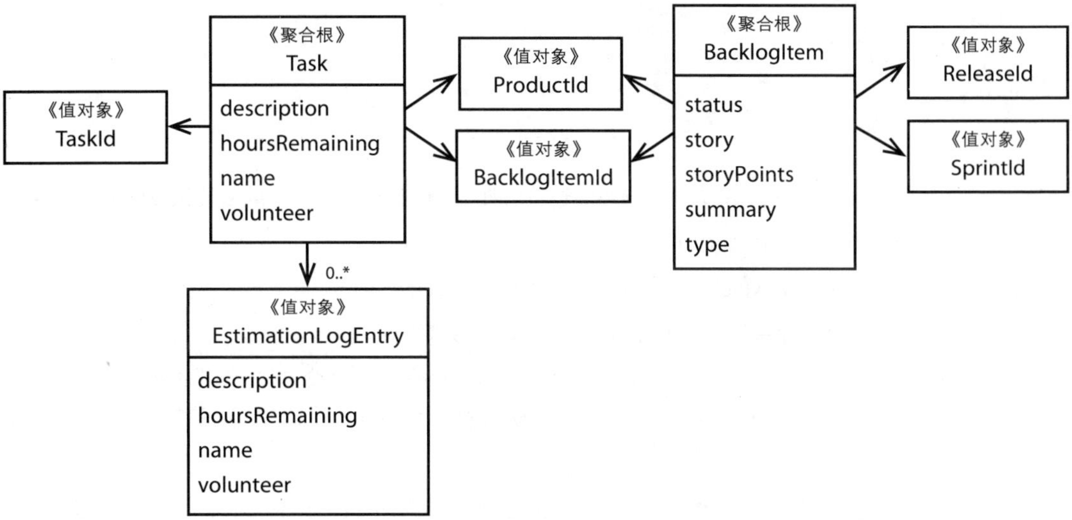

图10.8 Backloglem和Task被设计成单独的聚合。

开发者们达成了一致：不要在同一个事务中同时修改Task和BacklogItem。他们需要决定的是：是否可以在一个可接受的时间范围之内对BacklogItem的状态进行更新。这样做的结果是：他们可能会弱化不变条件的一致性，因为此时的一致性不再通过事务来达到。这是可以接受的吗？他们与领域专家进行了讨论，得知这种情况是可以接受的。

实现最终一致性

这样看来，他们便有理由在不同的聚合之间使用最终一致性了。

当执行Task的estimateHoursRemaining()命令方法时，它将发布相应的事件。在这之前，该方法已经具备这样的功能了，但是他们这里需要考虑的是使用事件来达到最终一致性。该事件具有以下属性：

```
public class TaskHoursRemainingEstimated implements DomainEvent {
    private Date occurredOn;
    private TenantId tenantId;
    private BacklogItemId backlogItemId;
    private TaskId taskId;
    private int hoursRemaining;
    ...
}
```

一个特定的订阅方将对该事件进行监听，当事件到达时，它会委派给领域服务来协调对一致性的处理。该领域服务将：

- 通过BacklogItemRepository获取指定的BacklogItem。
- 通过TaskRepository获取BacklogItem所关联的所有Task实例。
- 执行BacklogItem的estimateTaskHoursRemaining()命令方法，传入的参数包含有领域事件中的hoursRemaining和所有获取到的Task实例。根据传入的参数，BacklogItem可能会自动更新自身的状态 。

团队应该找到一种方法来优化以上过程。在每次重新估算剩余时间的时候，上面的3个步骤需要将所有的Task实例加载进内存。在使用BOTE估算时，144次估算中的143次都是没有必要的。当然，优化起来也是比较简单的。与其使用资源库来获取所有的Task实例，他们可以简单地使资源库直接返回所有Task的剩余时间：

```
public class HibernateTaskRepository implements TaskRepository {
    ...
    public int totalBacklogItemTaskHoursRemaining(
            TenantId aTenantId,
            BacklogItemId aBacklogItemId) {

        Query query = session.createQuery(
            "select sum(task.hoursRemaining) from Task task "
            + "where task.tenantId = ? and "
            + "task.backlogItemId = ?");
        ...
    }
}
```

最终一致性可能会在一定程度上使用户界面变得复杂。在事件延迟的几百个毫秒期间，用户界面如何显示新的状态呢？它们应该在用户界面层中加入业务逻辑以决定当前的状态吗？这样做将导致智能UI这种反模式。或许它们可以显示老的状态，然后让用户自行处理显示上的不一致性。但是，这很有可能被看成是一个bug，或者至少是很烦人的。

在显示状态时，它们可以通过"拉取"的方式使用Ajax，但是这却是非常低效的。由于显示组件并不确切地知道何时应该检查状态更新，多数Ajax请求都是没有必要的。在使用BOTE估算时，144次重新估算中的143次都不会导致BacklogItem状态的变化，因此，这些请求对于Web层来说是多余的。更好的方式是采用Comet（即Ajax推送）。虽然这是一个不错的挑战，但是对于团队成员来说，这却是一项全新的技术。

另一方面，最好的方式可能也是最简单的方式。它们可以在界面上直接告诉用户：此时的状态是不正确的。用户界面将定期检查状态并刷新。这样一来，改变之后的状态可能会在下一次界面刷新时予以显示。这是安全的。当然，团队成员还需要进行用户验收测试，但是这种方式看起来是很有希望的。

这是Scrum团队成员的任务吗？

到这里，我们还忽略了一个很重要的问题：应该由谁来负责维护BacklogItem与所有Task剩余时间之间的一致性？当Scrum的团队成员将最后一个Task的剩余时间设置为零后，BacklogItem将变成完成状态。问题在于，他们会关心这些吗？他们知道自己所工作的Task就是最后一个Task吗？可能吧，也许每个团队成员都应该承担这样的职责。

另一方面，如果一个项目还存在其他利益相关方，又该怎么办呢？比如，产品负责人有可能需要检查一个BacklogItem的状态，也或者有人想率先使用部署在持续集成服务器上的系统功能。对于由程序自动完成的状态转换，如果其他人表示满意，那么他们可以手动地将状态设成完成。这显然改变了游戏规则，因为，此时不管是事务一致性还是最终一致性都是没有必要的。一个Task可能会从其所属的BacklogItem中分离出来，因为这是新的用例所允许的。然而，如果真的应该由Scrum团队成员来发起对BacklogItem状态的改变，这就意味着Task应该包含在BacklogItem之内以允许事务一致性。有趣的是，对于这个问题，也没有明确的答案。这或许意味着，我们应该将该功能以一个可选择的偏好设置提供给客户。将Task包含在BacklogItem之内可以解决一致性问题，同时，这种方式能够同时支持对BacklogItem状态的自动更新和手动更新。

这次练习是很有意义的，它揭示出了领域中另一个崭新的方面。看来，SaaSOvation的团队应该为系统添加一个工作流偏好设置。他们不会立即实现这个功能，但是他们会在之后的讨论中提出来。通过询问“谁的责任？”这个问题，SaaSOvation的团队成员们进一步理解了他们的领域。

后来，其中一个开发者提出了一个非常实用的建议，该建议可以作为另一种分析问题的途径。如果他们特别关心由story属性所带来的负面影响，那么他们为什么不对此做些什么呢？他们可以减少story属性的存储空间，然后再引入一个useCaseDefinisiton属性。此外，还可以采用延迟加载的方式，因为多数时间story属性是不会被用到的。也或者，他们甚至可以为story属性创建一个单独的聚合，在需要的时候才进行加载。此时便是打破原则的好时候啦，即不再通过对象标识来引用外部聚合，而是直接维护对象引用，然后在ORM中将其设置成延迟加载。

决定的时候到了

这种层面的分析不能够一直持续下去，总会到做决定的时候。现在我们决定走这条路，并不意味这之后我们就不能走其他的路。此时，开放的思想限制了实用性。

基于以上所有分析，团队并不打算将Task从BacklogItem中分离出来。他们还不清楚这样的分离是否会带来风险，比如不变条件将得不到保护，或者用户无法看到实时的状态等。当前的聚合已经相当小了。即便在最坏的情况下，也只有50个对象加载进内存，而这所消耗的内存并不算大。因此，他们决定暂时保留先前的做法。这是有很多好处的，首先风险并不大，因为目前的实现方案已经工作得很好；另外，如果之后他们决定将Task从BacklogItem中分离出来，它依然可以工作。

将来，在有必要的情况下，他们依然会考虑对BacklogItem和Task的拆分。在对当前的设计方案进行了性能测试、负载测试和用户验收测试之后，他们应该知道什么样的方案是更好的。在产品环境中，BOTE估算可能是错误的，因为产品环境中的聚合实例很有可能比想象中的多。在这种情况下，对BacklogItem和Task的拆分便是毫无疑问的了。

如果你是ProjectOvation团队的一员，你会选择哪种设计方案？不要回避像先前案例研究中那样的发现讨论会议，这样的会议通常只会持续30分钟，最坏的情况也不过60分钟。但是，如果你想在更深层次上了解自己的领域，那么这些时间是值得的。

实现

这里，我们主要强调那些有助于增强实现健壮性的因素。但是，我们还应该全面地在**实体**（5）、**值对象**（6）、**领域服务**（8）、**模块**（9）、**工厂**（11）和**资源库**（12）中对聚合的实现进行探讨。

创建具有唯一标识的根实体

将实体建模成聚合根（Aggregat Root）。在前面的例子中，Product、BacklogItem、Release和Sprint都可以作为根实体。如果我们将Task从BacklogItem中分离，那么Task也是一个根实体。

对Product实体的优化最终导致了以下根实体：

```
public class Product extends ConcurrencySafeEntity  {
    private Set<ProductBacklogItem> backlogItems;
    private String description;
    private String name;
    private ProductDiscussion productDiscussion;
    private ProductId productId;
    private TenantId tenantId;
    ...
}
```

这里的ConcurrencySafeEntity是一个**层超类型**[Fowler, P of EAA]，它用于管理委派标识和乐观并发的版本号，请参考**实体**（5）。

先前，我们并没有讨论到ProductBacklogItem。这里，Product维护了一个ProductBacklogItem的集合。这是故意而为之的。但是，ProductBacklogItem和前面所讨论的BacklogItem是不同的。ProductBacklogItem集合的作用在于维护一个有序的待定项集合。

每个聚合根必须拥有一个全局的唯一标识。Product的唯一标识以值对象ProductId表示。ProductId是和领域相关的标识，它和ConcurrencySafeEntity中的委派标识是不一样的。关于领域模型的唯一标识，请参考**实体**（5）。ProductRepository的实现中包含了nextIdentity()方法来生成以UUID所表示的ProductId：

```
public class HibernateProductRepository implements ProductRepository  {
    ...
    public ProductId nextIdentity() {
        return new ProductId(java.util.UUID.randomUUID()
.toString().toUpperCase());
    }
    ...
}
```

使用nextIdentity()方法，客户端中的应用服务便可以创建一个具有全局唯一标识的Product实例：

```
public class ProductService ... {
    ...
    @Transactional
    public String newProduct(
          String aTenantId, aProductName, aProductDescription) {
          Product product =
              new Product(
                  new TenantId(aTenantId),
                  this.productRepository.nextIdentity(),
                  "My Product",
                  "This is the description of my product.",
                  new ProductDiscussion(
                          new DiscussionDescriptor(
                              DiscussionDescriptor.UNDEFINED_ID),
                          DiscussionAvailability.NOT_REQUESTED));

          this.productRepository.add(product);

          return product.productId().id();
    }
    ...
}
```

在上例中，应用服务使用了ProductRepository来同时生成实体标识和持久化Product实例。其中的newProduct()方法返回一个用String类型表示的ProductId。

优先使用值对象

我们应该尽量地将根实体所包含的其他聚合建模成值对象，而不是实体。在不至于对模型或基础设施造成明显影响的情况下，采用值对象全部替换的方式是最好的选择。

当前的Product包含了2个简单属性和3个值对象属性。其中的description和name都是String类型，它们是可以被全部替换的。另外，productId和tenantId值对象被建模成了稳定的标识，即在Product创建之后，它们将不再改变。它们支持标识引用，而不是直接对象引用。事实上，Product所引用的Tenant甚至都不在相同的限界上下文中，因此只能使用标识引用。Product中的productDiscussion是一个具有最终一致性的值对象属性。在Product创建之初，用户可能会要求创建产品Discussion，但是只有在一段时间之后，该Discussion才会存在。另外，产品Discussion必须在协作上下文中进行创建，在创建完成之后，本地上下文将在Product中为productDiscussion设置标识和状态。

我们将ProductBacklogItem建模成了一个实体，而非值对象。这是有原因的。正如在**值对象**（6）中所讨论的，由于我们采用了Hibernate来访问数据库，对于值对象集合来说，Hibernate必须为其中的元素创建数据库实体。对集合元素的重新排序将删除或替换大量的ProductBacklogItem实例，这将对基础设施造成严重影响。作为实体，ProductBacklogItem允许对ordering属性的任意修改，只要这是产品负责人所需的。然而，如果我们打算从Hibernate转向MySQL的键值对存储，我们可以轻易地将ProductBacklogItem变成值对象。在使用键值对或文档存储时，聚合实例通常都被序列化成一个值展现予以存储。

使用迪米特法则和"告诉而非询问"原则

在实现聚合时，我们可以采用**迪米特法则**（Law of Demeter）[Appleton, LoD]和**告诉而非询问原则**（Tell, Don't Ask）[PragProg, TDA]，它们都强调信息隐藏。让我们仔细了解一下这两个高层次的指导原则：

- 迪米特法则：强调了"最小知识"原则。考虑一个客户端对象需要调用系统中其他对象的行为方法的场景，此时我们可以将后者称为服务对象。在客户端对象使用服务对象时，它应该尽量少地知道服务对象的内部结构。客户端对象不应该知道任何关于服务对象属性的信息。客户端对象可以根据表层接口调用服务对象上的命令方法。然而，客户端对象不应该渗入到服务对象的内部。如果客户端所需服务位于服务对象的内部，那么此时客户端对象便不应该访问这样的服务。对于服务对象来说，它只应该提供表层接口，在接口方法被调用时，它将操作委派给内部方法以完成功能。

  对迪米特法则做一个简单的总结：任何对象的任何方法只能调用以下对象中的方法：(1) 该对象自身，(2) 所传入的参数对象，(3) 它所创建的对象，(4) 自身所包含的其他对象，并且对那些对象有直接访问权。

- 告诉而非询问原则：一个对象不应该被告知如何执行操作。对于客户端来说，这里的"非询问"表示：客户端对象不应该首先询问服务对象，然后根据询问结果调用服务对象中的方法，而是应该通过调用服务对象的公共接口的方式来"告诉"服务对象所要执行的操作。该原则和迪米特原则存在相似之处，但是使用起来更加简单。

有了以上原则，让我们看看如何将它们用在Product中：

```
public class Product extends ConcurrencySafeEntity  {
    ...
    public void reorderFrom(BacklogItemId anId, int anOrdering) {
        for (ProductBacklogItem pbi : this.backlogItems()) {
            pbi.reorderFrom(anId, anOrdering);
        }
    }

    public Set<ProductBacklogItem> backlogItems() {
        return this.backlogItems;
    }
    ...
}
```

Product要求客户端执行其reorderFrom()方法，该方法将进一步执行每个ProductBacklogItem的命令方法以修改自身状态。这是一个很好的例子。但是，这里的backlogItems()方法也是公有的。这是否违背了“信息隐藏”的总原则呢，因为我们将ProductBacklogItem集合也暴露给了客户端？这的确会将ProductBacklogItem集合暴露给客户端，但是客户端只能在这些集合元素上进行查询操作。由于ProductBacklogItem接口上的限制，客户端并不能从中了解到Product的内部。客户端所获得的信息被最小化了。对于客户端来说，它也只会将所得到的ProductBacklogItem集合用于查询，此外，这些ProductBacklogItem可能并不能反映出Product的确切状态。客户端决不能直接执行ProductBacklogItem中的命令方法，以下是ProductBacklogItem的实现：

```
public class ProductBacklogItem extends ConcurrencySafeEntity  {
    ...
    protected void reorderFrom(BacklogItemId anId, int anOrdering) {
        if (this.backlogItemId().equals(anId)) {
            this.setOrdering(anOrdering);
        } else if (this.ordering() >= anOrdering) {
            this.setOrdering(this.ordering() + 1);
        }
    }
    ...
}
```

ProductBacklogItem唯一可以修改状态的方法被声明成了protected。因此，该方法对于客户端来说是不可见的，更不用说调用了。在实际应用中，只有Product能够调用ProductBacklogItem的命令方法。客户端只能使用Product的reorderFrom()公有方法。在调用时，Product将委派给所有的ProductBacklogItem以完成实际的功能。

由于应用了以上设计原则，Product的实现对于其自身来说也达到了“最小知识”的目的。另外，以这种方式实现的Product也更利于测试和维护。

我们需要在迪米特法则和“告诉而非询问”原则之间进行权衡。前者的限制性更强，它只允许客户端通过聚合根进行访问。另一方面，“告诉而非询问”原则则允许客户端访问聚合根的内部，但是它也要求对聚合状态的修改应该属于聚合本身，而不是客户端。因此，在多数情况下，“告诉而非询问”原则将更加适用。

乐观并发

接下来，我们需要考虑在何处放置乐观并发的版本号。在我们定义聚合时，最安全的方法便是只为根实体创建版本号。每次在聚合内部执行状态修改命令时，根实体的版本号都会随之增加。对于前面的例子来说，Product将拥有一个version属性，当执行describeAs()、initiateDiscussion()、rename()或者reorderFrom()方法时，version属性都会增加。这样可以避免多个客户在同一个Product内部同时修改属性状态。根据聚合的设计方式，有时这是很难控制的，甚至是没有必要的。

假设我们使用了Hibernate，当Product的name、description或者productDiscussion属性被修改时，version将自动增加。这是很自然的，因为这些属性是根实体所直接持有的。然而，如果我们修改了backlogItems中任何一个元素的顺序，此时的version应该增加吗？事实上，这是不可以的，或者至少不能自动地增加version值。Hibernate并不会将对ProductBacklogItem的修改看作是对Product的修改。要解决这个问题，我们可以修改Product的reorderFrom()方法，手动地增加version的值：

```
public class Product extends ConcurrencySafeEntity  {
    ...
    public void reorderFrom(BacklogItemId anId, int anOrdering) {
        for (ProductBacklogItem pbi : this.backlogItems()) {
            pbi.reorderFrom(anId, anOrdering);
        }
        this.version(this.version() + 1);
    }
    ...
}
```

以上实现的一个问题在于：无论reorderFrom()方法是否产生了修改状态的效果，version的值总是会增加的。此外，这种方式使基础设施泄漏到了模型中，这并不是领域建模的一个好做法。那么，我们还可以做些什么呢？

牛仔的逻辑

AJ：“我在想，婚姻就像乐观并发一样。当一个男人结婚时，他很乐观地认为女方不会改变；而当一个女人结婚时，她很乐观地认为男人一定会改变。”

事实上，对于上面的Product和ProductBacklogItem来说，当修改backlogItems时，我们没有必要修改根实体Product的版本号。由于ProductBacklogItem自身也是实体，它们可以维护自己的version属性。如果2个客户同时修改同一个ProductBacklogItem的顺序，那么后一个提交的客户将失败。实际上，这种情况几乎不会发生，因为只有产品负责人才会对待定项重新排序。

为每个实体创建版本号并不对所有的场景都适用。有时，唯一可以保护不变条件的做法便是直接修改根实体的版本号。当然，在可能的情况下，更简单的方法是修改根实体上的属性。在这种情况下，当我们对根实体进行深度修改时，直接位于根实体之下的某些属性也总能得到修改，进而使得Hibernate增加根实体的version值。回想一下，在先前的BacklogItem和Task的例子中，我们已经采用了这种方法，即当所有Task的剩余时间变成零时，BacklogItem的status属性也将随之改变。

然而，这种方式也不是对所有场景都适用。在不适用的场景下，我们可能会求助于持久化机制，比如，当Hibernate发现聚合的有些部分被修改时，我们可以使用钩子（Hook）手动地修改根实体。但是，这样做也是有问题的。此时，我们需要在根实体和它所包含的子对象中维持双向关联。当Hibernate将对象生命周期事件发送到某个监听器时，该双向关联使得从子对象中去引用根实体。请不要忘记了，正如[Evans]所说，在多数情况下，使用双向关联都是不被鼓励的。而如果这样做只是为了支持乐观并发，那么就更不应该了，因为乐观并发只是一个基础设施层面上的关注点。

虽然我们并不希望由基础设施相关的因素来影响我们的建模决定，我们依然可以选择一种没那么痛苦的做法。当对根实体的修改变得非常困难并且成本很高时，通常这意味着我们需要对根实体进行拆分了。此时，根实体应该只包含一些简单属性和值对象属性。当聚合只由一个根实体组成时，无论聚合的那部分发生了改变，根实体都能得到修改。

最后，我们应该知道的是，如果整个聚合是通过单个值进行持久化的，并且该值本身可以避免并发冲突，那么前面的场景便不是问题了。在使用

MongoDB、Riak、Oracle的Coherence分布式网格和VMware的GemFire时，我们便可以采用这种方式。比如，当一个聚合根实现了Coherence的Versionable接口，同时它的资源库采用了VersionedPut处理器，那么在进行并发冲突检测时，Coherence总会并且只会使用该聚合根。

避免依赖注入

通常来说，向聚合中注入资源库或者领域服务是有害的。这样做的原因可能是希望在聚合内部查找一个所依赖对象的实例，所依赖的对象可能是另一个聚合，也有可能是一系列的聚合。在前面的“原则：通过唯一标识引用其他聚合”一节中我们已经讲到，对于所依赖的对象，我们应该在聚合命令方法执行之前进行查找，然后再将其传入命令方法。使用失联领域模型并不是一种值得推荐的方法。

此外，在一个高吞吐量、高性能的领域中，内存吃紧，垃圾回收周期漫长，此时如果我们再将资源库和领域服务注入到聚合中，结果会怎么样？将会有多少额外的对象引用产生？有人可能会说，这并不足以对他们的运行环境造成影响，但是他们的运行环境可能并不是我们这里所描述的情形。无论如何，如果可以采用其他设计原则予以避免，那么我们就不应该给系统增加不必要的负担。比如，我们可以在调用聚合命令方法之前查找到所依赖的对象。

当然，以上只是告诫大家不要在聚合中注入资源库和领域服务，而在其他多数情况下，依赖注入都是很适合的。比如，我们可以向应用服务中注入资源库和领域服务。

本章小结

在本章中，你学到了遵循聚合设计原则的重要性。

- 你学到了大聚合的负面影响。
- 你学到了如何在一致性边界之内建模真正的不变条件。
- 你学到了设计小聚合的优势。
- 你学到了应该优先考虑通过标识引用其他聚合。
- 你学到了在聚合边界之外使用最终一致性的重要性。
- 你学到了不同的实现方法，包括如何使用"告诉而非询问"原则和迪米特法则。

如果我们遵循聚合的设计原则，那么我们便可以获得很好的一致性，并且创建出高性能和高伸缩性的系统，同时还可以捕获到业务领域中的通用语言。

第11章

工厂

我忍受不了这个脏兮兮的工厂了，我们还是走吧！
但是要多加小心，我的孩子！
不要迷失了自我，也不要过度兴奋！
保持冷静！
—Willy Wonka

在DDD中众多模式中，**工厂**（Factory）可能是最为大家所知的模式了。在设计模式[Gamma et al.]中，存在**抽象工厂**（Abstract Factory）、**工厂方法**（Factory Method）和**创建者**（Builder）等模式。这里，我并不是在掩盖[Gamma et al.]和[Evans]的光环。在本章中，我们所关注的是如何在领域模型中使用工厂。

本章学习路线图

- 学习为什么工厂可以创建具有表达性的、符合**通用语言**（1）**的模型**。
- 学习SaaSOvation团队是如何将工厂方法作为**聚合**（10）的行为方法的。
- 学习如何使用工厂方法来创建其他类型的聚合。
- 学习在与其他**限界上下文**（2）集成并将外部对象翻译成本地对象时，如何将领域服务当作工厂来使用。

领域模型中的工厂

考虑使用工厂的主要动机：

> 将创建复杂对象和聚合的职责分配给一个单独的对象，该对象本身并不承担领域模型中的职责，但是依然是领域设计的一部分。工厂应该提供一个创建对象的接口，该接口封装了所有创建对象的复杂操作过程，同时，它并不需要客户去引用那个实际被创建的对象。对于聚合来说，我们应该一次性地创建整个聚合，并且确保它的不变条件得到满足。[Evans, p. 138]

除了创建对象之外，工厂并不需要承担领域模型中的其他职责。一个只用于创建某种聚合的对象并不会拥有其他的职责，甚至不会被看作是模型中的一等公民。

它只是一个工厂而已。一个含有工厂方法的聚合根的主要职责是完成它的聚合行为，而工厂方法只是其中之一。

在本书的例子中，我们将更多地使用后一种方式。本书示例中大部分聚合的创建过程都并不复杂。但是，我们必须考虑到创建过程中的一些重要细节，否则，所创建的聚合将处于不正确状态。考虑一下，在多租户环境中，如果一个聚合被创建在了一个错误的租户之下（即该聚合持有了错误的TenantId），那么结果将是灾难性的。我们需要将每个租户所持有的数据与其他租户分离开来。在聚合根中使用适当的工厂方法可以保证这一点，同时也方便了客户端，因为此时客户端只需要传入基本的参数——通常只是些**值对象**（6），这样我们也达到了向客户端隐藏创建细节的目的。

另外，在聚合上使用工厂方法也有助于更好地表达通用语言，而这是使用构造函数所不能达到的。

牛仔的逻辑

LB：“我曾经在一个消防栓工厂工作。在工厂附近，你几乎找不到停车的地方。”

在本书的示例限界上下文中，的确存在需要复杂创建过程的情况，比如在**集成限界上下文**（13）中就出现了。在那种情况下，**领域服务**（7）扮演了工厂的角色，它用于创建不同类型的聚合和值对象。

在一个类层级中，如果我们需要创建不同类型的对象，那么我们可以使用抽象工厂，这也是该模式的典型应用场景。此时，客户端只需要传入一些基本的参数，抽象工厂将通过这些参数来确定需要创建的实际类型。在本书的例子中，并不存在特定于领域的类层级，因此本章不会讲到对抽象工厂的使用。如果你有这样的需求，可以参考一下**资源库**（12）中相关的讨论。如果你决定在自己的设计中采用类层级，那么请准备好承担它有可能导致的后果。

聚合根中的工厂方法

在本书的3个示例限界上下文中，聚合根实体中都存在工厂方法，请参考表11.1。

表11.1 聚合中的工厂方法

限界上下文	聚合	工厂方法
身份与访问上下文	Tenant	offerRegistrationInvitation()
		provisionGroup()
		provisionRole()
		registerUser()
协作上下文	Calendar	scheduleCalendarEntry()
	Forum	startDiscussion()
	Discussion	post()
敏捷项目管理上下文	Product	planBacklogItem()
		scheduleRelease()
		scheduleSprint()

在**聚合**(10)中,我们讨论到了Product上的工厂方法。比如,planBacklogItem()方法用于创建新的BacklogItem,BacklogItem本身也是一个聚合,它将返回给客户端。

为了展示对工厂方法的设计,让我们看看协作上下文中的3个工厂方法。

创建CalendarEntry实例

让我们先来看看对工厂的设计。在Calendar中,一个工厂方法用于创建CalendarEntry实例。CollabOvation团队向我们展示了该实现过程。

下面的测试向我们展示了对Calendar中工厂方法的使用:

```
public class CalendarTest extends DomainTest {
    private CalendarEntry calendarEntry;
    private CalendarEntryId calendarEntryId;
    ...
    public void testCreateCalendarEntry() throws Exception {

        Calendar calendar = this.calendarFixture();

        DomainRegistry.calendarRepository().add(calendar);

        DomainEventPublisher
            .instance()
            .subscribe(
                new DomainEventSubscriber<CalendarEntryScheduled>() {
                public void handleEvent(
                        CalendarEntryScheduled aDomainEvent) {
                    calendarEntryId = aDomainEvent.calendarEntryId();
                }
                public Class<CalendarEntryScheduled>
                        subscribedToEventType() {
                    return CalendarEntryScheduled.class;
                }
            });

        calendarEntry =
            calendar.scheduleCalendarEntry(
                    DomainRegistry
                        .calendarEntryRepository()
                        .nextIdentity()
                    new Owner(
                        "jdoe",
                        "John Doe",
                        "jdoe@lastnamedoe.org"),
                    "Sprint Planning",
                    "Plan sprint for first half of April 2012.",
                    this.tomorrowOneHourTimeSpanFixture(),
                    this.oneHourBeforeAlarmFixture(),
                    this.weeklyRepetitionFixture(),
                    "Team Room",
                    new TreeSet<Invitee>(0));

        DomainRegistry.calendarEntryRepository().add(calendarEntry);

        assertNotNull(calendarEntryId);
        assertNotNull(calendarEntry);
        ...
    }
}
```

在上例中，scheduleCalendarEntry()方法需要9个参数。之后你还会发现，CalendarEntry的构造函数需要11个参数。我们将在下文中讨论这种方式的好处。在创建好一个新的CalendarEntry之后，客户端需要将其添加到资源库中，否则，该CalendarEntry将被垃圾收集器所回收。

测试中的第一个断言语句验证所发布事件中的CalendarEntryId不能为null，这样可以表示事件的成功发送。在本例中，我们并不关心是否有客户端订阅了该事件，而是在于测试CalendarEntryScheduled事件的确发布出去了。

新创建的CalendarEntry实例也不能为null。当然，我们还可以加入更多的断言，但是对于工厂方法的设计和客户的使用来说，本例中的2个断言已经足够了。

接下来，让我们看看工厂方法的实现：

```
package com.saasovation.collaboration.domain.model.calendar;

public class Calendar extends Entity  {
    ...
    public CalendarEntry scheduleCalendarEntry(
            CalendarEntryId aCalendarEntryId,
            Owner anOwner,
            String aSubject,
            String aDescription,
            TimeSpan aTimeSpan,
            Alarm anAlarm,
            Repetition aRepetition,
            String aLocation,
            Set<Invitee> anInvitees) {
        CalendarEntry calendarEntry =
            new CalendarEntry(
                    this.tenant(),
                    this.calendarId(),
                    aCalendarEntryId,
                    anOwner,
                    aSubject,
                    aDescription,
                    aTimeSpan,
                    anAlarm,
                    aRepetition,
                    aLocation,
                    anInvitees);

        DomainEventPublisher
            .instance()
            .publish(new CalendarEntryScheduled(...));

        return calendarEntry;
    }
    ...
}
```

Calendar创建了一个新的聚合实例，即CalendarEntry。在CalendarEntryScheduled事件发布之后，该实例将被返回给客户端（事件发布细节对本例来说并不重要）。你会发现，在该工厂方法中，我们并没有提供守卫措施。对于工厂方法来说，这也是没有必要的，因为所有值对象的构造函数、CalendarEntry的构造函数，还有这些构造函数自委派的setter方法已经提供了这样的守卫措施（更多有关自委派和守卫的知识，请参考**实体（5）**）。当然，如果你想提供双重守卫，也是可以的。

团队成员采用了能够表达通用语言的工厂方法名。这样，领域专家和团队成员都可以使用相同的语言进行交流：

日历计划日历条目。

如果我们只是采用了CalendarEntry的构造函数，那么这将减弱模型的表达性，同时我们也无法对领域中的那部分通用语言进行建模。在使用工厂方法时，聚合的构造函数对客户端来说是隐藏的。我们将构造函数声明为了protected，这迫使客户端只能通过Calendar的scheduleCalendarEntry()工厂方法来创建CalendarEntry：

```
public class CalendarEntry extends Entity  {
    ...
    protected CalendarEntry(
        Tenant aTenant, CalendarId aCalendarId,
        CalendarEntryId aCalendarEntryId, Owner anOwner,
        String aSubject, String aDescription, TimeSpan aTimeSpan,
        Alarm anAlarm, Repetition aRepetition, String aLocation,
        Set<Invitee> anInvitees) {
        ...
    }
    ...
}
```

虽然工厂方法存在诸多优势，但是它却有可能带来性能上的影响。在创建CalendarEntry之前，我们必须先从持久化存储中获取到Calendar实例。对于其他聚合来说，也存在相同的问题。当然，与工厂方法的优势比起来，这样的性能损耗很可能是值得的。但是，随着该限界上下文吞吐量的增加，团队成员们需要仔细衡量这有可能带来的后果。

使用工厂方法的另一个好处在于，CalendarEntry构造函数所需的其中2个参数不用客户端传入。该构造函数需要11个参数，但是客户端只需要传入9个参数，这样便减轻了客户端的负担。此外，这9个参数中的多数参数都可以很容易地创建出来（需要承认的是，这里的Invitee集合要复杂一些，但是这并不是工厂方法的错。团队成员们应该设计一种能够更方便地创建该集合的方式，这有可能意味着创建一个单独的工厂类）。

另外，创建CalendarEntry所需的Tenant和CalendarId都由工厂方法提供。这样，我们可以保证CalendarEntry实例是为正确的Tenant所创建的，并且关联了正确的Calendar。

让我们再看看协作上下文中的另一个例子。

创建Discussion实例

对于Forum中的工厂方法来说，它和Calendar中的工厂方法拥有相似的动机和实现，因此，我们没有必要再深入讨论。但是，此处使用工厂方法还有一个额外的好处。

考虑以下Form中的startDiscussion()方法：

```
package com.saasovation.collaboration.domain.model.forum;

public class Forum extends Entity  {
    ...
    public Discussion startDiscussion(
            DiscussionId aDiscussionId,
            Author anAuthor,
            String aSubject) {
        if (this.isClosed()) {
            throw new IllegalStateException("Forum is closed.");
        }

        Discussion discussion = new Discussion(
                this.tenant(),
                this.forumId(),
                aDiscussionId,
                anAuthor,
                aSubject);

        DomainEventPublisher
```

```
                .instance()
                .publish(new DiscussionStarted(...));

        return discussion;
    }
    ...
}
```

除了创建Disscussion之外，如果一个Forum处于关闭状态，那么该工厂方法将对这种情况进行保护。Forum提供了Tenant和ForumId。因此，在Discussion构造函数所需的5个参数中，客户端只需要传入3个参数即可。

该工厂方法同时也表达出了协作上下文中的通用语言。Forum中的startDiscussion()方法很好地表达出了领域专家的意图：

作者启动论坛中的讨论。

对于客户端来说，便非常简单了：

```
Discussion discussion = agilePmForum.startDiscussion(
    this.discussionRepository.nextIdentity(),
    new Author("jdoe", "John Doe", "jdoe@saasovation.com"),
    "Dealing with Aggregate Concurrency Issues");

assertNotNull(discussion);
...
this.discussionRepository.add(discussion);
```

的确简单，这也是领域建模者所追求的目标。

这里的工厂方法模式可以不断地重复使用。总的来说，它拥有以下好处：有效地表达限界上下文中的通用语言；减轻客户端在创建新聚合实例时的负担；确保所创建的实例处于正确的状态。

领域服务中的工厂

对于将领域服务作为工厂来说，由于它和**集成限界上下文**（13）相关，我将在那章中做详细讨论，其中我的关注点主要集中在对**防腐层**（3）、**发布语言**（3）和**开**

放主机服务（3）的集成上。这里，我所强调的是工厂本身以及如何将领域服务设计成工厂。

SaaSOvation团队提供了协作上下文中的另一个例子——CollaborationService，该工厂用于创建Collaborator实例：

```
package com.saasovation.collaboration.domain.model.collaborator;

import com.saasovation.collaboration.domain.model.tenant.Tenant;

public interface CollaboratorService  {

    public Author authorFrom(Tenant aTenant, String anIdentity);

    public Creator creatorFrom(Tenant aTenant, String anIdentity);

    public Moderator moderatorFrom(Tenant aTenant, String anIdentity);

    public Owner ownerFrom(Tenant aTenant, String anIdentity);

    public Participant participantFrom(
            Tenant aTenant,
            String anIdentity);
}
```

该领域服务类将*身份与访问上下文*中的对象翻译成*协作上下文*中的对象。在**限界上下文（2）**中我们讲到，CollabOvation团队在讨论协作时，他们并不会触及到“用户”这个概念，而是讨论不同的角色，比如作者、创建者、主持者、拥有者和参与者等。为了达到这样的目的，团队需要和*身份与访问上下文*进行交互，并将其中的用户和角色对象相应地翻译成自己上下文中的协作对象。

由于继承自抽象基类Collaborator的新对象都通过领域服务进行创建，此时的领域服务实际上扮演了工厂的角色。以下是该领域服务的其中一个接口的实现：

```
package com.saasovation.collaboration.infrastructure.services;

public class UserRoleToCollaboratorService
```

```
        implements CollaboratorService {

    public UserRoleToCollaboratorService() {
        super();
    }

    @Override
    public Author authorFrom(Tenant aTenant, String anIdentity) {
        return
            (Author)
                UserInRoleAdapter
                    .newInstance()
                    .toCollaborator(
                            aTenant,
                            anIdentity,
                            "Author",
                            Author.class);
    }
    ...
}
```

由于这是一个技术上的实现，该类将被放置于基础设施层的**模块** (9) 中。

在以上实现中，UserInRoleAdapter把Tenant和一个标识——用户的名字——转换成了一个Author实例。该**适配器**类[Gamma et al.]将和身份与访问上下文的开放主机服务进行交互，以确认一个给定的用户是否拥有Author角色。如果是，该适配器将委派给CollaboratorTranslator类，该类把发布语言的返回结果翻译成本地模型中的Author类。这里的Author和其他Collaborator子类都是简单的值对象：

```
package com.saasovation.collaboration.domain.model.collaborator;

public class Author extends Collaborator  {
    ...
}
```

和构造函数、equals()、hashCode()和toString()方法不同的是，每一个子类都从父类Collaborator中获得了所有的状态和行为：

```
package com.saasovation.collaboration.domain.model.collaborator;

public abstract class Collaborator implements Serializable  {
    private String emailAddress;
    private String identity;
    private String name;
```

```
    public Collaborator(
            String anIdentity,
            String aName,
            String anEmailAddress) {
        super();
        this.setEmailAddress(anEmailAddress);
        this.setIdentity(anIdentity);
        this.setName(aName);
    }
    ...
}
```

在协作上下文中，用户名作为Collaborator的标识，即identity属性。另外，emailAddress和name都是简单的String类型实例。在该模型中，团队决定尽可能地保持这些概念的简单性。比如，对于用户名来说，他们决定使用单个String来表示用户的全名。通过使用基于领域服务的工厂，我们得以将两个限界上下文的生命周期和概念术语进行分离。

在UserInRoleAdapter和CollaboratorTranslator中是存在一定复杂度的。简言之，UserInRoleAdapter只负责与外部上下文的通信，而CollaboratorTranslator则只负责翻译和创建新实例。更多细节，请参考**集成限界上下文 (13)** 。

本章小结

在本章中，我们学到了在DDD中使用工厂的原因，以及如何将工厂加入到模型中。

- 你知道了为什么工厂有利于创建具有表达性的模型——即表达限界上下文中的通用语言。
- 你学习了如何将聚合的行为方法设计成工厂方法。

- 你学到了如何使用工厂方法来创建不同类型的聚合实例，并且保证聚合状态的正确性。
- 你学到了如何将领域服务设计成工厂，甚至包括与其他限界上下文的交互，以及将外部对象翻译成本地对象。

接下来，我们将学习如何通过两种主要的持久化风格来设计资源库，同时还包括如何实现资源库。

第12章

资源库

> 此地无银三百两，隔壁王二不曾偷。
>
> —中国古代民间故事

资源库通常表示一个安全的存储区域，并且对其中所存放的物品起保护作用。当你从资源库中取出一个物品时，你希望该物品和其先前存放时的状态是一样的。有时，你有可能会从资源库中移除某些物品。

这个基本的原则对于DDD的**资源库**（Repository）来说也是适用的。通常我们将**聚合**（10）实例存放在资源库中，之后再通过该资源库来获取相同的实例。如果你修改了某个聚合，那么这种改变将被资源库所持久化。如果你从资源库中移除了某个实例，那么从那以后你将无法重新获取该实例。

> 对于每种需要进行全局访问的对象，我们都应该创建另一个对象来作为这些对象的提供方，就像是在内存中访问这些对象的集合一样。为这些对象创建一个全局接口以供客户端访问。为这些对象创建添加和删除方法……此外，我们还应该提供能够按照某种指定条件来查询这些对象的方法……只为聚合创建资源库……[Evans, p. 151]

这些像集合一样的对象都是和持久化相关的。每一种聚合类型都将拥有一个资源库。通常来说，聚合类型和资源库之间存在着一对一的关系。然而有时，当两个或多个聚合位于同一个对象层级中时，它们可以共享同一个资源库。在本章中，我们将分别对这两种情况进行讨论。

本章学习路线图

- 学习资源库的两种类型以及如何选用。
- 学习如何通过Hibernate、TopLink、Coherence和MongoDB来实现资源库。
- 学习为什么需要向资源库添加额外的行为。
- 学习为类型层级设计资源库时所面临的挑战。
- 学习资源库和**数据访问对象**（DAO）[Crupi et al.]之间的基本区别。
- 学习测试资源库的不同方法，以及如何利用资源库来进行测试。

严格来讲，只有聚合才拥有资源库。如果一个**限界上下文**（2）中没有使用聚合，那么使用资源库也没有多大意义。如果你只是随机地、直接地获取和使用**实体**（5），而不用考虑聚合的事务边界，那么你可以不考虑使用资源库。然而，对于那些不怎么关心DDD原则的人来说，他们可能只是从技术上使用DDD模式，此时他们可能会采用资源库，而不是DTO。此外，有些人会考虑直接使用持久化机制的Session或者Unit of Work [P of EAA]。这些并不是建议你避免使用聚合，而事实上恰恰相反。当然，这也只是一个选择问题。

在我看来，存在两种类型的资源库设计，即面向集合（collection-oriented）的设计和面向持久化（persistence-oriented）的设计。有时，面向集合的设计方式可能是你所需的，而有时面向持久化的设计则是最好的方式。在本章中，我将首先讲到面向集合的资源库，然后再讲面向持久化的资源库。

面向集合资源库

我们可以将面向集合的资源库看成是一种传统的方式，因为它体现了原生DDD资源库模式的基本思想。这种资源库模拟了一个集合，或者至少模拟了集合上的标准接口。此时，从资源库的接口来看，我们根本看不出其背后还存在着持久化机制，也感觉不到我们是在向存储区域中保存数据。

面向集合资源库需要持久化机制提供一些特殊的功能，因此，它有可能并不适合你。如果你的持久化机制无法满足面向集合资源库这种设计方式，那么请参考后面一节内容。我将讨论到在什么情况下，使用面向集合的资源库是最佳的方式。但是，首先我们需要了解一些背景知识。

考虑一个标准集合的工作方式。在Java或C#中，或者其他多数面向对象语言中，我们都可以将对象添加到集合中，这些对象将一直驻留在集合里，直到被删除为止。要对集合中的对象元素进行修改，我们只需要从集合中获得一个对象的引用，然后让对象自己修改自身的状态。在这个过程中，我们并没有在集合本身上做特殊的操作。修改之后的对象依然位于集合之中，但此时该对象的状态和它先前在集合中状态已经不同了。

让我们再通过几个例子来进一步理解。比如，对于java.util.Collection，以下是该类的部分定义：

```
package java.util;

public interface Collection ... {
    public boolean add(Object o);
    public boolean addAll(Collection c);
    public boolean remove(Object o);
    public boolean removeAll(Collection c);
    ...
}
```

如果我们希望向集合中添加一个对象，我们可以使用add()方法。之后，如果我们想删除该对象，可以调用remove()方法，同时将该对象的引用作为参数传入。在下面的测试中，对于某种新建的集合，我们希望它能够用来存放Calendar实例：

```
assertTrue(calendarCollection.add(calendar));

assertEquals(1, calendarCollection.size());

assertTrue(calendarCollection.remove(calendar));

assertEquals(0, calendarCollection.size());
```

上面的例子已经足够简单了。在Java中，java.util.Set及其实现类java.util.HashSet可作为资源库所模拟的集合。每个添加到Set中的对象都必须是唯一的。如果你向Set中添加一个已经存在的对象，那么该对象将不会被添加。因此，我们根本不需要重复地添加相同的对象。在下面的测试中，我们验证了向集合中重复添加相同的对象是没有效果的：

```
Set<Calendar> calendarSet = new HashSet<Calendar>();

assertTrue(calendarSet.add(calendar));

assertEquals(1, calendarSet.size());

assertFalse(calendarSet.add(calendar));

assertEquals(1, calendarSet.size());
```

以上的所有的断言都能够通过，因为即使同一个Calendar实例被添加了两次，在第二次添加时，它并不会修改Set的状态，这对于面向集合的资源库来说也是如此。对于一个面向集合的资源库CalendarRepository，如果我们先后两次向其中添加同一个Calendar聚合实例，那么第二次添加并不会对该资源库产生影响。每一个聚合都拥有一个全局的唯一标识，该标识位于根**实体**(5, 10)中。正是由于该唯一标识，类似于Set的资源库才能避免对同一个聚合实例的多次添加。

对于资源库所模拟的Set集合来说，理解它的工作方式是重要的。无论使用了那种类型的持久化机制，我们都不允许将同一个聚合实例多次添加到资源库中。

此外，如果要对资源库中的一个对象进行修改，我们并不需要"重新保存"该对象。重新考虑集合的情形，要修改其中的一个对象，我们只需要先从集合中获取到该对象的引用，然后在该对象上执行行为方法即可。

> **面向集合资源库精要**
>
> 一个资源库应该模拟一个Set集合。无论采用什么类型的持久化机制，我们都不应该允许多次添加同一个聚合实例。另外，当从资源库中获取到一个对象并对其进行修改时，我们并不需要"重新保存"该对象到资源库中。

作为演示，让我们对java.util.HashSet进行扩展，并向扩展类中添加一个方法，该方法根据唯一标识查找对象实例。我们将该扩展类命名成CalendarRepository，在本质上它只是一个内存中的HashSet：

```
public class CalendarRepository extends HashSet {
    private Set<CalendarId, Calendar> calendars;

    public CalendarRepository() {
        this.calendars = new HashSet<CalendarId, Calendar>();
    }

    public void add(Calendar aCalendar) {
        this.calendars.add(aCalendar.calendarId(), aCalendar);
    }

    public Calendar findCalendar(CalendarId aCalendarId) {
        return this.calendars.get(aCalendarId);
    }
}
```

通常来说，我们并不会因为要创建一个资源库而去扩展HashSet类，这里我们只是举一个例子而已。在该例中，我们可以将一个Calendar实例添加到一个特定的Set中，之后再对其进行查找和修改：

```
CalendarId calendarId = new CalendarId(...);
```

```
Calendar calendar =
    new Calendar(calendarId, "Project Calendar", ...);
CalendarRepository calendarRepository = new CalendarRepository();
calendarRepository.add(calendar);

//稍后…

Calendar calendarToRename =
    calendarRepository.findCalendar(calendarId);

calendarToRename.rename("CollabOvation Project Calendar");

//再稍后…

Calendar calendarThatWasRenamed =
    calendarRepository.findCalendar(calendarId);

assertEquals("CollabOvation Project Calendar",
    calendarThatWasRenamed.name());
```

请注意这里的calendarToRename实例，在修改该实例时，我们调用了它自身的rename()方法。之后，当我们再次从资源库中获取该实例时，它的名字也随之变成了先前修改之后的名字。这里，我们并没有让CalendarRepository去保存对Calendar实例的修改。CalendarRespository中并不存在一个save()方法，因为这没有必要。我们没有理由去保存对calendarToRename实例的修改，因为此时的集合依旧维护了对该实例的引用，而修改将直接作用在该实例上。

当然，这也是有底线的，即一个面向集合的资源库应该真正地模拟一个集合，而不应该让持久化机制通过公有接口泄漏到客户端中。因此，我们的目标应该是设计并实现一个类似于HashSet的面向集合资源库，但是采用的不再是内存的java.util.Hashset，而是真正的持久化数据存储。

正如你所想，这需要背后的持久化机制提供一些特殊的功能支持。此时的持久化机制必须能够隐式地跟踪发生在每个持久化对象上的改变。有多种方法都可以达到这样的目的，包括：

1. 隐式读时复制（Implicit Copy-on-Read）[Keith & Stafford]：在从数据存储中读取一个对象时，持久化机制隐式地对该对象进行复制，在提交时，再将该复制对象与客户端中的对象进行比较。详细过程如下：当客户端请求持久化机制从数据存储中读取一个对象时，该持久化机制一方面将获取到的对象返回给客户端，一方面立即创建一份该对象的备份（除去延迟加载部分，这些部分可以在之后实际加载时再进行复制）。当客户端提交事务时，持久化机制把该复制对象与客户端中的对象进行比较。所有的对象修改都将更新到数据存储中。

2. 隐式写时复制Implicit Copy-on-Write) [Keith & Stafford]：持久化机制通过委派来管理所有被加载的持久化对象。在加载每个对象时，持久化机制都会为其创建一个微小的委派并将其交给客户端。客户端并不知道自己调用的是委派对象中的行为方法，委派对象会调用真实对象中的行为方法。当委派对象首次接收到方法调用时，它将创建一份对真实对象的备份。委派对象将跟踪发生在真实对象上的改变，并将其标记为"肮脏的"（dirty）。当事务提交时，该事务检查所有的"肮脏"对象并将对它们的修改更新到数据存储中。

以上两种方式之间的优势和区别可能会根据具体情况而不同。对于你的系统来说，如果两种方案都存在各自的优缺点，那么此时你便需要慎重考虑了。当然，你可以选择自己最喜欢的方式，但是这不见得是最安全的选择。

无论如何，这两种方式都有一个相同的优点，即它们都可以隐式地跟踪发生在持久化对象中的变化，而不需要客户端自行处理。这里的底线是，持久化机制，比如Hibernate，能够允许我们创建一个传统的、面向集合的资源库。

另一方面，即便我们能够使用诸如Hibernate这样的持久化机制来创建面向集合的资源库，我们依然会遇到一些不合适的场景。如果你的领域对性能要求非常高，并且在任何一个时候内存中都存在大量的对象，那么持久化机制将会给系统带来额外的负担。此时，你需要考虑并决定这样的持久化机制是否适合于你。当然，在很多情况下，Hibernate都是可以工作得很好的。因此，虽然我是在提醒大家这些持久化机制有可能带来的问题，但这并不意味着你就不应该采用它们。对任何工具的使用都需要多方位权衡。

牛仔的逻辑

LB："当我的狗长了肠虫时，我的兽医便会给它开一些Repository。"[1]

此时，你可以考虑使用另外一些高性能的ORM工具来创建面向集合资源库，其中一种工具便是Oracle的TopLink，此外还有EclipseLink。TopLink提供了Unit of Work的功能，这和Hibernate的Session并非全然不同。然而，TopLink的Unit of Work并不提供隐式读时复制功能，而是采用了**显式写前复制**（Explicit

---

1.译注：本来LB想说的是Suppository（栓剂），但是他把Repository和Suppository搞混了。

Copy-before-Write) [Keith & Stafford]。这里的“显式”表示，在修改对象之前，客户端必须通知Unit of Work。在接到通知之后，Unit of Work便会克隆相应的领域对象以做好修改准备（Unit of Work称为“编辑（edit）”，本章后面将讨论到）。这种方式的好处在于，TopLink只有在需要的时候才会占用内存。.

Hibernate实现

不管是对于面向集合的资源库，还是面向持久化的资源库，在创建的时候都有两个主要的步骤。首先，我们需要定义公有接口；其次，我们至少需要提供一种实现。

对于面向集合的资源库来说，我们首先需要定义能够模拟集合的接口，然后再使用一种持久化机制来实现该接口，比如Hibernate。接口的定义通常与下面的CalendarEntryRepository相似：

```
package com.saasovation.collaboration.domain.model.calendar;

public interface CalendarEntryRepository  {
    public void add(CalendarEntry aCalendarEntry);
    public void addAll(
            Collection<CalendarEntry> aCalendarEntryCollection);
    public void remove(CalendarEntry aCalendarEntry);
    public void removeAll(
            Collection<CalendarEntry> aCalendarEntryCollection);
    ...
}
```

将接口定义与它将存储的聚合放在相同的**模块（9）**中。在本例中，CalendarEntryRepository与CalendarEntry放在相同的模块（Java包）中。实现类将被放置在另外的包中，对此，我们将之后讨论。

CalendarEntryRepository中的方法与集合（比如java.util.Collection）提供的方法非常相似。要添加一个新的CalendarEntry实例，我们可以调用该资源库的add() 方法。多个CalendarEntry实例可以通过addAll()方法予以添加。在CalendarEntry实例被添加之后，它们将被保存到数据存储中。之后，我们便可以通过唯一标识重新获取这些实例。与add()和addAll()方法相对应的是remove()和removeAll()方法，它们用于从集合中删除一个或多个实例。

就个人来讲，我并不喜欢使这些方法返回Boolean类型的结果，因为对于一个添加方法来说，有时返回true并不能保证对实例的成功添加。因此，对于资源库来说，返回void可能是更好的方式。

有时，在单个事务中对多个聚合实例进行添加或删除并不合适。在这样的情况下，请不要使用addAll()和removeAll()方法。这些方法只是为了使用上的方便而已。对客户端来说，它可以通过循环调用add()或remove()的方式来添加或删除多个聚合实例。因此，去除addAll()和removeAll()并不能真正达到我们的目的，除非我们创建某种机制，能够在单个事务中检查到对多个实例的添加或删除。这样做需要我们在每次事务中重新初始化资源库，这样的成本是很高的，因此，我不会对此做进一步讨论。

有时，对于有些类型的聚合实例来说，我们不允许在正常的用例中进行删除。此外，我们也可能需要将那些不再使用的对象实例保留更久的时间，比如用作参考或者出于历史原因。因此，要从系统中删除一些对象可能是非常困难的，甚至是不可能的。从业务角度来讲，删除对象是不明智的，而有时甚至是非法的。在这样的情况下，你可以将聚合实例标记为失活的（disabled）、不可用的（unusable），或者从领域的角度对其进行逻辑删除。此时，你可以不把那些删除方法放在资源库的公有接口中，或者可以在删除方法中只将聚合实例设置成不可用的。另外，你还可以通过代码检查（code review）来避免对聚合实例的删除，此时，你将对客户端代码进行仔细的检查，并保证其中不包含对删除方法的调用。当然，这只是一个选择问题，但是前一种方法要简单得多。毕竟，公有接口中的所有方法都是可用的。如果我们在逻辑上不允许进行删除操作，但是公有接口中却提供了删除方法，那么此时我们应该实现逻辑删除，而不是物理删除。

资源库接口的另一个重要方面是查找方法：

```
public interface CalendarEntryRepository  {
    ...
    public CalendarEntry calendarEntryOfId(
            Tenant aTenant,
            CalendarEntryId aCalendarEntryId);

    public Collection<CalendarEntry> calendarEntriesOfCalendar(
            Tenant aTenant,
            CalendarId aCalendarId);

    public Collection<CalendarEntry> overlappingCalendarEntries(
            Tenant aTenant,
            CalendarId aCalendarId,
            TimeSpan aTimeSpan);
}
```

在上例中，calendarEntryOfId()方法允许我们通过唯一标识来获取相应的CalendarEntry聚合实例。该方法使用了显式的标识类型，即CalendarEntryId。接下来是calendarEntriesOfCalendar()方法，该方法通过传入的Calendar唯一标识查找出该Calendar中的所有CalendarEntry实例。最后是overlappingCalendarEntries()方法，该方法在calendarEntriesOfCalendar()方法的基础之上筛选出那些位于一个时间范围之内的CalendarEntry实例（时间范围通过TimeSpan表示）。

最后，你可能会问：CalendarEntry的全局唯一标识是如何设置的？该功能也可以通过资源库的公共接口来完成：

```
public interface CalendarEntryRepository  {
    public CalendarEntryId nextIdentity();
    ...
}
```

任何需要创建新CalendarEntry实例的方法都将使用nextIdentiy()来获取该新实例的CalendarEntryId：

```
CalendarEntry calendarEntry =
    new CalendarEntry(tenant, calendarId,
            calendarEntryRepository.nextIdentity(),
            owner, subject, description, timeSpan, alarm,
            repetition, location, invitees);
```

对于实体唯一标识的创建，请参考**实体（5）**，其中包含了如何创建领域标识和委派标识，另外还讨论了标识创建时间的重要性。

现在，让我们来看看该资源库的实现。对于资源库的实现类来说，我们可以将其放在另外的模块中。有些人喜欢在聚合和资源库的模块之下新创建一个模块（Java包），即：

```
package com.saasovation.collaboration.domain.model.calendar.impl;

public class HibernateCalendarEntryRepository
        implements CalendarEntryRepository  {
    ...
}
```

这种方式使得我们可以在领域层中对资源库实现类进行管理，但是此时的实现类需要位于一个特殊的包中。这样，你可以将领域概念与持久化相关概念分离开来。在上例中，我们将资源库接口定义放在了与聚合相同的包中，而将资源库的实现类放在了impl子包中，这种方式被大量的Java项目所采用。然而，在协作上下文中，团队成员们将实现类放在了基础设施层中：

```
package com.saasovation.collaboration.infrastructure.persistence;

public class HibernateCalendarEntryRepository
        implements CalendarEntryRepository  {
    ...
}
```

这种方式使用了**依赖倒置原则 (4)**。此时，从逻辑上讲，基础设施层位于所有层之上，并且向下单向地引用领域层。

这里的HibernateCalendarEntryRepository是一个Spring中的Bean，它拥有一个无参构造函数，此外它还依赖于另一个基础设施层的对象，该对象是被注入进来的：

```
import com.saasovation.collaboration.infrastructure
        .persistence.SpringHibernateSessionProvider;

public class HibernateCalendarEntryRepository
        implements CalendarEntryRepository  {

    public HibernateCalendarEntryRepository() {
        super();
    }
    ...
    private SpringHibernateSessionProvider sessionProvider;

    public void setSessionProvider(
            SpringHibernateSessionProvider aSessionProvider) {
        this.sessionProvider = aSessionProvider;
    }

    private org.hibernate.Session session() {
        return this.sessionProvider.session();
    }
}
```

这里的SpringHibernateSessionProvider类也位于基础设施层的com.saasovation.collaboration.infrastructure.persistence模块中，它将被注入到每一个基于Hibernate的资源库中。每个需要使用Hibernate的Session对象的方法都将调用

session()来获取Session对象；而session()方法则使用注入进来的sessionProvider来获得一个线程绑定的Session实例（请参考本章后续内容）。

以下是对add()、addAll()、remove()和removeAll()方法的实现：

```
package com.saasovation.collaboration.infrastructure.persistence;

public class HibernateCalendarEntryRepository
        implements CalendarEntryRepository  {
    ...
    @Override
    public void add(CalendarEntry aCalendarEntry) {
        try {
            this.session().saveOrUpdate(aCalendarEntry);
        } catch (ConstraintViolationException e) {
            throw new IllegalStateException(
                    "CalendarEntry is not unique.", e);
        }
    }

    @Override
    public void addAll(
            Collection<CalendarEntry> aCalendarEntryCollection) {
        try {
            for (CalendarEntry instance : aCalendarEntryCollection) {
                this.session().saveOrUpdate(instance);
            }
        } catch (ConstraintViolationException e) {
            throw new IllegalStateException(
                    "CalendarEntry is not unique.", e);
        }
    }

    @Override
    public void remove(CalendarEntry aCalendarEntry) {
        this.session().delete(aCalendarEntry);
    }

    @Override
    public void removeAll(
            Collection<CalendarEntry> aCalendarEntryCollection) {
        for (CalendarEntry instance : aCalendarEntryCollection) {
            this.session().delete(instance);
        }
    }
    ...
}
```

这些方法的实现都非常简单，每个方法都通过调用session()来获取Hibernate的Session实例（正如前面所讨论的一样）。

你可能会感到好奇的是，add()和addAll()使用了Session的saveOrUpdate()方法。如果在客户端发生了多次添加同一个CalendarEntry的情况，这里的saveOrUpdate()方法给人一种确实在更新既有对象的感觉，但这却是一种假象。事实上，从Hibernate 3之后，任何形式的显式更新都是没有效果的。原因在于，正如上文所讲，更新是随着对象状态的变化而隐式完成的。因此，除非所添加的对象是全新的，不然该saveOrUpdate()方法是没有任何效果的。

添加对象的方法可能会产生ConstraintViolationException异常，此时我们捕获了该异常并且将其封装成一个对客户更友好的IllegalStateException异常。当然，我们也可以创建一个具有领域含义的异常，这只是一个选择问题。这里的关键在于隐藏底层的持久化细节，我们希望把客户端与这些细节隔离开来，包括异常。

此外，remove()和removeAll()方法便非常简单了，我们只需要调用Seesion的delete()方法即可。但是，在*身份与访问上下文*中，存在一个一对一映射的例子，此时我们应该小心了。对于这种关系，我们并不能级联式地进行删除，因此必须同时显式地删除位于关联关系两端的对象：

```
package com.saasovation.identityaccess.infrastructure.persistence;

public class HibernateUserRepository implements UserRepository  {
    ...
    @Override
    public void remove(User aUser) {
        this.session().delete(aUser.person());
        this.session().delete(aUser);
    }

    @Override
    public void removeAll(Collection<User> aUserCollection) {
        for (User instance : aUserCollection) {
            this.session().delete(instance.person());
            this.session().delete(instance);
        }
    }
    ...
}
```

在上例中，一个User包含了一个Person。首先，我们应该删除Person对象，然后再删除聚合根User对象。如果只删除了User，而没有删除Person，那么在相应的数据库表中，Person将变成“孤儿（Orphan）”。因此，通常来说，我们应该避免使用一对一关联，而应该使用多对一的单向关联。然而，我故意地使用了一对一的双向关联，是因为我想向大家展示这种关联关系所带来的更大的麻烦。

需要注意的是，我们有多种方式都可以处理这种情况。有人可能会依赖于ORM所提供的生命周期事件来完成对象的级联删除。我刻意地没有使用这种方式，因为我强烈反对由聚合来管理持久化，同时我强烈地提倡只使用资源库来处理持久化。当然，有关这两者的争论非常激烈，并且还在继续。因此，在选择时，你需要多方权衡。但是请记住，DDD专家是不会首先考虑使用聚合来管理持久化的。

回到HibernateCalendarEntryRepository，其中的查找方法的实现如下：

```
public class HibernateCalendarEntryRepository
        implements CalendarEntryRepository {
    ...
    @Override
    @SuppressWarnings("unchecked")
    public Collection<CalendarEntry> overlappingCalendarEntries(
        Tenant aTenant, CalendarId aCalendarId, TimeSpan aTimeSpan) {
        Query query =
            this.session().createQuery(
                "from CalendarEntry as _obj_ " +
                "where _obj_.tenant = :tenant and " +
                  "_obj_.calendarId = :calendarId and " +
                  "((_obj_.repetition.timeSpan.begins between " +
                      ":tsb and :tse) or " +
                  " (_obj_.repetition.timeSpan.ends between " +
                      ":tsb and :tse))");

        query.setParameter("tenant", aTenant);
        query.setParameter("calendarId", aCalendarId);
        query.setParameter("tsb", aTimeSpan.begins(), Hibernate.DATE);
        query.setParameter("tse", aTimeSpan.ends(), Hibernate.DATE);

        return (Collection<CalendarEntry>) query.list();
    }

    @Override
    public CalendarEntry calendarEntryOfId(
            Tenant aTenant,
            CalendarEntryId aCalendarEntryId) {
        Query query =
            this.session().createQuery(
               "from CalendarEntry as _obj_ " +
               "where _obj_.tenant = ? and _obj_.calendarEntryId = ?");

        query.setParameter(0, aTenant);
        query.setParameter(1, aCalendarEntryId);
```

```
        return (CalendarEntry) query.uniqueResult();
    }

    @Override
    @SuppressWarnings("unchecked")
    public Collection<CalendarEntry> calendarEntriesOfCalendar(
        Tenant aTenant, CalendarId aCalendarId) {
        Query query =
            this.session().createQuery(
                "from CalendarEntry as _obj_ " +
                "where _obj_.tenant = ? and _obj_.calendarId = ?");

        query.setParameter(0, aTenant);
        query.setParameter(1, aCalendarId);

        return (Collection<CalendarEntry>) query.list();
    }
    ...
}
```

以上3个查找方法都通过Session来创建Query对象。对于Hibernate来讲，我们通常使用HQL来进行查询，因此，团队成员们也采用了这种方式来创建查询条件。在执行查询时，它要么返回单个对象，要么返回一个对象集合。这里相对复杂的是overlappingCalendarEntries()方法，该方法返回位于一个时间范围之内（以TimeSpan表示）的所有CalendarEntry实例。

最后是nextIdentity()方法的实现：

```
public class HibernateCalendarEntryRepository
        implements CalendarEntryRepository  {
    ...
    public CalendarEntryId nextIdentity() {
        return new CalendarEntryId(
                UUID.randomUUID().toString().toUpperCase());
    }
    ...
}
```

该方法并没有使用持久化机制或者数据存储来生产唯一标识，而是采用了相对较快并且可靠的UUID生成器。

TopLink实现

TopLink同时提供了Session和Unit of Work。但是，这和Hibernate是不同的，即Hibernate的Session同时也是一个Unit of Work[2]。让我们先看看如何单独地使用TopLink中的Unit of Work，然后再看如何将其使用在资源库中。

在没有资源库时，我们可以通过以下方式来使用TopLink：

```
Calendar calendar = session.readObject(...);

UnitOfWork unitOfWork = session.acquireUnitOfWork();

Calendar calendarToRename = unitOfWork.registerObject(calendar);

calendarToRename.rename("CollabOvation Project Calendar");

unitOfWork.commit();
```

在修改对象时，我们必须显式地通知UnitOfWork，因此，这种方式将更加高效。上例中的registerObject()方法返回一个对原有Calendar实例的备份。在进行编辑/修改操作时，我们事实上是在操作该复制对象，即上例中的calendarToRename。这样一来，TopLink便能够对修改进行跟踪。当UnitOfWork中的commit()方法执行时，所有发生在对象上的修改都将提交到数据库中[3]。

要向TopLink资源库中添加新对象是非常简单的：

```
...
public void add(Calendar aCalendar) {
    this.unitOfWork().registerNewObject(aCalendar);
}
...
```

在上例中，所使用的registerNewObject()方法表明aCalendar是一个新实例。此时，如果aCalendar是一个已经存在的实例，那么add()方法将失败。当然，我们也可

2. 我并不是以Hibernate来衡量TopLink。事实上，在WebGain将TopLink卖给Oracle之前，TopLink已经拥有了很长一段成功历史。“Top”即“The Object People”，它是最早开发TopLink的公司。这里，我只是在比较这两种工具的工作方式。

3. 此时，我们假设该Unit of Work并不存在嵌套的情况。如果该Unit of Work嵌套在另外的Unit of Work中，那么它们的提交将合并在一起。最终将由最外层的Unit of Work向数据库提交。

以使用registerObject()方法，该方法与Hibernate的saveOrUpdate()方法具有相似的功能（请参考前文）。不管采用哪种方式，我们都能实现面向集合的资源库。

但是，当我们要修改一个已有的聚合实例时，我们依然需要先对该实例进行复制。要达到这样的目的，我们需要找到一种简便的方式将该聚合实例注册到UnitOfWork中。但是到目前为止，我们还没有为其提供相应的资源库接口，因为我们不希望在资源库接口中包含与持久化相关的信息。此时，我们可以采用以下两种方式：

```
public Calendar editingCopy(Calendar aCalendar);

//或者

public void useEditingMode();
```

在第一种方式中，editingCopy()方法首先获取到一个UnitOfWork，然后注册Calendar实例，最后返回对该实例的备份：

```
    ...
    public Calendar editingCopy(Calendar aCalendar) {
        return (Calendar) this.unitOfWork().registerObject(aCalendar);
    }
    ...
```

这也向我们展示了registerObject()方法的工作原理。当然，这种方式可能并不是你所期望的，但是它的确没有在资源库接口中透露与持久化相关的信息，并且是一种非常清晰的做法。

在第二种方式中，我们通过useEditingMode()方法将资源库转到编辑模式。在该方法执行之后，所有的查找方法都会自动地将所查找到的对象注册到一个UnitOfWork中，然后返回复制对象。此时，我们使用资源库似乎只是为了对聚合进行修改一样。但是，这正是使用资源库的正确方法——要么只读，要么读取就是为了修改。同时，这种方式也反映出，资源库所处理的聚合拥有良好的边界，并且倾向于事务一致性。

要使用TopLink来实现面向集合资源库有很多种方式，但以上是最值得使用的方式。

面向持久化资源库

如果持久化机制不支持对对象变化的跟踪，无论是显式的还是隐式的，那么采用面向集合资源库便不再适用了。此时，我们可以考虑使用面向持久化资源库，这是一种基于保存操作的资源库。在使用内存**数据网织（4）**或者NoSQL键值对存储时，每次新建聚合或修改聚合之后，我们都需要调用资源库中的save()方法或者与之类似的方法。

即便你所使用的ORM工具提供了对面向集合资源库的支持，我们依然有理由使用面向持久化的资源库。如果你使用的是面向集合资源库，但之后你决定从关系型数据库转向键值对存储，你应该怎么办呢？此时你不得不大规模地修改自己的应用层，在所有更新聚合的地方，你都得改成使用save()方法。另外，资源库中的add()和addAll()方法也没用了，因此你可能还会删除掉此两方法。如果你所选用的持久化机制在将来很有可能进行更换，那么请设计更加灵活的接口以备将来之需。这样做的风险在于，你当前的ORM工具可能会诱使你忘却使用save()方法，因为该方法只有在更改了持久化机制之后才是必需的[4]。另一方面，它的好处便是：在将来你可以非常方便地更换持久化机制。

> **面向持久化资源库精要**
>
> *在向数据存储中添加新建对象或修改既有对象时，我们都必须显式地调用put()方法，该方法将以新的值来替换先前关联在某个键上的原值。这种类型的数据存储可以极大地简化对聚合的读写。正因如此，这种数据存储也称为聚合存储（Aggregate Store）或面向聚合数据库（Aggregate-Oriented Database）。*

在使用内存数据网织时，比如GemFire或Oracle的Coherence，内存中使用的是一个类似于java.unit.HashMap的Map实现，其中的每一个元素都被称为一个条目（entry）。相似地，在使用NoSQL数据存储时，比如MongoDB或Riak，我们更像是在使用集合，而不是数据库中的表、行或列。它们以键值对的方式存储数据，也具有Map的特征，但是它们使用的是磁盘而不是内存来做存储介质。

虽然这里提到的两种持久化机制都大致地模拟了Map集合，但是在保存新建对象或修改既有对象时，我们都必须显式地调用put()方法，该方法将以新的值来

4. 对于更新操作，在有必要时我们需要为应用层（14）编写测试。此时，我们可以使用一个内存资源库（请参考本章后续章节）来测试每一个保存操作，也包括更新操作。

替换先前关联在某个键上的原值。即便被修改的对象和既有的对象在逻辑上表示同一个对象，这样的替换依然会发生，因为这些持久化机制通常不会提供Unit of Word，或者并不提供事务边界以对原子的写操作进行控制。相反，每一个put()和putAll()方法都表示一个单独的逻辑事务。

这些数据存储可以极大地简化对聚合的基本读写操作。比如，如果要将一个Product（敏捷项目管理上下文）添加到Coherence中，然后再进行读取，我们可以采用以下方式：

```
cache.put(product.productId(), product);

//稍后

product = cache.get(productId);
```

这里的Product实例将通过Java标准的序列化机制自动地序列化到Coherence的Map中。但是，这个简单的接口可能是具有欺骗性的。如果你对性能有很高的要求，那么你还需要多做一点事情。在没有向Coherence注册定制化的持久化机制时，Coherence将默认使用Java标准的序列化机制，但通常来说这并不是一个好的选择，因为在序列化时，Java会向每一个对象添加额外的字节，同时它的性能也相对较低[5]。因此，即便你购买了一套非常高性能的数据网织产品，但是由于采用了劣质的序列化机制，那么你不得不降低数据网织所能缓存对象的数目，此时你已经享受不到该数据网织所带给你的高性能了。因此请记住，在使用数据网织时，分布式也随之被引入到了系统中。此时，在设计领域模型时，我们不得不将新的因素考虑在内，即我们需要使用一个定制化的序列化机制。这样一来，你至少需要在实现层面上做出不同的选择。

因此，在使GemFire、Coherence、MongoDB或者Riak时，我们需要一种快速且紧凑的持久化机制在聚合对象和序列化数据之间相互转换。需要肯定的是，要实现这样的目标并不困难。比如，要为GemFire或Coherence创建一个优化的序列化机制就像在ORM中添加映射配置信息这样简单。当然，这也并不是只调用Map中的put()和get()方法这么简单。

接下来，让我们来看看如何通过Coherence来实现面向持久化资源库，之后我还会谈及到MongoDB。

5. 另外，使用这种方式的Coherence客户端还必须使用Java，但是如果采用便携式对象格式（Portable Object Format，POF）来序列化对象，那么我们便可以使用.NET或C++。

Coherence实现

和面向集合资源库一样，我们首先需要定义接口，然后才是实现。在下面的面向持久化资源库接口中，我们定义了一些基于保存操作的方法，这些方法将用于Oracle的Coherence数据网格：

```
package com.saasovation.agilepm.domain.model.product;

import java.util.Collection;

import com.saasovation.agilepm.domain.model.tenant.Tenant;

public interface ProductRepository  {
    public ProductId nextIdentity();
    public Collection<Product> allProductsOfTenant(Tenant aTenant);
    public Product productOfId(Tenant aTenant, ProductId aProductId);
    public void remove(Product aProduct);
    public void removeAll(Collection<Product> aProductCollection);
    public void save(Product aProduct);
    public void saveAll(Collection<Product> aProductCollection);
}
```

这里的ProductRepository并非与前面的CalendarEntryRepository全然不同。它们之间的不同之处在于保存聚合的方式。在本例中，我们使用了save()和saveAll()方法，而不是add()和addAll()方法。但是从逻辑上来说，它们都完成相似的功能。最大的不同在于客户端对这些方法的使用。在使用面向集合风格时，聚合实例只有在新创建的时候才会使用add()或addAll()方法；然而在使用面向持久化风格时，无论是创建聚合还是修改聚合，我们都必须使用save()或saveAll()方法：

```
Product product = new Product(...);

productRepository.save(product);

//稍后

Product product =
    productRepository.productOfId(tenantId, productId);

product.reprioritizeFrom(backlogItemId, orderOfPriority);

productRepository.save(product);
```

除此之外，具体的细节都在实现中。因此，让我们看看以Coherence实现的资源库：

```
package com.saasovation.agilepm.infrastructure.persistence;

import com.tangosol.net.CacheFactory;
import com.tangosol.net.NamedCache;

public class CoherenceProductRepository
        implements ProductRepository {
    private Map<Tenant,NamedCache> caches;

    public CoherenceProductRepository() {
        super();
        this.caches = new HashMap<Tenant,NamedCache>();
    }
    ...
    private synchronized NamedCache cache(TenantId aTenantId) {
        NamedCache cache = this.caches.get(aTenantId);

        if (cache == null) {
            cache = CacheFactory.getCache(
                    "agilepm.Product." + aTenantId.id(),
                    Product.class.getClassLoader());

            this.caches.put(aTenantId, cache);
        }

        return cache;
    }
    ...
}
```

在敏捷项目管理上下文中，开发团队决定将资源库的技术实现放在基础设施层中。

在无参构造函数中，出现了Coherence的一个关键类，NamedCache。请注意import语句中的CacheFactory和NamedCache类，它们都是与创建和使用缓存相关的。这两个类同时位于com.tangosol.net包中。

上例中的私有方法cache()用于获取NamedCache。该方法使用了延迟创建的方式，即在第一次调用该方法时，才现场创建一个NamedCache予以返回。这主要是因为，每一个Tenant都有属于它自己的NameCache，而只有当资源库中某个公有方法被调用之后，该资源库才能访问到对应的TenantId。对于Coherence来说，存在着多种命名缓存的设计策略。在本例中，开发团队决定采用以下命名空间来命名一个NamedCache：

1. 第一层采用限界上下文的简称：agilepm
2. 第二层是聚合名：Product
3. 第三层是每个Tenant的唯一标识：TenantId

这是有很多好处的。首先，对于由Coherence管理的每一个限界上下文、聚合和Tenant，我们都可以对其进行单独地优化与伸缩。另外，多个Tenant之间相互完全分离，因此在查询时，一个Tenant不会意外地包含另一个Tenant中的数据。这和在MySQL表中为每个Tenant创建唯一的标识具有相同的效果，而在本例中效果更加明显。再者，当需要查找某个Tenant下所有的聚合实例时，我们并不需要进行查询，而只需要从Coherence缓存中返回所有的条目即可，请参考下文中的allProductOfTenant()方法。

每一个NamedCache都被存放在名为caches的Map中，之后在获取该NamedCache时，我们只需要传入相应的TenantId即可。

关于Coherence的配置和优化，还有很多需要讲的，请参考[Seovic]。我们继续资源库的实现：

```
public class CoherenceProductRepository
        implements ProductRepository {
    ...
    @Override
    public ProductId nextIdentity() {
        return new ProductId(
                java.util.UUID.randomUUID()
                    .toString()
                    .toUpperCase());
    }
    ...
}
```

这里的nextIdentity()方法与CalendarEntryRepository中的nextIdentity()采用了相同的实现方式，即通过一个UUID来实例化一个ProductId。该ProductId将进一步用于Coherence缓存：

```
public class CoherenceProductRepository
        implements ProductRepository {
    ...
    @Override
    public void save(Product aProduct) {
        this.cache(aProduct.tenantId())
```

```
                .put(this.idOf(aProduct), aProduct);
    }

    @Override
    public void saveAll(Collection<Product> aProductCollection) {
        if (!aProductCollection.isEmpty()) {
            TenantId tenantId = null;

            Map<String,Product> productsMap =
                new HashMap<String,Product>(aProductCollection.size());

            for (Product product : aProductCollection) {
                if (tenantId == null) {
                    tenantId = product.tenantId();
                }
                productsMap.put(this.idOf(product), product);
            }

            this.cache(tenantId).putAll(productsMap);
        }
    }
    ...
    private String idOf(Product aProduct) {
        return this.idOf(aProduct.productId());
    }

    private String idOf(ProductId aProductId) {
        return aProductId.id();
    }
}
```

通过save()方法，我们向数据网格中保存一个新建的或修改后的Product实例。该方法将先通过cache()方法获得Tenant所对应的NamedCache，再将Product实例存放到该NamedCache中。请注意idOf()方法，该方法具有两个版本，一个以Product为参数，一个以ProductId为参数。两个idOf()方法都以String的形式返回Product的唯一标识，即ProductId。因此这里的NamedCache是一个以String为键，以Product为值的Map，它实现了java.util.Map接口。

另外，saveAll()方法可能比你想象的要复杂一点。为什么不直接遍历aProductCollection，然后对每一个元素调用save()方法呢？我们是可以这么做的，但是对于这里的Coherence缓存来说，每次调用NamedCache的put()方法都需要一次网络通信。因此，最好的方式是先将所有的Product实例存放在一个本地的HashMap中，再通过putAll()方法一次性地提交。这样，我们只需要进行一次网络通信，从而达到了优化的目的。

```
public class CoherenceProductRepository
        implements ProductRepository {
    ...
    @Override
    public void remove(Product aProduct) {
        this.cache(aProduct.tenant()).remove(this.idOf(aProduct));
    }

    @Override
    public void removeAll(Collection<Product> aProductCollection) {
        for (Product product : aProductCollection) {
            this.remove(product);
        }
    }
    ...
}
```

以上的remove()方法并无特别之处。但是，对于removeAll()方法来说，你可能会认为我们也应该像saveAll()一样一次性完成操作。然而，这样做是不行的，因为标准的java.util.Map并不提供这样的功能，进而Coherence也无法做到这一点。因此，我们不得不规规矩矩地遍历aProductCollection，然后对其中的每一个元素调用remove()方法。这种方式的风险在于，在删除的过程中，如果Coherence失效，那么我们无法删除aProductCollection中的所有元素。此时，你可能会思考着是否应该提供removeAll()方法。我认为这是多虑的，因为像GemFire和Coherence这样的数据网织已经具备了很好的可用性和冗余机制。

最后，让我们看看查找方法：

```
public class CoherenceProductRepository
        implements ProductRepository {
    ...

    @SuppressWarnings("unchecked")
    @Override
    public Collection<Product> allProductsOfTenant(Tenant aTenant) {
        Set<Map.Entry<String, Product>> entries =
            this.cache(aTenant).entrySet();

        Collection<Product> products =
            new HashSet<Product>(entries.size());

        for (Map.Entry<String, Product> entry : entries) {
            products.add(entry.getValue());
        }

        return products;
```

```
    }

    @Override
    public Product productOfId(Tenant aTenant, ProductId aProductId) {
        return (Product) this.cache(aTenant).get(this.idOf(aProductId));
    }
    ...
}
```

这里的productOfId()只需要调用NamedCache中的get()便可以获取到相应的Product实例。

在上文中，我们已经提到了allProductsOfTenant()方法。在该方法中，我们需要做的只是从NamedCache中取出所有的Product实例即可，不存在什么过滤条件。由于每个Tenant都拥有属于自己的缓存，因此我们并不需要进行查询操作。

以上便是CoherenceProductRepository的实现。我们使用了Coherence将数据保存在网格缓存中，然后再对所保存的数据进行获取。我们并没有讨论到与Coherence相关的配置、缓存索引、高性能序列化机制等问题，因为这些不属于资源库的职责，如果读者对此感兴趣，请参考[Seovic]。

MongoDB实现

和其他资源库实现一样，在使用MongoDB时我们也需要做出一些基本的考虑。事实上，MongoDB实现和Coherence相似。在使用MongoDB时，我们主要考虑以下几点：

1. 将聚合实例序列化成MongoDB格式，再将MongoDB格式数据反序列化成聚合实例。MongoDB使用了一种特殊的JSON格式：BSON，这是一种二进制的JSON格式。
2. 由MongoDB生成唯一标识，再将其赋给聚合。
3. 获取到MongoDB的节点/集群。
4. 对每种类型的聚合使用一个单独的集合。某种聚合的所有实例必须以序列化文档（键值对）的形式保存在属于它们自己的集合中。

接下来，让我们一步一步来实现MongoDB资源库。这里，我们将再次采用ProductRepository，此时你可以将其与Coherence的实现进行比较。

```
public class MongoProductRepository
        extends MongoRepository<Product>
        implements ProductRepository {

    public MongoProductRepository() {
        super();

        this.serializer(new BSONSerializer<Product>(Product.class));
    }
    ...
}
```

MongoProductRepository维护了一个BSONSerializer实例，它用于序列化和反序列化所有的Product实例（Product由超类MongoRepository持有）。我并不会对BSONSerializer做详细的讨论。总的来说，BSONSerializer是一个定制化的序列化类，它负责在MongoDB的DBObject实例和Product实例之间进行相互转换。

在基本的序列化和反序列化中，BSONSerializer将直接访问对象的字段属性。这样，我们的领域对象不用实现JavaBean所规定的setter和getter方法，从而避免了导致**贫血领域对象**[Fowler, Anemic]。由于我们不会通过方法来访问对象字段，在有些情况下我们可能需要将一个版本的聚合迁移到另一个版本。此时，我们可以在反序列化时通过覆盖原有字段映射的方式予以解决：

```
public class MongoProductRepository
        extends MongoRepository<Product>
        implements ProductRepository {

    public MongoProductRepository() {
        super();

        this.serializer(new BSONSerializer<Product>(Product.class));

        Map<String, String> overrides = new HashMap<String, String>();
        overrides.put("description", "summary");
        this.serializer().registerOverrideMappings(overrides);
    }
    ...
}
```

在上例中，我们假设Product在先前拥有一个名为description的字段，之后该字段被重命名为summary。要解决这个问题，我们可以运行一个迁移脚本对MongoDB中所有的Product实例进行转化。但是，这种做法是比较困难的，并且非常耗时。另一种做法是，在反序列化时，利用BSONSerializer将BSON格式中所有名为descirption的字段映射为summary。之后，在序列化时，由于我们使用的是新的summary字段，MongoDB中保持的数据也将相应地更新为summary字段。当然，这也意味着，对于那些没有进行读取进而保存的Product，它们将继续持有原来的description字段。因此，对于这种延迟迁移的做法，我们应该慎重权衡。

接下来，我们需要MongoDB生成对象的唯一标识：

```
public class MongoProductRepository
        extends MongoRepository<Product>
        implements ProductRepository {
    ...
    public ProductId nextIdentity() {
        return new ProductId(new ObjectId().toString());
    }
    ...
}
```

此时，我们依然使用nextIdentity()方法，但是在实现中，我们传入一个新建的ObjectId（转化为String类型）来实例化一个ProductId。主要原因在于，我们希望MongoDB使用与聚合本身相同的唯一标识。因此，当我们在序列化一个Product时，可以将该唯一标识映射到特殊的MongoDB _id键上：

```
public class BSONSerializer<T> {
    ...
    public DBObject serialize(T anObject) {
        DBObject serialization = this.toDBObject(anObject);

        return serialization;
    }

    public DBObject serialize(String aKey, T anObject) {
        DBObject serialization = this.serialize(anObject);

        serialization.put("_id", new ObjectId(aKey));

        return serialization;
    }
    ...
}
```

第一个serialize()方法不支持这样的_id映射，客户端可以在这两个方法中自行选取。接下来，让我们看看save()方法的实现：

```
public class MongoProductRepository
        extends MongoRepository<Product>
        implements ProductRepository {
    ...
    @Override
    public void save(Product aProduct) {
        this.databaseCollection(
                this.collectionName(aProduct.tenantId()))
            .save(this.serialize(aProduct));
    }
    ...
}
```

和Coherence相似，在保存Product时，我们为每个Tenant都创建了单独的Product集合，并通过TenantId进行获取。该集合以MongoDB的DBCollection类表示。 在MongoRepository抽象基类中，我们定义了databaseCollection()方法来获取该DBCollection对象：

```
public abstract class MongoRepository<T> {
    ...
    protected DBCollection databaseCollection(
            String aDatabaseName,
            String aCollectionName) {
        return MongoDatabaseProvider
                .database(aDatabaseName)
                .getCollection(aCollectionName);
    }
    ...
}
```

在上例中，我们通过MongoDatabaseProvider获取到一个数据库连接，该连接以一个DB类型的对象表示。然后，通过调用DB对象的getCollection()方法来获取一个DBCollection。在MongoProductRepository的实现中，该DBCollection的名字由文本“product”和Tenant的唯一标识组成。在敏捷项目管理上下文中，我们为数据库命名为agilepm，这和Coherence对缓存的命名相似：

```
public class MongoProductRepository
        extends MongoRepository<Product>
        implements ProductRepository {
    ...
    protected String collectionName(TenantId aTenantId) {
        return "product" + aTenantId.id();
    }
```

```
    protected String databaseName() {
        return "agilepm";
    }
    ...
}
```

与先前的SpringHibernateSessionProvider相似，这里的MongoDatabaseProvider用于获取一个数据库实例。

除了用于save()方法外，DBCollection还用于对Product的查找：

```
public class MongoProductRepository
        extends MongoRepository<Product>
        implements ProductRepository {
    ...
    @Override
    public Collection<Product> allProductsOfTenant(
            TenantId aTenantId) {
        Collection<Product> products = new ArrayList<Product>();

        DBCursor cursor =
            this.databaseCollection(
                    this.databaseName(),
                    this.collectionName(aTenantId)).find();

        while (cursor.hasNext()) {
            DBObject dbObject = cursor.next();

            Product product = this.deserialize(dbObject);

            products.add(product);
        }

        return products;
    }

    @Override
    public Product productOfId(
            TenantId aTenantId, ProductId aProductId) {
        Product product = null;

        BasicDBObject query = new BasicDBObject();

        query.put("productId",
                new BasicDBObject("id", aProductId.id()));

        DBCursor cursor =
            this.databaseCollection(
                    this.databaseName(),
```

```
                    this.collectionName(aTenantId)).find(query);

        if (cursor.hasNext()) {
            product = this.deserialize(cursor.next());
        }

        return product;
    }
    ...
}
```

同样，这里的allProductsOfTenant()也与Coherence中的实现相似。要获取一个Tenant下所有的Product实例，我们只需调用DBCollection中的find()方法。在productOfId()方法中，我们向find()方法传入了一个DBObject对象，该对象描述了需要查找的Product实例。在两个查找方法中，我们都使用了DBCursor对象。在allProductsOfTenant()中，DBCursor用于返回所有的实例；而在productOfId()中，DBCursor返回的是第一个实例，而此时的查找结果中也只包含了一个实例。

额外的行为

对于资源库来说，除了前文讲到的那些典型的行为之外，我们还可以向资源库接口中添加一些额外的行为。其中之一便是计算聚合实例的总数。你可能会将该行为方法命名为count()，但是由于一个资源库应该尽可能地模拟一个集合，因此我们可以考虑使用以下方法：

```
public interface CalendarEntryRepository {
    ...
    public int size();
}
```

这里的size()方法和java.util.Collection中的一模一样。在使用Hibernate时，该方法可以实现为：

```
public class HibernateCalendarEntryRepository
        implements CalendarEntryRepository  {
    ...
    public int size() {
        Query query =
            this.session().createQuery(
                "select count(*) from CalendarEntry");
```

```
        int size = ((Integer) query.uniqueResult()).intValue();

        return size;
    }
}
```

在数据存储（包括数据库或数据网格）中，我们可能还需要执行一些计算过程来满足某些非功能性需求。比如，我们需要将数据从数据存储中搬移到业务逻辑执行的地方，而有时这是一个非常漫长的过程。这时，我们可能需要将代码迁移到数据存储中，比如使用数据库的存储过程或者数据网格的条目处理器（entry processor），Coherence便提供了这样的功能。然而，这些功能最好应该放在**领域服务（7）**中，因为领域服务正是用于处理那些无状态的、特定于领域的操作。

有时，如果我们要获取聚合根下的某些子聚合，我们不用先从资源库中获取到聚合根，然后再从聚合根中获取这些子聚合，而是可以直接从资源库中返回。在有些情况下，这种做法是有好处的。比如，某个聚合根拥有一个很大的实体类型集合，而你需要根据某种查询条件返回该集合中的一部分实体。当然，只有在聚合根中提供了对该实体集合的导航时，我们才能这么做，否则，我们便违背了聚合的设计原则。我建议不要因为客户端的方便而提供这种访问方式。更多的时候，采用这种方式是由于性能上的考虑，比如从聚合根中访问子聚合将带来性能瓶颈的时候。此时的查找方法和其他查找方法具有相同的基本特征，只是它直接返回聚合根下的子聚合，而不是聚合根本身。无论如何，请慎重使用这种方式。

另外，我们还有可能在资源库中创建一些特殊的查找方法。比如，如果我们需要在用户界面中显示数据，而这些数据来自于多个聚合，此时我们不用先分别获取到每个聚合，再从中提取出所需数据，而是可以使用用例优化查询（Use Case Optimal Query）的方法直接查询所需要的数据。此时，我们可以直接在持久化机制上执行查询，然后将查询结果放在一个**值对象（6）**中予以返回。

从资源库中返回值对象而非聚合实例并不奇怪。比如，前面我们所使用的size()方法便是如此，该方法以简单值对象的形式返回聚合实例的数目。对于用例优化查询来说也是一样的，只是此时我们返回的是一个相对复杂的值对象而已。

在使用用例优化查询时，如果你发现你必须创建多个查询方法，那么这很有可能是一种坏味道，这意味着你对聚合边界的划分是错误的。

然而，如果的确发生了这样的情况，并且你确认对聚合边界的设计是正确的，那么此时你便应该考虑使用CQRS（4）了。

管理事务

对事务的管理绝对不应该放在领域模型和领域层中[6]。通常来说，与领域模型相关的操作都非常细粒度的，以致于无法用于管理事务，另外，领域模型也不应该意识到事务的存在。那么，对事务的管理应该放在什么地方呢?

通常来说，我们将事务放在**应用层 (14)** 中[7]。[Gamma et al.]。然后为每个主要的用例创建一个门面 [Gamma et al.]，门面中的业务方法通常都是粗粒度的，常见的情况是每一个用例流对应一个业务方法。业务方法对用例所需操作进行协调。当**用户界面层 (14)** 调用门面中的一个业务方法时，该方法都将开始一个事务。同时，该业务方法将作为领域模型的客户端而存在。在所有的操作完成之后，门面中的业务方法将提交事务。在这个过程中，如果发生错误/异常，那么业务方法将对事务进行回滚。

我们可以通过声明式的方法来管理事务，也可以自行编码。无论采用哪种方式，对事务的管理过程都与以下执行过程相似：

```
public class SomeApplicationServiceFacade {
    ...
    public void doSomeUseCaseTask()  {
        Transaction transaction = null;

        try {
            transaction = this.session().beginTransaction();

            //使用领域模型

            transaction.commit();

        } catch (Exception e) {
            if (transaction != null) {
                transaction.rollback();
            }
        }
    }
}
```

6. 请注意，有些持久化机制中并不存在事务管理，或者与关系型数据库的ACID事务具有不同的工作原理。比如，Coherence和多数NoSQL数据库便是如此。我们这里所讨论的事务主要是关于关系型数据的。
7. 应用层管理事务还有诸如安全方面的考虑，但这里我将不予讨论。常见的做法是为每一组相关用例创建一个门面 (Facade)。

要将对领域模型的修改添加到事务中，我们必须保证资源库实现与事务使用了相同的Session或Unit of Work。这样，在领域层中发生的修改才能正确地提交到数据库中，或者回滚。

有很多方法都可以完成对事务的管理，我并不会一一列举。这里我主要讨论在一些企业级Java容器和依赖反转容器中是如何管理事务的，比如Spring。在Spring中，我们可以通过以下方式来管理事务：

```
<tx:annotation-driven transaction-manager="transactionManager"/>

<bean
    id="sessionFactory"
    class="org.springframework.orm.hibernate3.LocalSessionFactoryBean">
    <property name="configLocation">
        <value>classpath:hibernate.cfg.xml</value>
    </property>
</bean>

<bean
    id="sessionProvider"
    class="com.saasovation.identityaccess.infrastructure
          .persistence.SpringHibernateSessionProvider"
    autowire="byName">
</bean>

<bean
    id="transactionManager"
    class="org.springframework.orm.hibernate3
          .HibernateTransactionManager">
    <property name="sessionFactory">
        <ref bean="sessionFactory"/>
    </property>
</bean>

<bean
    id="abstractTransactionalServiceProxy"
    abstract="true"
    class="org.springframework.transaction.interceptor
          .TransactionProxyFactoryBean">
    <property name="transactionManager">
        <ref bean="transactionManager"/>
    </property>
    <property name="transactionAttributes">
        <props>
            <prop key="*">PROPAGATION_REQUIRED</prop>
        </props>
    </property>
</bean>
```

在上例中，sessionFactory用于获取一个Hibernate提供的Session，sessionProvider将该sessionFactory与当前线程关联起来。当基于Hibernate的资源库需要为当前线程获取一个Session实例时，它将通过sessionProvider来完成。另外，transactionManager通过sessionFactory来获取并管理Hiberante事务。余下的abstractTransactionalServiceProxy是可选的，它的作用是为需要事务管理的bean提供委派。最上面的annotation-driven使得我们通过Java注解的方式来声明事务，这种方式比显式的配置更加方便：

```
<tx:annotation-driven transaction-manager="transactionManager"/>
```

如此一来，在门面的业务方法中，我们便可以使用@Transactional注解来声明事务：

```
public class SomeApplicationServiceFacade {
    ...
    @Transactional
    public void doSomeUseCaseTask()  {

        //使用领域模型
    }
}
```

与先前的事务管理例子相比，此时的业务方法更加清晰，这也使得我们将关注点放在业务操作本身上。在这种方法中，当业务方法执行时，Spring将自动地启动一个事务，当方法执行完成时，事务要么提交，要么回滚。

在身份与访问上下文中，我们可以找到sessionProvider的源代码：

```
package com.saasovation.identityaccess.infrastructure.persistence;

import org.hibernate.Session;
import org.hibernate.SessionFactory;

public class SpringHibernateSessionProvider {

    private static final ThreadLocal<Session> sessionHolder =
            new ThreadLocal<Session>();

    private SessionFactory sessionFactory;

    public SpringHibernateSessionProvider() {
        super();
    }
```

```
    public Session session() {
        Session threadBoundsession = sessionHolder.get();
        if (threadBoundsession == null) {
            threadBoundsession = sessionFactory.openSession();
            sessionHolder.set(threadBoundsession);
        }
        return threadBoundsession;
    }

    public void setSessionFactory(SessionFactory aSessionFactory) {
        this.sessionFactory = aSessionFactory;
    }
}
```

在Spring配置中，由于该sessionProvider被声明为autowire="byName"，在实例化时，它的setSessionFactory()方法将自动地找到名为“sessionFacotry”的bean实例，并将其作为参数传入。在本章的前面，我们给出了基于Hibernate的资源库示例代码，其中便有对SpringHibernateSessionProvider的使用：

```
package com.saasovation.identityaccess.infrastructure.persistence;

public class HibernateUserRepository
        implements UserRepository  {

    @Override
    public void add(User aUser) {
        try {
            this.session().saveOrUpdate(aUser);
        } catch (ConstraintViolationException e) {
            throw new IllegalStateException("User is not unique.", e);
        }
    }
    ...
    private SpringHibernateSessionProvider sessionProvider;

    public void setSessionProvider(
            SpringHibernateSessionProvider aSessionProvider) {
        this.sessionProvider = aSessionProvider;
    }

    private org.hibernate.Session session() {
        return this.sessionProvider.session();
    }
}
```

以上代码片段摘自身份与访问上下文中的HibernateUserRepository。该类也是一个Spring所管理的bean，并且使用了与sessionProvider相同的autowire机制。当setSessionProvider()方法调用时，它将找到名为“sessionProvider”的bean，并将其作为参数传入。这里的sessionProvider即SpringHibernateSessionProvider类的实例。在执行add()方法（或者其他持久化方法）时，它通过调用session()方法获取一个Session，session()方法进而使用注入的sessionProvider来获得一个线程绑定的Session实例。

虽然我只讨论了Hibernate的事务管理，但这些原则同样适用于TopLink、JAP或者其他的持久化机制。对于其中任何一个持久化机制，我们都需要在整个业务操作中访问相同的Session、Unit of Work和由应用层所管理的事务。此时，依赖注入是一个很好的选择。但是，在没有依赖注入的情况下，我们依然可以找到很多方式来实施事务管理，甚至可以通过手动的方式将这些对象绑定到当前线程中。

警告

我认为有必要给读者一个警告：不要过度地在领域模型上使用事务。我们必须慎重地设计聚合以保证正确的一致性边界。有时，在测试环境下，在单个事务中修改多个聚合可能工作得很好，但是在产品环境下，却有可能出现由并发所导致的事务失败。在**聚合**（10）中，我们讨论了如何准确地定义一致性边界以保证事务的成功，读者可以自行参考。

类型层级

在使用面向对象语言来开发领域模型时，我们通常喜欢通过继承来创建类型层级。此时，我们将默认状态和行为放在基类中，然后创建子类对其进行扩展。为什么不呢？这似乎是避免重复的绝佳方式。

对于共享基类的聚合类来说，我们可以为每一种实际的聚合类型创建一个资源库，也可以在单个资源库中创建不同的实际聚合类。对于对继承的使用来说，这两者是不同的。因此，本节不会讨论所有的聚合类型都扩展自同一个**层超类型**[Fowler, P of EAA]的情况。

我这里想讨论的是一组数目相对较少的聚合类型，它们都扩展自一个特定于领域的超类。这些关联密切的聚合所组成的类型层级具有可互换性和多态性的特征。此时，我们使用单个资源库来保存和获取层级中的不同聚合类型，而客户端无须知道他们所使用的实际类型。这也体现了**Liskov替换原则** (Liskov Substitution Principle, LSP) [Liskov]。

打个比方，你的系统需要使用外部系统提供的各种服务，而你需要处理它们之间的关系。你决定创建一个抽象基类ServiceProvider。由于每种服务既存在共同之处，又存在不同之处，因此你需要创建多个不同的实际服务类，比如WarbleServiceProvider和WonkleServiceProvider。你希望通过一种通用的方法来访问这些服务：

```
//领域模型的客户端
serviceProviderRepository.providerOf(id)
        .scheduleService(date, description);
```

这样看来，在很多情况下，创建特定于领域的聚合类型层级的作用似乎并不大。原因在于：通常来说，资源库所提供的查找方法可以返回任何一个聚合子类的实例。这意味着查找方法所返回的应该是这些聚合子类的共有超类，就像本例中的ServiceProvider一样；而不是某个特定的子类，比如WarbleServiceProvider或WonkleServiceProvider。考虑一下，如果查找方法返回了某个特定的子类，情况会怎么样？此时，客户端需要知道什么样的唯一标识（或者其他描述属性）对应着什么样的特定实例。否则，这将导致类型不匹配，或者ClassCastException异常。即便你能正确地处理这种情况，由于此时的聚合很有可能并不完全地满足Liskov替换原则，你依然需要知道各个子类所提供的特殊操作。

要解决唯一标识和聚合类型之间的对应问题，你可能会想到通过唯一标识来判断应该返回什么类型的聚合。当然，你可以这么做，但是这同样会导致问题。客户端将负责唯一标识和聚合类型之间的映射。另外，在客户端与特定操作之间也产生了耦合。此时的客户端代码将与以下代码相似：

```
//领域模型的客户端

if (id.identifiesWarble()) {
    serviceProviderRepository.warbleOf(id)
            .scheduleWarbleService(date, warbleDescription);
} else if (id.identifiesWonkle()) {
    serviceProviderRepository.wonkleOf(id)
            .scheduleWonkleService(date, wonkleDescription);
} ...
```

有时，这种方式并不是有可能产生异常这么简单，它往往意味着一种代码坏味道。诚然，如果你从这样的类型层级中获得了极大的好处，那么这种一次性的使用场景也许是一个很好的折中。然而，对于目前这个并不自然的例子，使用ServiceDescription和scheduleServie()方法的内部实现似乎已经足够了。请思考：为不同的聚合类型提供单独的资源库究竟给我们带来了什么好处？在聚合子类较少的情况下，为它们使用单独的资源库可能是最好的方式。但是，随着聚合子类数目的增加，而同时它们又具有完全的可互换性时，使用一个共享的资源库便更合适了。

多数情况下，这个问题都可以通过在聚合中维护一个描述属性来彻底解决。请参考**值对象**(6)中对标准类型的讨论。此时，我们只需要设计单个聚合类型，在其内部通过不同的标准类型来实现不同的行为。在使用显式标准类型的情况下，我们只需要创建一个实际的ServiceProvider聚合类，然后在scheduleService()方法中根据标准类型来分发服务。同时，我们需要确保这些逻辑不能泄露到客户端中。要达到这样的目的，我们可以在scheduleService()方法中包含该领域特定的选择逻辑，比如：

```
public class ServiceProvider {
    private ServiceType type;
    ...
    public void scheduleService(
            Date aDate,
            ServiceDescription aDescription) {
        if (type.isWarble()) {
            this.scheduleWarbleService(aDate, aDescription);
        } else if (type.isWonkle()) {
            this.scheduleWonkleService(aDate, aDescription);
        } else {
            this.scheduleCommonService(aDate, aDescription);
        }
    }
    ...
}
```

如果内部的分发逻辑变得凌乱，我们总能通过设计更小的层级予以处理。事实上，如果你喜欢，标准类型本身便可以通过**状态模式**[Gamma et al.]来实现。在这种情况下，不同的标准类型将实现各自的特有行为。当然，这同样也意味着我们可以设计单个ServiceProviderRepository来保存不同类型的标准类型。

另外，我们还可以通过基于角色的接口来解决这个问题。比如，我们可以设计一个SchedulableService接口，然后让多个聚合类型都实现该接口。有关角色和职责的讨论，请参考实体（5）。这里，虽然我们也使用了继承，但是由继承所致的多态行为并不会泄漏到客户端中。

资源库 vs 数据访问对象（DAO）

有时，资源库和数据访问对象——即DAO——被当作同义词看待。它们都提供了对持久化机制的抽象。然而，ORM工具同样也提供了对持久化机制的抽象，但是它既不是资源库，也不是DAO。因此，我们不能将所有的持久化抽象都称为DAO，而是需要确定这种模式是否得到了真正的实现。

资源库和DAO是不同的。一个DAO主要从数据库表的角度来看待问题，并且提供CRUD操作。Martin Fowler在[Fowler, P of EAA]中将DAO相关设施与领域模型分离开来对待。他指出，诸如**表模块**（Table Module）、**表数据网关**（Table Data Gateway）和**活动记录**（Active Record）这样的模式应该用于**事务脚本**程序中。这是因为，这些与DAO相关的模式通常只是对数据库表的一层封装。而另一方面，资源库和**数据映射器**（Data Mapper）则更加偏向于对象，因此通常被用于领域模型中。

在DAO模式中所执行的CRUD操作都是可以放在聚合中来实现的，因此，我们应该尽量避免在领域模型中使用这些DAO模式。在正常情况下，我们总是希望由聚合本身来管理业务逻辑。

在前文中，我的确也说过，在有些情况下可以使用存储过程或数据网格的条目处理器来完成一些非功能性的操作。根据你所工作的领域，这更像是一种规则，而不是例外。但是，如果不存在这样的的非功能性需求，那么我建议你不要使用它们。更多的时候，在数据存储中放置以及执行业务逻辑是与DDD背道而驰的。当然，我得说，使用数据网织函数/条目处理器并不会真正地分裂领域建模的目标。比如，它们也是可以通过Java来实现的，并且能够表达**通用语言**（1），同时满足领域建模的目标。它们与核心模型唯一的不同在于执行场所的不同，而这并不具有分裂性。而另一方面，大量地使用存储过程则是具有分裂性的了，因为此时，建模团队并不能很好地理解存储过程所使用的语言。此外，通常来说它们也看不到存储过程的实现，而这些正是有悖于DDD目标的。

通常来说，你可以将资源库当作DAO来看待。但是请注意一点，在设计资源库时，我们应该采用面向集合的方式，而不是面向数据访问的方式。这有助于你将自己的领域当作模型来看待，而不是CRUD操作。

测试资源库

我们可以从两个方面对资源库进行测试。首先，我们需要测试资源库本身是能正确工作的。其次，我们还要测试对资源库的使用，以保证能够正确地保存和获取聚合实例。对于前者，我们必须使用产品环境下的资源库实现。对于后者，我们既可以使用产品实现，也可以使用内存实现。接下来，我将首先讨论前一种测试，然后再讨论后一种。

让我们看看以Coherence实现的ProductRepository：

```
public class CoherenceProductRepositoryTest extends DomainTest {

    private ProductRepository productRepository;
    private TenantId tenantId;

    public CoherenceProductRepositoryTest() {
        super();
    }
    ...
    @Override
    protected void setUp() throws Exception {
        this.setProductRepository(new CoherenceProductRepository());
        this.tenantId = new TenantId("01234567");
        super.setUp();
    }

    @Override
    protected void tearDown() throws Exception {
        Collection<Product> products =
            this.productRepository()
                    .allProductsOfTenant(tenantId);

        this.productRepository().removeAll(products);
    }

    protected ProductRepository productRepository() {
        return this.productRepository;
    }

    protected void setProductRepository(
            ProductRepository aProductRepository) {
        this.productRepository = aProductRepository;
    }
}
```

对于每一个测试，我们都需要事先做一些准备，测试完毕之后再做一些清理工作。在准备时，我们创建了一个CoherenceProductRepository，然后创建一个假的TenantId实例。

在清理时，我们从缓存中移除掉所有的Product实例，这些实例是在测试过程中加入缓存的。对于Coherence来说，这是非常重要的一步。否则，这些Product实例将在余下的测试中继续存在，从而有可能导致余下测试的断言失败，比如计算实例数目。

然后，我们开始测试资源库的行为：

```
public class CoherenceProductRepositoryTest extends DomainTest {
    ...
    public void testSaveAndFindOneProduct() throws Exception {

        Product product =
            new Product(
                    tenantId,
                    this.productRepository().nextIdentity(),
                    "My Product",
                    "This is the description of my product.");

        this.productRepository().save(product);

        Product readProduct =
            this.productRepository()
                .productOfId(tenantId, product.productId());

        assertNotNull(readProduct);
        assertEquals(readProduct.tenantId(), tenantId);
        assertEquals(readProduct.productId(), product.productId());
        assertEquals(readProduct.name(), product.name());
        assertEquals(readProduct.description(), product.description());
    }
    ...
}
```

正如测试方法名所表示的，这里我们先保存一个Product实例，然后再对其进行查找。首先，我们需要实例化一个Product 并将其保存到资源库中。在没有发生异常的情况下，我们便可以认为保存操作执行成功。但是，要确认这一点，我们只有通过一种方式，即从资源库中找到该实例，再将其与原来的Product实例进行比较。我们通过调用productOfId()方法来查找一个Product实例，该方法接受一个Product的唯一标识作为参数。之后，我们先检查所返回的Product实例是否为

null。如果不是，再将该Product实例的tenantId、productId、name和descirption属性分别与原有Product中相对应的属性进行比较。

接下来，我们测试对多个聚合实例的保存和查找：

```
public class CoherenceProductRepositoryTest extends DomainTest {
    ...
    public void testSaveAndFindMultipleProducts() throws Exception {

        Product product1 =
            new Product(
                    tenantId,
                    this.productRepository().nextIdentity(),
                    "My Product 1",
                    "This is the description of my first product.");

        Product product2 =
            new Product(
                    tenantId,
                    this.productRepository().nextIdentity(),
                    "My Product 2",
                    "This is the description of my second product.");

        Product product3 =
            new Product(
                    tenantId,
                    this.productRepository().nextIdentity(),
                    "My Product 3",
                    "This is the description of my third product.");

        this.productRepository()
            .saveAll(Arrays.asList(product1, product2, product3));

        assertNotNull(this.productRepository()
            .productOfId(tenant, product1.productId()));
        assertNotNull(this.productRepository()
            .productOfId(tenant, product2.productId()));
        assertNotNull(this.productRepository()
            .productOfId(tenant, product3.productId()));

        Collection<Product> allProducts =
            this.productRepository().allProductsOfTenant(tenant);

        assertEquals(allProducts.size(), 3);
    }
    ...
}
```

在上例中，我们首先实例化3个Product实例，然后调用saveAll()方法一次性地将它们保存到资源库中。之后，我们依然通过productOfId()方法来分别查找单个实例，如果资源库所返回的3个实例都不为null，那么我们便可以认为对这3个Product实例的持久化都是正确的。

牛仔的逻辑

AJ："我姐姐告诉我，她的丈夫给她说：'在我死后，记得将我保存的所有东西都卖掉。'我姐问他为什么。他说：'我不想在你再婚之后，这些东西落到一个懦夫的手中。'我姐告诉她说：'不要担心，我不会再嫁给另一个懦夫的。'"

资源库中还有一个方法没有被测试到，即allProductsOfTenant()方法。在资源库的缓存已完全清空的情况下，在测试执行时，我们应该能够成功地读取这3个Product实例。因此，所返回的Collection便不应该为null，即便其中的内容并不是你所期望的。这样一来，测试的最后一步便是判断所返回实例的数目，我们断言此时的数目应该为3。

现在，我们已经有一个测试来展示客户端对资源库的使用，接下来我们将以更加优化的方式来测试客户端对资源库的使用。

以内存实现进行测试

对于准备一个完整的资源库实现来说，如果存在困难，或者速度太慢，那么我们可以考虑使用另一种方式。另外，在领域建模早期，你也有可能面临一些麻烦，比如持久化机制并不可用，或者数据库的Schema还未准备好等。此时，我们便可以使用一个内存版本的资源库。

创建内存资源库可以是非常简单的，但同时也存在一些挑战。说它是简单的，是因为我们可以用一个HashMap来实现资源库。对于一个Map来说，调用put()和remove()方法都是非常直接的。我们只需要将全局的唯一标识作为每个聚合的键，而将聚合实例作为相应的值。事实上，在这种情况下，整个ProductRepository的实现都是简单的：

```
package com.saasovation.agilepm.domain.model.product.impl;

public class InMemoryProductRepository implements ProductRepository {

    private Map<ProductId,Product> store;

    public InMemoryProductRepository() {
        super();
        this.store = new HashMap<ProductId,Product>();
    }

    @Override
    public Collection<Product> allProductsOfTenant(Tenant aTenant) {
        Set<Product> entries = new HashSet<Product>();

        for (Product product : this.store.values()) {
            if (product.tenant().equals(aTenant)) {
                entries.add(product);
            }
        }

        return entries;
    }

    @Override
    public ProductId nextIdentity() {
        return new ProductId(java.util.UUID.randomUUID()
                .toString().toUpperCase());
    }

    @Override
    public Product productOfId(Tenant aTenant, ProductId aProductId) {
        Product product = this.store.get(aProductId);

        if (product != null) {
            if (!product.tenant().equals(aTenant)) {
                product = null;
            }
        }

        return product;
    }

    @Override
    public void remove(Product aProduct) {
        this.store.remove(aProduct.productId());
    }

    @Override
    public void removeAll(Collection<Product> aProductCollection) {
        for (Product product : aProductCollection) {
            this.remove(product);
```

```
        }
    }

    @Override
    public void save(Product aProduct) {
        this.store.put(aProduct.productId(), aProduct);
    }

    @Override
    public void saveAll(Collection<Product> aProductCollection) {
        for (Product product : aProductCollection) {
            this.save(product);
        }
    }
}
```

对于productOfId()方法来说，我们需要稍微注意一下。要正确地实现该查找方法，在通过ProductId获取到Product实例时，我们必须检查该Product的TenantId与传入的aTenant参数是否相同，如果不同，我们将返回null。

我们几乎可以原封不动地将CoherenceProductRepositoryTest复制成InMemoryProductRepositoryTest，唯一的区别只是在于setUp()方法：

```
public class InMemoryProductRepositoryTest extends TestCase {
    ...
    @Override
    protected void setUp() throws Exception {
        this.setProductRepository(new InMemoryProductRepository());
        this.tenantId = new TenantId("01234567");

        super.setUp();
    }
    ...
}
```

这里，在setUp()方法中，我们实例化了一个InMemoryProductRepository，而不是CoherenceProductRepository。除此之外，其他的测试方法都是一样的。

对于内存资源库来说，有可能存在的挑战在于实现更加复杂的查找方法，此时所传入的查询参数将更难处理。在这种情况下，你可能需要谋求另外的解决方法。比如，在setUp()方法中，我们可以预先向资源库中存放一些满足查询条件的聚合实例，然后让查找方法只返回这些实例。

内存资源库的另一个好处在于：当你需要测试面向持久化资源库接口的save()方法时，你可以在save()方法中计算对其本身的调用次数。在每次测试执行完后，你可以验证资源库中的save()方法调用次数和客户端所需要的调用次数是相等的。例如，对于一个必须显式调用save()方法的应用服务来说，我们便可以采用这种方法。

本章小结

在本章中，我们深入地学习了如何实现资源库。

- 你学习了面向集合和面向持久化的资源库，以及对它们的选取。
- 你学到了如何通过Hibernate、TopLink、Coherence和MongoDB来实现资源库。
- 你学到了为什么需要为资源库接口添加额外的行为。
- 你学到了在使用资源库时，如何管理事务。
- 你学到了为类型层级设计资源库时所面临的挑战。
- 你学到了资源库与DAO的基本区别。
- 你学到了如何测试资源库本身，以及如何测试对资源库的使用。

接下来，我们将学习集成限界上下文。

第13章

集成限界上下文

> 心智连接是我们最重要的学习工具，它是人类智力的本质所在，它帮助我们弥补先天不足，它启发我们看清模式、关系和上下文环境。
>
> —Marilyn Ferguson

一个项目中通常存在着多个**限界上下文**（2），并且我们需要在它们之间进行集成。在**上下文映射图**（3）中，我们讨论了限界上下文之间的常见关系，并且讨论到了如何通过DDD的原则来正确处理它们之间的关系。如果你对**领域**（2）、**子域**（2）和限界上下文还不甚了解，那么请重温本书相关章节，因为本章所讲的都是建立在那些基本概念之上的。

在本书前面我们已经讨论到，上下文映射图存在两种主要形式。一种是通过绘制一些简单的框图来展示它们之间的集成关系；另一种则是通过代码来实现这些集成关系。在本章中，我们主要讨论第二种形式。

本章学习路线图

- 温习有关集成限界上下文的基础知识。
- 学习通过REST资源的方式来集成限界上下文，以及这种方式的优缺点。
- 学习使用消息来集成限界上下文。
- 学习在不同限界上下文中维护重复信息时所面临的挑战。
- 通过示例进一步掌握集成限界上下文的设计方法。

集成基础知识

有多种直接的方式可以完成限界上下文之间的集成。

其中一种便是在一个限界上下文中暴露应用程序编程接口（API），然后在另一个限界上下文中通过远程过程调用（RPC）的方式访问该API。此时的API可以通过SOAP协议暴露给其他限界上下文，也可以直接在HTTP中使用XML（这种方式与REST不同）。事实上，我们有多种方式创建这样的远程API，SOAP只是其中最流行的方式之一，因为它支持过程调用的风格，这是我们程序员能够非常容易理解的。

另一种直接的集成方式便是使用消息机制。在消息机制中，每一个需要交互的系统都使用消息队列或者**发布-订阅**[Gamma et al.]机制。当然，我们同样可以将消息看作是某种形式的API，但是更好的方式是将消息机制看成是一种服务接口。有大量的技术都支持通过消息来集成限界上下文，详情请参考[Hohpe & Woolf]。

第三种集成限界上下文的方式是使用RESTful HTTP。有人认为REST也是某种形式的RPC，其实并非如此。诚然，REST和RPC的确存在相似之处，比如它们都是从一个系统向另一个系统发出请求的。但是，在REST的请求中并不包含过程调用中的参数。在**架构**（4）中我们已经讲到，REST用于交换和更改资源，这些资源通过URI的方式进行定位，每种资源的URI都是唯一的。在每种资源上，我们可以执行不同种类的操作。RESTful HTTP提供了一些方法，比如GET、PUT和DELETE。虽然从表面上看，这些方法只支持CRUD操作，但是如果多思考一下你便知道，我们可以通过这4个方法的意图对不同的操作进行分类。比如，GET方法可以包含不同类型的查询操作，而PUT方法则用于**聚合**（10）上的命令操作。

当然，以上并不意味着只存在三种集成限界上下文的方法。你还可以通过共享文件和数据库的方式进行集成，但是此时我只能说，你也太不与时俱进了。

牛仔的逻辑

AJ：“在马鞍上你最好坐得低一点，那匹马不好对付。要驯服它，你得与时俱进才行。”

虽然上面我提到了三种主要的集成限界上下文的方式，但是在本章中，我只会讨论到其中的两种。我将重点讲解通过消息机制来集成限界上下文，另外就是使用RESTful HTTP的方式。对于RPC来说，通过简单地创建过程式的API，我们也能达到前两种方式的集成效果。另外，当我们需要支持自治性服务（即自治性应用程序）时，RPC便没有这么好的适应性了。此时，如果RPC的提供方失效，那么客户方的调用也将失败。

这将引出一个极其重要的话题，对于每一个做集成的开发人员来说，这都是值得注意的。

分布式系统之间存在根本性区别

对于那些不熟悉分布式系统原则的开发者来说，他们经常容易忽略掉分布式系统的内在复杂性，此时，问题也就接踵而至了。特别是对于RPC来说，没有分布式开发经验的人总认为远程过程调用和进程内调用是一样的。在这样的假设下，他们经常会面临犹如多米诺骨牌似的系统失败，因为任何一个系统组件的失败都将导致级联反应，从而使其他系统也跟着失败。因此，任何一个分布式开发者都应该知道以下分布式计算原则：

- 网络是不可靠的。
- 总会存在时间延迟，有时甚至非常严重。
- 带宽是有限的。
- 不要假设网络是安全的。
- 网络拓扑结构将发生变化。
- 知识和政策在多个管理员之间传播。
- 网络传输是有成本的。
- 网络是异构的。

与 “Fallacies of Distributed Computing” [Deutsch]相比，我故意更改了说法。我将它们称为原则，是为了强调分布式系统的复杂性及其所面临的挑战，而不是单单罗列一些常见的错误。

跨系统边界交换信息

多数时候，我们都需要一个外部系统为我们自己的系统提供服务，此时我们会向该服务传递一些信息数据，同时外部服务还有可能返回数据。因此，我们需要一种可靠的方式在两个系统之间传递这些信息数据。所传信息数据的结构应该能被所有的系统所消费。要达到这样的目的，大多数人都会选择一些标准的信息数据结构。

以参数或消息的形式传送的信息数据只是一些机器能读懂的数据结构，它可以生成多种数据格式。在交互的系统之间，我们需要创建某种形式的契约，甚至创建能够解析和翻译这些数据结构的机制，以使这些数据能够被正确地消费。

有多种方式都可以生成信息数据的结构，比如XML、JSON，或者像协议缓存这样的特殊格式。每一种方式都有各自的优缺点，其中的影响因素包括丰富性、紧凑性、类型转换的性能、对象转换的灵活性和易用性等。在考虑到分布式计算原则时，比如“网络传输是有成本的”，有些方式的成本可能是非常昂贵的。

在使用这些中间格式时，我们都希望将所有的接口和类部署到所有的系统中，然后使用工具将这些中间格式的数据转化成类型安全的对象。这种方式的优点在于，消费系统和源系统都是通过相同的方式来使用这些对象的。

当然，部署这些接口和类也是存在复杂性的；同时这种方式还意味着，如果出现了新版本的接口和类定义，那么消费方系统需要重新编译以保证与源系统的兼容性。此外，将外部对象直接当作本地对象来使用也是存在危险的，而这也违背了DDD的战略设计原则。有人认为，此时可以使用一个**共享内核**（3）。然而，当在系统间共享对象时，由于对这些对象的访问过于方便，你很有可能适得其反。无论如何，在不考虑复杂性和潜在危险性的情况下，在这种方式中使用任何强类型对象都是一种很好的折中。

此外，我还遇到过很多正挣扎于此的人，他们希望有一种更简单、更安全的方式，而同时又不完全地损失类型安全性。让我们看看这样一种方式。

我们可以设计一种契约，该契约用于在不同系统之间创建可交换的信息结构，而消费方在使用这些信息数据时，它并不用将这些数据反序列化成某种类型的对象实例。我们可以用一种标准的方式来定义这样的契约，此时的契约便是某种形式的**发布语言**（3）。其中一种标准方式便是自定义一种媒体类型。无论你是否会根据RFC 4288来注册这样的媒体类型，这里重要的是这种媒体类型所体现出的规范。该规范定义了生产方和消费方之间的绑定契约，在这种契约的框架下，双方系统不需要共享接口和类。

当然，这种方式也不是尽善尽美的。你将无法像接口/类一样在对象上使用属性访问器，同时你也得不到IDE的支持，比如代码自动补全等功能。这些都并不是什么大的缺点。此外，你将无法获得在有事件类时的一些函数/方法操作。但是，我并不认为这是一个缺点，它反而可以作为一种保护措施。作为消费方的限界上下文需要关心的只应该是数据属性，而不是外部模型所提供的功能。消费方中的**端口适配器**（4）应该将自己的领域模型与外部模型隔离开来，同时所传入的事件数据必须遵循本地限界上下文中的类型定义。任何计算和处理过程都应该在生产方限界上下文中完成，然后向消费方提供足够的事件数据。

举个例子，SaaSOvation公司需要在不同的限界上下文中交换数据。他们可以使用REST资源的方式，也可以在不同的服务系统之间发送含有**事件**（8）的消息。REST资源的其中一种表现形式称为通知（notification），而基于事件的消息也是通过Notification对象的形式发送给订阅方的。换句话讲，在两种情况下都由Notification持有事件，而这两者将被格式化成单一的结构。此时，为通知和事件创建的自定义的媒体类型规范将含有以下契约：

- 类型：Notification 格式：JSON
- notificationId：长整型唯一标识
- typeName：Notification的类型名，比如com.saasovation.agilepm.domain.model.product.backlogItem.BacklogItemCommitted
- version：Notification的版本，整型数
- occurredOn：Notification包含的事件所发生的日期/时间
- event：JSON格式的事件数据，请参考具体的事件类型

对typeName使用全类名（包含包名）使得订阅方能够精确地区分不同的Notification类型。紧跟着该Notification规范的应该是不同类型的事件类型规范。比如，对于BacklogItemCommitted事件，它的类型规范如下：

- 事件类型：com.saasovation.agilepm.domain.model.product.backlogItem.BacklogItemCommitted
- eventVersion：事件的版本号，以整型数表示，与Notification的version相同
- occurredOn：事件发生的日期/时间，与Notification的occuredOn相同
- backlogItemId：BacklogItemId，以字符串表示
- committedToSprintId：SpringId，以字符串表示
- tenantId：TenantId，包含了字符串形式的id属性
- 事件细节：请参考具体的事件类型

当然，我们还可以为每一种事件类型提供事件细节。有了Notification和所有的事件类型，我们便可以安全地使用一个NotificationReader来读取某个通知，如以下测试所示：

```
DomainEvent domainEvent = new TestableDomainEvent(100, "testing");

Notification notification = new Notification(1, domainEvent);

NotificationSerializer serializer =
     NotificationSerializer.instance();

String serializedNotification = serializer.serialize(notification);

NotificationReader reader =
     new NotificationReader(serializedNotification);

assertEquals(1L, reader.notificationId());
assertEquals("1", reader.notificationIdAsString());
assertEquals(domainEvent.occurredOn(), reader.occurredOn());
assertEquals(notification.typeName(), reader.typeName());
assertEquals(notification.version(), reader.version());
assertEquals(domainEvent.eventVersion(), reader.version());
```

在上例中，对于每个序列化的Notification对象，NotificationReader都为其提供了类型安全的访问方式以读取不同的数据成分。

下一个测试展示了如何从Notification的事件细节中读取各个特殊的数据成分。我们可以通过类似于XPath的方式，或者以点（.）分开的方式来读取各个属性值，另外还可以使用以逗号分开的属性名的方式进行读取。每一个属性都可以用String类型表示，而对于那些原始类型，我们可以直接使用实际类型（比如int、long、boolean和double等）：

```
TestableNavigableDomainEvent domainEvent =
    new TestableNavigableDomainEvent(100, "testing");

Notification notification = new Notification(1, domainEvent);

NotificationSerializer serializer = NotificationSerializer.instance();

String serializedNotification = serializer.serialize(notification);

NotificationReader reader =
     new NotificationReader(serializedNotification);

assertEquals("" + domainEvent.eventVersion(),
    reader.eventStringValue("eventVersion"));
assertEquals("" + domainEvent.eventVersion(),
    reader.eventStringValue("/eventVersion"));
assertEquals(domainEvent.eventVersion(),
    reader.eventIntegerValue("eventVersion").intValue());
assertEquals(domainEvent.eventVersion(),
```

```
        reader.eventIntegerValue("/eventVersion").intValue());

    assertEquals("" + domainEvent.nestedEvent().eventVersion(),
        reader.eventStringValue("nestedEvent", "eventVersion"));
    assertEquals("" + domainEvent.nestedEvent().eventVersion(),
        reader.eventStringValue("/nestedEvent/eventVersion"));
    assertEquals(domainEvent.nestedEvent().eventVersion(),
        reader.eventIntegerValue("nestedEvent", "eventVersion").intValue());
    assertEquals(domainEvent.nestedEvent().eventVersion(),
        reader.eventIntegerValue("/nestedEvent/eventVersion").intValue());

    assertEquals("" + domainEvent.nestedEvent().id(),
        reader.eventStringValue("nestedEvent", "id"));
    assertEquals("" + domainEvent.nestedEvent().id(),
        reader.eventStringValue("/nestedEvent/id"));
    assertEquals(domainEvent.nestedEvent().id(),
        reader.eventLongValue("nestedEvent", "id").longValue());
    assertEquals(domainEvent.nestedEvent().id(),
        reader.eventLongValue("/nestedEvent/id").longValue());

    assertEquals("" + domainEvent.nestedEvent().name(),
        reader.eventStringValue("nestedEvent", "name"));
    assertEquals("" + domainEvent.nestedEvent().name(),
        reader.eventStringValue("/nestedEvent/name"));

    assertEquals("" + domainEvent.nestedEvent().occurredOn().getTime(),
        reader.eventStringValue("nestedEvent", "occurredOn"));
    assertEquals("" + domainEvent.nestedEvent().occurredOn().getTime(),
        reader.eventStringValue("/nestedEvent/occurredOn"));
    assertEquals(domainEvent.nestedEvent().occurredOn(),
        reader.eventDateValue("nestedEvent", "occurredOn"));
    assertEquals(domainEvent.nestedEvent().occurredOn(),
        reader.eventDateValue("/nestedEvent/occurredOn"));
    assertEquals("" + domainEvent.occurredOn().getTime(),
        reader.eventStringValue("occurredOn"));
    assertEquals("" + domainEvent.occurredOn().getTime(),
        reader.eventStringValue("/occurredOn"));
    assertEquals(domainEvent.occurredOn(),
        reader.eventDateValue("occurredOn"));
    assertEquals(domainEvent.occurredOn(),
        reader.eventDateValue("/occurredOn"));
```

在上例中，TestableNavigableDomainEvent持有了一个TestableDomainEvent，这使得我们可以测试对那些深度属性的导航访问。不同的属性都通过类似于XPath语法的方式进行读取，同时我们还测试了以不同的类型来读取每个属性值。

由于Notification和其所包含的事件实例总会携带一个版本号，此时我们便可以通过版本号来读取特定于某个版本的特殊属性。当然，此时，我们依然可以将Notification当作最老的版本（即版本 1）予以接收。

因此，如果我们仔细地设计每一种事件类型，那么对于多数消费方来说便不会出现不兼容的问题。在事件发生变化时，他们并不需要做相应的修改，或者重新编译。当然，作为服务方来说，我们依然需要考虑到版本的兼容性，在做修改时应该顾及到消费方。虽然有时这是难于做到的，但是在大多数情况下，这是可能的。

这种方式的另外一个好处在于，事件中可以不只是包含原始类型或者字符串，而是可以包含更复杂的**值对象**（6）。比如，对于上例中的BacklogItemId、SprintId和TenantId来说，我们可以通过以下方式进行访问：

```
NotificationReader reader =
        new NotificationReader(backlogItemCommittedNotification);

String backlogItemId = reader.eventStringValue("backlogItemId.id"));

String sprintId = reader.eventStringValue("sprintId.id"));

String tenantId = reader.eventStringValue("tenantId.id"));
```

这些值对象在数据结构中被冻结了，这意味着此时的事件不仅是不变的，并且从长远来看都是固定的。如果事件中包含了新版本的值对象，这并不会妨碍消费方访问那些既有Notification实例中的老版本的值对象。值得指出的是，对于版本经常改变的事件来说，使用协议缓存将更加简单，而NotificationReader将变得笨重且复杂。

以上，我只是提供了一种反序列化方式，这种方式不需要到处部署事件类型和其他依赖组件。对有些人来说，这是一种优雅的方式；而另外有些人却认为这是一种危险的、笨拙的方式。更多的时候，人们使用的是部署接口与类的方式。这里，我提供的是一条鲜有人走的道路。

牛仔的逻辑

LB：“你知道吗，J，牛仔在年轻的时候通常是一些坏榜样，但是年老之后，他们却能好好地教导别人。”

无论是哪种方式——部署接口/类，还是定义媒体类型契约——对于项目的某些阶段来说，它们有可能是适用的。比如，在项目开始时，我们可以使用部署接口和

类的方式，但是在产品环境下，使用低耦合的自定义媒体类型契约则更好。当然，在实践中，这不见得对每个团队都适用。有些团队在一开始便认定了其中一种方式，之后就不改了。

出于简单性考虑，在本章余下的例子中，我们都将使用NotificationReader。当然，至于是否要使用自定义的媒体类型契约和NotificationReader，选择权在你自己。

通过REST资源集成限界上下文

当一个限界上下文以URI的方式提供了大量的REST资源时，我们便可称其为**开放主机服务（3）**：

> 为系统所提供的服务定义一套协议。开放该协议以使其他需要集成的系统能够使用。在有新的集成需求时，对协议进行改进和扩展。[Evans]

我们完全可以把HTTP方法——GET、PUT、POST和DELETE——以及它们所操作的资源看作是开放的服务。此时，HTTP和REST便组成了交互系统之间的开放协议；而几乎取之不竭的URI又使得这些协议能够处理新的集成需求。因此，这是一种功能强大的集成限界上下文的方式。

虽然如此，由于在请求服务时，REST服务的提供方都必须直接参与，因此使用这种方式的客户端并不是完全自治的。如果提供REST服务的限界上下文不可用，那么客户端限界上下文也无法完成集成操作。

当然，也不是完全没有办法，我们至少可以通过某些手段来减少REST对自治性的阻碍。即便REST是你唯一的集成方式，你依然可以通过定时器或者消息机制来营造一种暂时的解耦。此时，你的系统可以在定时器触发时，或者事件抵达时，与远程系统交互。如果远程系统不可用，那么定时器所获得的服务数据便可以作为替补；或者在使用消息时，我们可以向消息提供方回复否定应答，以使其重新发布消息。诚然，这种方式将增加你团队的负担，但这是你所要付出的代价。

当SaaSOvation公司的开发团队决定将身份与访问上下文的功能提供给客户方时，他们选择了RESTful HTTP，他们认为这种方式的好处在于不用向客服方暴露自身领域

模型的结构和行为细节。他们需要通过REST资源的方式向外提供Tenant的身份与访问相关的数据信息。

在*身份与访问上下文*中，他们通过HTTP的GET方法向外提供用户和用户群的身份标识，以及与他们相关的角色信息。比如，如果客户方想知道某个租户下的某个用户是否扮演了某个角色，它可以通过以下URI向*身份与访问上下文*发送GET请求：

```
/tenants/{tenantId}/users/{username}/inRole/{role}
```

如果该用户的确扮演了role这个角色，那么在返回中将包含HTTP的状态码200，即表示成功，否则将返回表示无内容的状态码204。这是一种简单的RESTful HTTP设计。

接下来，让我们看看这是如何实现的，以及客户方是如何以符合**通用语言**（1）的方式来消费这些资源的。

实现REST资源

当SaaSOvation公司将REST原则应用于*身份与访问上下文*中时，他们学到了很重要的一课。让我们来看看他们的这段旅程。

当*身份与访问上下文*的团队考虑着如何向集成方提供开放主机服务时，他们认为可以简单地以REST链接资源的方式将领域模型暴露出去。这意味着客户方可以通过HTTP GET的方式获得一个租户资源，然后访问其中的用户、用户群和角色等信息。这是一种好的方式吗？在一开始看来，这似乎是一种很自然的方式。毕竟，此时客户方被赋予了最大的灵活性，他们知道领域模型的各个方面。对于一个用户是否扮演某个角色的问题，他们可以在自己的限界上下文中做出判断。

那么，对于这种设计方式，我们可以采用哪种DDD的上下文映射模式呢？事实上，这并不是一种开放主机服务，而更像是共享内核或者**遵奉者**（3），这使得消费方和*身份与访问上下文*中的领域模型紧密地耦合起来。我们应该尽量地避免这种情况，因为它违背了DDD的根本目标。

令人欣慰的是，团队成员们获得了一些好的建议，从而避免了将领域模型直接暴露给客户方。他们学到了如何从集成方所需用例（或者用户故事）的角度来看待问题。这是符合开放主机服务的部分定义的：“在有新的集成需求时，对协议进行改进和扩展。”这意味着他们只需要提供集成方当前之所需，而这种需求便是通过用例所驱动出来的。

SaaSOvation公司的团队采取了这个建议，他们意识到，集成方真正关心的只是一个用户是否扮演某个角色。向集成方隐藏领域模型的细节也增加了团队的生产力，并且可以增加那些依赖方限界上下文的可维护性。此时，User的REST资源应该包含：

```
@Path("/tenants/{tenantId}/users")
public class UserResource {
    ...
    @GET
    @Path("{username}/inRole/{role}")
    @Produces({ OvationsMediaType.ID_OVATION_TYPE })
    public Response getUserInRole(
            @PathParam("tenantId") String aTenantId,
            @PathParam("username") String aUsername,
            @PathParam("role") String aRoleName) {

        Response response = null;

        User user = null;

        try {
            user = this.accessService().userInRole(
                        aTenantId, aUsername, aRoleName);
        } catch (Exception e) {
            //跳过异常
        }

        if (user != null) {
            response = this.userInRoleResponse(user, aRoleName);
        } else {
            response = Response.noContent().build();
        }

        return response;
    }
    ...
}
```

在**六边形**（4）或端口与适配器架构中，UserResource类是RESTful HTTP端口的适配器，该端口通过JAX-RS实现。此时，消费方可以通过以下方式发出请求：

```
GET /tenants/{tenantId}/users/{username}/inRole/{role}
```

该适配器会把功能委派给AccessService，这是一个**应用服务**（14），它位于六边形内部，并向外提供API。作为领域模型的直接客户，AccessService负责管理用例和事务。该用例包括查找一个User是否存在，如果存在，再判断该User是否扮演了某个指定的角色：

```
package com.saasovation.identityaccess.application;
...
public class AccessService ... {
    ...
    @Transactional(readOnly=true)
    public User userInRole(
            String aTenantId,
            String aUsername,
            String aRoleName) {

        User userInRole = null;

        TenantId tenantId = new TenantId(new TenantId(aTenantId));

        User user =
            DomainRegistry
                .userRepository()
                .userWithUsername(tenantId, aUsername);

        if (user != null) {
            Role role =
                DomainRegistry
                    .roleRepository()
                    .roleNamed(tenantId, aRoleName);

            if (role != null) {
                GroupMemberService groupMemberService =
                        DomainRegistry.groupMemberService();

                if (role.isInRole(user, groupMemberService)) {
                    userInRole = user;
                }
            }
        }

        return userInRole;
    }
    ...
}
```

应用服务将分别找到User和Role聚合。当Role的查询方法isInRole()被调用时，我们传入了一个GroupMemberService。GroupMemberService并不是一个应用服务，而是一个**领域服务（7）**，它帮助Role执行一些与领域相关的检查和查询，因为这些职责并不属于Role本身。

UserResource中的Response包含了一个User及其所扮演的角色名，此时团队成员使用了一个自定义的媒体类型：

```
package com.saasovation.common.media;

public class OvationsMediaType {
    public static final String COLLAB_OVATION_TYPE =
            "application/vnd.saasovation.collabovation+json";

    public static final String ID_OVATION_TYPE =
            "application/vnd.saasovation.idovation+json";

    public static final String PROJECT_OVATION_TYPE =
            "application/vnd.saasovation.projectovation+json";
    ...
}
```

如果一个User的确扮演了某个指定的角色，那么UserResource适配器将在HTTP应答中包含以下JSON数据：

```
HTTP/1.1 200 OK
Content-Type: application/vnd.saasovation.idovation+json
...
{
    "role":"Author","username":"zoe",
    "tenantId":"A94A8298-43B8-4DA0-9917-13FFF9E116ED",
    "firstName":"Zoe","lastName":"Doe",
    "emailAddress":"zoe@saasovation.com"
}
```

当消费方在获取到该REST资源时，他们将把这些资源翻译成本地限界上下文中的领域对象。

使用防腐层实现REST客户端

对于客户方来说，虽然身份与访问上下文所提供的JSON展现数据非常有用，但是当我们考虑到DDD的目标时，客户方的限界上下文是不会原封不动地消费这些JSON数据的。在前面的章节中我们已经讲到，如果消费方是协作上下文，该上下文的开发团队对原生的用户和角色信息并不会感兴趣，他们关心的是更加特定于自身领域的角色。此时，单纯地使用User和Role领域对象对他们来说已经不再适用。

那么，要使User-Role形式的数据能够服务于协作上下文，我们又应该怎么做呢？让我看看图13.1所示的上下文映射图，其中的UserResource适配器已经在前一节中讲到了。从图中可以看出，我们需要为协作上下文创建一些特定的接口和类，即CollaboratorService、UserInRoleAdapter和CollaboratorTranslator。同时还有HttpClient，这是通过JAX-RS实现中的ClientRequest和ClientResponse来提供的。

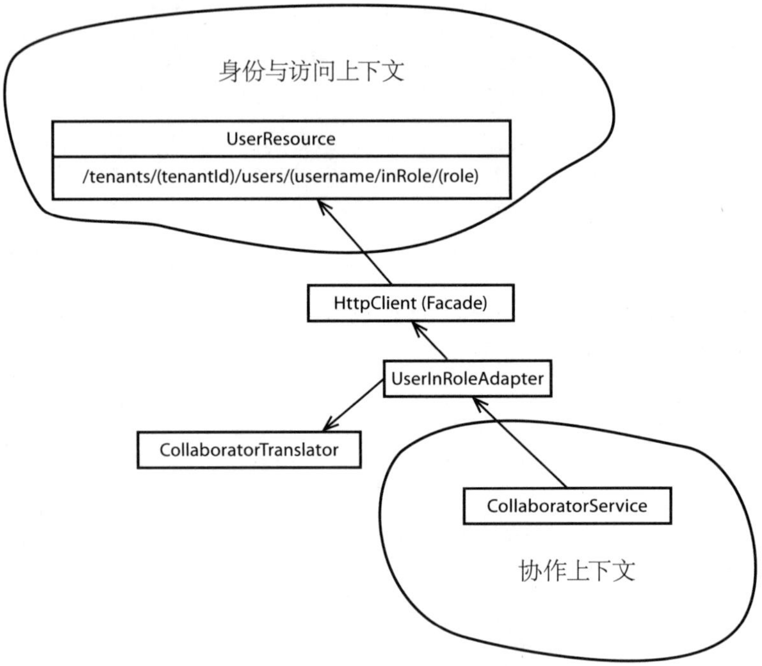

图13.1 身份与访问上下文中的开放主机服务与协作上下文中的防腐层，它们用于集成这两个限界上下文。

这里的CollaboratorService、UserInRoleAdaptor和CollaboratorTranslator便组成了一个**防腐层（3）**，该防腐层是协作上下文和身份与访问上下文交互的方式，同时它还负责将User-Role形式的数据翻译成Collaborator值对象。

以下是CollaboratorService，它组成了防腐层的基本操作：

```
public interface CollaboratorService  {
    public Author authorFrom(Tenant aTenant, String anIdentity);
    public Creator creatorFrom(Tenant aTenant, String anIdentity);
    public Moderator moderatorFrom(Tenant aTenant, String anIdentity);
    public Owner ownerFrom(Tenant aTenant, String anIdentity);
    public Participant participantFrom(
```

```
            Tenant aTenant, String anIdentity);
}
```

对于CollaboratorService的客户端来说，它根本看不到对远程系统的访问，以及是如何将远程系统的发布语言翻译成本地对象的。在本例中，我们的确使用到了**独立接口**[Fowler, P of EAA]，因为该接口的实现是技术性的，并且不应该位于领域层中。

CollaboratorService中的所有**工厂**（11）方法都是相似的。它们都用于创建抽象类Collaborator的某个子类。当然，前提是一个以anIdentity标定的User的确位于aTenant下，并且扮演了以下角色类型的其中一种：Author、Creator、Moderator、Owner和Participant。让我们看看authorFrom()工厂方法的实现：

```
package com.saasovation.collaboration.infrastructure.services;

import com.saasovation.collaboration.domain.model.collaborator.Author;
...
public class TranslatingCollaboratorService
        implements CollaboratorService  {
    ...
    @Override
    public Author authorFrom(Tenant aTenant, String anIdentity) {
        Author author =
            this.userInRoleAdapter
                .toCollaborator(
                        aTenant,
                        anIdentity,
                        "Author",
                        Author.class);

        return author;
    }
    ...
}
```

请注意，这里的TranslatingCollaboratorService位于基础设施层的某个**模块**(9)中。虽然我们将独立接口CollaboratorService当作领域模型的一部分，并将它放置在了六边形的内部，但是它的实现却是技术性的，并且被放置在了六边形架构的外部，即端口和适配器所在的位置。

作为技术实现的一部分，在防腐层中通常会有一个特定的**适配器**[Gamma et al.]和翻译器。再回头看看图13.1，你将看到其中的适配器UserInRoleAdapter和翻译器CollaboratorTranslator。这个特定的UserInRoleAdapter负责与远程系统的交互以请求所需的User-Role资源：

```
package com.saasovation.collaboration.infrastructure.services;

import org.jboss.resteasy.client.ClientRequest;
import org.jboss.resteasy.client.ClientResponse;
...
public class UserInRoleAdapter {
    ...
    public <T extends Collaborator> T toCollaborator(
            Tenant aTenant,
            String anIdentity,
            String aRoleName,
            Class<T> aCollaboratorClass) {

        T collaborator = null;

        try {
            ClientRequest request =
                    this.buildRequest(aTenant, anIdentity, aRoleName);

            ClientResponse<String> response =
                    request.get(String.class);

            if (response.getStatus() == 200) {
                collaborator =
                    new CollaboratorTranslator()
                        .toCollaboratorFromRepresentation(
                            response.getEntity(),
                            aCollaboratorClass);
            } else if (response.getStatus() != 204) {
                throw new IllegalStateException(
                        "There was a problem requesting the user: "
                        + anIdentity
                        + " in role: "
                        + aRoleName
                        + " with resulting status: "
                        + response.getStatus());
            }

        } catch (Throwable t) {
            throw new IllegalStateException(
                    "Failed because: " + t.getMessage(), t);
        }

        return collaborator;
    }
    ...
}
```

如果GET请求得到了成功（状态码200）的应答，表明该UserInRoleAdapter获取到了相应的User-Role资源。之后，CollaboratorTranslator负责将该资源翻译成Collaborator的子类对象：

```
package com.saasovation.collaboration.infrastructure.services;

import java.lang.reflect.Constructor;
import com.saasovation.common.media.RepresentationReader;
...
public class CollaboratorTranslator {
    public CollaboratorTranslator() {
        super();
    }

    public <T extends Collaborator> T toCollaboratorFromRepresentation(
            String aUserInRoleRepresentation,
            Class<T> aCollaboratorClass)
    throws Exception {

        RepresentationReader reader =
                new RepresentationReader(aUserInRoleRepresentation);

        String username = reader.stringValue("username");
        String firstName = reader.stringValue("firstName");
        String lastName = reader.stringValue("lastName");
        String emailAddress = reader.stringValue("emailAddress");

        T collaborator =
            this.newCollaborator(
                    username,
                    firstName,
                    lastName,
                    emailAddress,
                    aCollaboratorClass);

        return collaborator;
    }

    private <T extends Collaborator> T newCollaborator(
            String aUsername,
            String aFirstName,
            String aLastName,
            String aEmailAddress,
            Class<T> aCollaboratorClass)
    throws Exception {

        Constructor<T> ctor =
            aCollaboratorClass.getConstructor(
                    String.class, String.class, String.class);
```

```
        T collaborator =
            ctor.newInstance(
                    aUsername,
                    (aFirstName + " " + aLastName).trim(),
                    aEmailAddress);

        return collaborator;
    }
}
```

该CollaboratorTranslator的toCollaboratorFromRepresentation()方法接受两个参数：User-Role资源的文本展现（String类型）和Collaborator的某个子类的Class类型。首先，RepresentationReader——和先前的NotificationReader相似——负责读取JSON数据展现中的4个属性。此时，我们可以非常自信地这么做，因为SaaSOvation公司自定义的媒体类型在生产方系统和消费方系统之间形成了一种绑定契约。在CollaboratorTranslator获取到了所需的String类型属性时，它将用这些属性来创建Collaborator值对象，在本例中即为Author：

```
package com.saasovation.collaboration.domain.model.collaborator;

public final class Author
       extends Collaborator  {

    public Author(
            String anIdentity,
            String aName,
            String anEmailAddress) {
        super(anIdentity, aName, anEmailAddress);
    }
    ...
}
```

如果要将Collaborator值对象实例和身份与访问上下文保持同步，我们并不需要做额外的工作。因为Collaborator是不变的，我们不能对其进行修改，而只能完全替代。下面的例子演示了应用服务如何获取到一个Author，然后将其交给Forum来开始一个新的Discussion：

```
package com.saasovation.collaboration.application;
...
public class ForumService ... {
    ...
```

```
    @Transactional
    public Discussion startDiscussion(
            String aTenantId,
            String aForumId,
            String anAuthorId,
            String aSubject) {

        Tenant tenant = new Tenant(aTenantId);
        ForumId forumId = new ForumId(aForumId);

        Forum forum = this.forum(tenant, forumId);

        if (forum == null) {
            throw new IllegalStateException("Forum does not exist.");
        }

        Author author =
                this.collaboratorService.authorFrom(
                        tenant, anAuthorId);

        Discussion newDiscussion =
                forum.startDiscussion(
                        this.forumNavigationService(),
                        author,
                        aSubject);

        this.discussionRepository.add(newDiscussion);

        return newDiscussion;
    }
    ...
}
```

如果一个Collaborator的名字或者E-mail地址在*身份与访问上下文*中发生改变，该改变并不会自动地更新到*协作上下文*中。但是，这种情况很少发生，因此团队成员们决定维持既有的简单设计，而不用同步本地上下文和远程上下文。然而，在*敏捷项目管理上下文*中，我们将看到不同的设计目标。

还有其他方式可以实现防腐层，比如**资源库（12）**。但是，由于资源库通常是用来持久化和重建聚合的，将其用于创建值对象似乎就不合适了。当然，如果我们的目的就是要通过防腐层创建聚合，那么资源库便是一种自然的选择。

通过消息集成限界上下文

在使用消息进行集成时，任何一个系统都可以获得更高层次的自治性。只要消息基础设施工作正常，即使其中一个交互系统不可用，消息依然可以得到发送和投递。

在DDD中，增强系统自治性的一种方式便是使用领域事件。当一个系统中发生一些显著性的事情时，它将为此发布领域事件。在每个系统中，都存在着多个甚至大量的事件，在创建这些事件时，我们需要考虑到事件的唯一性以便对每个事件进行记录。当事件发生时，系统将通过消息机制将这些事件发送到对事件感兴趣的相关方。当然，以上只是对于事件的高层总览。如果你错过了本书前面章节对事件细节的探讨，那么请参考**架构**（4）、**领域事件**（8）和**聚合**（10）等章节。

从Scrum的产品负责人和团队成员处得到持续通知

在*敏捷项目管理上下文*中，对于每个订阅的租户来说，系统都需要为其维护一组Scrum的产品负责人和团队成员。在任何时候，产品负责人都可以创建新的产品，然后添加团队成员。那么，这个Scrum项目管理系统如何知道什么样的人扮演着什么样的角色呢？答案是，它不会单干的。

事实上，*敏捷项目管理上下文*将通过*身份与访问上下文*来管理不同的角色，这是一种自然的选择，也是合适的选择。在*身份与访问上下文*中，每一个订阅的租户都会创建2个Role实例：ScrumProductOwner和ScrumTeamMember。每一个需要扮演某种角色的User都会被指派给相应的Role。在该限界上下文的应用服务中，我们通过以下方式来实现：

```
package com.saasovation.identityaccess.application;
...
public class AccessService ... {
    ...
    @Transactional
    public void assignUserToRole(AssignUserToRoleCommand aCommand) {

        TenantId tenantId =
                new TenantId(aCommand.getTenantId());

        User user =
                this.userRepository
                    .userWithUsername(
                            tenantId,
```

```
                                aCommand.getUsername());

            if (user != null) {
                Role role =
                        this.roleRepository
                            .roleNamed(
                                    tenantId,
                                    aCommand.getRoleName());

                if (role != null) {
                    role.assignUser(user);
                }
            }
        }
    ...
}
```

非常好！但是，敏捷项目管理上下文又如何知道是谁扮演了ScrumTeamMember或者ScrumProductOwner呢？答案是：当Role中的assignUser()方法执行完毕时，它将发布一个事件：

```
package com.saasovation.identityaccess.domain.model.access;
...
public class Role extends Entity {
    ...
    public void assignUser(User aUser) {
        if (aUser == null) {
            throw new NullPointerException("User must not be null.");
        }
        if (!this.tenantId().equals(aUser.tenantId())) {
            throw new IllegalArgumentException(
                    "Wrong tenant for this user.");
        }

        this.group().addUser(aUser);

        DomainEventPublisher
            .instance()
            .publish(new UserAssignedToRole(
                    this.tenantId(),
                    this.name(),
                    aUser.username(),
                    aUser.person().name().firstName(),
                    aUser.person().name().lastName(),
                    aUser.person().emailAddress()));
    }
    ...
}
```

这里的UserAssignedToRole事件包含有一个User的名字和E-mail地址，最终它将被投递到所有感兴趣的相关方。当敏捷项目管理上下文收到该事件时，它将相应地创建一个新的TeamMember或者ProductOwner。这并不是一个多难的用例，但是它的实现细节却比我们想象中的要复杂。让我们深入其中去看看。

对于RabbitMQ来说，有多种方式来监听其发出的通知。我们已经有一个简单的面向对象的类库来方便RabbitMQ的Java客户端。现在，我们再多加一个简单的类，该类将一个普通的消费方变为一个交换器队列的消费方：

```
package com.saasovation.common.port.adapter.messaging.rabbitmq;
...
public abstract class ExchangeListener {

    private MessageConsumer messageConsumer;
    private Queue queue;

    public ExchangeListener() {
        super();

        this.attachToQueue();

        this.registerConsumer();
    }

    protected abstract String exchangeName();

    protected abstract void filteredDispatch(
            String aType, String aTextMessage);

    protected abstract String[] listensToEvents();

    protected String queueName() {
        return this.getClass().getSimpleName();
    }

    private void attachToQueue() {
        Exchange exchange =
                Exchange.fanOutInstance(
                        ConnectionSettings.instance(),
                        this.exchangeName(),
                        true);

        this.queue =
                Queue.individualExchangeSubscriberInstance(
                        exchange,
                        this.exchangeName() + "." + this.queueName());
    }

    private Queue queue() {
```

```
        return this.queue;
    }

    private void registerConsumer() {
        this.messageConsumer =
                MessageConsumer.instance(this.queue(), false);

        this.messageConsumer.receiveOnly(
                this.listensToEvents(),
                new MessageListener(MessageListener.Type.TEXT) {

            @Override
            public void handleMessage(
                    String aType,
                    String aMessageId,
                    Date aTimestamp,
                    String aTextMessage,
                    long aDeliveryTag,
                    boolean isRedelivery)
            throws Exception {
                filteredDispatch(aType, aTextMessage);
            }
        });
    }
}
```

这里的ExchangeListener是一个抽象基类。子类在扩展该抽象基类时只需要添加少许的代码即可。首先，子类需要保证正确地调用了抽象基类的构造函数。之后便是实现三个抽象方法了，即exchangeName()、filteredDispatch()和listensToEvents()，其中的两个实现起来都非常简单。

要实现exchangeName()方法，我们只需要返回某个具体类在获取通知时所使用的交换器名称即可。要实现listensToEvents()方法，我们需要返回一个String类型的数组，其中包含了该具体类希望接收的通知类型。多数消息监听器都只处理一种类型的通知，因此listensToEvents()方法所返回的String数组中通常只包含一个元素。余下的filteredDispatch()方法是最复杂的，因为它负责处理所接收到的消息。让我们看看处理UserAssignedToRole事件的TeamMemberEnablerListener：

```
package com.saasovation.agilepm.infrastructure.messaging;
...
public class TeamMemberEnablerListener extends ExchangeListener {

    @Autowired
    private TeamService teamService;

    public TeamMemberEnablerListener() {
```

```
        super();
    }

    @Override
    protected String exchangeName() {
        return Exchanges.IDENTITY_ACCESS_EXCHANGE_NAME;
    }

    @Override
    protected void filteredDispatch(
                String aType,
                String aTextMessage) {
        NotificationReader reader =
                new NotificationReader(aTextMessage);

        String roleName = reader.eventStringValue("roleName");

        if (!roleName.equals("ScrumProductOwner") &&
            !roleName.equals("ScrumTeamMember")) {
            return;
        }

        String emailAddress = reader.eventStringValue("emailAddress");
        String firstName = reader.eventStringValue("firstName");
        String lastName = reader.eventStringValue("lastName");
        String tenantId = reader.eventStringValue("tenantId.id");
        String username = reader.eventStringValue("username");
        Date occurredOn = reader.occurredOn();

        if (roleName.equals("ScrumProductOwner")) {
            this.teamService.enableProductOwner(
                    new EnableProductOwnerCommand(
                        tenantId,
                        username,
                        firstName,
                        lastName,
                        emailAddress,
                        occurredOn));
        } else {
            this.teamService.enableTeamMember(
                    new EnableTeamMemberCommand(
                        tenantId,
                        username,
                        firstName,
                        lastName,
                        emailAddress,
                        occurredOn));
        }
    }

    @Override
    protected String[] listensToEvents() {
```

```
        return new String[] {
                "com.saasovation.identityaccess.domain.model.↵
access.UserAssignedToRole"
                };
    }
}
```

在上例中，ExchangeListener的默认构造函数得到了正确的调用，exchangeName()方法返回的是*身份与访问上下文*在发布事件时所使用的交换器的名字，而listensToEvents()所返回的数组中只包含了UserAssignedToRole事件的全类名。请注意，发布方和订阅方都应该使用事件的全类名，其中包含了事件所在的模块名和事件本身的类名。这样，如果不同的限界上下文使用了相同的事件类名，我们依然可以进行区分。

最后，真正包含大量行为的是filteredDispatch()方法。正如该方法的名字所暗示的，在调用应用层API之前，它将对通知进行过滤。在本例中，它将过滤掉那些不包含ScrumProductOwner和ScrumTeamMember角色的UserAssignedToRole事件。另一方面，如果UserAssignedToRole的确包含了以上两种角色，那么filteredDispatch()方法将从通知中提取出UserAssignedToRole事件的细节信息，并将操作进一步分发给应用层的TeamService。TeamService中的enableProductOwner()方法和enableTeamMember()方法都以一个命令对象为参数，分别是EnableProductOwnerCommand和EnableTeamMemberCommand。

乍看起来，每个UserAssignedToRole事件似乎都会导致新成员的创建。但是，每个User都可能被指派成任何一个Role，之后还有可能解除指派，再重新指派。因此，可能发生的情况是：在所接收的通知中，一个User所表示的成员已经存在了。对此，以下是TeamService的解决方法：

```
package com.saasovation.agilepm.application;
...
public class TeamService ... {

    @Autowired
    private ProductOwnerRepository productOwnerRepository;

    @Autowired
    private TeamMemberRepository teamMemberRepository;

    ...

    @Transactional
    public void enableProductOwner(
```

```
            EnableProductOwnerCommand aCommand) {
        TenantId tenantId = new TenantId(aCommand.getTenantId());

        ProductOwner productOwner =
                this.productOwnerRepository.productOwnerOfIdentity(
                        tenantId,
                        aCommand.getUsername());

        if (productOwner != null) {
            productOwner.enable(aCommand.getOccurredOn());
        } else {
            productOwner =
                    new ProductOwner(
                            tenantId,
                            aCommand.getUsername(),
                            aCommand.getFirstName(),
                            aCommand.getLastName(),
                            aCommand.getEmailAddress(),
                            aCommand.getOccurredOn());

            this.productOwnerRepository.add(productOwner);
        }
    }
}
```

在上例中，enableProductOwner()方法将检查一个特定的ProductOwner是否已经存在。如果已经存在，那么我们假设该ProductOwner需要重新激活，因此我们执行了相关的命令操作。如果不存在，那么我们创建一个新的聚合实例，然后将其添加到资源库中。对于TeamMember来说，我们也是这么处理的，因此enableTeamMember()方法和enableProductOwner()方法的实现方式相同。

你能处理这样的职责吗？

以上方法看来不错，并且也足够简单。我们有了ProductOwner和TeamMember聚合类型，它们都包含有外部限界上下文中User类的一些信息。但是，你有没有意识到，此时的聚合承担了多少职责？

回想一下，在协作上下文中，要包含来自User的信息，开发团队使用的是一些不变的值对象（请参考“使用防腐层实现REST客户端”）。正因为这些值对象是不变的，开发团队根本不用担心对共享信息的更新。当然，这也是一个问题，即在共享信息更新之后，协作上下文中的相应对象将得不到更新。因此，敏捷项目管理开发团队选择了另一条路。

然而，要保持对聚合的实时更新是存在诸多挑战的。为什么？难道不是监听对User实例的修改，然后相应地修改ProductOwner和TeamMember吗？当然是，并且我们也必须这么做。但是，我们所使用的消息基础设施将给我们带来一些挑战。

比如，在身份与访问上下文中，如果一个管理者错误地将Joe Johnson所扮演的ScrumTeamMember角色解除了，情况会怎么样？当然，我们会收到一个事件通知，然后调用TeamService将Joe Johnson所对应的TeamMember转为失活状态。等一等，几秒钟之后，该管理者意识到了错误，她真正应该被操作的User是Joe Jones，而不是Joe Johnson。因此，她立即将ScrumTeamMember角色再次指派给Joe Johnson，然后解除Joe Jones所扮演的ScrumTeamMember角色。之后，敏捷项目管理上下文将接收到相应的通知，万事大吉。也或者，万事真的就大吉了吗？

对于这个用例来说，我们做出了错误的假设，即假设通知的接收顺序和它们在身份与访问上下文中的产生顺序相同。但是，事实却不总是如此。对于Joe Johnson来说，如果我们先接收到了UserAssignedToRole事件，再接收到UserUnassignedToRole事件，情况又会如何呢？在所有事件处理完后，Joe Johnson所对应的TeamMember将依然处于失活状态。此时，有人可能需要向敏捷项目管理上下文的数据库中打些补丁，或者管理者需要玩弄一些小技巧将Joe Johnson重新激活。这种情况是有可能发生的，并且比我们所想象的发生频率更高。那么，我们应该如何避免这种情况呢？

让我们仔细看看传给TeamService API的命令对象，比如EnableTeamMemberCommand和DisableTeamMemberCommand。这两个命令对象都需要提供一个Data对象，即occurredOn属性。事实上，所有的命令对象都是如此设计的。我们将使用该occurredOn属性来确保ProductOwner和TeamMember是以正确的时间顺序来处理命令操作的。对于前面的UserAssignedToRole先于UserUnassignedToRole被接收的情况，我们看看如何处理：

```java
package com.saasovation.agilepm.application;
...
public class TeamService ... {
    ...
    @Transactional
    public void disableTeamMember(DisableTeamMemberCommand aCommand) {
        TenantId tenantId = new TenantId(aCommand.getTenantId());

        TeamMember teamMember =
                this.teamMemberRepository.teamMemberOfIdentity(
                        tenantId,
```

```
                    aCommand.getUsername());

        if (teamMember != null) {
            teamMember.disable(aCommand.getOccurredOn());
        }
    }
}
```

请注意，当我们调用TeamMember的disable()命令方法时，我们需要传入命令对象中的occurredOn属性。TeamMember将使用该属性来确保命令的正确执行：

```
package com.saasovation.agilepm.domain.model.team;
...
public abstract class Member extends Entity  {
    ...
    private MemberChangeTracker changeTracker;
    ...
    public void disable(Date asOfDate) {
        if (this.changeTracker().canToggleEnabling(asOfDate)) {
            this.setEnabled(false);
            this.setChangeTracker(
                    this.changeTracker().enablingOn(asOfDate));
        }
    }

    public void enable(Date asOfDate) {
        if (this.changeTracker().canToggleEnabling(asOfDate)) {
            this.setEnabled(true);
            this.setChangeTracker(
                    this.changeTracker().enablingOn(asOfDate));
        }
    }
    ...
}
```

以上聚合行为是由一个抽象基类提供的，即Member。其中的disable()和enable()方法都通过一个changeTracker来决定是否应该执行命令操作，此时的asOfDate参数即为所传入的occurredOn属性值。值对象MemberChangeTracker维护了最近一次操作的相关信息：

```
package com.saasovation.agilepm.domain.model.team;
...
public final class MemberChangeTracker implements Serializable  {
    private Date emailAddressChangedOn;
    private Date enablingOn;
    private Date nameChangedOn;
```

```
    ...
    public boolean canToggleEnabling(Date asOfDate) {
        return this.enablingOn().before(asOfDate);
    }
    ...
    public MemberChangeTracker enablingOn(Date asOfDate) {
        return new MemberChangeTracker(
                asOfDate,
                this.nameChangedOn(),
                this.emailAddressChangedOn());
    }
    ...
}
```

如果MemberChangeTracker的canToggleEnabling()方法返回true，即允许下一步操作，那么原有的MemberChangeTracker实例将被enablingOn()方法返回的新实例所替代。对于PersonNameChanged和PersonContactInformationChanged事件来说，它们也是有可能无序抵达的，因此它们也将分别拥有相应的nameChangedOn和emailAddressChangedOn属性。对于PersonContactInformationChanged事件来说，更多的时候可能是关于更改电话号码或邮寄地址的，而不是E-mail地址：

```
package com.saasovation.agilepm.domain.model.team;
...
public abstract class Member extends Entity  {
    ...
    public void changeEmailAddress(
        String anEmailAddress,
        Date asOfDate) {

        if (this.changeTracker().canChangeEmailAddress(asOfDate) &&
            !this.emailAddress().equals(anEmailAddress)) {
            this.setEmailAddress(anEmailAddress);
            this.setChangeTracker(
                this.changeTracker().emailAddressChangedOn(asOfDate));
        }
    }
    ...
}
```

这里，我们检查E-mail地址是否发生了改变。如果没有，那么我们将不予跟踪。而如果的确跟踪了，那么真正包含有E-mail修改信息的事件将被忽略掉。

MemberChangeTracker还使得Member的子类的命令操作是幂等的，即如果同一份通知被消息基础设施投递了多次，那么多余的通知将被忽略掉。

当然，我们也可以认为引入MemberChangeTracker是聚合设计的一个错误，因为它与Scrum所使用的通用语言毫无关系。这是事实，但是，我们并没有把MemberChangeTracker暴露到聚合边界之外。这只是一个实现上的细节而已，客户端根本意识不到这个MemberChangeTracker的存在，它唯一需要提供的只是occurredOn属性值。另外，这也正是Pat Helland在描述如何处理分布式系统之间的合作者关系时所采用的实现细节。特别地，请参考[Helland]的第5节，“Activities: Coping with Messy Messages.”

现在，让我们回到对新职责的处理……

对于在不同限界上下文间维护复制性信息来说，虽然以上只是一个非常基本的例子，但是其中的职责分离却并非琐碎之事，至少在使用消息机制时是这样的。因为此时我们需要考虑到消息无序抵达的情况和多次投递的情况[1]。另外，在身份与访问上下文中的所有操作都只会对Member的部分属性产生影响。意识到这一点，我们便可以总结出以下事件：

- `PersonContactInformationChanged`
- `PersonNameChanged`
- `UserAssignedToRole`
- `UserUnassignedFromRole`

还有另外的一些事件也是重要的：

- `UserEnablementChanged`
- `TenantActivated`
- `TenantDeactivated`

以上事实所强调的是：在有可能的情况下，我们应该最小化不同限界上下文之间的信息复制，甚至彻底消除。当然，要完全避免信息复制是不可能的。服务层协议（SLA）并不能保证每次对远程数据的获取都能成功。这也是为什么SaaSOvation的团队需要在本地上下文中维护User的名字和E-mail等信息。然而，对于那些位于

1. 此时，使用REST资源的方式便具有优势了，因为接收通知的顺序和在事件存储（4，附录A）中保存事件的顺序是一样的。不同的消费方可以反复地通过从头到尾的方式获取到事件通知。

我们自己职责之下的外部信息来说，信息量越少，我们的工作也越简单。这也是集成限界上下文的"最小化信息"原则。

当然，对于Tenant和User的唯一标识，我们是无法避免重复的，因为它们是必要的。这也是集成限界上下文的首要方法之一。另外，共享唯一标识是安全的，因为它们不会改变。我们甚至可以通过禁用聚合和软删除的方式来保证那些被引用的对象从不消失，比如Tenant、User、ProudctOwner和TeamMember便使用了这样的方法。

以上提醒并不表示领域事件就不应该包含信息属性。需要肯定的是，领域事件必须包含足够的信息以通知消费方完成相应的操作。此外，消费方的限界上下文可以使用事件数据来执行计算操作或者得出其他状态，即此时消费方并不用维护事件数据本身，也不用保持与远端系统的同步。

长时处理过程，以及避免职责

如果我们将前一节所描述的看成是一个负责任的成年人，那么本节将带你回归到青年时代。你知道，成年人需要承担各种各样的职责。父母需要购买汽车，然后为汽车购买保险，再掏钱给汽车加油，最后还得花钱维修。作为年轻人来说，我们只是使用父母的汽车就行了，而不用担心花销。你想让一个青少年掏钱给父母买车、加油、维修然后购买保险，几乎是不可能的。他们只是让父母承担所有的责任，自己却逍遥自在去了。

在本节中，我们将讲到**长时处理过程**（4），对于在不同限界上下文之间复制信息时所要求的职责来说，我们将予以拒绝。我们将使那些记录数据的系统自行处理自己的信息。

在**上下文映射图**（3）中，我们展示了一个"创建产品"的用例：

前提条件：协作功能可用（附加功能需要购买）。

1. 用户提供Product的描述信息。
2. 用户希望为该Product创建一个Discussion。
3. 用户发出创建Product的请求。
4. 系统创建一个Product，连同Forum和Discussion。

你可能会注意到，先前关于Discussion（第3章）的通用语言在这里被进一步改善了。敏捷项目管理团队认为应该区分开两种类型的Discussion，于是有了ProductDiscussion和BacklogItemDiscussion（在本节中，我们只关注于ProductDiscussion）。这两个值对象都具有相同的状态和行为，但是这样的区分有助于类型的安全性，从而避免了开发者将错误的Discussion添加到Product和BacklogItem中。而在实际应用中，它们却是一样的。这两个值对象都维护了自身的可见性信息，同时还包含协作上下文中Discussion聚合的唯一标识。

需要指出的是，虽然敏捷项目管理上下文中的值对象Discussion和协作上下文中的聚合Discussion拥有相同的名字，但是这并不是一个错误。因此，我们并没有将值对象Discussion重新命名为ProductDiscussion以示区分。从上下文映射的角度来看，维持Discussion值对象原有的名字是完全可以的，因为限界上下文已经对这两个对象进行了区分。在敏捷项目管理上下文中创建两个类型不同的值对象完全是出于本地模型的考虑。

让我们首先来看看创建Product的应用服务：

```
package com.saasovation.agilepm.application;
...
public class ProductService ... {

    @Autowired
    private ProductRepository productRepository;

    @Autowired
    private ProductOwnerRepository productOwnerRepository;
    ...
    @Transactional
    public String newProductWithDiscussion(
                NewProductCommand aCommand) {

        return this.newProductWith(
                aCommand.getTenantId(),
                aCommand.getProductOwnerId(),
                aCommand.getName(),
                aCommand.getDescription(),
                this.requestDiscussionIfAvailable());
    }
    ...
}
```

事实上，有两种方式都可以创建一个新的Product。第一种方式不需要创建Discussion，这里未予显示。上例所示的是第二种方式，它需要在创建Product时，连同创建一个ProductDiscussion。两个内部方法，newProductWith()和requestDiscussionIfAvailable()，在这里也未予以显示。后者用于检查

CollabOvation的附加功能是否可用。如果可用，那么它将返回REQUESTED；否则返回ADD_ON_NOT_ENABLED。方法newProductWith()将调用Product的构造函数，该构造函数如下所示：

```
package com.saasovation.agilepm.domain.model.product;
...
public class Product extends ConcurrencySafeEntity  {
    ...
    public Product(
            TenantId aTenantId,
            ProductId aProductId,
            ProductOwnerId aProductOwnerId,
            String aName,
            String aDescription,
            DiscussionAvailability aDiscussionAvailability) {

        this();

        this.setTenantId(aTenantId);
        this.setProductId(aProductId);
        this.setProductOwnerId(aProductOwnerId);
        this.setName(aName);
        this.setDescription(aDescription);

        this.setDiscussion(
                ProductDiscussion.fromAvailability(
                        aDiscussionAvailability));

        DomainEventPublisher
            .instance()
            .publish(new ProductCreated(
                this.tenantId(),
                this.productId(),
                this.productOwnerId(),
                this.name(),
                this.description(),
                this.discussion().availability().isRequested()));
    }
    ...
}
```

客户端需要传入一个DiscussionAvailability参数，该参数拥有以下状态值：ADD_ON_NOT_ENABLED、NOT_REQUESTED和REQUESTED。另外，状态值READY表示完成状态。对于在前两种状态下所创建的ProductDiscussion对象，它将维护一份原有状态的属性，也即此时所创建的产品并没有与之关联的讨论。对于第三种状态REQUESTED，所创建的ProductDiscussion对象将拥有

PENDING_SETUP状态。以下是ProductDiscussion的工厂方法，该方法被Product的构造函数所使用：

```
package com.saasovation.agilepm.domain.model.product;
...
public final class ProductDiscussion implements Serializable {
    ...
    public static ProductDiscussion fromAvailability(
            DiscussionAvailability anAvailability) {

        if (anAvailability.isReady()) {
            throw new IllegalArgumentException(
                    "Cannot be created ready.");
        }

        DiscussionDescriptor descriptor =
                new DiscussionDescriptor(
                        DiscussionDescriptor.UNDEFINED_ID);

        return new ProductDiscussion(descriptor, anAvailability);
    }
    ...
}
```

只要此时的请求不是为了达到READY状态，那么这便是有问题的，此时我们将得到一个未定义的DiscussionDescriptor。如果状态为REQUESTED，那么长时处理过程将负责对Discussion的创建以及后续的初始化。问题是，它将如何做到这一步？回忆一下，Procuct构造函数所做的最后一件事情便是发布ProductCreated事件：

```
package com.saasovation.agilepm.domain.model.product;
    ...
    public Product(...) {
        ...
        DomainEventPublisher
            .instance()
            .publish(new ProductCreated(
                this.tenantId(),
                this.productId(),
                this.productOwnerId(),
                this.name(),
                this.description(),
                this.discussion().availability().isRequested()));
    }
    ...
}
```

如果此时Discussion的状态为REQUEST，那么传给ProductCreated构造函数的最后一个参数将为true，这正是启动长时处理过程所需要的。

在**领域事件**（8）中我们讲到，每一个事件实例，包括ProductCreated，都会被添加到事件存储中，该事件存储是专门为产生该事件的限界上下文创建的。所有新加事件都会由事件存储通过消息机制转发到兴趣相关方。对于SaaSOvation公司来说，开发团队决定采用RabbitMQ。我们需要创建一个简单的长时处理过程来创建Discussion，并且将该Discussion赋给一个Product。

在讨论长时处理过程的细节之前，让我们再来看看另一种请求创建Discussion的方式。有可能发生的情况是：在Product实例创建之初，客户端并没有发出创建Discussion的请求，或者此时的协作附加功能刚刚被启用。之后，产品负责人决定为该Product添加一个Discussion，届时协作附加功能也可用了。此时，产品负责人便可以使用以下Product的命令方法：

```
package com.saasovation.agilepm.domain.model.product;
...
public class Product extends ConcurrencySafeEntity  {
    ...
    public void requestDiscussion(
            DiscussionAvailability aDiscussionAvailability) {
        if (!this.discussion().availability().isReady()) {
            this.setDiscussion(
                    ProductDiscussion.fromAvailability(
                            aDiscussionAvailability));

            DomainEventPublisher
                .instance()
                .publish(new ProductDiscussionRequested(
                    this.tenantId(),
                    this.productId(),
                    this.productOwnerId(),
                    this.name(),
                    this.description(),
                    this.discussion().availability().isRequested()));
        }
    }
    ...
}
```

这里的requestDiscussion()方法也使用了DiscussionAvailability参数，因为客户端需要向Product证实此时协作附加功能已经被启用了。当然，客户端可以总是传入REQUESTED状态以作欺骗，但是如果此时的协作附加功能并不可用，那么这将导致一个非常严重的bug。和前面的ProductCreated一样，如果所传入的是

REQUESTED，那么ProductDiscussionRequested构造函数的最后一个参数将为true，这正是启动长时处理过程所需要的：

```
package com.saasovation.agilepm.domain.model.product;
...
public class ProductDiscussionRequested implements DomainEvent {
    ...
    public ProductDiscussionRequested(
            TenantId aTenantId,
            ProductId aProductId,
            ProductOwnerId aProductOwnerId,
            String aName,
            String aDescription,
            boolean isRequestingDiscussion) {
        ...
    }
    ...
}
```

这里的ProductDiscussionRequested事件和ProductCreated事件拥有相同的属性，因此它们可以通过同一个消息监听器进行处理。

你可能会问，如果此时的可用性状态不为REQUESTED，那么发布该事件又有什么意义呢？这的确是有意义的，因为无论请求是否会得到处理，请求依然会发出，除非此时的状态为READY。要决定是否对事件进行响应，这是属于消息监听器的职责。也许isRequestingDiscussion=false的情况表示系统出了问题，或者协作附加功能还未就绪。因此，一些干预是有必要的。比如，此时的长时处理过程可能会向管理员发送一封E-mail。

在*敏捷项目管理上下文*中，长时处理过程所需的类与先前（请参考上一节）创建和维护ProductOwner和TeamMember的类相似。每个监听器都由Spring容器所管理，在该上下文的Spring程序启动时，这些监听器也随之初始化。第一个监听器用于从AGILEPM_EXCHANGE_NAME交换器中接收两种类型的通知，即ProductCreated和ProductDiscussionRequested：

```
package com.saasovation.agilepm.infrastructure.messaging;
...
public class ProductDiscussionRequestedListener
       extends ExchangeListener {
    ...
    @Override
    protected String exchangeName() {
        return Exchanges.AGILEPM_EXCHANGE_NAME;
    }
```

```
    ...

    @Override
    protected String[] listensToEvents() {
        return new String[] {
                "com.saasovation.agilepm.domain.model↵
.product.ProductCreated",
                "com.saasovation.agilepm.domain.model↵
.product.ProductDiscussionRequested"
                };
    }
    ...
}
```

第二个监听器将从COLLABORATION_EXCHANGE_NAME交换器中接收DiscussionStarted事件：

```
package com.saasovation.agilepm.infrastructure.messaging;
...
public class DiscussionStartedListener extends ExchangeListener {
    ...
    @Override
    protected String exchangeName() {
        return Exchanges.COLLABORATION_EXCHANGE_NAME;
    }
    ...
    @Override
    protected String[] listensToEvents() {
        return new String[] {
                "com.saasovation.collaboration.domain.model.↵
forum.DiscussionStarted"
                };
    }
    ...
}
```

你可能已经看出一些眉目了。当第一个监听器接收到ProductCreated或者ProductDiscussionRequested事件时，它将向协作上下文发起一个命令，以此为Product创建一个新的Forum和Discussion。当协作上下文处理完对该命令请求时，它将发布DiscussionStarted事件，该事件将进一步被第二个监听器所接收，然后在Product中创建该Discussion的唯一标识。这就是整个长时处理过程。以下是第一个监听器的filteredDispatch()方法：

```
package com.saasovation.agilepm.infrastructure.messaging;
```

```
...
public class ProductDiscussionRequestedListener
        extends ExchangeListener {
    private static final String COMMAND =
            "com.saasovation.collaboration.discussion.↵
CreateExclusiveDiscussion";
    ...
    @Override
    protected void filteredDispatch(
                String aType,
                String aTextMessage) {
        NotificationReader reader =
                new NotificationReader(aTextMessage);

        if (!reader.eventBooleanValue("requestingDiscussion")) {
            return;
        }

        Properties parameters = this.parametersFrom(reader);
        PropertiesSerializer serializer =
                PropertiesSerializer.instance();
        String serialization = serializer.serialize(parameters);
        String commandId = this.commandIdFrom(parameters);

        this.messageProducer()
            .send(
                serialization,
                MessageParameters
                    .durableTextParameters(
                            COMMAND,
                            commandId,
                            new Date()))
            .close();
    }
    ...
}
```

对于ProductCreated和ProductDiscussionRequested事件，如果requestingDiscussion属性值为false，那么filteredDispatch()方法将忽略该事件。否则，我们将通过事件状态创建一个CreateExclusiveDiscussion命令对象，然后将该命令对象发送到协作上下文的消息交换器中。

现在，让我们暂停一下，看看该长时处理过程是如何设计的。在敏捷项目管理上下文中，我们应该为本地聚合所发出的事件创建一个监听器吗？在协作上下文中为ProductCreated创建监听器是不是更好呢？这样，我们只需要使用协作上下文中的监听器来管理对专属的Forum和Discussion的创建；另外，还可以去除敏捷项目管理上下文中的部分代码。要决定哪种方式更好，我们需要考虑诸多因素。

在上游限界上下文中监听下游上下文中发布的事件，这样合理吗？或者，在**事件驱动架构**(4)中，各个系统之间的确存在着上下游关系吗？它们需要迎合这种关系吗？可能更重要的因素在于：如果由协作上下文来处理ProductCreated事件，并且由此创建专属的Forum和Discussion，这种方式是否正确？还有多少其他的限界上下文也希望得到类似的支持？将这些职责放在协作上下文中是否是最好的方式？此外，还存在另外一个因素，它要求我们更仔细地管理长时处理过程。对此，我们将在稍后进行讨论。

回到前面的例子……当协作上下文接收到命令对象之后，它将调用应用服务ForumService。请注意，ForumService的API还未被设计成接收命令对象，而是单独的属性参数：

```
package com.saasovation.collaboration.infrastructure.messaging;
...
public class ExclusiveDiscussionCreationListener
        extends ExchangeListener {

    @Autowired
    private ForumService forumService;
    ...
    @Override
    protected void filteredDispatch(
                String aType,
                String aTextMessage) {
        NotificationReader reader =
                new NotificationReader(aTextMessage);

        String tenantId = reader.eventStringValue("tenantId");
        String exclusiveOwnerId =
                reader.eventStringValue("exclusiveOwnerId");
        String forumSubject = reader.eventStringValue("forumTitle");
        String forumDescription =
                reader.eventStringValue("forumDescription");
        String discussionSubject =
                reader.eventStringValue("discussionSubject");
        String creatorId = reader.eventStringValue("creatorId");
        String moderatorId = reader.eventStringValue("moderatorId");

        forumService.startExclusiveForumWithDiscussion(
            tenantId,
            creatorId,
            moderatorId,
            forumSubject,
            forumDescription,
            discussionSubject,
            exclusiveOwnerId);
    }
    ...
}
```

这是合乎情理的，但是，这里的ExclusiveDiscussionCreationListener是否应该向敏捷项目管理上下文发送一个应答呢？不见得。在Forum和Discussion聚合创建时，它们都会发布一个事件，分别为ForumStarted和DiscussioinStarted。对于所有领域事件，协作上下文都将通过COLLABORATION_EXCHANGE_NAME交换器予以发布。因此，敏捷项目管理上下文将收到一个DiscussionStarted事件，此时，它将完成以下操作：

```
package com.saasovation.agilepm.infrastructure.messaging;
...
public class DiscussionStartedListener extends ExchangeListener {

    @Autowired
    private ProductService productService;
    ...
    @Override
    protected void filteredDispatch(
                String aType,
                String aTextMessage) {
        NotificationReader reader =
                new NotificationReader(aTextMessage);

        String tenantId = reader.eventStringValue("tenant.id");
        String productId = reader.eventStringValue("exclusiveOwner");
        String discussionId =
                reader.eventStringValue("discussionId.id");

        productService.initiateDiscussion(
                new InitiateDiscussionCommand(
                    tenantId,
                    productId,
                    discussionId));
    }
    ...
}
```

该监听器使用DiscussionStarted事件中的属性来创建一个命令对象，然后将该对象传递给应用服务ProductService。ProductService中initiateDiscussion()方法的实现如下：

```
package com.saasovation.agilepm.application;
...
public class ProductService ... {

    @Autowired
    private ProductRepository productRepository;
```

```
    ...
    @Transactional
    public void initiateDiscussion(
            InitiateDiscussionCommand aCommand) {
        Product product =
                productRepository
                    .productOfId(
                            new TenantId(aCommand.getTenantId()),
                            new ProductId(aCommand.getProductId()));

        if (product == null) {
            throw new IllegalStateException(
                    "Unknown product of tenant id: "
                    + aCommand.getTenantId()
                    + " and product id: "
                    + aCommand.getProductId());
        }

        product.initiateDiscussion(
                new DiscussionDescriptor(
                        aCommand.getDiscussionId()));
    }
    ...
}
```

最后执行的是Product聚合的initiateDiscussion()行为方法：

```
package com.saasovation.agilepm.domain.model.product;
...
public class Product extends ConcurrencySafeEntity  {
    ...
    public void initiateDiscussion(DiscussionDescriptor aDescriptor) {
        if (aDescriptor == null) {
            throw new IllegalArgumentException(
                    "The descriptor must not be null.");
        }

        if (this.discussion().availability().isRequested()) {
            this.setDiscussion(this.discussion()
                        .nowReady(aDescriptor));
            DomainEventPublisher
                .instance()
                .publish(new ProductDiscussionInitiated(
                        this.tenantId(),
                        this.productId(),
                        this.discussion()));
        }
    }
    ...
}
```

如果此时Product的discussion属性依然为REQUESTED状态，那么它将转成READY状态，并且将拥有一个DiscussionDescriptor属性，该DiscussionDescriptor携带了协作上下文中Discussion的唯一标识。此时，Forum、Discussion和Product便达到了一致性，虽然这是通过事件的方式完成的。

然而，如果此时discussion的状态已经为READY，那么它的状态将不会再改变了。这是一个bug吗？不是，这样可以保证initiateDiscussion()方法是一个幂等操作。因此，我们可以做出这样的假设：如果当前discussion的状态已经为READY，那么该长时处理过程便已经完成了。也许，之后的命令调用都是由于消息的重新投递造成的，因为开发团队使用的消息机制可能会多次发送同一条消息。不管是什么原因，我们都不用担心，因为对于任何基础设施和架构所带来的影响，幂等操作都将予以忽略，并且是无害的。此外，在本例中，我们不用像先前的MemberChangeTracker一样设计一个ProductChangeTracker，因为discussion的READY状态已经足够告诉我们所有了。

但是，总的来说，这种方式还存在一个问题。如果该长时处理过程由于消息机制的原因出现了一些问题，这时我们应该怎么办呢？我们如何确保该长时处理过程能够运行直到完毕？好吧，是我们的青少年们成长的时候啦！

长时处理过程的状态机和超时跟踪器

在**长时处理过程**（4）中，我们讲到了“跟踪器”的概念，现在，通过采用相似的做法，我们可以使以上处理过程更加成熟。SaaSOvation的开发者们创建了一个可重用的跟踪器概念：TimeConstrainedProcessTracker。该TimeConstrainedProcessTracker将监视那些指定完成时间已经过期了的处理过程；另外，对于那些在过期之前可以任意重试的处理过程，它也将进行监视。这种设计使得我们可以定期地对长时处理过程进行重试，或者在不进行重试（或在达到重试上限之后）的情况下彻底地超时。

需要指出的是，跟踪器并不是核心域的一部分，而是属于技术子域的，该技术子域可以被SaaSOvation公司的所有项目所重用。这意味着，在有些情况下，在对跟踪器进行持久化或者修改的时候，我们不用严格地遵循聚合原则。另外，跟踪器也是相对独立的，并且与长时处理过程存在着一对一的关系，因此，并发冲突的可能性并不大。如果的确发生了并发冲突，那么我们依然可以依赖于消息重发来解决问题。在消息投递过程中产生的任何异常都会导致监听器做出否定应答，进而使得RabbitMQ重发消息。另外，我们并不期待对处理过程进行大量的重试。

Product维护了长时处理过程的当前状态，当重试间隔抵达，或者处理过程彻底超时时，跟踪器将发布以下事件：

```
package com.saasovation.agilepm.domain.model.product;

import com.saasovation.common.domain.model.process.ProcessId;
import com.saasovation.common.domain.model.process.ProcessTimedOut;

public class ProductDiscussionRequestTimedOut extends ProcessTimedOut {

    public ProductDiscussionRequestTimedOut(
            String aTenantId,
            ProcessId aProcessId,
            int aTotalRetriesPermitted,
            int aRetryCount) {

        super(aTenantId, aProcessId,
              aTotalRetriesPermitted, aRetryCount);
    }
}
```

每一个监听器都可以通过调用ProcessTimedOut的hasFullyTimedOut()方法来确定该事件是否属于完全超时还是重试。如果是重试，那么监听器可以调用ProcessTimedOut的allowsRetries()、retryCount()、totalRetriesPermitted()和totalRetriesReached()等方法来获取更多的事件重试信息。

在可以接收重试和超时通知的情况下，我们可以把Product放在一个更好的长时处理过程中。首先，我们需要启动该处理过程，此时我们可以使用既有的Product-DiscussionRequestedListener：

```
package com.saasovation.agilepm.infrastructure.messaging;
...
public class ProductDiscussionRequestedListener
        extends ExchangeListener {
    @Override
    protected void filteredDispatch(
                String aType,
                String aTextMessage) {
        NotificationReader reader =
                new NotificationReader(aTextMessage);

        if (!reader.eventBooleanValue("requestingDiscussion")) {
            return;
        }

        String tenantId = reader.eventStringValue("tenantId.id");
        String productId = reader.eventStringValue("product.id");

        productService.startDiscussionInitiation(
```

```
                new StartDiscussionInitiationCommand(
                        tenantId,
                        productId));

        //将命令发送给协作上下文
        ...
    }
    ...
}
```

这里的ProductService将创建了一个跟踪器，并对其持久化。然后，ProductService将处理过程与Product关联起来：

```
package com.saasovation.agilepm.application;
...
public class ProductService ... {
    ...
    @Transactional
    public void startDiscussionInitiation(
            StartDiscussionInitiationCommand aCommand) {

        Product product =
                productRepository
                    .productOfId(
                            new TenantId(aCommand.getTenantId()),
                            new ProductId(aCommand.getProductId()));

        if (product == null) {
            throw new IllegalStateException(
                    "Unknown product of tenant id: "
                    + aCommand.getTenantId()
                    + " and product id: "
                    + aCommand.getProductId());
        }

        String timedOutEventName =
                ProductDiscussionRequestTimedOut.class.getName();

        TimeConstrainedProcessTracker tracker =
                new TimeConstrainedProcessTracker(
                        product.tenantId().id(),
                        ProcessId.newProcessId(),
                        "Create discussion for product: "
                            + product.name(),
                        new Date(),
                        5L * 60L * 1000L, // retries every 5 minutes
                        3, // 3 total retries
                        timedOutEventName);

        processTrackerRepository.add(tracker);
```

```
        product.setDiscussionInitiationId(
                tracker.processId().id());
    }
    ...
}
```

在必要的情况下，TimeConstrainedProcessTracker将每隔5分钟便进行3次重试。诚然，通常来说我们都不会将这些数据硬编码到程序中，但是这使得我们清楚地看到一个跟踪器是如何创建的。

你发现什么问题了吗？

如果不注意，我们这里所使用的重试规范可能会导致问题。但是，我们将维持原有设计，并且可以假设它是工作正常的。

正是由于有了这个代表Product的跟踪器，我们才有充足的理由将对ProductCreated事件的处理放在敏捷项目管理上下文本地，而不是交给协作上下文。这样，在我们自己的系统中，我们便可以对长时处理过程进行管理，并且在ProductCreated事件和协作上下文中的CreateExclusiveDiscussion命令对象之间进行解耦。

一个后台定时器将定期地检查处理过程所消耗的时间。该定时器将检查功能委派给ProcessService的checkForTimedOutProcesses()方法：

```
package com.saasovation.agilepm.application;
...
public class ProcessService ... {
    ...
    @Transactional
    public void checkForTimedOutProcesses() {
        Collection<TimeConstrainedProcessTracker> trackers =
            processTrackerRepository.allTimedOut();

        for (TimeConstrainedProcessTracker tracker : trackers) {
            tracker.informProcessTimedOut();
        }
    }
    ...
}
```

跟踪器的informProcessTimedOut()方法将对重试或者超时进行确认。在确认之后，它将发布一个ProcessTimedOut的子类事件。

接下来，我们需要添加一个新的监听器来处理重试或者超时。在需要的情况下，每隔5分钟便会发生3次重试。以下是ProductDiscussionRetryListener：

```
package com.saasovation.agilepm.infrastructure.messaging;
...
public class ProductDiscussionRetryListener extends ExchangeListener {

    @Autowired
    private ProcessService processService;
    ...
    @Override
    protected String exchangeName() {
        return Exchanges.AGILEPM_EXCHANGE_NAME;
    }

    @Override
    protected void filteredDispatch(
                String aType,
                String aTextMessage) {
        Notification notification =
            NotificationSerializer
                .instance()
                .deserialize(aTextMessage, Notification.class);

        ProductDiscussionRequestTimedOut event =
                notification.event();

        if (event.hasFullyTimedOut()) {
            productService.timeOutProductDiscussionRequest(
                    new TimeOutProductDiscussionRequestCommand(
                            event.tenantId(),
                            event.processId().id(),
                            event.occurredOn()));
        } else {
            productService.retryProductDiscussionRequest(
                    new RetryProductDiscussionRequestCommand(
                            event.tenantId(),
                            event.processId().id()));
        }
    }

    @Override
    protected String[] listensToEvents() {
        return new String[] {
                "com.saasovation.agilepm.process.↵
ProductDiscussionRequestTimedOut"
                };
    }
}
```

该监听器只处理ProductDiscussionRequestTimedOut事件，并且可以处理重试和超时的任意组合。处理过程和跟踪器将决定所接收消息通知的次数。有两种情况将导致ProductDiscussionRequestTimedOut事件的发布，即处理过程彻底超时和重试。在这两种情况下，监听器都会将处理逻辑分发给新的ProductService。在发生彻底超时的情况时，应用服务将予以处理：

```
package com.saasovation.agilepm.application;
...
public class ProductService ... {
    ...
    @Transactional
    public void timeOutProductDiscussionRequest(
            TimeOutProductDiscussionRequestCommand aCommand) {

        ProcessId processId =
                ProcessId.existingProcessId(
                        aCommand.getProcessId());

        TenantId tenantId = new TenantId(aCommand.getTenantId());

        Product product =
                productRepository
                    .productOfDiscussionInitiationId(
                            tenantId,
                            processId.id());

        this.sendEmailForTimedOutProcess(product);

        product.failDiscussionInitiation();
    }
    ...
}
```

首先，ProductService将发送一封E-mail给产品负责人以告知创建讨论失败，然后Product将被标记为“初始化讨论失败”。对于Product中新的failDiscussionInitiation()方法来说，我们需要为DiscussionAvailability定义一个新的状态：FAILED。以下是failDiscussionInitiation()方法的实现：

```
package com.saasovation.agilepm.domain.model.product;
...
public class Product extends ConcurrencySafeEntity {
    ...
    public void failDiscussionInitiation() {
        if (!this.discussion().availability().isReady()) {
            this.setDiscussionInitiationId(null);
```

```
            this.setDiscussion(
                    ProductDiscussion
                        .fromAvailability(
                              DiscussionAvailability.FAILED));
        }
    }
    ...
}
```

在failDiscussionInitiation()方法中，我们可能还缺少了一项操作：发布一个新的DiscussionRequestFailed事件。开发团队应该考虑这样做的好处。事实上，将前面的发送E-mail操作放在对DiscussionRequestFailed事件的处理中可能会更好。毕竟，如果ProductService的timeOutProductDiscussionRequest()方法在发送E-mail时出现了问题，我们应该怎么办呢？对此，开发团队做下了记录，并且决定之后回来解决这个问题。

另一方面，如果ProductDiscussionRequestTimedOut事件表明应该进行重试，那么监听器将调用ProductService的以下操作：

```
package com.saasovation.agilepm.application;
...
public class ProductService ... {
    ...
    @Transactional
    public void retryProductDiscussionRequest(
            RetryProductDiscussionRequestCommand aCommand) {

        ProcessId processId =
                ProcessId.existingProcessId(
                        aCommand.getProcessId());

        TenantId tenantId = new TenantId(aCommand.getTenantId());

        Product product =
                productRepository
                    .productOfDiscussionInitiationId(
                            tenantId,
                            processId.id());

        if (product == null) {
            throw new IllegalStateException(
                    "Unknown product of tenant id: "
                    + aCommand.getTenantId()
                    + " and discussion initiation id: "
                    + processId.id());
```

```
        }

        this.requestProductDiscussion(
                new RequestProductDiscussionCommand(
                        aCommand.getTenantId(),
                        product.productId().id()));
    }
    ...
}
```

此时，我们通过资源库获取到Product实例。在查询时，所传入的ProcessId将用作Product的discussionInitiationId。在获取到Product之后，它将被ProductService用于重新请求一个讨论。

最后，我们得到了想要的结果。在讨论成功开启之后，协作上下文将发布DiscussionStarted事件。之后，敏捷项目管理上下文的DiscussionStartedListener将监听到该事件，然后和先前一样，它会把处理逻辑分发给ProductService。然而，这一次，出现了一些新的行为：

```
package com.saasovation.agilepm.application;
...
public class ProductService ... {
    ...
    @Transactional
    public void initiateDiscussion(
            InitiateDiscussionCommand aCommand) {
        Product product =
                productRepository
                    .productOfId(
                            new TenantId(aCommand.getTenantId()),
                            new ProductId(aCommand.getProductId()));

        if (product == null) {
            throw new IllegalStateException(
                    "Unknown product of tenant id: "
                    + aCommand.getTenantId()
                    + " and product id: "
                    + aCommand.getProductId());
        }

        product.initiateDiscussion(
                new DiscussionDescriptor(
                        aCommand.getDiscussionId()));

        TimeConstrainedProcessTracker tracker =
                this.processTrackerRepository.trackerOfProcessId(
```

```
                    ProcessId.existingProcessId(
                        product.discussionInitiationId()));

        tracker.completed();
    }
    ...
}
```

此时的ProductService将执行长时处理过程的收尾工作，调用completed()方法以通知跟踪器处理过程执行完毕。在此之后，跟踪器将不再对重试或超时进行监视。整个长时处理过程到此成功完成。

虽然我们可能会对这样的结果表示满意，但是对于协作上下文当前的设计来说，依然存在一些小问题。一个基本的问题是：此时协作上下文中的操作并不是幂等的。以下是这种设计的一些瑕疵以及我们应该如何应对：

- 由于我们采用了可靠的消息机制，并且它有可能重复投递同一条消息，一旦消息被发送到交换器中，该消息必然会被监听器所监听到。如果在创建协作对象时发生了延迟，进而导致了消息的重发，那么这将导致多次发送同一个CreateExclusiveDiscussion命令对象的情况。这样的结果是：协作上下文将多次创建相同的Forum和Discussion。当然，这并不会导致对象实例的重复存在，因为Forum和Discussion的属性已经具有唯一性约束了。因此，这种多次创建对象的错误将是良性的。但是，从错误日志来看，这却有可能使人认为这样的错误是系统中的bug所致。问题在于，在已经有超时处理的情况下，我们是否应该禁用周期性重试？

- 虽然禁用敏捷项目管理上下文中的消息重试是一个不错的解决方案，但是这里的底线是：将协作上下文中的操作变成幂等操作。我们知道，RabbitMQ有可能多次发送同一条命令消息，因此，如果我们将协作上下文中的操作变成幂等的，那么我们就可以避免多次创建Forum和Discussion的情况。

- 敏捷项目管理上下文在发送CreateExclusiveDiscussion命令时，是有可能失败的。如果发生失败的情况，那么我们需要保证对命令的重发直到成功为止。否则，协作上下文将不能成功地创建Forum和Discussion对象。我们可以通过多种方式来保证对命令的重发。如果消息发送失败，我们可从filteredDispatch()方法中抛出一个异常，这将引发一个否定应答。之后，RabbitMQ将重新发送ProductCreated或者ProductDiscussionRequested

事件通知，而ProductDiscussionRequestedListener将再次监听到该事件。另一种方式则是简单地重复发送过程直到成功为止，比如可以使用盖帽指数后退算法。如果RabbitMQ不可用，那么我们有可能在很长一段时间里都无法成功地对消息进行重发。因此，将否定应答和消息重发结合起来使用可能是最好的方式。毕竟，如果发生彻底超时的情况，系统将发送一封E-mail以请求人为干预。

总的来说，如果协作上下文中的ExclusiveDiscussionCreationListener能够将处理逻辑委派给一个幂等的应用服务，那么这将为我们解决很多问题：

```
package com.saasovation.collaboration.application;
...
public class ForumService ... {
    ...
    @Transactional
    public Discussion startExclusiveForumWithDiscussion(
            String aTenantId,
            String aCreatorId,
            String aModeratorId,
            String aForumSubject,
            String aForumDescription,
            String aDiscussionSubject,
            String anExclusiveOwner) {

        Tenant tenant = new Tenant(aTenantId);

        Forum forum =
                forumRepository
                    .exclusiveForumOfOwner(
                            tenant,
                            anExclusiveOwner);

        if (forum == null) {
            forum = this.startForum(
                    tenant,
                    aCreatorId,
                    aModeratorId,
                    aForumSubject,
                    aForumDescription,
                    anExclusiveOwner);
        }

        Discussion discussion =
                discussionRepository
                    .exclusiveDiscussionOfOwner(
                            tenant,
                            anExclusiveOwner);
```

```
        if (discussion == null) {
            Author author =
                    collaboratorService
                        .authorFrom(
                                tenant,
                                aModeratorId);

            discussion =
                    forum.startDiscussion(
                            forumNavigationService,
                            author,
                            aDiscussionSubject);

            discussionRepository.add(discussion);
        }

        return discussion;
    }
    ...
}
```

在上例中，我们通过exclusiveForumOfOwner()和exclusiveDiscussionOfOwner()方法分别判断对应的Forum和Discussion是否已经存在，这样可以避免对既有聚合实例的重复创建。不错吧，几行代码的工夫，我们便在很大程度上改进了该事件驱动处理过程。

设计一个更复杂的长时处理过程

我们可能还希望创建一个更复杂的长时处理过程。在需要多步完成的情况下，我们最好是采用一个状态机。要满足这样的需求，我们可以创建一个Process。以下是Process接口的定义：

```
package com.saasovation.common.domain.model.process;

import java.util.Date;

public interface Process {

    public enum ProcessCompletionType {
        NotCompleted,
        CompletedNormally,
        TimedOut
    }

    public long allowableDuration();
```

```
    public boolean canTimeout();
    public long currentDuration();
    public String description();
    public boolean didProcessingComplete();
    public void informTimeout(Date aTimedOutDate);
    public boolean isCompleted();
    public boolean isTimedOut();
    public boolean notCompleted();
    public ProcessCompletionType processCompletionType();
    public ProcessId processId();
    public Date startTime();
    public TimeConstrainedProcessTracker
              timeConstrainedProcessTracker();
    public Date timedOutDate();
    public long totalAllowableDuration();
    public int totalRetriesPermitted();
}
```

以下是Process接口提供的主要操作：

- `allowableDuration()`：在Process可以超时的情况下，该方法返回总的持续时间或者重试之间的持续时间。
- `canTimeout()`：如果Process可以超时，那么该方法将返回`true`。
- `timeConstrainedProcessTracker()`：如果Process可以超时，该方法将返回一个新建的并且唯一的`TimeConstrainedProcessTracker`。
- `totalAllowableDuration()`：返回Process所允许的总持续时间。在不允许重试的情况下，该方法的返回结果和`allowableDuration()`方法一样。否则，该方法返回的是`allowableDuration()`与`totalRetriesPermitted()`的乘积。
- `totalRetriesPermitted()`：在Process允许超时和重试的情况下，该方法将返回重试的总数目。

Process的实现类可以通过TimeConstrainedProcessTracker来监控超时或者重试。在我们创建了一个Process之后，我们便可以从中获取到一个唯一的跟踪器。在以下测试中，我们展示了这两个类是如何协同工作的，这和Product及其跟踪器的工作方式相似：

```
Process process =
     new TestableTimeConstrainedProcess(
            TENANT_ID,
            ProcessId.newProcessId(),
            "Testable Time Constrained Process",
            5000L);

TimeConstrainedProcessTracker tracker =
    process.timeConstrainedProcessTracker();

process.confirm1();

assertFalse(process.isCompleted());
assertFalse(process.didProcessingComplete());
assertEquals(process.processCompletionType(),
        ProcessCompletionType.NotCompleted);

process.confirm2();

assertTrue(process.isCompleted());
assertTrue(process.didProcessingComplete());
assertEquals(process.processCompletionType(),
        ProcessCompletionType.CompletedNormally);
assertNull(process.timedOutDate());

tracker.informProcessTimedOut();

assertFalse(process.isTimedOut());
```

以上测试中所创建的Process必须在5秒（5000L毫秒）中之内完成。只有在confirm1()和confirm2()方法都被调用之后，该Process才能被标记为完成。在Process内部，它知道这两个状态都必须得到确认：

```
public class TestableTimeConstrainedProcess extends AbstractProcess {
    ...
    public void confirm1() {
        this.confirm1 = true;

        this.completeProcess(ProcessCompletionType.CompletedNormally);
    }

    public void confirm2() {
        this.confirm2 = true;

        this.completeProcess(ProcessCompletionType.CompletedNormally);
    }
    ...
    protected boolean completenessVerified() {
```

```
        return this.confirm1 && this.confirm2;
    }

    protected void completeProcess(
            ProcessCompletionType aProcessCompletionType) {

        if (!this.isCompleted() && this.completenessVerified()) {
            this.setProcessCompletionType(aProcessCompletionType);
        }
    }
    ...
}
```

即便该Process将自行调用completeProcess()方法，只有在completenessVerified()方法返回为true时，它的状态才能被标记为完成。而对于completenessVerified()方法来说，又只有当confirm1和confirm2都为true时，它才会返回true。换句话说，confirm1()和confirm2()方法都必须得到执行。因此，completenessVerified()方法允许对多个处理步骤进行确认，只有在这些步骤都完成时，整个Process才算完成。每个Process的实现类都可以定义自己的completenessVerified()方法。

但是，在本测试的最后一步执行之后，会发生什么情况呢?

```
...

tracker.informProcessTimedOut();

assertFalse(process.isTimedOut());
```

跟踪器可以从自身的内部状态中获知该Process并未超时。因此，最后一行中断言isTimeOut()方法将总是返回fales（当然，这里我们假设整个测试将在5秒钟之内完成，并且总是处于通常的测试环境中）。

在上例中，我们使用了一个抽象基类AbstractProcess，该基类被作为一个适配器来使用。对于开发更加复杂的长时处理过程来说，这个基类向我们提供了一种非常简单的方式。由于该AbstractProcess扩展自Entity基类，我们可以很简单地将一个聚合设计成Process。比如，我们可以使Product继承自AbstractProcess，虽然它并不需要这样的复杂度。同样，我们可以将这种方式用于更加复杂的处理过程，并且使用completenessVerified()方法来决定所有的处理步骤是否全部完成。

当消息机制或你的系统不可用时

在开发复杂软件系统时，没有哪种单一的方式可以成为万能良方。每一种方式都有不足之处，其中的一些我们已经讨论过了。对于消息系统来说，其中一个问题是：在一段时间之内，它有可能是不可用的。这可能并不是一种多发的情况，但是如果发生，那么有几点是我们需要注意的。

在消息机制不可用时，通知的发布方将不能通过该消息机制发布事件。这种情况将被发布客户端所检测到，此时的客户端可以退一步，减少消息的发送量，等到消息系统可用时再进行正常发送。在这个过程中，如果其中一次发送成功，那么我们便可以认为消息系统已经再次可用了。但是直到那个时候，请确保消息的发送频率小于正常情况。我们可以每隔30秒或者1分钟重试一次。请注意，如果你的系统使用了事件存储，那么你的事件在成功发送之前都将一直位于消息队列中，当消息系统重新可用时，我们可以立即对这些消息进行发送。

对于消息监听器来说，在消息机制不可用时，它将接收不到新的事件通知。当消息系统重新可用时，你的监听器会被自动地重新激活吗，也或许你需要重新进行订阅？如果此时的消息消费方不能自动恢复，那么你需要确保重新注册该消费方。否则，你将发现你的限界上下文不再接收所依赖限界上下文发出的通知，这是你需要避免的。

当然，问题并不总是出自消息机制。考虑以下场景：在一段时间之内，你的限界上下文变得不可用。当它再次可用时，此时的消息系统中已经收集到了大量的未投递的消息。然后，你的限界上下文重新注册消息的消费方，那么要接收并处理完所有未被处理的消息将消耗大量的时间。对于这种情况来说，你将没有什么好做的。当然，你可以增加更多的节点（集群），此时即便其中一个节点不可用，整个系统依然是可用的。此外，有些时候你根本无法避免停机的情况。比如，当你对系统代码的修改需要更新数据库，而你并不能直接向数据库中打补丁时，你便需要一些系统停机时间了。在这种情况下，你的消息处理机制便只能使劲追赶了。

本章小结

在本章中，我们学习了集成限界上下文的多种方式。

- 你学到了在分布式计算环境中完成系统集成所需要考虑的基本问题。
- 你学习了如何通过REST资源的方式来集成限界上下文。
- 你学到了通过消息集成限界上下文的多个例子，其中包括开发和管理长时处理过程。
- 你学到了在不同限界上下文之间复制信息所面临的挑战，以及如何管理并且避免这些信息。
- 你从简单的例子中学到了很多，然后学习了一些更加复杂的例子，这些例子体现了更高的设计成熟度。

接下来，让我们将目光转向单个限界上下文，看看如何设计环绕着领域模型的应用程序。

第14章

应用程序

一个程序只有在可用时才是好的。
—Linus Torvalds

领域模型通常位于应用程序的中心位置。应用程序通过用户界面向外展示领域模型的概念，并且允许用户在模型上执行各种操作。用户界面使用应用服务来协调用例任务，管理事务，并执行一些必要的安全授权。另外，用户界面、**应用服务**和领域模型依赖于企业级的特定平台设施的支持。这些基础设施的实现细节通常包括组件容器、应用程序管理、消息系统和数据库等。

本章学习路线图

- 学习用户界面渲染领域模型的几种方式。
- 学习如何实现应用服务，以及它所提供的操作。
- 学习将输出从应用服务中解耦的几种方式，以及不同的客户端类型。
- 学习为什么需要在用户界面中组合多个模型，以及如何实现。
- 学习将基础设施用于应用程序的技术实现的几种方式。

有时，我们所创建的模型是用来支撑应用程序的，比如*身份与访问上下文*即是如此。SaaSOvation公司认为身份与访问管理相关的功能应该单独抽取出来，并将其创建成一个支撑性的模型。同时，该模型本身也可以作为一种产品。即便对于IdOvation来说，它也将拥有自己的用户界面来完成一些管理和自助服务等功能。诚然，对于**通用子域** (2) 和**支撑子域** (2) 来说，有时它们可能缺少一个完备的应用程序所需的方方面面，但是这无妨大碍。如果一个模型被用来支撑另一个模型，那么该支撑性模型可以简单到只是一个**模块** (9) 中的一组类而已。此时，它们可能提供一些特殊的概念，或者某些算法[1]。而对于另外的一些模型来说，它们至少需要一些人为交互和应用程序组件，这样的模型是本章的主要关注点。

1. 对于将一个通用子域创建成一个独立模型的例子，请参考Eric Evans的“Time and Money Code Library”: http://timeandmoney.sourceforge.net/。

这里，我们所使用的术语“应用程序”可以与“系统”和“业务服务”交替起来使用。我并不会分析一个应用程序何时将变成一个系统，但是当一个应用程序通过集成的方式依赖于其他应用程序或者服务时，整个解决方案便可以称为一个系统。有时，应用程序和系统表示的是相同的概念，即当我们说到“应用程序”时，我们也完全可以称为“系统”。另外，一个提供多个技术服务端口的业务服务通常也可以称为系统。我并不打算对这3个概念进行严格地区分，而是希望使用单个术语来表示它们之间的共性特征。

> **什么是应用程序？**
>
> 我这里使用的“应用程序”表示那些支撑**核心域（2）**模型的组件，通常包括领域模型本身、用户界面、内部使用的应用服务和基础设施组件等。至于这些组件中应该包含些什么，这是根据应用程序的不同而不同的，并且有可能受到所用**架构（4）**的影响。

当应用程序通过编程的方式向外提供服务时，用户界面也就随之扩大了，并且将包含一种应用程序编程接口（API）。应用程序可以通过很多种方式向外提供服务，但是此时所使用的接口并不是用于人为交互的，这种类型的用户界面已经在**集成限界上下文（13）**中讲到了。在本章中，我们将主要关注于用于人为交互的用户界面，比如典型的图形界面。

我将尽量避免倾向于某个特定的架构。在图14.1中，我们看不到与架构相关的信息。其中，虚线表示的是**依赖注入原则（4）**，而实线则表示操作分发。比如，基础设施实现了用户界面、应用服务和领域模型中的抽象接口，同时它还将操作分发给应用服务、领域模型和数据存储。

不可避免的，图14.1将与某些架构风格发生重叠，但是我们这里所关注的并不在于架构，而是如何支撑一个应用程序。

要不使用“分层”的概念是很难的，关于分层，请参考**分层架构（4）**。无论是哪种架构风格，“分层”都是一个非常有用的术语。比如，考虑一下应用服务所处的位置。你可以将应用服务看成是围绕着领域模型的一个环或者六边形，或者是介于用户界面和模型之间的一层，无论如何，我们都可以用“应用层”来描述这个概念性的位置。虽然在本章中我会尽量少地谈及到分层的概念，但是对于表述组件所处位置来说，分层的确是非常有用的。当然，这也并不意味着DDD只被限制在了分层架构中[2]。

---

2. 更多细节，请参考第4章。

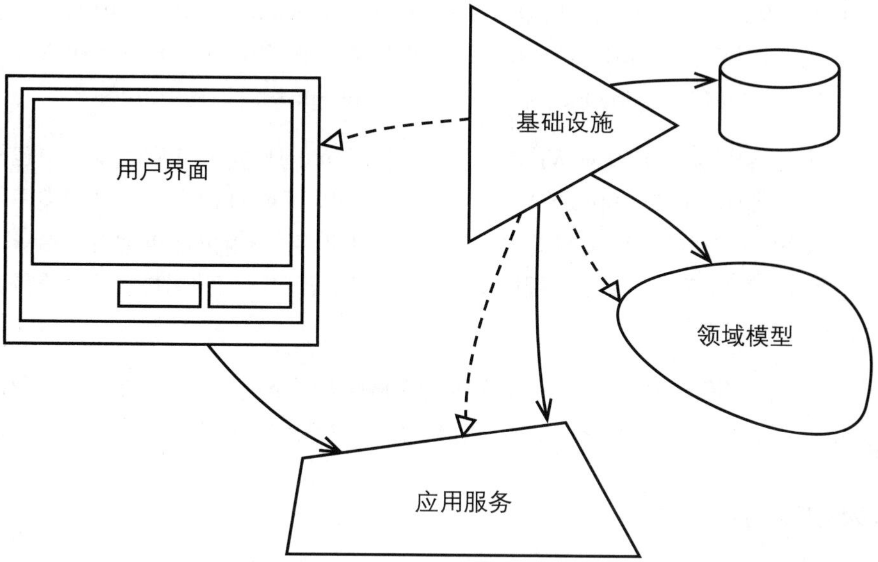

图14.1 应用程序的主要方面，它并没有与某个特定的架构关联。它们依然强调依赖倒置原则，此时基础设施依赖于其他方面的抽象。

接下来，我将首先讲到用户界面，再讲应用服务，最后是基础设施。在每一个话题中，我都会讲到对领域模型的处理，但是我并不会深入地讲解模型本身，因为本书的其他章节已经讲到了。

用户界面

在Java、.NET或者其他平台中，存在着大量的人工用户界面框架。但是，这里我们关注的并不是这些。

我们要讲的是那些更加宽泛的用户界面类型，请参考下面的列表。在该列表中，首先罗列的是那些重量级的用户界面，然后是轻量级的。在我撰写本书时，第二类的基于Web的富用户界面是最流行的，并且还将受到HTML 5的影响。第一类的应用程序，采用纯粹请求-应答式的Web用户界面，它们将作为遗留系统继续存在。

- 纯粹请求-应答式Web用户界面，也称为Web 1.0。典型框架有Struts、Spring MVC和Web Flow、ASP.NET等。

- 基于Web的富互联网应用（Rich Internet Application，RIA）用户界面，包括那些使用DHTML和Ajax的系统，也称为Web 2.0。Google GWT、Yahoo YUI、Ext JS、Adobe Flex和Microsoft Silverlight均属于这个范畴。
- 本地客户端GUI（比如Windows、Mac和Linux的桌面用户界面），其中包括一些类库，比如Eclipse SWT、Java Swing、WinForm和WPF等。这些类库不见得一定会导致重量级的桌面应用，但这却是有可能的。本地客户端GUI可以通过HTTP访问外部服务，比如，在只将客户端安装组件作为用户界面时便是这样。

对于以上任何一种用户界面，首先我们都得回答以下问题：如何将领域对象渲染到用户界面的显示中？反之，如何将用户操作反映到领域模型上？

渲染领域对象

对于如何通过最好的方式将领域对象渲染到用户界面，业界一直存在着争论。很多时候，除了操作所需数据之外，我们还会向用户界面提供一些额外的数据。这是有好处的，因为这些额外的信息可以对用户操作起到帮助作用。这些额外数据还可以包含一些选项数据。因此，用户界面通常都需要渲染多个**聚合**（10）实例中的属性，尽管用户最终只会修改其中一个聚合实例，请参考图14.2。

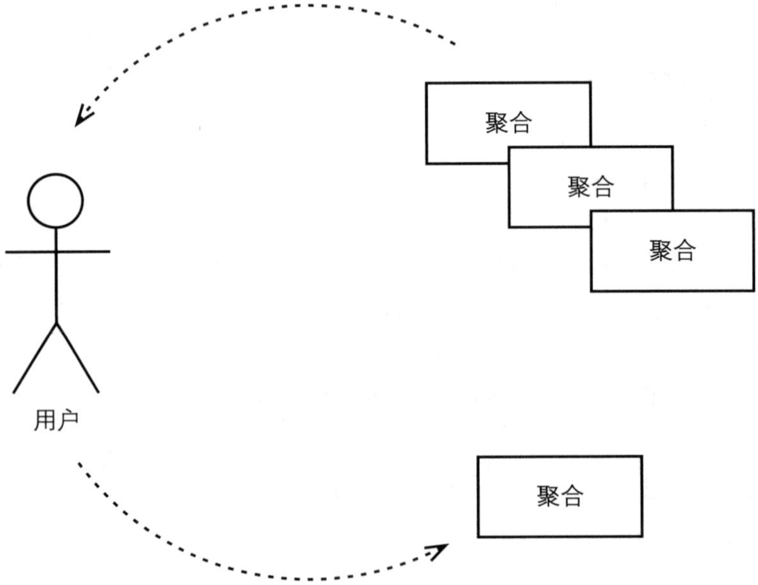

图14.2 用户界面可能需要渲染来自多个聚合实例的属性数据，但是在提交修改时，却只能一次修改一个实例。

渲染数据传输对象

一种渲染多个聚合实例的方法便是使用**数据传输对象**(Data Tranfer Object, DTO) [Fowler,PofEAA]。DTO将包含需要显示的所有属性值。应用服务通过**资源库(12)**读取所需的聚合实例，然后使用一个**DTO组装器**(DTOAssemble) [Fowler, P of EAA]将需要显示的属性值映射到DTO中。之后，用户界面组件将访问每一个DTO属性值，并将其渲染到显示界面中。

在这种方式中，对数据的读和写都是通过资源库完成的。这种方式的好处在于不会存在延迟加载的问题，因为DTO组装器会直接访问聚合中需要用来创建DTO的所有数据。另外的一个好处是：它可以解决展现层(Presentation Tier)和业务层(Business Tier)存在物理分离的情况，此时我们需要对数据进行序列化，然后通过网络将其传输到展现层中。

有趣的是，DTO模式原本就是用于在远程的展现层中显示数据的。此时，DTO在业务层中创建，再序列化，然后通过网络发送，最后在展现层中反序列化。如果你的展现层不是远程的，那么这种模式在很多时候将给你的系统带来没有必要的复杂性，即YAGNI（“You Ain’ t Gonna Neet It”，你并不需要它）。它的缺点在于，我们需要创建一些与领域对象非常相似的类。另外，我们需要创建一些必须由虚拟机(比如JVM)所管理的大对象，而事实上这些对象却与单虚拟机应用架构不相匹配。

在使用DTO时，我们的聚合设计需要考虑到DTO组装器对聚合数据的查询。此时，我们需要慎重考虑，因为我们不应该暴露出太多的聚合内部结构。我们应该尽量将客户端从聚合的内部状态中完全解耦。你应该允许客户端——在本例中即DTO组装器——深度访问聚合的状态吗？这并不是一个好的主意，因为它使客户端与聚合实现紧密地耦合起来。

使用调停者发布聚合的内部状态

要解决客户端和领域模型之间的耦合问题，我们可以使用**调停者模式**[Gamma et al.]，即**双分派**(Double-Dispatch)和**回调**(Callback)。此时，聚合将通过调停者接口来发布内部状态。客户端将实现调停者接口，然后把实现对象的引用作为参数传给聚合。之后，聚合双分派给调停者以发布自身状态，在这个过程中，聚合并没有向外暴露自身的内部结构。这里的诀窍在于，不要将调停者接口与任何显示规范绑定在一起，而是关注于对所感兴趣的聚合状态的渲染：

```
public class BacklogItem ... {
    ...
    public void provideBacklogItemInterest(
            BacklogItemInterest anInterest) {
        anInterest.informTenantId(this.tenantId().id());
        anInterest.informProductId(this.productId().id());
        anInterest.informBacklogItemId(this.backlogItemId().id());
        anInterest.informStory(this.story());
        anInterest.informSummary(this.summary());
        anInterest.informType(this.type().toString());
        ...
    }

    public void provideTasksInterest(TasksInterest anInterest) {
        Set<Task> tasks = this.allTasks();
        anInterest.informTaskCount(tasks.size());
        for (Task task : tasks) {
            ...
        }
    }
    ...
}
```

不同的兴趣提供方可以通过其他类实现，这就像在**实体**（5）中我们把验证逻辑委派给不同的验证类一样。

请注意，有些人认为这种方式完全不应该属于聚合的职责，而还有人则认为这是对领域模型的自然扩展。一如既往地，你需要和团队成员讨论，然后做出适合于自己的选择。

通过领域负载对象渲染聚合实例

在没有必要使用DTO时，我们可以使用另一种改进方法。该方法将多个聚合实例中需要显示的数据汇集到一个**领域负载对象**（Domain Payload Object, DPO）中[Vernon, DPO]。DPO与DTO相似，但是它的优点是可以用于单虚拟机应用架构中。DPO中包含了对整个聚合实例的引用，而不是单独的属性。此时，聚合实例集群可以在多个逻辑层之间传输。应用服务（请参考“应用服务”一节）通过资源库获取到所需聚合实例，然后创建DPO实例，该DPO持有对所有聚合实例的引用。之后，展现组件通过DPO获得聚合实例的引用，再从聚合中访问需要显示的属性。

牛仔的逻辑

LB：“如果你从来没有从马上摔下来过，那证明你骑马的时间还不够长。”

这种方式的优点在于，它简化了在不同逻辑层之间传输集群数据的过程。和DTO相比，DPO更容易设计，并且消耗更少的内存。在创建DPO之前，由于聚合实例必须被读到内存中，因此之后在使用DPO时，这些聚合实例已经存在了。

当然，这种方式也是存在一些潜在缺点的。由于DPO与DTO相似，它照样需要聚合提供一些方法以读取聚合的状态。为了避免用户界面和模型之间的紧耦合，我们可能还需要使用前一节讲到的调停者。

此外，我们还需要处理另一种情况。由于DPO持有的是对整个聚合实例的引用，延迟加载的对象/集合并未被加载到内存中。在创建DPO时，我们没有必要访问所有所需的聚合属性。由于在应用服务的方法结束时，事务已将随之提交，之后在展现组件中访问那些延迟加载的属性时，程序将抛出异常。[3]

要解决延迟加载的问题，我们可以选择即时加载，或者使用**领域依赖求解器（Domain Dependency Resolver, DDR）**[Vernon, DDR]。这是一种**策略模式（Strategy）**[Gamma et al.]，通常来说，对于每一个用例流，我们都会使用一种策略。对于某个用例流所需要的所有延迟加载的属性，对应的策略都会强制性地对其进行访问。这样的策略访问作用于应用服务提交事务并返回DPO之前。我们可以对这样的策略进行硬编码以手动的访问所有延迟加载的属性，或者可以使用简单的表达式语言，并通过反射的机制来访问这些属性。后者的优点在于，它可以访问那些隐藏的属性。当然，在可能的情况下，你也可以定制查询过程以即时地加载聚合属性。

聚合实例的状态展现

如果你的程序提供了REST（4）资源，那么你便需要为领域模型创建状态展现以供客户端使用。有一点非常重要：我们应该基于用例来创建状态展现，而不是基于聚合实例。从这一点来看，创建状态展现和DTO是相似的，因为DTO也是基

3. 有人喜欢使用请求-应答层面的“Open Session In View”（OSIV）来管理事务。我认为这种方式是有害的，当然选择权在你自己手上。

于用例的。然而，更准确的是将一组REST资源看作一个单独的模型——**视图模型**（View Model）或**展现模型**（Presentation Model）[Fowler, PM]。我们所创建的展现模型不应该与领域模型中的聚合状态存在一一对应的关系。否则，你的客户端便需要像聚合本身一样了解你的领域模型。此时，客户端需要紧跟领域模型中行为和状态的变化，你也随之失去了抽象所带来的好处。

用例优化资源库查询

与其读取多个聚合实例，然后再通过编程的方式将它们组装到单个容器（DTO或DPO）中，我们可以转而使用用例优化查询。此时，我们可以在资源库中创建一些查询方法，这些方法返回的是所有聚合实例属性的超集。查询方法动态地将查询结果放在一个**值对象**（6）中，该值对象是特别为当前用例设计的。请注意，你设计的是值对象，而不是DTO，因为此时的查询是特定于领域的，而不是特定于应用程序的。这个用例优化的值对象将被直接用于渲染用户界面。

用例优化查询的动机与CQRS（4）相似。然而，用例优化查询依然会使用资源库，而不会直接与数据库打交道（比如使用SQL）。要了解这两者的不同，请参考**资源库**（12）中的相关讨论。当然，如果你打算在用例优化查询之路上继续走下去，那么你已经离CQRS很近了，此时考虑转用CQRS也是一种不错的选择。

处理不同类型的客户端

如果你的应用程序必须支持多种不同类型的客户端，你该怎么办呢？这些客户端可能包括RIA、图形界面、REST服务和消息系统等。另外，各种测试也可以被认为是不同类型的客户端。此时，你的应用服务可以使用一个数据转换器（Data Transformer），然后由客户端来决定需要使用的数据转换器类型。应用层将双分派给数据转换器以生成所需的数据格式。以下是一个基于REST的客户端所使用的用户界面：

```
...
CalendarWeekData calendarWeekData =
    calendarAppService
        .calendarWeek(date, new CalendarWeekXMLDataTransformer());

Response response =
    Response.ok(calendarWeekData.value())
        .cacheControl(this.cacheControlFor(30)).build();
```

```
return response;
```

CalendarApplicationService的calendarWeek()方法接受2个参数，一个是Date类型的对象，另一个是CalendarWeekDataTransformer接口的某个实现类对象。在该例中，实现类是CalendarWeekXMLDataTransformer，该类为CalendarWeekData创建一个XML格式的状态展现。CalendarWeekData的value()方法将以指定的数据格式返回该CalendarWeekData的状态展现，在本例中即为String格式的XML文档。

需要指出的是，对于上面的例子来说，更好的方式是对数据转换器进行依赖注入。硬编码只是为了让上面的例子更容易理解。

CalendarWeekDataTransformer还可以有以下实现类：

- CalendarWeekCSVDataTransformer
- CalendarWeekDPODataTransformer
- CalendarWeekDTODataTransformer
- CalendarWeekJSONDataTransformer
- CalendarWeekTextDataTransformer
- CalendarWeekXMLDataTransformer

对于处理不同类型的客户端来说，还有另一种方式，对此我们将在“应用服务”一节中进行讲解。

渲染适配器以及处理用户编辑

有时，你需要在界面中显示领域数据，并且允许用户编辑这些数据。此时，我们可以使用一些模式来帮助我们划分职责。当然，有太多的框架可以帮助我们完成这样的任务。对于有些用户界面框架来说，我们必须采用一些特定的模式。有些时候，这些模式是好的，但另外的时候就不见得了。而另外的一些框架可能更加复杂。

无论应用层是通过什么方式来提供领域数据的——DTO、DPO或者状态展现——也不管你使用的是什么样的展现框架，你都可以从展现模型[4]中获益。它的目标是分离展现与显示之间的职责。虽然展现模型可以用于Web 1.0的应用程序，但是我认为它的长处在于Web 2.0 的RIA，或者桌面客户端。

在使用这种模式时，我们需要将视图设计成被动的，即它们只用于显示数据和用户界面控件。在渲染视图时，有两种方法：

1. 根据展现模型，视图完成自我渲染。我认为这是一种更自然的方式，并且在展现模型和视图之间完成了解耦。

2. 视图由展现模型进行渲染。这种方式在测试起来要容易一些，但是它却将展现模型与视图耦合起来。

我们可以将展现模型看成是一种**适配器**[Gamma et al.]。它根据视图之所需向外提供属性和行为，由此隐藏了领域模型的细节。这也意味着，此时的展现模型不止是向外提供领域对象或DTO的属性，而是在渲染视图时，展现模型将根据模型的状态做出一些决定。比如，要在视图中显示一个特定的控件，这并不会与领域模型中的属性存在直接的关系，而是可以从这些属性中推导得出。我们不会要求领域模型对视图显示属性提供特别的支持，而是将职责分给展现模型。此时，展现模型通过领域模型的状态推导出一些特定于视图的指示器和属性值。

使用展现模型的另一个好处在于，如果聚合不提供JavaBean所规定的getter方法，而用户界面框架恰恰又需要这样的getter方法，那么展现模型可以完成这样的适配转换工作。多数基于Java的Web框架都要求对象提供公有的getter方法，比如getSummary()和getStory()等，但是对领域模型的设计却倾向于使用流畅的、特定于领域的表达式来反映**通用语言（1）**。此时，我们将使用summary()和story()这样的方法命名，这便与用户界面框架产生了阻抗失配。此时，展现模型可以将summary()方法适配到getSummary()方法，将story()方法适配到getStory()方法，从而消除模型与视图之间的冲突：

```
public class BacklogItemPresentationModel
        extends AbstractPresentationModel {

    private BacklogItem backlogItem;

    public BacklogItemPresentationModel(BacklogItem aBacklogItem) {
```

4. 另外请参考模型-视图-展现器模式（Model-View-Presenter）[Dolphin]，在[Fowler, PM]中，它被称为监视控制器（Supervising Controller）和被动视图（Passive View）。

```
        super();
        this.backlogItem = backlogItem;
    }

    public String getSummary() {
        return this.backlogItem.summary();
    }

    public String getStory() {
        return this.backlogItem.story();
    }
    ...
}
```

当然，展现模型可以对先前所讲的任何一种方式进行适配，包括DTO、DPO，或者用于发布聚合内部状态的调停者。

此外，展现模型还可以跟踪用户的编辑。这并不是向展现模型添加更多的职责，因为它本来就应该具有双向的适配功能，从模型到视图，再从视图到模型。

有一点需要注意的是，展现模型并不是围绕着应用服务或者领域模型的一个重量级**门面**[Gamma et al.]。诚然，当用户通过用户界面完成某个任务之后，它们通常会调用诸如“应用”或“取消”之类的操作。此时，展现模型应该能反映出这样的操作过程，即围绕着应用服务的一个最小化门面：

```
public class BacklogItemPresentationModel
        extends AbstractPresentationModel {

    private BacklogItem backlogItem;
    private BacklogItemEditTracker editTracker;
    //以下是注入进来的
    private BacklogItemApplicationService backlogItemAppService;

    public BacklogItemPresentationModel(BacklogItem aBacklogItem) {
        super();
        this.backlogItem = backlogItem;
        this.editTracker = new BacklogItemEditTracker(aBacklogItem);
    }
    ...
    public void changeSummaryWithType() {
        this.backlogItemAppService
            .changeSummaryWithType(
                this.editTracker.summary(),
                this.editTracker.type());
    }
    ...
}
```

在视图中，在用户单击命令按钮之后，changeSummaryWithType()方法将被调用。对于editTracker所跟踪的编辑修改，BacklogItemPresentationModel将负责于应用服务交互以应用这些修改。在这个过程中，没有另外的旁观者来等待用户的编辑并做相应的操作。因此，我们可以认为，展现模型代表着视图向应用服务提供了一个最小化的门面，即作为高层接口的changeSummaryWithType()方法使得对BacklogItemApplicationService的使用变得更加简单。但是，我们不应该在展现模型中出现使用应用服务的细节，或者甚至直接将展现模型本身作为领域模型的应用服务。我们希望看到的是，在展现模型中简单地将处理逻辑委派给更复杂、更重量级的门面：BacklogItemApplicationService。

以上这种方式可以很好地协调领域模型和用户界面。我们甚至可以将它看作是最强大的用户界面管理模式。但是，对于任何一种视图管理技术来说，我们依然会经常与应用服务API交互。

应用服务

在有些情况下，用户界面将使用独立的展现模型组件来汇集多个**限界上下文**（2），然后将汇集后的数据组合到单个视图中。无论你的用户界面渲染了单个模型还是多个，它都需要和应用服务交互。

应用服务是领域模型的直接客户。至于我们可以将应用服务放在什么样的逻辑位置，请参考**架构**（4）。应用服务负责用例流的任务协调，每个用例流对应了一个服务方法。在使用ACID数据库时，应用服务还负责控制事务以确保对模型修改的原子提交。在本节中，我只会简要地讨论到事务控制，更多的讨论请参考**资源库**（12）。另外，应用服务还会处理和安全相关的操作。

将应用服务与**领域服务**（7）等同起来是错误的。它们并不相同，我们将在下文中讨论到它们之间的区别。我们应该将所有的业务领域逻辑放在领域模型中，不管是聚合、值对象或者领域服务；而将应用服务做成很薄的一层，并且只使用它们来协调对模型的任务操作。

示例应用服务

让我们来看看应用服务的一个示例接口和实现类，该应用服务用于管理身份与访问上下文中的Tenant。这只是一个示例，而不是最终的解决方案。

首先是应用服务的接口：

```
package com.saasovation.identityaccess.application;

public interface TenantIdentityService {

    public void activateTenant(TenantId aTenantId);

    public void deactivateTenant(TenantId aTenantId);

    public String offerLimitedRegistrationInvitation(
            TenantId aTenantId,
            Date aStartsOnDate,
            Date anUntilDate);

    public String offerOpenEndedRegistrationInvitation(
            TenantId aTenantId);

    public Tenant provisionTenant(
            String aTenantName,
            String aTenantDescription,
            boolean isActive,
            FullName anAdministratorName,
            EmailAddress anEmailAddress,
            PostalAddress aPostalAddress,
            Telephone aPrimaryTelephone,
            Telephone aSecondaryTelephone,
            String aTimeZone);

    public Tenant tenant(TenantId aTenantId);
    ...
}
```

以上6个应用服务方法用于创建Tenant、激活和禁用已有Tenant、邀请其他Tenant和查询Tenant等。

领域模型中的有些对象类型被用于这些方法的签名中，这意味着用户界面需要知道这些类型，并且依赖于它们。有时，应用服务被设计成将用户界面完全地隔离于领域模型。此时，应用服务中的方法签名中将只出现原始类型（int、long和double等）和String类型，有可能还有DTO。但是，更好的方法是使用**命令**[Gamma et al.]对象。当然，这里并不存在对错之分，更多的是有关你自己的口味和目标。在本书中，我们对每一种风格都提供了示例展示。

在不使用模型中的对象类型时，我们避免了依赖和耦合，但是却失去了强类型检查和基本的验证。在不把领域对象作为返回类型的情况下，我们则需要提供DTO。此时，我们需要创建一些额外的类型，从而有可能增加系统的复杂性。另外，由于系统不断地对DTO进行创建和垃圾回收，这有可能还会导致不必要的内存耗费。

如果你将领域对象暴露给不同类型的客户端，那么每种客户端都需要单独地处理这些对象类型。因此，在这种情况下，耦合问题将更加严重。要解决这样的问题，我们至少可以对部分服务方法进行改进。正如之前所讨论的，我们可以使用数据转换器作为返回类型：

```
package com.saasovation.identityaccess.application;

public interface TenantIdentityService {
    ...
    public TenantData provisionTenant(
            String aTenantName,
            String aTenantDescription,
            boolean isActive,
            FullName anAdministratorName,
            EmailAddress anEmailAddress,
            PostalAddress aPostalAddress,
            Telephone aPrimaryTelephone,
            Telephone aSecondaryTelephone,
            String aTimeZone,
            TenantDataTransformer aDataTransformer);

    public TenantData tenant(
            TenantId aTenantId,
            TenantDataTransformer aDataTransformer);
    ...
}
```

就现在而言，我只会讨论向客户端暴露领域对象的情况，并且假设只存在一个基于Web的用户界面，因为这样可以简化示例代码。之后，我们会回过头来讨论使用数据转换器的方式。

考虑一下如何实现应用服务。让我们先看看一些简单的例子，它们有助于我们了解一些基本概念。需要注意的是，使用**独立接口**[Fowler, P of EAA]并没有多少好处。在下面的例子中，我们将应用服务的接口和实现定义在了同一个类中：

```
package com.saasovation.identityaccess.application;

public class TenantIdentityService {

    @Transactional
    public void activateTenant(TenantId aTenantId) {
        this.nonNullTenant(aTenantId).activate();
```

```
    }

    @Transactional
    public void deactivateTenant(TenantId aTenantId) {
        this.nonNullTenant(aTenantId).deactivate();
    }

    ...

    @Transactional(readOnly=true)
    public Tenant tenant(TenantId aTenantId) {
        Tenant tenant =
            this
                .tenantRepository()
                .tenantOfId(aTenantId);

        return tenant;
    }

    private Tenant nonNullTenant(TenantId aTenantId) {
        Tenant tenant = this.tenant(aTenantId);

        if (tenant == null) {
            throw new IllegalArgumentException(
                    "Tenant does not exist.");
        }

        return tenant;
    }
}
```

客户端通过调用deactivateTenant()方法来禁用一个已有的Tenant。要与实际的Tenant交互，我们需要首先通过TenantId从资源库中获取到一个Tenant实例。这里我们创建了一个内部的帮助方法nonNullTenant()来获取一个Tenant，该方法进而委派给tenant()方法。这个帮助方法对那些Tenant不存在的情况起到了守卫的作用，所有的服务方法都将通过该方法来获取一个已有的Tenant。

方法activateTenant()和deactivateTenant()被标记以Spring的Transactional事务注解，并且是可写事务；而tenant()方法的事务则是只读的。在所有这三种情况下，当客户端从Spring容器中获取到该TenantIdentityService并调用服务方法时，事务便会启动。当这些方法正常返回时，事务将被提交。根据不同的配置，从方法中抛出的异常将导致事务的回滚。

但是，我们如何保证这些方法不被错误地调用呢？比如，来了一个恶意的攻击方？当我们谈论到激活或禁用一个Tenant时，这样的操作实际上只能由SaaSOvation公司通过授权的员工用户完成。对于准备（Provision）一个新的Tenant订阅方来说，也是一样。

此时，我们可以使用Spring Security。我们需要另一个注解，PreAuthorize：

```
public class TenantIdentityService {

    @Transactional
    @PreAuthorize("hasRole('SubscriberRepresentative')")
    public void activateTenant(TenantId aTenantId) {
        this.nonNullTenant(aTenantId).activate();
    }

    @Transactional
    @PreAuthorize("hasRole('SubscriberRepresentative')")
    public void deactivateTenant(TenantId aTenantId) {
        this.nonNullTenant(aTenantId).deactivate();
    }

    ...

    @Transactional
    @PreAuthorize("hasRole('SubscriberRepresentative')")
    public Tenant provisionTenant(
            String aTenantName,
            String aTenantDescription,
            boolean isActive,
            FullName anAdministratorName,
            EmailAddress anEmailAddress,
            PostalAddress aPostalAddress,
            Telephone aPrimaryTelephone,
            Telephone aSecondaryTelephone,
            String aTimeZone) {

        return
            this
                .tenantProvisioningService
                .provisionTenant(
                        aTenantName,
                        aTenantDescription,
                        isActive,
                        anAdministratorName,
                        anEmailAddress,
                        aPostalAddress,
                        aPrimaryTelephone,
                        aSecondaryTelephone,
                        aTimeZone);
    }
```

```
    ...
}
```

这是一种声明式的、方法层面的安全授权，它可以阻止未授权的用户对应用服务的访问。当然，对于未被授权的用户来说，用户界面可以隐藏那些能够导航到应用服务的相关信息。但是，对于恶意的攻击者来说，隐藏是无济于事的，而上面的安全注解则能提供防卫。

这种声明式的安全机制和IdOvation提供的安全机制是不同的。SaaSOvation的员工登录IdOvation的方式与Tenant用户是不一样的。特别地，那些拥有SubscriberRepresentative角色的员工是可以执行这些敏感的服务方法的，而对于订阅方的用户来说，则不可以。当然，这需要在IdOvation和Spring Security之间进行集成。

现在，让我们看看provisionTenant()方法，该方法将委派给领域服务。这也向我们展示了应用服务和领域服务的区别，特别是当我们看到TenantProvisioningService领域服务的内部时，这种区别就更加明显了。在领域服务中，存在着大量的领域逻辑，但是对于应用服务则不然。我们可以设想一下以上领域服务所完成的操作（没有提供代码）：

1. 实例化一个新的Tenant聚合，并将其添加到资源库中。
2. 为该Tenant指派一个新的管理员，其中包括为这个新的Tenant准备一个Administrator角色，并且发布TenantAdministratorRegistered事件。
3. 发布TenantProvisioned事件。

如果应用服务所包含的已经超出上面的第1步，那么此时领域逻辑便会从模型中泄露出去。对于第2步和第3步来说，由于它们并不属于应用服务的职责，因此我们干脆将所有3个步骤一起放在领域服务中。在使用领域服务时，我们“将这个显著的过程……放在了领域模型中[Evans]。[5]”同时，应用层依然管理着事务、安全和任务委派等操作，即将这个显著的准备Tenant的过程委派给了领域模型。

但是，请注意provisionTenant()方法的参数列表。这里总共有9个参数，并且还可能存在更多。对于这样的情况，我们可以通过一个简单的**命令**[Gamma et al.]对象予以避免。命令对象即“将一个请求封装到一个对象中，从而使得我们对客户端

5. 请见第7章。

进行参数化，包括不同的请求、队列或者日志请求等；另外，命令对象还支持撤销操作。”换句话说，我们可以将命令对象看成是序列化的方法调用。在本例中，除了撤销操作，我们希望得到命令对象所带来的所有其他好处。以下是一个简单的命令类：

```
public class ProvisionTenantCommand {
    private String tenantName;
    private String tenantDescription;
    private boolean isActive;
    private String administratorFirstName;
    private String administratorLastName;
    private String emailAddress;
    private String primaryTelephone;
    private String secondaryTelephone;
    private String addressStreetAddress;
    private String addressCity;
    private String addressStateProvince;
    private String addressPostalCode;
    private String addressCountryCode;
    private String timeZone;

    public ProvisionTenantCommand(...) {
        ...
    }

    public ProvisionTenantCommand() {
        super();
    }

    public String getTenantName() {
        return tenantName;
    }

    public void setTenantName(String tenantName) {
        this.tenantName = tenantName;
    }
    ...
}
```

这里的ProvisionTenantCommand并没有使用领域对象，而是一些基本的类型。它拥有一个多参数的构造函数和一个没有参数的构造函数。公有的setter方法使得我们将UI中的字段映射到相应的ProvisionTenantCommand属性中（比如，考虑使用JavaBean或者.NETCLR属性）。你可以将命令对象看成是一个DTO，但是，命令对象所能表达的要比DTO多。由于我们根据操作来命名命令对象，它的意图将更加明显。我们可以将命令对象的实例传给应用服务的方法：

```
public class TenantIdentityService {
    ...
    @Transactional
    public String provisionTenant(ProvisionTenantCommand aCommand) {
        ...
        return tenant.tenantId().id();
    }
    ...
}
```

在上例中，我们把一个命令对象分发给了应用服务的API方法。除此之外，我们还可以将命令对象发送到一个队列中，然后分发给命令处理器（Command Handler）。我们可以将命令处理器等效于应用服务的方法，但是它的好处在于可以做到临时的解耦。在附录A中我们会讨论到，这种方法可以获得更大的吞吐量，并且可以增加命令处理的伸缩性。

解耦服务输出

先前，我们讨论到了数据转换器。对于不同类型的客户端，数据转换器将提供客户端所需的特定数据类型。此时，不同的数据转换器将实现一个共有的抽象接口。从客户端的角度，我们可以通过以下方式来使用数据转换器：

```
TenantData tenantData =
    tenantIdentityService.provisionTenant(
            ..., myTenantDataTransformer);

TenantPresentationModel tenantPresentationModel =
    new TenantPresentationModel(tenantData.value());
```

应用服务被设计成了具有输入和输出的API，而传入数据转换器的目的即在于为客户端生成特定的输出类型。

现在，让我们考虑另一种完全不同的方式：使应用服务返回void类型而不向客户端返回数据。这将如何工作呢？事实上，这正是**六边形架构（4）**所提倡的，此时我们可以使用**端口和适配器**的风格。对于本例，我们可以使用单个标准输出端口，然后为不同种类的客户端创建不同的适配器。此时，应用层的provisionTenant()方法将变成：

```
public class TenantIdentityService {
    ...
```

```
    @Transactional
    @PreAuthorize("hasRole('SubscriberRepresentative')")
    public void provisionTenant(
            String aTenantName,
            String aTenantDescription,
            boolean isActive,
            FullName anAdministratorName,
            EmailAddress anEmailAddress,
            PostalAddress aPostalAddress,
            Telephone aPrimaryTelephone,
            Telephone aSecondaryTelephone,
            String aTimeZone) {

        Tenant tenant =
            this
                .tenantProvisioningService
                .provisionTenant(
                        aTenantName,
                        aTenantDescription,
                        isActive,
                        anAdministratorName,
                        anEmailAddress,
                        aPostalAddress,
                        aPrimaryTelephone,
                        aSecondaryTelephone,
                        aTimeZone);

        this.tenantIdentityOutputPort().write(tenant);
    }
    ...
}
```

这里的输出端口是一个特殊的命名端口，它位于应用程序的边缘。在使用Spring时，该端口类可以被注入到应用服务中。此时，provisionTenant()方法唯一需要知道的便是调用write()方法把从领域服务中获取到的Tenant实例写到端口中。该端口可以有很多读取器，在使用应用服务之前，我们将这些读取器注册给端口。在write()方法执行后，每一个注册的读取器都会将端口的输出作为自己的输入。在读取数据时，读取器可以使用某些机制对数据进行转换，比如数据转换器。

这并不是一种增加架构复杂性的雕虫小技，而是与其他任何端口和适配器架构——无论是软件系统，还是硬件设备——具有相同的长处。每一个组件只需要知道读进输入、调用自身行为，最后将输出写到端口中。

粗略看来，将输出写到端口中与聚合中的纯命令方法相似。聚合的这些命令方法也没有返回值，但是它却会发布**领域事件**（8）。因此，对于聚合来说，**事件发布**

器便是输出端口。另外，如果我们使用调停者的双分派来处理对聚合状态的查询，那么这也与端口和适配器相似。

使用端口和适配器的一个不足之处在于，我们很难命名应用服务中的查询方法。考虑一下上面示例中的tenant()方法。此时，该方法的名字已经不再合适，因为它不再返回Tenant实例。但是，provisionTenant()方法的名字则可以保持不变，因为它已经变成了一个纯命令方法，而不需要返回值。那么，对于tenant()方法来说，我们应该给它起一个更好的名字：

```
    ...
    @Override
    @Transactional(readOnly=true)
    public void findTenant(TenantId aTenantId) {
        Tenant tenant =
            this
                .tenantRepository
                .tenantOfId(aTenantId);

        this.tenantIdentityOutputPort().write(tenant);
    }
    ...
}
```

这里的findTenant()方法是合理的，因为查找并不隐含需要返回结果的意思。但是，无论如何，我们都知道了：任何一种架构都同时存在正面的和负面的影响。.

组合多个限界上下文

在以上的例子中，我们并没有谈及到单个用户界面需要多个领域模型提供数据的情况。在这种情况下，上游模型中的概念被集成到了下游模型中，采用的方法是将上游的概念翻译成下游模型中的术语。

这和图14.3中所展示的是不同的。在图14.3中，我们需要将多个模型组合成一个单一的展现。图中的产品上下文（Products Context）、讨论上下文（Discussion Context）和检查上下文（Review Context）都属于外部模型。如果这样的场景出现在你自己的应用程序中，那么你需要好好考虑如何设计**模块**（9）结构并对其命名，以及在应用服务中如何平滑地处理不同模型之间的摩擦。

一种方式是采用多个应用层，这种方式与图14.3中所示的不同。在这种方式中，我们需要为每个用户界面组件都提供所有的应用层，此时的用户界面组件将向领域模型靠近。基本上，这只是一种Portal-Portlet的风格而已。另外，这种方式也无法与用例流保持一致，而这却正是用户界面所关注的。

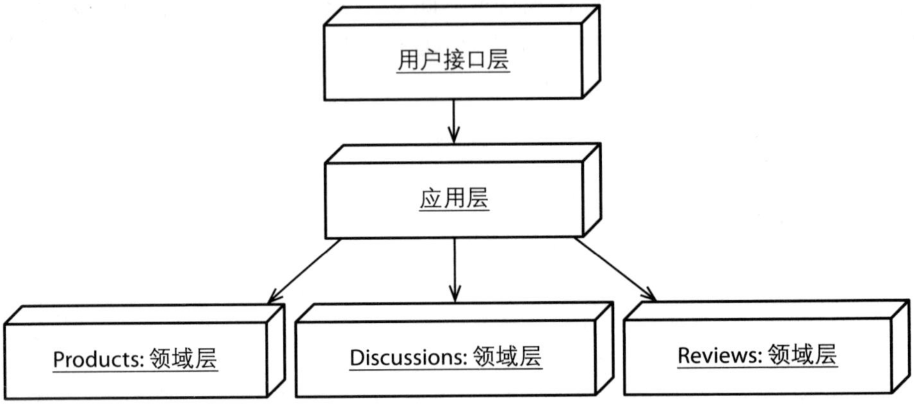

图14.3 有时，UI必须组合多个模型。这里，3个模型被同一个应用层组合在一起。

由于是应用层来管理用例，此时最简单的方法可能是创建一个单一的应用层，并使该应用层来组合多个模型，如图14.3所示。另外，又由于这个应用层中的服务并不包含领域逻辑，它的唯一功能便是将不同模型中的聚合对象组合成用户界面所需的内聚对象。在这种情况下，我们可以根据数据组合的目的来命名用户界面和应用层中的模块：

```
com.consumerhive.productreviews.presentation
com.consumerhive.productreviews.application
```

这里的Consumer Hive向外提供产品检查和讨论。它把产品上下文从讨论上下文和检查上下文中分离出来。但是，presentation和application模块表明它们位于同一个用户界面之下。虽然该用户界面将从多个外部源中获取产品目录，但是这无妨大碍，因为讨论和检查才是它的核心域。

说到核心域……这里你是否察觉出了些什么？这里的应用层不是成了一个拥有内建**防腐层**（3）的新领域模型吗？是的，它是一个新的、廉价的限界上下文。在该上下文中，应用服务对多个DTO进行合并，产生的结果有点像**贫血领域对象**（1）。这种方式也有点像是在通过**事务脚本**（1）来建模核心域。

如果你认为Consumer Hive是将三个模型组合成一个新的**领域模型（1）**，并将其放在一个新的限界上下文中，那么你可通过以下方式来命名新模型中的模块：

```
com.consumerhive.productreviews.domain.model.product
com.consumerhive.productreviews.domain.model.discussion
com.consumerhive.productreviews.domain.model.review
```

最终，你需要决定如何对这种场景进行建模。你会考虑使用战略设计甚至战术设计来创建一个新模型吗？对于这种场景，我们至少需要回答以下问题：我们是将多个限界上下文组合到单个用户界面中呢，还是创建一些新的、清晰的限界上下文？我们应该仔细地考虑每一种情形，而不是草率地做决定。最终，最好的方式是那些对业务最有益的方式。

基础设施

基础设施的职责是为应用程序的其他部分提供技术支持。这里，虽然我们避免对**分层（4）**的讨论，但是保持着依赖倒置原则的心态依然是有用的。因此，从架构上讲，无论基础设施位于什么地方，只要它的组件依赖于用户界面、应用服务和领域模型中的接口，而这些接口又需要特殊的技术支持，那么它都能工作得很好。这样，在应用服务获取资源库时，它只会依赖于领域模型中的接口，而实际使用的则是基础设施中的实现类。在图14.4中，静态的UML结构图向我们展示了这个过程。

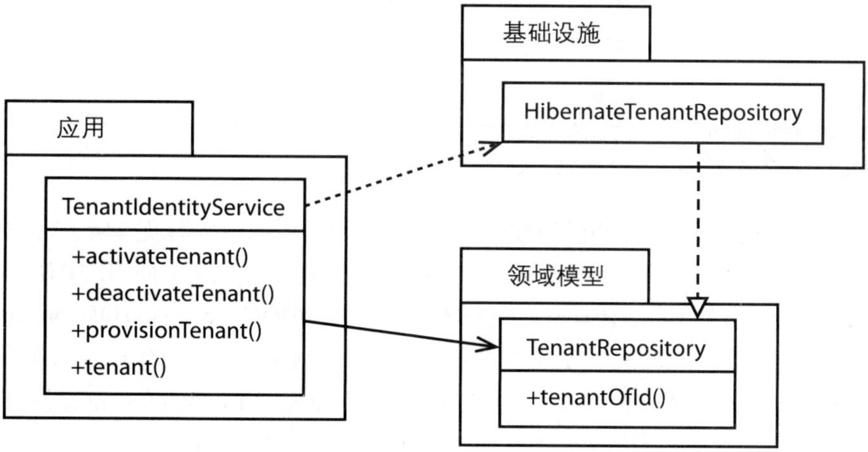

图14.4 应用服务依赖于领域模型中的资源库接口，而该接口的实现则位于基础设施中。包承担了很重要的职责。

对资源库的查找可以通过**依赖注入**[Fowler, DI]或者**服务工厂**（Service Factory）隐式地完成。本章的最后一节“企业组件容器”讨论了这两种方式。这里，我再次给出前文中关于应用服务的一个例子，从中我们可以看到如何使用服务工厂来获取资源库：

```
package com.saasovation.identityaccess.application;

public class TenantIdentityService {
    ...
    @Override
    @Transactional(readOnly=true)
    public Tenant tenant(TenantId aTenantId) {
        Tenant tenant =
            DomainRegistry
                .tenantRepository()
                .tenantOfId(aTenantId);

        return tenant;
    }
    ...
}
```

对于以上的应用服务来说，我们还可以将资源库注入到服务类中，或者通过构造函数的方式将资源库传入。

资源库的实现被放在了基础设施层中，因为它们负责处理数据存储，而这些不属于模型的职责。你可以使基础设施层实现那些与消息相关的接口，比如消息队列和E-mail等。如果还有一些特殊的用户界面组件来处理诸如图表之类的展现，那么它们也应该放在基础设施层中。

企业组件容器

当下，企业应用服务器已经成为了商品。对于这样的服务器及其所包含的组件容器来说，似乎并没有多少创新。对于应用服务来说，我们可以使用EJB作为会话门面（Session Facades）[Crupi et al]，或者也可以使用IOC（Inversion Of Control）容器中的简单JavaBean，比如使用Spring。对于孰优孰劣，一直存在着争论，但是这些框架却存在着一种合流之势。事实上，有些Java EE容器在内部即使用了Spring。

是WebLogic还是Spring?

如果你深入到Oracle的WebLogic服务器内部，你将发现它引用了Spring框架中的一些类。它们并不是你的应用部署的一部分。此时，你使用的依然是标准EJB的Session Bean。而你所看到的Spring类只是WebLogic的EJB容器实现的一部分。这是不是就是“如果你无法击败它们，就参与到它们中呢”？

对于本书的三个限界上下文，我选用了Spring框架，但是这些例子同样可以放在其他的企业组件容器中。因此，如果使用的不是Spring，你也没有失去什么。在阅读这些例子时，你依然不会有什么不适之感，因为这些容器在逻辑上的区别非常小。

在**资源库 (12)** 中，我们看到了为应用服务配置事务的例子。这里，让我们看看Spring配置的其他部分，主要有两个Spring配置文件：

```
config/spring/applicationContext-application.xml

config/spring/applicationContext-domain.xml
```

应用服务和领域模型组件是通过AutoWired的方式联系在一起的。比如：

```
<beans ...>
    <aop:aspectj-autoproxy/>

    <tx:annotation-driven transaction-manager="transactionManager"/>
    ...
    <bean
        id="applicationServiceRegistry"
        class="com.saasovation.identityaccess.application
.ApplicationServiceRegistry"
        autowire="byName">
    </bean>
    ...
    <bean
        id="tenantIdentityService"
        class="com.saasovation.identityaccess.application
.TenantIdentityService"
        autowire="byName">
    </bean>
    ...
</beans>
```

这里的tenantIdentityService即我们先前讨论过的应用服务。这个bean可以被装配到其他的bean中，比如用户界面。如果你更倾向于使用服务工厂，而不是将一个bean注入到另一个bean中，你也可以使用applicationServiceRegistry，该bean用于查找所有的应用服务。你可以通过如下方式使用：

```
...
ApplicationServiceRegistry
    .tenantIdentityService()
    .deactivateTenant(tenantId);
```

我们是可以这么做的，因为在该bean新建时，它将被自动地注入到Spring的ApplicationContext中。

对于领域模型中的组件来说，比如资源库和领域服务等，我们也可以使用相同的方式。此时，注册工厂、资源库和领域服务的配置如下：

```
<beans ...>
    ...
    <bean
        id="authenticationService"
        class="com.saasovation.identityaccess.infrastructure
.services.DefaultEncryptionAuthenticationService"
        autowire="byName">
    </bean>

    <bean
        id="domainRegistry"
        class="com.saasovation.identityaccess.domain.model
.DomainRegistry"
        autowire="byName">
    </bean>

    <bean
        id="encryptionService"
        class="com.saasovation.identityaccess.infrastructure
.services.MessageDigestEncryptionService"
        autowire="byName">
    </bean>

    <bean
        id="groupRepository"
        class="com.saasovation.identityaccess.infrastructure
.persistence.HibernateGroupRepository"
        autowire="byName">
    </bean>

    <bean
        id="roleRepository"
        class="com.saasovation.identityaccess.infrastructure
.persistence.HibernateRoleRepository"
        autowire="byName">
    </bean>

    <bean
```

```
        id="tenantProvisioningService"
        class="com.saasovation.identityaccess.domain.model
.identity.TenantProvisioningService"
        autowire="byName">
    </bean>

    <bean
        id="tenantRepository"
        class="com.saasovation.identityaccess.infrastructure
.persistence.HibernateTenantRepository"
        autowire="byName">
    </bean>

    <bean
        id="userRepository"
        class="com.saasovation.identityaccess.infrastructure
.persistence.HibernateUserRepository"
        autowire="byName">
    </bean>
</beans>
```

我们可以通过DomainRegistry来访问任何一个Spring的bean。同时，这些bean也可以依赖注入到其他bean中。因此，应用服务可以使用服务工厂和依赖注入的任一种方式。有关这两种方式与基于构造函数的依赖设置的区别，请参考**领域服务**（7）。

本章小结

在本章中，我们讨论了应用程序在领域模型之外是如何工作的。

- 你学到了将模型数据渲染到用户界面的多种方法。
- 对于那些将应用于领域模型的用户输入，你学到了不同的接收方式。
- 你学到了传输模型数据的不同方式，甚至是当存在多种用户界面类型时的传输方式。
- 你学习了应用服务以及它们的职责。
- 你学到了将输出与特定客户类型解耦的一种方式。
- 你学到了如何使用基础设施将技术实现隔离于领域模型。
- 你学到了如何使用依赖倒置原则使所有的组件都只依赖于抽象，而不是实现细节。这种方式有助于组件之间的松耦合性。
- 最后，你学到了如何在自己的应用程序中使用那些商用的应用服务器和企业组件容器。

现在，你已经为实现DDD打下了坚实的基础，包括从领域模型到整个应用程序中的所有组件。

附录A

聚合与事件源：A+ES

由Rinat Abdullin撰写

事件源（Event Sourcing）的概念已经存在了几十年，但是直到最近才被Greg Young用于DDD中[Young, ES]，并使其流行起来。

事件源通过事件来表示一个**聚合**（10）的完整状态，这里的事件是自聚合创建以来的一系列**事件**（8）。通过按照产生时的顺序重放这些事件，我们可以重建聚合的状态。这里的前提是，这种方式可以简化持久化，并且允许我们捕捉那些复杂的行为概念。

这些用于重建聚合状态的事件位于一个事件流（Event Stream）中，我们只能通过追加的方式向该事件流中加入事件。当新的事件被追加到事件流尾部时，聚合状态也将被进一步改变，如图A.1所示（在本附录中，事件以一个灰色的矩形表示，以区别于其他概念）。

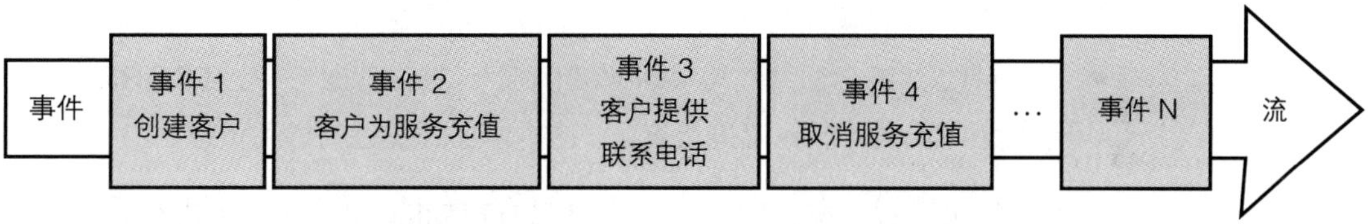

图A.1 事件流中包含了以产生顺序排列的领域事件。

通常来说，每个聚合所对应的事件流都将被持久化到**事件存储**（8）中。各个事件流之间彼此分离，常用的分离方式是采用**根实体**（5）的唯一标识。在本附录后面，我们将讲到如何创建一个特定于事件源的事件存储。

从现在起，让我们将这种使用事件源来维护聚合状态的方式称为A+ES（Aggregate + Event Sourcing）。

A+ES的主要优势在于：

- 事件源确保每次聚合改变的原因都不会丢失。在使用传统的序列化聚合到数据库的方式时，我们总是会覆盖先前的序列化状态，此时，那些先前的聚合状态将无法恢复。虽然对于业务来说，这种保留每一次聚合修改原因的做法可能价值并不大。但是在**架构**（4）中我们讲到，这种方式是具有长远优势的：可靠性、短期/长期商业智能化、数据分析、全日志记录和调试等。

- 只追加（append-only）特性使事件源具有很高的性能，并且支持不同的数据复制（data replication）方案。比如LMAX公司，该公司采用相似的方式成功地开发了一套低时延的股票交易系统。
- 这种以事件为中心的聚合设计方式使得开发者将关注点集中于**通用语言**（1）所表达的行为上，因为此时并不存在ORM中的阻抗失配。由此所创建的系统将拥有更高的健壮性和更大的修改容忍度。

当然，A+ES也不是什么银弹，它也是存在缺点的：

- 为A+ES设计事件需要我们对业务领域有很深的了解。对于任何一个DDD项目，通常只有那些复杂的模型才配得上这样的付出，此时你的公司将从中获得竞争优势。
- 在写本书时，A+ES领域缺少工具支持和一个一致的知识体系。因此，这种方式将增加项目的成本与风险。
- 有经验的开发者数目有限。
- 实现A+ES几乎必然地需要某种形式的命令-查询职责分离，即CQRS（4），因为我们很难对事件流进行查询。这将增加开发者的学习负担。

对于那些无畏者来说，采用A+ES的确是有益处的。接下来，让我看看在面向对象世界中如何实现A+ES。

应用服务内部

深入到**应用服务**（4, 14）内部可以向我们展示A+ES的总览。通常来说，我们将聚合放置在领域模型内部，而领域模型又位于应用服务的后面。此时，应用服务是领域模型的直接客户。

在应用服务获得控制权后，它将加载聚合，并获取所需**领域服务**（7）以完成业务操作。当应用服务将处理逻辑委派给聚合的业务方法时，聚合方法将发布事件以作为输出。这些事件将修改聚合的状态，并且以通知的形式发布给所有的事件订阅方。聚合的业务方法可能需要一个或多个领域服务作为参数传入，这些领域服务所返回的数据将用于修改聚合的状态。有些领域服务的操作可能会包括调用一个支付接口、请求一个唯一标识或者从一个远程系统查询数据等。图A.2展示了以上过程。

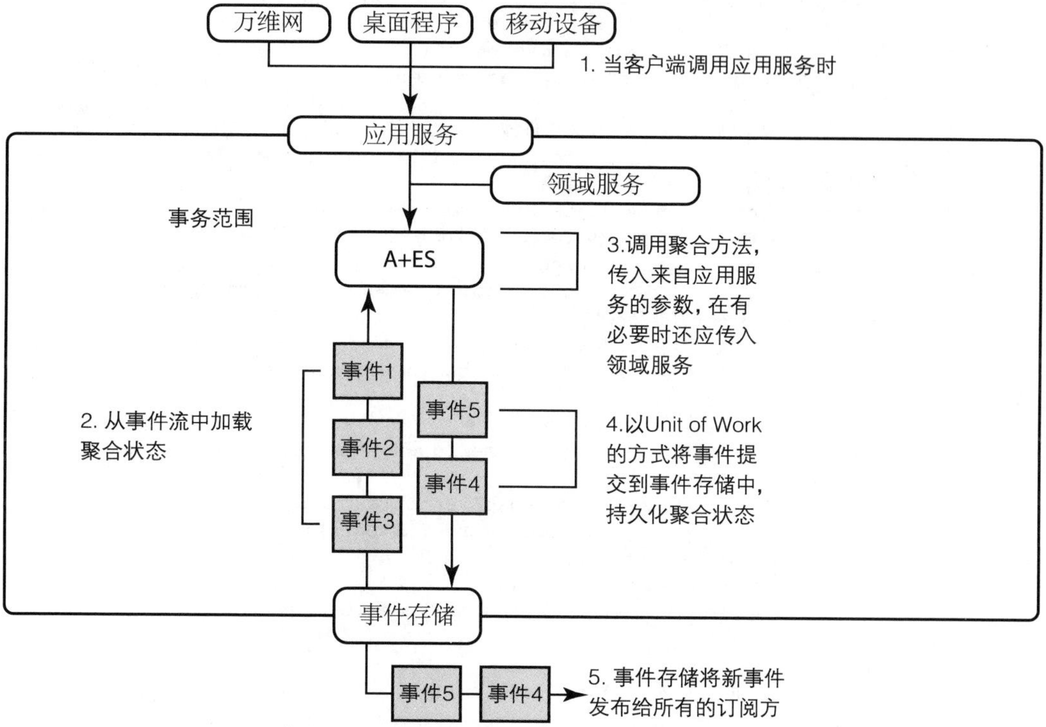

图A.2 应用服务控制对聚合的访问和使用。

以下应用服务（C#）向我们展示了如何实现图A.2中的各个步骤：

```
public class CustomerApplicationService
{
  //用于访问事件流的事件存储
  IEventStore _eventStore;

  //聚合所需的领域服务
  IPricingService _pricingService;

  //通过构造函数向应用层传入依赖
  public CustomerApplicationService(
    IEventStore eventStore,
    IPricingService pricing)
```

```
  {
    _eventStore = eventStore;
    _pricingService = pricing;
  }

  //第1步：调用应用层的LockForAccountOverdraft 方法
  // Customer Application Service is called
  public void LockForAccountOverdraft(
    CustomerId customerId, string comment)
  {
    //第2.1步：加载Customer的事件流
    var stream = _eventStore.LoadEventStream(customerId);
    //第2.2步：通过事件流创建聚合
    var customer = new Customer(stream.Events);
    //第3步：调用聚合方法，传入参数和领域服务
    // pricing domain service
    customer.LockForAccountOverdraft(comment, _pricingService);
    //第4步：向事件流提交修改
    _eventStore.AppendToStream(
      customerId, stream.Version, customer.Changes);
  }

  public void LockCustomer(CustomerId customerId, string reason)
  {
    var stream = _eventStore.LoadEventStream(customerId);
    var customer = new Customer(stream.Events);
    customer.Lock(reason);
    _eventStore.AppendToStream(
      customerId, stream.Version, customer.Changes);
  }

  //应用层的其他方法
}
```

CustomerApplicationService有2个依赖：IEventStore和IPricingService，它们通过构造函数参数传入。通过构造函数参数来处理依赖是可以的，同时我们还可以使用服务工厂或者依赖注入的方式。当然，决定权在你。

> **在哪里能找到示例代码？**
>
> *本附录的所有示例代码都可以通过以下方式下载到：:*
>
> http://lokad.github.com/lokad-iddd-sample/.

IEventStore接口可以非常简单，EventStream也是如此：

```
public interface IEventStore
{
    EventStream LoadEventStream(IIdentity id);
```

```
    EventStream LoadEventStream(
        IIdentity id, int skipEvents, int maxCount);

    void AppendToStream(
        IIdentity id, int expectedVersion, ICollection<IEvent> events);
}

public class EventStream
{
    //事件流的版本号
    public int Version;

    //事件流中的所有事件
    public List<IEvent> Events;
}
```

该事件存储可以简单地使用关系型数据库（Microsoft SQL、Oracle或者MySQL）来实现，或者采用NoSQL存储（文件系统、MongoDB、RavenDB或者Azure Blob）。

在从事件存储中加载事件时，我们需要传入那个需要重建的聚合实例的唯一标识。让我们看看对于一个名为Customer的聚合，这是如何实现的。虽然唯一标识可以是任意的类型，但出于代码表达性，我们将使用IIdentity接口，然后让CustomerId实现该接口。

我们需要加载某个Customer所对应的事件，然后将这些事件作为参数传给Customer的构造函数以实例化该聚合：

```
var eventStream = _eventStore.LoadEventStream(customerId);

var customer = new Customer(eventStream.Events);
```

如图A.3所示，聚合将调用Mutate()方法以重放各个事件。示例代码如下：

```
public partial class Customer
{
  public Customer(IEnumerable<IEvent> events)
  {
    //将聚合恢复到最新版本
    foreach (var @event in events)
    {
      Mutate(@event);
    }
  }

  public bool ConsumptionLocked { get; private set; }
```

```
  public void Mutate(IEvent e)
  {
    //根据方法签名匹配调用相应的When()方法
    ((dynamic) this).When((dynamic)e);
  }

  public void When(CustomerLocked e)
  {
    ConsumptionLocked = true;
  }

  public void When(CustomerUnlocked e)
  {
    ConsumptionLocked = false;
  }

  // etc.
```

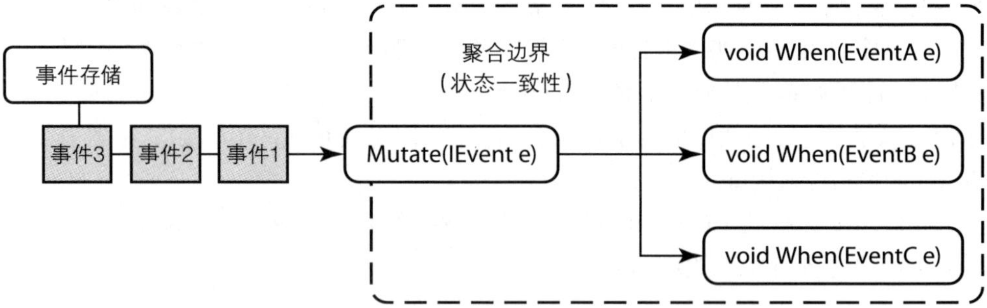

图A.3 使用事件重建聚合，此时应该以事件产生时的顺序应用各个事件。

这里的Mutate()方法（通过.NET dynamics）根据事件类型调用相应的When()方法，在调用时，传入事件作为参数。在Mutate()方法执行完毕后，Customer实例便拥有了一个重建完整的状态。

另外，我们还可以创建一个查询方法来从事件存储中重建一个聚合实例：

```
public Customer LoadCustomerById(CustomerId id)
{
    var eventStream = _eventStore.LoadEventStream(id);
    var customer = new Customer(eventStream.Events);
    return customer;
}
```

以上，我们看到了如何将事件流中的事件用于重建聚合，此外，这些历史事件还可以有其他的用途。我们可以将它们用于查看之前所发生的事情，这也使得我们可以方便地对产品环境进行调试。

业务操作是如何执行的呢？在聚合重建好之后，应用服务会把处理逻辑委派给聚合实例的一个命令方法。该聚合实例将使用其当前状态以及领域服务来执行业务操作。随着行为的执行，对聚合状态的修改将通过新的事件予以记录。之后，每个新的事件都会传给聚合的Apply()方法，如图A.4所示。

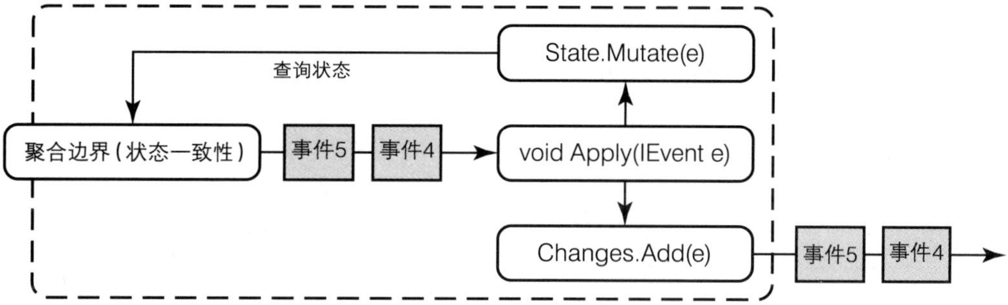

图A.4 聚合由过去的事件重建而成，聚合行为又将产生新的事件。

从下面的例子可以看出，新的事件首先会被添加到Changes集合中，然后再用于修改聚合的当前状态：

```
public partial class Customer
{
  ...
  void Apply(IEvent event)
  {
    //将事件追加到事件列表中，之后持久化
    Changes.Add(event);

    //传入每个事件以修改当前内存状态

    Mutate(event);
  }
  ...
}
```

所有添加到Changes集合中的事件都将被持久化。由于每个事件都会立即修改聚合的状态，如果一个操作拥有多个步骤，当后一个步骤执行时，聚合的状态总是最新的。

接下来，让我们看看Customer聚合的一些业务行为：

```
public partial class Customer
{
  //聚合类的第二部分
  public List<IEvent> Changes = new List<IEvent>();

  public void LockForAccountOverdraft(
    string comment, IPricingService pricing)
  {
    if (!ManualBilling)
    {
      var balance = pricing.GetOverdraftThreshold(Currency);
      if (Balance < balance)
      {
        LockCustomer("Overdraft. " + comment);
      }
    }
  }

  public void LockCustomer(string reason)
  {
    if (!ConsumptionLocked)
    {
      Apply(new CustomerLocked(_state.Id, reason));
    }
  }

  //其他业务方法未予显示

  void Apply(IEvent e)
  {
    Changes.Add(e);
    Mutate(e);
  }
}
```

考虑使用两个实现类

为了使代码更加清晰，我们可以将A+ES的实现分成两个类，一个状态类，一个行为类，行为对象持有状态对象。在Apply()方法中，这两个对象将紧密地协作。这种方法可以保证状态只能通过事件进行修改。

在修改状态的行为执行完毕之后，我们必须将Changes集合提交给事件存储。所有的修改都将被追加到事件流中，此时我们应该保证不存在并发冲突。要执行并发检查是可能的，因为我们从Load()方法中向Append()方法传入了一个并发版本变量。

在一个最简单的实现中，将会有一个后台处理器来捕获新追加的事件，然后将它们发布到消息基础设施中（比如RabbitMQ、JMS、MSMQ或者云队列），进而发送给所有的兴趣相关方。请参考图A.5。

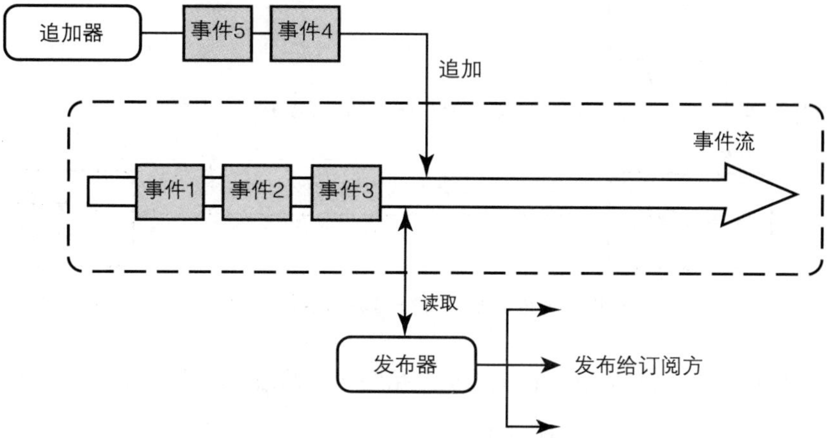

图A.5 由聚合行为产生的新事件被发布给订阅方。

我们还可以对以上实现进行改进。比如，可以对事件进行复制/克隆以增加系统的容错能力。图A.6向我们展示了一种立即复制事件的方法。

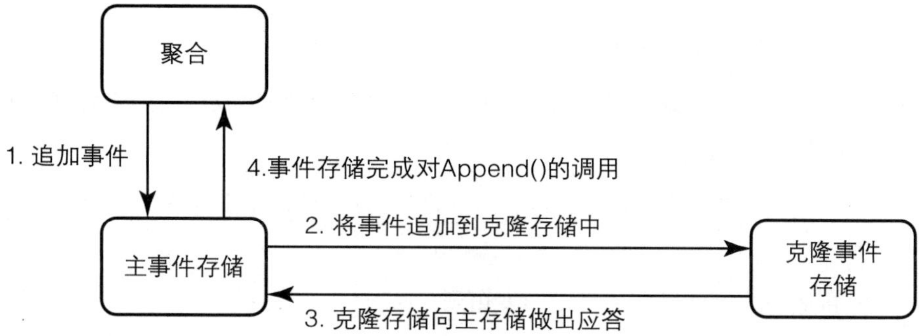

图A.6 同步写入：主事件存储将新追加的事件立即复制到克隆事件存储中。

在这种情况下，对于主（Master）事件存储来说，只有当它成功地将事件复制到克隆（Clone）事件存储之后，它才会认为对事件的保存是成功的。这是一种同步写入（write-through）的策略。

另一种方法是：在主存储保存聚合修改之后，在一个单独的线程中将事件复制到克隆存储中。这是一种延迟写入（write-behind）的策略，如图A.7所示。在这种方式下，克隆存储有可能不能与主存储保持一致，特别是在出现服务器故障或者网络速度跟不上的时候。

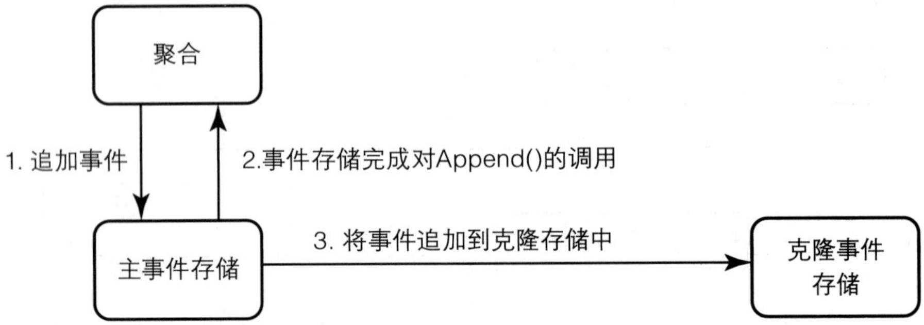

图A.7 延迟写入：主事件存储最终会将新追加的事件复制到克隆事件存储中。

作为对以上讨论的总结，让我们从应用服务开始依次浏览一遍执行流程：

1. 客户端调用应用服务中的某个方法。
2. 获取所需领域服务以执行业务操作。
3. 根据客户端传来的聚合实例的唯一标识，获取到相应的事件流。
4. 根据事件流中的所有事件重建聚合实例。
5. 在聚合上执行业务操作。
6. 聚合可能双分派给领域服务，或者其他聚合实例，然后发布新的事件作为操作的输出。
7. 将所有新建事件追加到事件流中，此时通过事件流的版本号来防止并发冲突。
8. 将新追加的事件通过消息设施发布到订阅方。

我们还可以通过各种手段来改进以上A+ES的实现。比如，我们可以使用一个**资源库（12）**来封装对事件存储的访问或者重建聚合实例的细节。对于以上代码示例来说，要创建一个可重用的资源库基类是非常简单的。接下来，我们将主要关注两种实际的改进措施：命令处理器和Lambda。

命令处理器

让我们看看使用**命令** (4, 14) 和命令处理器来管理任务的好处。首先，看看应用服务中的LockCustomer()方法：

```
public class CustomerApplicationService
{
  ...
  public void LockCustomer(CustomerId id, string reason)
  {
    var eventStream = _eventStore.LoadEventStream(id);
    var customer = new Customer(stream.Events);
    customer.LockCustomer(reason);
    _store.AppendToStream(id, eventStream.Version, customer.Changes);
  }
  ...
}
```

现在，设想一下为该方法名及其参数创建一个序列化的展现，我们应该怎么做？我们可以创建一个类，使类名能够反映出应用操作，再对应着原来方法的参数创建该类的实例变量。这样的类即是一个命令：

```
public sealed class LockCustomerCommand
{
  public CustomerId { get; set; }
  public string Reason { get; set; }
}
```

命令契约与事件契约遵循相同的语义，并且可以通过相似的方式在不同系统之间共享。该命令可以传给一个应用服务：

```
public class CustomerApplicationService
{
  ...
  public void When(LockCustomerCommand command)
  {
    var eventStream = _eventStore.LoadEventStream(command.CustomerId);
    var customer = new Customer(stream.Events);
    customer.LockCustomer(command.Reason);
    _eventStore.AppendToStream(
      command.CustomerId, eventStream.Version, customer.Changes);
  }
  ...
}
```

以上这个简单的重构将给系统带来长远的好处。

由于我们可以对命令对象进行序列化，于是我们可以通过消息的形式来发送命令对象的文本或二进制展现。消息将被发送到一个消息处理器，此时即命令处理器（Command Handler）。命令处理器可以有效地替代应用服务中的方法，虽然它们只是大致上等效而已。无论如何，将客户端与应用服务解耦可以改进负载均衡，并且可以处理多个相互竞争的消费方，另外还可以支持系统分区（system partitioning）。拿负载均衡来说，我们可以在任意数目的服务器上启动相同的命令处理器（等效于应用服务）。由于命令对象被放在了消息队列中，命令消息可以发送给任何一个监听的命令处理器，如图A.8所示。（在本附录中，命令通过圆圈表示。）此时的消息分发既可以通过简单的轮叫调度（round-robin）算法完成，也可以采用更复杂的分发算法。

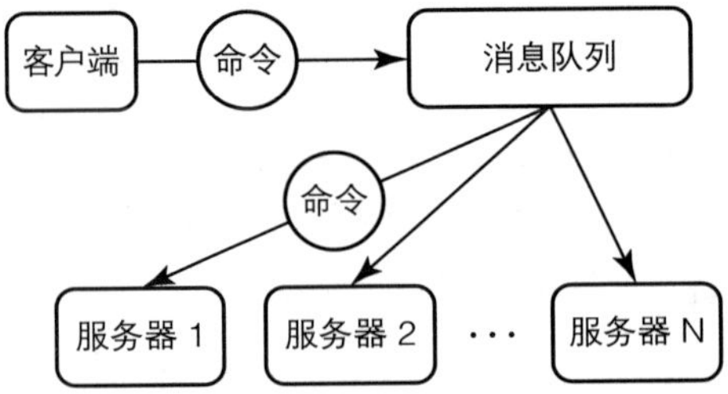

图A.8 应用命令被发送到任意数目的命令处理器。

这种方式在客户端和应用服务之间营造了一种临时的解耦，这样有助于增加系统的健壮性。首先，当应用服务不可用时（比如由于维护或者升级等原因），客户端依旧可以正常工作。此时，我们可以将命令保存在一个持久化队列中，当服务器恢复时，命令处理器（应用服务）可以继续处理这些命令对象，如图A.9所示。

其次，在分发命令之前，我们还可以加入一些链式的处理步骤，比如日志、授权和验证等。

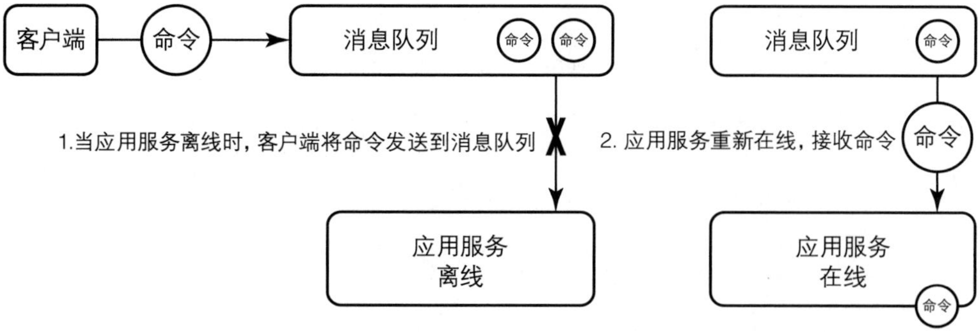

图A.9 基于消息的命令具有临时解耦的特征，命令处理器允许更灵活的系统可用性。

考虑一下增加日志步骤的情况。首先，我们创建一个应用服务接口，让实际服务类实现该接口：

```
public interface IApplicationService
{
    void Execute(ICommand cmd);
}

public partial class CustomerApplicationService : IApplicationService
{
  public void Execute(ICommand command)
  {
    //将命令对象传给相应的When()方法
    ((dynamic)this).When((dynamic)command);
  }
}
```

Execute()与Mutate()具有相似的实现

请注意，此时的Execute()方法与先前的Mutate()方法具有一些相似的特点。

所有的命令处理器（应用服务）都可以实现以上的标准接口。此时，我们便可以加入一些预处理（pre-）或者后处理（post-）等执行步骤，比如通用的日志功能：

```
public class LoggingWrapper : IApplicationService
{
  readonly IApplicationService _service;

  public LoggingWrapper(IApplicationService service)
  {
    _service = service;
```

```
  }

  public void Execute(ICommand cmd)
  {
    Console.WriteLine("Command: " + cmd);
    try
    {
      var watch = Stopwatch.StartNew();
      _service.Execute(cmd);
      var ms = watch.ElapsedMilliseconds;
      Console.WriteLine("  Completed in {0} ms", ms);
    }
    catch( Exception ex)
    {
      Console.WriteLine("Error: {0}", ex);
    }
  }
}
```

由于所有的应用服务都具有相同的标准接口，我们可以加入任意数目的通用功能。以下，我们新建了一个CustomerApplicationService对象，然后向其中加入日志功能：

```
var customerService =
  new CustomerApplicationService(eventStore, pricingService);
var customerServiceWithLogging = new LoggingWrapper(customerService);
```

最后，也正是由于我们将序列化的命令对象分发给不同的命令处理器，这使得我们可以在同一个地方对失败和错误进行处理。例如，对于由资源竞争所导致的并发问题，我们可以采用一个标准的恢复机制，比如对操作重试X次。重试可以基于盖帽指数后退算法策略，此时所有的重试都是统一的、可靠的，并且由单个类进行维护。

Lambda语法

如果你所使用的语言支持Lambda表达式，那么我们便可将其用于简化一些重复的代码。作为演示，先在应用服务中创建一个帮助方法：

```
public class CustomerApplicationService
{
  ...
  public void Update(CustomerId id, Action<Customer> execute)
  {
```

```
    EventStream eventStream = _eventStore.LoadEventStream(id);
    Customer customer = new Customer(eventStream.Events);
    execute(customer);
    _eventStore.AppendToStream(
      id, eventStream.Version, customer.Changes);
  }
  ...
}
```

在上例中，参数Action<Customer> execute表示一个匿名函数（C# 委派），该函数可以操作任何一个Customer实例。使用Lambda表达式时的简洁性可以从以下调用Update()时所传入的参数看出：

```
public class CustomerApplicationService
{
  ...
  public void When(LockCustomer c)
  {
    Update(c.Id, customer => customer.LockCustomer(c.Reason));
  }
  ...
}
```

对于Lambda表达式，C#编译器将生成类似于以下的代码：

```
public class AnonymousClass_X
{
    public string Reason;
    public void Execute(Customer customer);
    {
       Customer.LockCustomer(Reason);
    }
}

public delegate void Action<T>(T argument);

public void When(LockCustomer c)
{
  var x = new AnonymousClass_X();
  x.Reason = c.Reason
  Update(c.Id, new Action<Customer>(customer => x.Execute(customer));
}
```

以上生成的函数接受一个Customer实例作为参数，因此它可以多次地用于不同的Customer实例以完成行为操作。在下一节中，我们还将看到Lambda所带来的好处。

并发控制

有时，多个线程可能同时访问聚合的事件流，这将导致一些潜在的并发冲突，进而使聚合处于不正确的状态。考虑一下当两个线程同时修改事件流的情形，如图A.10所示。

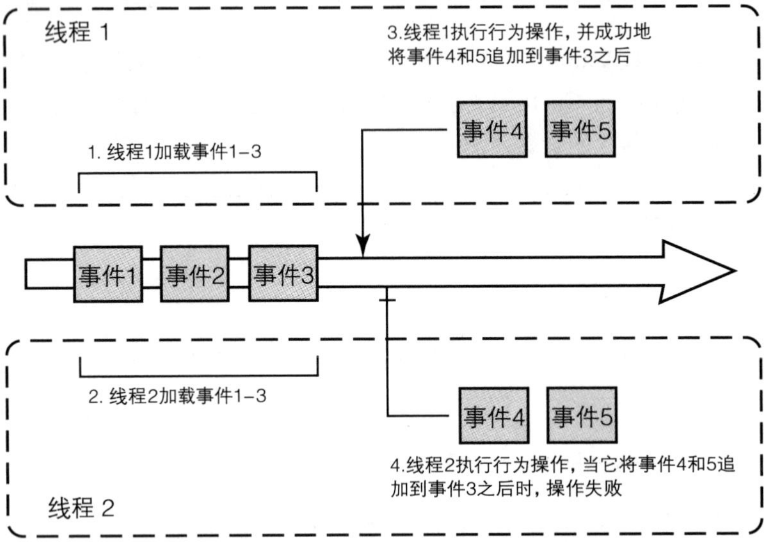

图A.10 两个线程竞争对同一个聚合实例的使用。

对于这种情形，最简单的解决方法是在第4步中抛出一个EventStoreConcurrencyException异常，并将其一路传到最终的客户端：

```
public class EventStoreConcurrencyException : Exception
{
    public List<IEvent> StoreEvents { get; set; }
    public long StoreVersion { get; set; }
}
```

在最终的客户端捕获到该异常之后，它可以告知用户手动地重试。

相比之下，你可能会认为采用一个标准的重试策略会更好。此时，当事件存储抛出EventStoreConcurrencyException异常时，我们可以立即对操作进行重试：

```
void Update(CustomerId id, Action<Customer> execute)
{
```

```
  while(true)
  {
    EventStream eventStream = _eventStore.LoadEventStream(c.Id);
    var customer = new Customer(eventStream.Events);
    try
    {
      execute(customer);
      _eventStore.AppendToStream(
        c.Id, eventStream.Version, customer.Changes);
      return;
    }
    catch (EventStoreConcurrencyException)
    {
      //通过，然后再重试，可以有选择性的简短延迟
    }
  }
}
```

在这种情况下，当并发冲突发生时，我们可以额外地加入以下处理步骤：

1. 线程2捕获到异常，while循环重新从头执行，此时事件1-5被应用到Customer实例上。
2. 线程2将操作重新委派给Customer，此时将产生事件6-7并追加到事件5之后。

如果重新执行聚合行为的成本过高，或者不便重新执行（比如，需要集成诸如订单或信用卡之类的第三方系统），那么我们可以考虑另外的策略。

如图A.11所示，另外的策略之一便是使用事件冲突决议（Event conflict resolution），它可以减少由并发所致的异常。事件冲突决议的工作原理如下：

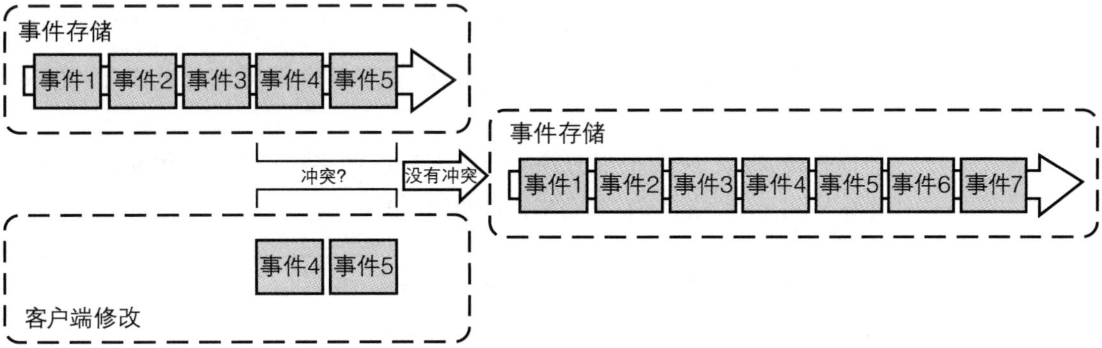

图A.11 对聚合使用事件冲突决议。

```
void UpdateWithSimpleConflictResolution(
  CustomerId id, Action<Customer> execute)
{
  while (true)
  {
    EventStream eventStream = _eventStore.LoadEventStream(id);
    Customer customer = new Customer(eventStream.Events);
    execute(customer);

    try
    {
      _eventStore.AppendToStream(
        id, eventStream.Version, customer.Changes);
      return;
    }
    catch (EventStoreConcurrencyException ex)
    {
      foreach (var failedEvent in customer.Changes)
      {
        foreach (var succeededEvent in ex.ActualEvents)
        {
          if (ConflictsWith(failedEvent, succeededEvent))
          {
            var msg = string.Format("Conflict between {0} and {1}",
              failedEvent, succeededEvent);
            throw new RealConcurrencyException(msg, ex);
          }
        }
      }
      //不存在冲突，可以追加
      _eventStore.AppendToStream(
        id, ex.ActualVersion, customer.Changes);
    }
  }
}
```

在这种方式下，ConflictsWith()方法用于检测并发冲突，它将比较聚合中的事件与当前事件存储中的事件。

通常来说，每个聚合根都应该有与之对应的冲突决议方法。但是，以下的ConflictsWith()方法对于多数聚合来说都是适用的：

```
bool ConflictsWith(IEvent event1, IEvent event2)
{
  return event1.GetType() == event2.GetType();
}
```

这种冲突决议基于一个简单的原则：相同类型的事件通常会相互冲突，但是不同类型的事件则很少发生冲突。

A+ES所带来的结构自由性

A+ES最实际的优点之一便是持久化的简单性。无论聚合的结构多么复杂，它都可以通过一系列序列化的事件予以重建。随着时间的推移，新的需求被加到系统中，聚合的行为也将随之发生变化。此时，即便我们需要重新整理聚合内部实现的结构，A+ES在多数情况下都是可以应对的。

与特定唯一标识相关联的一系列事件通常称为事件流。从本质上讲，事件流只是一个只追加式的消息列表，此时你可以选择任意序列化机制将事件序列化成字节块。这样，我们便可以通过各种方式来持久化事件流，包括关系型数据库、NoSQL存储、文件系统或者云存储等，只要这些持久化机制能够保证一致性。

以下是A+ES持久化的主要优点，对于那些具有很长生命周期的**限界上下文** (12)来说，这些优点尤为重要：

- 对于领域专家所提出的新行为，A+ES可以将聚合的内部状态适配到任何实际的结构展现中。
- 我们可以在不同的主机方案之间迁移整个基础设施，这使得系统在云存储不可用时依然可以正常工作。
- 任何聚合实例的事件流都可以被下载到开发机上，从而使得我们通过事件重放来调试系统中的错误。

性能

有时，加载一个庞大的事件流可能会导致性能问题，特别是当单个事件流中包含了成百上千个事件的时候。对于单个事件流来说，以下是一些简单的处理方式：

- 在事件流保存到事件存储之后，它们便不会改变了，因此我们可以在服务器中缓存事件流。在对聚合修改进行查询时，我们可以提供在上一次操作中最后一个事件的版本号，然后只返回在该事件之后的那些修改。这是一种以消耗内存来换取性能的方法。

- 通过使用聚合快照（snapshot），我们可以避免加载和重放很大一部分事件流。此时，在加载聚合实例时，我们只需要找到该聚合的最近一次快照，然后只对那些发生在该快照之后的事件进行重放。

如图A.12所示，快照只是对聚合在某个时刻的全状态的序列化复制，并且存在于事件流中。我们可以使用资源库来访问快照：

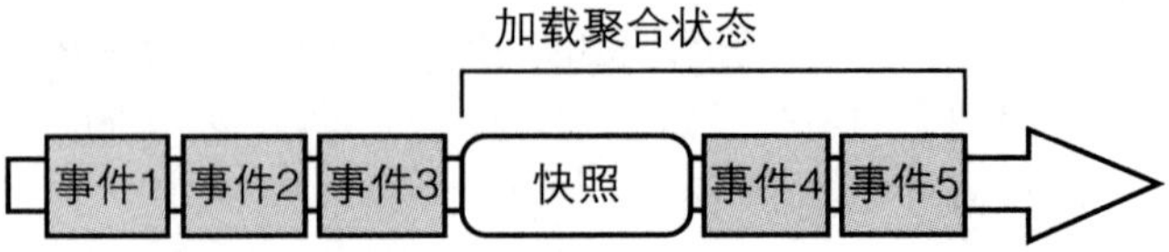

图A.12 事件流中包含了一个快照，快照之后还跟有另外两个事件。

```
public interface ISnapshotRepository
{
  bool TryGetSnapshotById<TAggregate>(
    IIdentity id, out TAggregate snapshot, out int version);
  void SaveSnapshot(IIdentity id, TAggregate snapshot, int version);
}
```

在事件流中，我们必须为每个事件快照维护一个版本。有了该快照版本，在加载聚合实例时，我们便可以先加载该快照，然后重发那些发生在该快照之后的所有事件：

```
//简单的文档存储接口
ISnapshotRepository _snapshots;

//事件存储
IEventStore _store;

public Customer LoadCustomerAggregateById(CustomerId id)
{
  Customer customer;
  long snapshotVersion = 0;
  if (_snapshots.TryGetSnapshotById(
        id, out customer, out snapshotVersion))
  {
    //加载快照之后的事件
    EventStream stream = _store.LoadEventStreamAfterVersion(
      id, snapshotVersion);
    //应用这些事件以更新快照
    customer.ReplayEvents(stream.Events);
    return customer;
  }
  //不存在任何快照
```

```
  {
    EventStream stream = _store.LoadEventStream(id);
    return new Customer(stream.Events);
  }
}
```

ReplayEvents()方法将重放那些发生在最近一次快照之后的所有事件。该方法执行完后，聚合便处于最新状态。请注意，只有在最后一次快照被加载之后，聚合实例的状态才将被修改。因此，我们不会只通过事件流来实例化Customer。另外，我们也不能使用Apply()方法，因为该方法不仅会修改聚合的状态，还会将事件保存到Changes集合中。将已经存在于事件流中的事件再次保存到Changes中将导致严重的bug。因此，我们需要实现一个新的ReplayEvents()方法：

```
public partial class Customer
{
  ...
  public void ReplayEvents(IEnumerable<IEvent> events)
  {
    foreach (var event in events)
    {
      Mutate(event);
    }
  }
  ...
}
```

以下是创建Customer快照的示例代码：

```
public void GenerateSnapshotForCustomer(IIdentity id)
{
  //从头到尾加载所有事件
  EventStream stream = _store.LoadEventStream(id);
  Customer customer = new Customer(stream.Events);
  _snapshots.SaveSnapshot(id, customer, stream.Version);
}
```

快照的创建和持久化可委派给一个后台线程。只有当在上次快照之后有额外的事件产生时，我们才可以创建新的快照。以上过程如图A.13所示。由于不同聚合拥有不同的特点，我们应该根据性能所需对每一种聚合类型的快照进行优化。

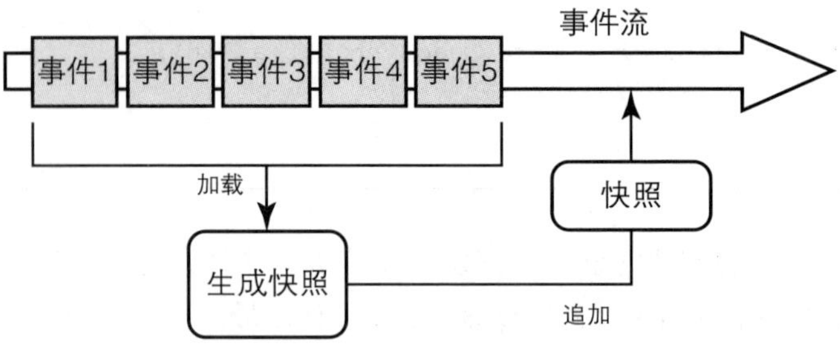

图A.13 聚合的快照在一定数目的新事件产生之后予以创建。

提升A+ES性能的另一种方法是，根据唯一标识将聚合拆分到多个进程或者机器中。这种拆分可以通过标识哈希或者其他算法完成，并且可以将聚合缓存和聚合快照联合起来使用。

实现事件存储

接下来，让我们来实现几种适用于A+ES的事件存储。这里所实现的事件存储是很简单的，并且没有考虑到那些需要极高性能的情况，但是对于多数领域来说，它们已经足够了。

虽然不同事件存储的实现方式不同，但是它们都遵循相同的契约：

```
public interface IEventStore
{
  加载事件流中的所有事件
  EventStream LoadEventStream(IIdentity id);
  //加载事件流中的某个子集
  EventStream LoadEventStream(
    IIdentity id, int skipEvents, int maxCount);
    //追加事件到事件流，
    //如果在expectedversion之后有
    //另外的事件加入，
    //则抛出OptimisticConcurrencyException 异常
  void AppendToStream(
    IIdentity id, int expectedVersion, ICollection<IEvent> events);
}

public class EventStream
{
    //事件流的版本号
    public int Version;
    //事件流中的所有事件
```

```
    public IList<IEvent> Events = new List<IEvent>();
}
```

如图A.14所示，IEventStore的实现类是特定于项目的，它封装了一个更通用的IAppendOnlyStore。IEventStore的实现类用于处理序列化和强类型（strong typing），而IAppendOnlyStore的实现类则用于对不同存储引擎的底层访问。

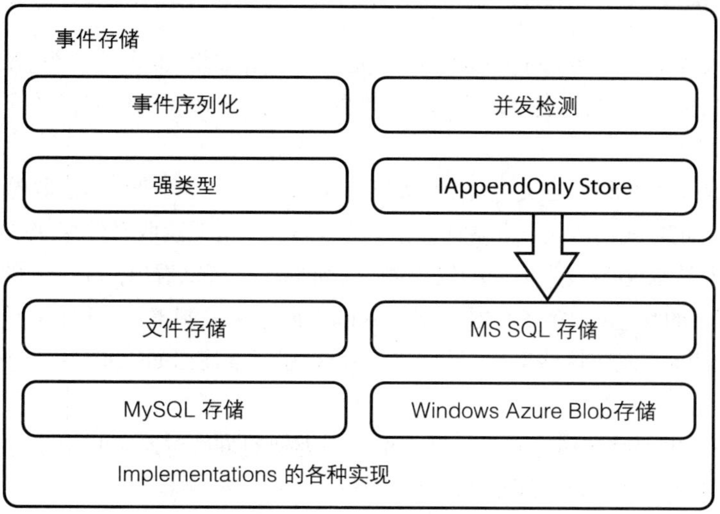

图A.14 高层的IEventStore和底层的IAppendOnlyStore。

事件存储源代码

你可以通过以下方式下载到事件存储的源代码
http://lokad.github. com/lokad-iddd-sample/。

以下是底层的IAppendOnlyStore接口：

```
public interface IAppendOnlyStore : IDisposable
{
  void Append(string name, byte[] data, int expectedVersion = -1);
  IEnumerable<DataWithVersion> ReadRecords(
    string name, int afterVersion, int maxCount);
  IEnumerable<DataWithName> ReadRecords(
    int afterVersion, int maxCount);

  void Close();
}

public class DataWithVersion
{
```

```
  public int Version;
  public byte[] Data;
}

public sealed class DataWithName
{
  public string Name;
  public byte[] Data;
}
```

可以看到，IAppendOnlyStore处理的是一些字节数组，而不是事件集合。另外，它处理的是字符形式的名字，而不是强类型的标识。EventStore类将处理前者与后者之间的转换。

IAppendOnlyStore定义了两个ReadRecords()方法。第一个用于读取单个事件流中的事件，此时我们传入了该事件流的名字。第二个用于读取事件存储中的所有事件。两个方法都必须按照事件的发生顺序读取事件。可以看出，第一个方法用于重建单个聚合的状态；而第二个方法则被基础设施用来复制事件，并且在不使用两阶段提交的情况下发布这些事件，另外，它还可以用于重建诸如CQRS用户界面所需的读模型。

在序列化和反序列化时——在字节与强类型的事件对象之间相互转化——我们可以使用.NET的BinaryFormatter类：

```
public class EventStore : IEventStore
{
  readonly BinaryFormatter _formatter = new BinaryFormatter();

  byte[] SerializeEvent(IEvent[] e)
  {
    using (var mem = new MemoryStream())
    {
      _formatter.Serialize(mem, e);
      return mem.ToArray();
    }
  }

  IEvent[] DeserializeEvent(byte[] data)
  {
    using (var mem = new MemoryStream(data))
    {
      return (IEvent[])_formatter.Deserialize(mem);
    }
  }
}
```

以下代码展示了如何通过序列化和反序列化的方式来加载一个事件流：

```
readonly IAppendOnlyStore _appendOnlyStore;
...
public EventStream LoadEventStream(IIdentity id, int skip, int take)
{
  var name = IdentityToString(id);
  var records = _appendOnlyStore.ReadRecords(name, skip, take).ToList();
  var stream = new EventStream();

  foreach (var tapeRecord in records)
  {
    stream.Events.AddRange(DeserializeEvent(tapeRecord.Data));
    stream.Version = tapeRecord.Version;
  }
  return stream;
}

string IdentityToString(IIdentity id)
{
  //在本项目中，所有的id都有相应的名字
  return id.ToString();
}
```

在使用IAppendOnlyStore时，我们通过以下方式将新的事件追加到事件存储中：

```
public void AppendToStream(
  IIdentity id, int originalVersion, ICollection<IEvent> events)
{
  if (events.Count == 0)
    return;
  var name = IdentityToString(id);
  var data = SerializeEvent(events.ToArray());
  try
  {
    _appendOnlyStore.Append(name, data, originalVersion);
  }
  catch(AppendOnlyStoreConcurrencyException e)
  {
    //加载服务器事件
    var server = LoadEventStream(id, 0, int.MaxValue);
    //抛出异常
    throw OptimisticConcurrencyException.Create(
      server.Version, e.ExpectedVersion, id, server.Events);
  }
}
```

关系型持久化

由于关系型数据库可以保证很强的一致性，它可以很好地用于实现只追加式的事件持久化。许多企业都采用了一种或多种关系型数据库产品，因此对于开发者来说，将关系型数据库作为事件存储的学习曲线是非常低的。

MySQL是一种非常流行的开源关系型数据库，并且可以用于多种平台，因此我们将使用MySQL作为事件存储。MySQLAppendOnlyStore实现了IAppendOnlyStore，它作为一个访问层。MySQLAppendOnlyStore将二进制形式的事件保存到ES_Events表中，然后在从该表中加载持久化的事件。

以下是ES_Events表的定义，它用于管理一个限界上下文中每种聚合类型所对应的事件流：

```
CREATE TABLE IF NOT EXISTS `ES_Events` (
  `Id` int NOT NULL AUTO_INCREMENT,      -- unique id
  `Name` nvarchar(50) NOT NULL,          -- name of the stream
  `Version` int NOT NULL,                -- incrementing stream version
  `Data` LONGBLOB NOT NULL               -- data payload
)
```

要在一个事务中将事件追加到特定的事件流，我们可以通过以下步骤：

1. 开始一个事务。
2. 检查事件存储的版本号与所期待的版本号是否不同，如果不同，在抛出异常。
3. 如果没有并发冲突，追加事件到事件存储中。
4. 提交事务。

以下是追加事件所使用的Append()方法：

```
public void Append(string name, byte[] data, int expectedVersion)
{
  using (var conn = new MySqlConnection(_connectionString))
  {
    conn.Open();
    using (var tx = conn.BeginTransaction())
    {
      const string sql =
        @"SELECT COALESCE(MAX(Version),0)
          FROM `ES_Events`
          WHERE Name=?name";
```

```
        int version;
        using (var cmd = new MySqlCommand(sql, conn, tx))
        {
          cmd.Parameters.AddWithValue("?name", name);
          version = (int)cmd.ExecuteScalar();
          if (expectedVersion != -1)
          {
            if (version != expectedVersion)
            {
              throw new AppendOnlyStoreConcurrencyException(
                version, expectedVersion, name);
            }
          }
        }

        const string txt =
             @"INSERT INTO `ES_Events` (`Name`, `Version`, `Data`)
              VALUES(?name, ?version, ?data)";

        using (var cmd = new MySqlCommand(txt, conn, tx))
        {
          cmd.Parameters.AddWithValue("?name", name);
          cmd.Parameters.AddWithValue("?version", version+1);
          cmd.Parameters.AddWithValue("?data", data);
          cmd.ExecuteNonQuery();
        }
        tx.Commit();
      }
    }
  }
```

从IAppendOnlyStore中读取事件是非常简单的，我们只需要一个基本的查询。比如，以下的ReadRecords()方法从聚合的事件流中读取出一个记录列表：

```
public IEnumerable<DataWithVersion> ReadRecords(
  string name, int afterVersion, int maxCount)
{
  using (var conn = new MySqlConnection(_connectionString))
  {
    conn.Open();
    const string sql =
      @"SELECT `Data`, `Version` FROM `ES_Events`
        WHERE `Name` = ?name AND `Version`>?version
        ORDER BY `Version`
        LIMIT 0,?take";
    using (var cmd = new MySqlCommand(sql, conn))
    {
      cmd.Parameters.AddWithValue("?name", name);
      cmd.Parameters.AddWithValue("?version", afterVersion);
```

```
        cmd.Parameters.AddWithValue("?take", maxCount);
        using (var reader = cmd.ExecuteReader())
        {
          while (reader.Read())
          {
            var data = (byte[])reader["Data"];
            var version = (int)reader["Version"];
            yield return new DataWithVersion(version, data);
          }
        }
      }
    }
}
```

在示例代码中，你将找到以MySQL实现事件存储的源代码。同时，示例代码中还提供了一个以Microsoft的SQL Server实现事件存储的版本。

BLOB持久化

使用数据库服务器（比如MySQL和MS SQL服务器）可以简化我们很多工作。它可为我们提供并发管理、文件碎片化（file fragmentation,）、缓存和数据一致性等功能。显然，在不使用数据库产品的时候，很多工作都需要我们自己完成。

然而，如果我们的确想走出一条更艰难的路，我们依然可以得到帮助。比如，Windows Azure Blob存储和简单文件系统存储便可以为我们所用。在示例项目中，包含了这两种方式的事件存储实现。

在不使用数据库来创建事件存储时，我们有以下指导原则，同时请参考图A.15。

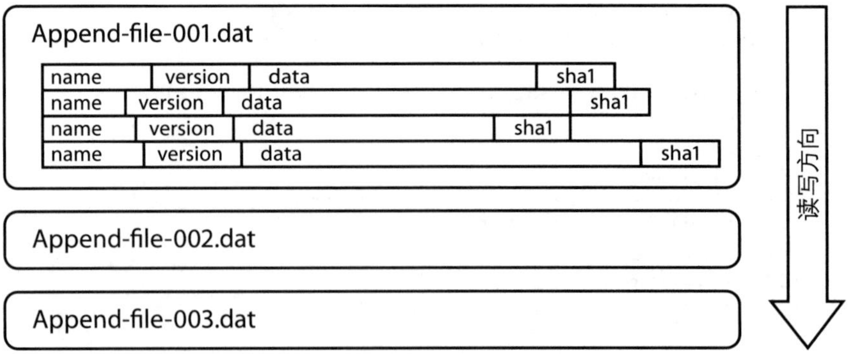

图A.15 基于文件的BLOB存储，图中所用的策略是：每个聚合实例对应一个文件，每个事件对应一条记录。

1. 我们自定义的存储由一组只追加式的二进制大对象 (Binary Large Object, BLOB) 文件组成。在写进数据时，我们需要锁住这些文件；而在读取数据时，则可以并发进行。

2. 根据你的策略，可以只使用一个BLOB存储来保存一个限界上下文中的所有聚合类型和实例。或者，你也可以为每一种聚合类型创建一个BLOB存储用以保存该类型的所有实例。也或者，你还可以根据聚合实例来拆分BLOB存储，即每个聚合实例的事件流都有自己的BLOB。

3. 在写进组件向BLOB追加事件时，它将打开相应的BLOB存储，写进数据，最后向存储中添加一个索引。

4. 无论采用哪种策略的BLOB存储，所有的新建事件都必须通过追加的方式予以保存。每一个记录都包含一个名字、版本和二进制数据。这和使用关系型数据作为事件存储是相似的。但是，在使用BLOB时，我们需要提供一个哈希码或循环冗余检查 (cyclic redundancy check, CRC)以在读取数据时验证它们的完整性 。

5. 在BLOB事件存储中，通过列举所有文件及其内容，我们可以简单地对所有事件流中的所有事件进行枚举操作。为了加速对数据的读取，我们可能需要维护一个内存索引，或者将事件流缓存在内存中。在使用内存缓存时，如果有新的事件被追加，那么我们需要刷新缓存。另外，聚合状态快照和文件碎片化也有助于性能提升。

6. 当然，为了避免由文件系统的磁盘碎片化所导致的问题，在创建每个事件流时，我们都可以在相应的BLOB文件中预留出足够大的一片区域。

这种设计来源于Riak Bitcask模型。关于Riak Bitcask架构，请参考以下文章：http://downloads. basho.com/papers/bitcask-intro.pdf。

专注的聚合

在采用传统的持久化机制（比如不使用事件源的关系型数据库）来开发聚合时，当我们需要向系统中添加一个新的实体，或者改进已有实体时，我们总是会遇到这样或那样的麻烦。此时，我们可能需要创建新的数据库表，定义新的映射关系和新的资源库方法。如果不这么做，那么我们所关注的可能是聚合的状态结构和行为，此时的聚合将变得很大 。修改已有聚合比创建新聚合要简单得多。

然而，如果创建新聚合的方式更加简单，那么你可能就会改变自己的看法了。在我看来，在使用事件源时，这的确如此。据我的经验来看，在使用A+ES时所创建的聚合都是很小的，而这也是聚合设计的首要原则之一。

比如，对于一个将软件作为服务的公司来说，现实世界中的一个客户可以通过不同的聚合来表示，不同的聚合专注于不同的行为方面：

- `Customer`:505负责账单、发票和通用的账户管理。
- `Security-Account`:505维护多个具有访问权限的用户。
- `Consumer`:505跟踪客户的消费记录。

每一种聚合类型都可以在单独的限界上下文中实现，而不同的限界上下文又可以采用不同的技术和架构。比如，对于Consumer我们需要提供很高的伸缩性，每秒钟可能需要处理上千条消息。此时的事件流便可以部署在可自动伸缩的云网织（cloud　fabric）中。而对于其他种类的客户聚合来说，我们则可以部署在具有较低伸缩性的环境中。

当然，我们绝不应该毫无根据地将聚合设计得小。聚合设计应该保护真正的业务不变条件，此时聚合中可能包含多个实体和值对象。但是，在使用A+ES时，我们有更多的机会来设计小的、高效的聚合。

事实上，有时在开始领域建模时，我们可以通过定义主要的输入命令、输出事件以及与之相关行为的方式来创建核心的通用语言。在之后的阶段才根据相似性、相关性和业务规则对概念进行分组以创建聚合。这种方式——即便只是领域建模练习中的一种开发探索——有助于我们更深地了解核心业务的概念。

读模型投射

使用A+ES的一个常见问题是如何通过属性来查询聚合。事件源并没有提供一种简单的方式来回答诸如“最近一个月所有客户的订单总量是多少”这样的问题。我们可能需要加载所有的Customer实例，然后依次遍历以找出该Customer的所有Order，再计算Order的总和。这种方式是非常低效的。

这时，**读模型投射**（Read Model Projection）便可以帮上大忙了。在使用读模型投射时，我们使用一组简单的领域事件订阅方来生成和更新读模型。当事件订阅方接收到新的事件时，它们将计算一些查询结果，然后将这些结果保存到读模型中以供之后使用。

简单来说，一个投射和聚合实例非常相似。在事件到达时，我们使用其中的数据来构建投射的状态。每次更新之后，我们都会对读模型投射进行持久化。更新后的投射可以被多方读取，不论是同一个限界上下文中的读取方，还是不同限界上下文的。

读模型投射示例代码

你可以通过以下方式访问到读模型投射的示例项目：

http://lokad.github.com/lokad-cqrs/.

其中的源代码向我们展示了不同的持久化场景和对读模型的自动重建等。

以下代码向我们展示了一个读模型投射，它将捕捉每个Customer的所有事务操作：

```
public class CustomerTransactionsProjection
{
  IDocumentWriter<CustomerId, CustomerTransactions> _store;

  public CustomerTransactionsProjection(
    IDocumentWriter<CustomerId, CustomerTransactions> store)
  {
    _store = store;
  }

  public void When(CustomerCreated e)
  {
    _store.Add(e.Id, new CustomerTransactions());
  }

  public void When(CustomerChargeAdded e)
  {
    _store.UpdateOrThrow(e.Id,
      v => v.AddTx(e.ChargeName, -e.Charge, e.NewBalance, e.TimeUtc));
  }

  public void When(CustomerPaymentAdded e)
  {
    _store.UpdateOrThrow(e.Id,
      v => v.AddTx(e.PaymentName, e.Payment, e.NewBalance, e.TimeUtc));
  }
}
```

以上的CustomerTransactionsProjection类与先前使用Lambda的应用服务相似。然而，这里的投射接受的是事件而不是命令，并且通过IDocumentWriter更新文档而不是聚合实例。

背后的读模型只是一个简单的DTO[Fowler]，我们通过IDocumentWriter对该DTO进行序列化并将其持久化到数据存储中。该DTO的定义如下：

```
[Serializable]
public class CustomerTransactions
{
  public IList<CustomerTransaction> Transactions =
    new List<CustomerTransaction>();

  public void AddTx(
    string name, CurrencyAmount change,
    CurrencyAmount balance, DateTime timeUtc)
  {
    Transactions.Add(new CustomerTransaction()
    {
        Name = name,
        Balance = balance,
        Change = change,
        TimeUtc = timeUtc
    });
  }
}

[Serializable]
public class CustomerTransaction
{
  public CurrencyAmount Change;
  public CurrencyAmount Balance;
  public string Name;
  public DateTime TimeUtc;
}
```

通常，我们使用一个文档数据库来持久化读模型，当然你也可以使用其他持久化机制。我们可以将读模型缓存到内存中，或者以文档的形式推送给内容分发网络（content-delivery network，CDN），也或者保存到关系型数据库中。

除了具有可伸缩性之外，读模型投射的一个主要优点在于它是可任意支配的。在应用程序的生命周期中，我们可以对投射进行任意的添加、修改和替换。要完全地替换一个读模型，我们可以丢掉已有的读模型数据，再通过整个事件流来重建投射对象，并且，这个过程可以被自动化。

与聚合设计一道使用

这种读模型投射经常被用于向不同的客户端（比如桌面客户端和Web界面）提供信息，同时它还可以用于在不同的限界上下文以及聚合之间的共享数据。考虑以下场景：一个Invoice聚合需要Cusomter的一些信息（比如名字、账单、地址和税号）来准备发票。此时，我们便可以从CustomerBillingProjection中获得这些信息，然后创建一个单独的CustomerBillingView实例。读模型通过领域服务IProvideCustomerBillingInformation向Invoice聚合提供数据信息。在背后，该领域服务将从文档存储中获取相应的CustomerBillingView实例。

读模型投射还使得我们在不同的聚合实例之间共享信息，这种方式具有更好的松耦合性和可维护性。任何时候，如果我们想改变IProvideCustomerBillingView所返回的信息，我们都可以在不修改Customer聚合的情况下完成。我们只需要改变投射实现，然后重放所有事件以重建读模型。

增强事件

A+ES的另一个更常见的问题源自于它的双重目的。事件既被用于聚合的持久化，又被用于在不同的系统之间通信。

例如，考虑以下场景：一个项目管理系统允许客户创建新的项目，并且存档已完成的项目。假设每次一个用户存档一个项目时，我们都发布一个ProjectArchived事件。该领域事件如下：

```
public class ProjectArchived {
  public ProjectId Id { get; set; }
  public UserId ChangeAuthorId { get; set; }
  public DateTime ArchivedUtc { get; set; }
  public string OptionalComment { get; set; }
}
```

在使用A+ES时，这些信息对于重建一个存档的Project来说已经足够了。但是，对于事件发布方来说，这样的事件可能会导致一些问题。

为什么？考虑一下ArchivedProjectsPerCustomerView所对应的读模型投射，如图A.16所示。该投射订阅了不同的事件，并且为每个客户都维护了一个存档Project的列表。为了完成任务，该投射需要一些最新的信息，比如：

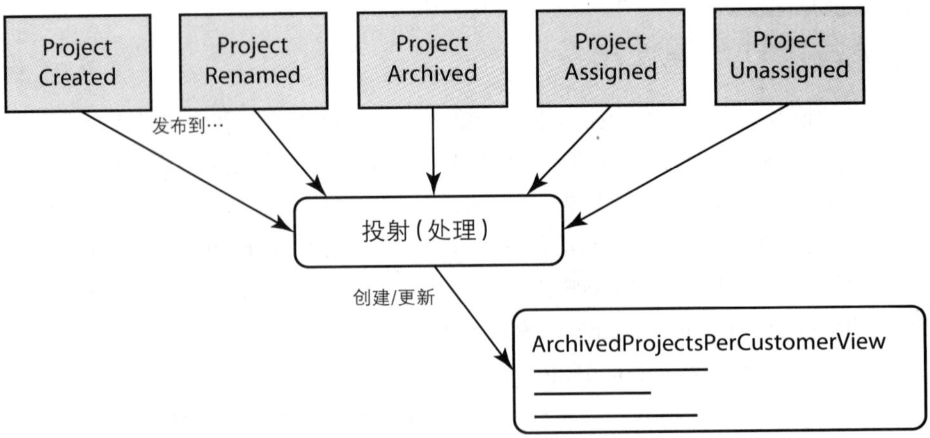

图A.16 多个领域事件被一个投射所消费，用于构建读模型的视图。

- 项目的名字
- 客户的名字
- 分给客户的项目
- 项目的存档事件

此时，我们可以通过增强ProjectArchived事件的方式来大大简化该投射，即向事件中加入一些额外的数据以发布更多的信息。这些额外添加的数据对于重建聚合来说用处并不大，但却可以在很大程度上简化事件的消费方。于是，我们得到了以下改进后的ProjectArchived事件：

```
public class ProjectArchived {
  public ProjectId Id { get; set; }
  public string ProjectName { get; set; }
  public UserId ChangeAuthorId { get; set; }
  public DateTime ArchivedUtc { get; set; }
  public string OptionalComment { get; set; }
  public CustomerId Customer { get; set; }
  public string CustomerName { get; set; }
}
```

采用增强后的ProjectArchived事件，由投射生成的ArchivedProjectsPerCustomerView将得到简化，如图A.17所示。

领域事件的一个经验法则是这样的：领域事件中所包含的信息应该满足80%的消费方，虽然对于很多消费方来说，这些信息是多余的。我们需要保证投射处理器能获得足够的信息，其中包括：

- 实体标识器，即事件的所有者，就如CustomerId之于Customer一样。
- 用于显示用途的名字或其他属性，比如ProjectName和CustomerName等。

以上只是建议而已，而不是原则。对于那些拥有多个限界上下文的企业来说，他们通常都是能工作得很好的。然而，对于那些大而全的限界上下文来说，这些建议通常没多大用处，因为那些限界上下文倾向于维护一个二级查询表和实体图。当然，现在你知道了一个事件应该包含什么样的属性。有时，一个事件应该包含哪些属性是非常明显的，对于这样的事件来说，我们并不需要进行重构。

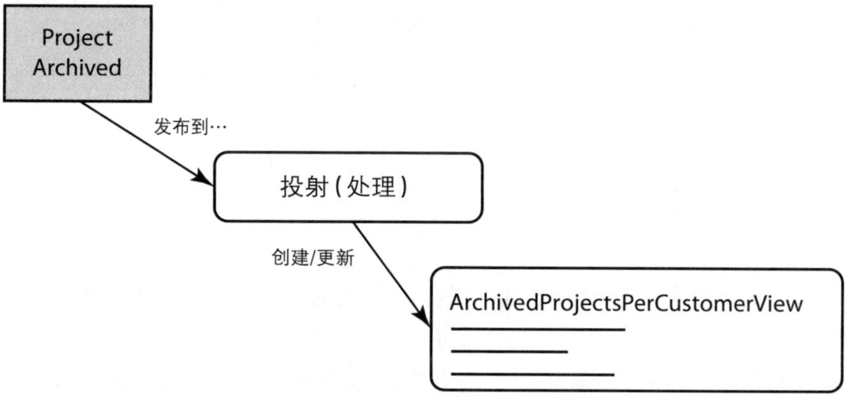

图A.17 诸如ProjectArchived这样的领域事件被投射处理器所消费，并用于创建视图和报告相关的读模型。

工具和模式

对于使用A+ES的系统来说，开发、构建、部署和维护都需要一套模式，这些模式可能与传统系统中的模式不同。本节将介绍一些对A+ES有用的模式、工具和实践。

事件序列器

选择一个有利于版本控制和事件重命名的序列器是明智的，特别是在A+ES项目早期，领域模型变化很快的时候。考虑以下事件，该事件标有**协议缓存**[1]：

```
[DataContract]
public class ProjectClosed {
  [DataMember(Order=1)] public long ProjectId { get; set; }
  [DataMember(Order=2)] public DateTime Closed { get; set; }
}
```

现在，如果我们希望使用DataContractSerializer或JsonSerializer来序列化ProjectClosed，而不是协议缓存，那么任何重命名字段的操作都将破坏消费方。比如，假设我们将Colesed重命名为ColosedUtc。除非我们在消费方限界上下文中做了某种形式的重命名映射，否则便有可能发生错误或者产生一些脏数据：

```
[DataContract]
public class ProjectClosed {
  [DataMember] public long ProjectId { get; set; }
  [DataMember(Name="Closed"] public DateTime ClosedUtc { get; set; }
}
```

协议缓存便可以应对这样的问题，因为它通过标签而不是名字来跟踪各个契约成员。在下面的示例代码中我们将看到，客户端可以同时使用Closed和ClosedUtc作为属性名。协议缓存序列化对象的速度非常快，并且可以生成非常紧凑的二进制展现。在使用时，我们可以重命名事件的属性而不用担心向后兼容性。因此，对于一个处于发展中的领域模型来说，协议缓存可以减少开发上的摩擦。

```
[DataContract]
public class ProjectClosed {
  [DataMember(Order=1)] public long ProjectId { get; set; }
  [DataMember(Order=2)] public DateTime ClosedUtc { get; set; }
}
```

除了协议缓存，还存在另外一些跨平台的序列化工具，比如Apache Thrift、Avro和MessagePack等。

1. 协议缓存源自于Google，有人为其创建了.NET的实现。

事件不变性

从本质上讲，事件流是不变的。为了使开发模式与这种概念保持一致（还有避免不良的副作用），事件的契约也需要是不变的。为了达到这样的目标，在.NET平台的C#中，我们将字段标记为只读，并且只通过构造函数为其赋值。对于先前的ProjectClosed事件，我们可以通过以下方式实现：

```
[DataContract]
public class ProjectClosed {
  [DataMember(Order=1)] public long ProjectId { get; private set }
  [DataMember(Order=2)] public DateTime ClosedUtc { get; private set; }
  public ProjectClosed(long projectId, DateTime closedUtc)
  {
    ProjectId  = projectId;
    ClosedUtc = closedUtc;
  }
}
```

值对象

值对象（6）能够极大地简化我们的开发，并且有助于创建富领域模型。在使用值对象时，我们将一些内聚在一起的原始类型组合成一个命名的不变类型。比如，对于Project的唯一标识来说，我们并不使用long类型来表示，而是使用PorjectId：

```
public struct ProjectId
{
  public readonly long Id { get; private set; }
  public ProjectId(long id)
  {
    Id = id
  }
  public override ToString() {
    return string.Format("Project-{0}", Id);
  }
}
```

这里，我们依然使用了long类型来持有实际的标识数，但是在使用ProjectId类型时，我们可以将Project的唯一标识与其他类型区分开。当然，值对象类型并不只限于对象的唯一标识。其他的值对象类型包括货币对象（特别是在多币种系统中）、地址、E-mail、长度等。

除了能够增加事件和命令契约的表达性之外，领域值对象可以为A+ES的实现带来很多好处，比如静态类型检查和IDE支持等。对于下面的例子来说，我们有可能意外地以错误的顺序将唯一标识传给ProjectAssignedToCustomer的构造函数：

```
long customerId = ...;
long projectId = ...;
var event = new ProjectAssignedToCustomer(customerId, projectId);
```

以上错误是编译器所捕捉不到的，我们也只能通过调试来发现这样的错误。但是，如果我们以值对象来表示唯一标识，那么编译器（IDE编辑器）便能捕捉到这样的错误：

```
CustomerId customerId = ...;
ProjectId projectId = ...;
var event = new ProjectAssignedToCustomer(customerId, projectId);
```

对于那些具有多个字段的契约类来说，值对象的好处将更加明显。比如，对于以下事件：

```
public class CustomerInvoiceWritten {
  public InvoiceId Id { get; private set; }
  public DateTime CreatedUtc { get; private set; }
  public CurrencyType Currency { get; private set; }
  public InvoiceLine[] Lines { get; private set; }
  public decimal SubTotal { get; private set; }

  public CustomerId Customer { get; private set; }
  public string CustomerName { get; private set; }
  public string CustomerBillingAddress { get; private set; }
  public float OptionalVatRatio { get; private set; }
  public string OptionalVatName { get; private set; }
  public decimal VatTax { get; private set; }
  public decimal Total { get; private set; }
}
```

可以想象，处理拥有大量属性的类将变得更加复杂[2]。我们可以根据领域概念对以上事件进行重构，使其意义更明显，更具可读性：

2. 经验表明：一个类中最好不要超过7个属性成员。

```
public class CustomerInvoiceWritten {
  public InvoiceId Id { get; private set; }
  public InvoiceHeader Header { get; private set; }
  public InvoiceLine[] Lines { get; private set; }
  public InvoiceFooter Footer { get; private set; }
}
```

InvoiceHeader和InvoiceFooter将由一些内聚的属性组成：

```
public class InvoiceHeader {
  public DateTime CreatedUtc { get; private set; }
  public CustomerId Customer { get; private set; }
  public string CustomerName { get; private set; }
  public string CustomerBillingAddress { get; private set; }
}

public class InvoiceFooter {
  public CurrencyAmount SubTotal { get; private set; }
  public VatInformation OptionalVat { get; private set; }
  public CurrencyAmount VarAmount { get; private set; }
  public CurrencyAmount Total { get; private set; }
}
```

我们将Currency和SubTotal属性以CurrencyAmout值对象代替。该值对象的另一个好处在于：我们可以加入一些验证逻辑，以避免以错误的货币种类来表示当前货币量。对于InvoiceFooter来说，也是如此。

在有可能的情况下，我们应该尽量采用值对象，无论是对于命令对象、事件，还是聚合。

显然，在将值对象应用于命令和/或事件时，我们需要将它们部署在一起，甚至创建一个**共享内核**（3）。然而，一些高度复杂的领域可能需要设计富含业务逻辑的值对象。在这样的情况下，单单以类型安全的原因将值对象放在共享内核中可能会导致一些脆弱的模型设计。因此，将那些有助于以安全的方式序列化命令和事件的值对象与**核心域**（2）中的值对象区分开来对待是有好处的。这意味着我们需要创建两套值对象类，一套专用于核心域，另一套用于命令和事件类。在需要的时候，我们将在这两套值对象之间进行转换。

当然，重复的类有可能带来一些不必要的复杂性。此时，我们可以采用另一种方法。对于序列化事件来说，另一种方式便是使用**发布语言**（3）对其进行标准化。在**集成限界上下文**（13）中也讲到，我们可以采用动态类型的方式来接收事件通知。这样，我们不必将事件类和值对象部署到消费方系统中。因此，和所有其他方式一样，对于是否使用值对象来说，我们也需要多方权衡。

协议生成

要手动地维护大量的事件（和命令）契约是烦琐的，并且容易出错。更好的方式是采用领域特定语言（DSL）来定义这样的契约。在这种情况下，我们可以在构建项目时，才根据DSL来生成所需的类代码。有多种DSL语法存在，我们可以使用协议缓存的.proto格式或任何一种相似的格式。比如，你会发现以下方式是有用的：

```
CustomerInvoiceWritten!(InvoiceId Id, InvoiceHeader header,
   InvoiceLine[] lines, InvoiceFooter footer)
```

一个简单的代码生成器为DSL中的每一行生成相应的代码。这里的CustomerInvoiceWritten便是根据以下DSL所生成的：

```
[DataContract]
public sealed class CustomerInvoiceWritten : IDomainEvent {
  [DataMember(Order=1) public InvoiceId Id
    { get; private set; }
  [DataMember(Order=2) public InvoiceHeader Header
    { get; private set; }
  [DataMember(Order=3) public InvoiceLine[] Lines
    { get; private set; }
  [DataMember(Order=4) public InvoiceFooter Footer
    { get; private set; }
  public CustomerInvoiceWriter(
    InvoiceId id, InvoiceHeader header, InvoiceLine[] lines,
    InvoiceFooter footer)
  {
    Id = id;
    Header = header;
    Lines = lines;
    Footer = footer;
  }

  //序列化所需
  ProjectClosed() {
    Lines = new InvoiceLine[0];
  }
}
```

这种方式具有以下实际的好处：

- 它可以加速领域建模的迭代，由此减少了开发上的摩擦。

- 它减少了由人为因素导致错误的可能性。
- 紧凑的展现使得我们在一个屏幕中显示所有的事件定义，从而给我们一种总览式的视图。这些定义甚至可以当作通用语言的术语表来使用。
- 我们可以通过一种紧凑的定义来维护和分发事件契约，而不是通过源代码或二进制的方式。因此，这种方式可以增进不同团队之间的协作。

这种方式同样可以应用于命令契约。对于基于DSL的代码生成，你可以在示例项目中找到一个开源的实现，其中还包含了一些例子。

单元测试和需求规范

考虑一下事件源对于创建单元测试的好处。我们可以简单地以“Given-When-Expect”的形式来创建测试，比如：

1. Given先前的事件
2. When调用聚合方法
3. Expect以下事件或者一个异常

先前的事件用于在单元测试开始时创建聚合状态。当我们调用聚合方法时，我们需要传入一些测试参数或者领域服务的模拟（mock）实现。最后，我们将聚合产生的事件与所期望的事件进行比较。

这种方式有助于我们捕获和验证每个聚合的行为。同时，我们也保持了与聚合内部状态之间的解耦。另外，它还可以降低测试的脆弱性，因为开发团队可以任意地修改和优化聚合实现，只要有单元测试的保证。

我们还可以对这种方式做个改进：对于“When”步骤来说，可以直接使用命令对象，将该命令对象传给当前被测试聚合所对应的应用服务。这使得我们将单元测试看作一种需求规范（specification），并且完全通过通用语言来表达这样的规范，而无论是采用代码还是DSL。

由于代码非常少，我们可以将这样的规范当作可读的用例，由此领域专家也能够理解这些测试了。这样的用例定义有助于开发团队更好地交流那些复杂的业务行为，进而可以提升他们的建模水平。

以下是非常简单的以文本形式定义的需求规范：

```
[Passed] Use case 'Add Customer Payment - Unlock On Payment'.

Given:
 1. Created customer 7 Eur 'Northwind' with key c67b30 ...
 2. Customer locked

When:
  Add 'unlock' payment 10 EUR via unlock

Expectations:
  [ok] Tx 1: payment 10 EUR 'unlock' (none)
  [ok] Customer unlocked
```

如果你对这种方式感兴趣，那么可以在网上搜索“事件源规范（Event Sourcing Specification）”以获取更多的信息。

事件源和函数式语言

在以上的各种实现模式中，我们主要关注于面向对象的方式，对于诸如Java和C#这样的编程语言来，这是非常适合的。但是，事件源在本质上却是函数式的。因此，它可以通过一些函数式语言来实现，比如F#和Clojure。这使得我们编写更加简捷的代码，同时系统性能也可以得到优化。

对于聚合的实现来说，如果我们要从面向对象风格转到函数式风格，我们需要考虑以下几点：

- 我们应该为聚合创建简单的、不变的状态记录，然后创建一组变异函数（mutating function）。这些变异函数以状态记录和事件作为参数，然后返回一个新建的状态记录。这和设计不变的值对象是相似的，即无副作用函数只根据参数返回新建的值对象。这样的函数具有Func<State, Event, State>的形式。

- 当前的聚合状态可以被看成是将所有先前事件传给变异函数后的左折（left fold）。

- 聚合方法也可以转化成无状态函数，它们可以将命令对象、领域服务和状态记录作为参数。这样的函数将返回一个或多个事件，形式如Func<TArg1, TArg2..., State, Event[]>。

- 事件存储可以被看成是一个函数式数据库，因为它保存的是那些用于修改聚合状态的函数参数。此时，聚合快照被称为“Memorization”，这个概念是函数式程序员所熟知的。

在A+ES中，如果我们使用函数式编程语言来捕获核心业务概念，这将加速我们的领域建模过程。另外，它也迫使我们从严格的通用语言的角度来解释一个领域，而不是通过聚合的结构。任何更强调核心域而不是技术实现的方式都可以增加业务价值，并且使我们获得更大的竞争优势。

参考文献

[Appleton, LoD] Appleton, Brad. n.d. "Introducing Demeter and Its Laws." www.bradapp.com/docs/demeter-intro.html.

[Bentley] Bentley, Jon. 2000. *Programming Pearls, Second Edition.* Boston, MA: Addison-Wesley. http://cs.bell-labs.com/cm/cs/pearls/bote.html.

[Brandolini] Brandolini, Alberto. 2009. "Strategic Domain-Driven Design with Context Mapping." www.infoq.com/articles/ddd-contextmapping.

[Buschmann et al.] Buschmann, Frank, et al. 1996. *Pattern-Oriented Software Architecture, Volume 1: A System of Patterns.* New York: Wiley.

[Cockburn] Cockburn, Alastair. 2012. "Hexagonal Architecture." http://alistair.cockburn.us/Hexagonal+architecture.

[Crupi et al.] Crupi, John, et al. n.d. "Core J2EE Patterns." http://corej2eepatterns.com/Patterns2ndEd/DataAccessObject.htm.

[Cunningham, Checks] Cunningham, Ward. 1994. "The CHECKS Pattern Language of Information Integrity." http://c2.com/ppr/checks.html.

[Cunningham, Whole Value] Cunningham, Ward. 1994. "1. Whole Value." http://c2.com/ppr/checks.html#1.

[Cunningham, Whole Value aka Value Object] Cunningham, Ward. 2005. "Whole Value." http://fit.c2.com/wiki.cgi?WholeValue.

[Dahan, CQRS] Dahan, Udi. 2009. "Clarified CQRS." www.udidahan.com/2009/12/09/clarified-cqrs/.

[Dahan, Roles] Dahan, Udi. 2009. "Making Roles Explicit." www.infoq.com/presentations/Making-Roles-Explicit-Udi-Dahan.

[Deutsch] Deutsch, Peter. 2012. "Fallacies of Distributed Computing." http://en.wikipedia.org/wiki/Fallacies_of_Distributed_Computing.

[Dolphin] Object Arts. 2000. "Dolphin Smalltalk; Twisting the Triad." www.object-arts.com/downloads/papers/TwistingTheTriad.PDF.

[Erl] Erl, Thomas. 2012. "SOA Principles: An Introduction to the Service-Oriented Paradigm." http://serviceorientation.com/index.php/serviceorientation/index.

[Evans] Evans, Eric. 2004. *Domain-Driven Design: Tackling the Complexity in the Heart of Software.* Boston, MA: Addison-Wesley.

[Evans, Ref] Evans, Eric. 2012. "Domain-Driven Design Reference." http://domainlanguage.com/ddd/patterns/DDD_Reference_2011-01-31.pdf.

[Evans & Fowler, Spec] Evans, Eric, and Martin Fowler. 2012. "Specifications." http://martinfowler.com/apsupp/spec.pdf.

[Fairbanks] Fairbanks, George. 2011. *Just Enough Software Architecture.* Marshall & Brainerd.

[Fowler, Anemic] Fowler, Martin. 2003. "AnemicDomainModel." http://martinfowler.com/bliki/AnemicDomainModel.html.

[Fowler, CQS] Fowler, Martin. 2005. "CommandQuerySeparation." http://martinfowler.com/bliki/CommandQuerySeparation.html.

[Fowler, DI] Fowler, Martin. 2004. "Inversion of Control Containers and the Dependency Injection Pattern." http://martinfowler.com/articles/injection.html.

[Fowler, P of EAA] Fowler, Martin. 2003. *Patterns of Enterprise Application Architecture.* Boston, MA: Addison-Wesley.

[Fowler, PM] Fowler, Martin. 2004. "Presentation Model." http://martinfowler.com/eaaDev/PresentationModel.html.

[Fowler, Self Encap] Fowler, Martin. 2012. "SelfEncapsulation." http://martinfowler.com/bliki/SelfEncapsulation.html.

[Fowler, SOA] Fowler, Martin. 2005. "ServiceOrientedAmbiguity." http://martinfowler.com/bliki/ServiceOrientedAmbiguity.html.

[Freeman et al.] Freeman, Eric, Elisabeth Robson, Bert Bates, and Kathy Sierra. 2004. *Head First Design Patterns.* Sebastopol, CA: O'Reilly Media.

[Gamma et al.] Gamma, Erich, Richard Helm, Ralph Johnson, and John Vlissides. 1994. *Design Patterns.* Reading, MA: Addison-Wesley.

[Garcia-Molina & Salem] Garcia-Molina, Hector, and Kenneth Salem. 1987. "Sagas." ACM, Department of Computer Science, Princeton University, Princeton, NJ. www.amundsen.com/downloads/sagas.pdf.

[GemFire Functions] 2012. VMware vFabric 5 Documentation Center. http://pubs.vmware.com/vfabric5/index.jsp?topic=/com.vmware.vfabric.gemfire.6.6/developing/function_exec/chapter_overview.html.

[Gson] 2012. A Java JSON library hosted on Google Code. http://code.google.com/p/google-gson/.

[Helland] Helland, Pat. 2007. "Life beyond Distributed Transactions: An Apostate's Opinion." Third Biennial Conference on Innovative DataSystems Research (CIDR), January 7–10, Asilomar, CA.
www.ics.uci.edu/~cs223/papers/cidr07p15.pdf.

[Hohpe & Woolf] Hohpe, Gregor, and Bobby Woolf. 2004. *Enterprise Integration Patterns: Designing, Building, and Deploying Messaging Systems*. Boston, MA: Addison-Wesley.

[Inductive UI] 2001. Microsoft Inductive User Interface Guidelines.
http://msdn.microsoft.com/en-us/library/ms997506.aspx.

[Jezequel et al.] Jezequel, Jean-Marc, Michael Train, and Christine Mingins. 2000. *Design Patterns and Contract*. Reading, MA: Addison-Wesley.

[Keith & Stafford] Keith, Michael, and Randy Stafford. 2008. "Exposing the ORM Cache." *ACM*, May 1.
http://queue.acm.org/detail.cfm?id=1394141.

[Liskov] Liskov, Barbara. 1987. Conference Keynote: "Data Abstraction and Hierarchy." http://en.wikipedia.org/wiki/Liskov_substitution_principle. "The Liskov Substitution Principle."
www.objectmentor.com/resources/articles/lsp.pdf.

[Martin, DIP] Martin, Robert. 1996. "The Dependency Inversion Principle."
www.objectmentor.com/resources/articles/dip.pdf.

[Martin, SRP] Martin, Robert. 2012. "SRP: The Single Responsibility Principle."
www.objectmentor.com/resources/articles/srp.pdf.

[MassTransit] Patterson, Chris. 2008. "Managing Long-Lived Transactions with MassTransit.Saga."
http://lostechies.com/chrispatterson/2008/08/29/managing-long-lived-transactions-with-masstransit-saga/.

[MSDN Assemblies] 2012.
http://msdn.microsoft.com/en-us/library/51ket42z%28v=vs.71%29.aspx.

[Nilsson] Nilsson, Jimmy. 2006. *Applying Domain-Driven Design and Patterns: With Examples in C# and .NET.* Boston, MA: Addison-Wesley.

[Nijof, CQRS] Nijof, Mark. 2009. "CQRS à la Greg Young."
http://cre8ivethought.com/blog/2009/11/12/cqrs--la-greg-young.

[NServiceBus] 2012.
www.nservicebus.com/.

[Öberg] Öberg, Rickard. 2012. "What Is Qi4j™?"
http://qi4j.org/.

[Parastatidis et al., RiP] Webber, Jim, Savas Parastatidis, and Ian Robinson. 2011. *REST in Practice*. Sebastopol, CA: O'Reilly Media.

[PragProg, TDA] The Pragmatic Programmer. "Tell, Don't Ask." http://pragprog.com/articles/tell-dont-ask.

[Quartz] 2012. Terracotta Quartz Scheduler. http://terracotta.org/products/quartz-scheduler.

[Seović] Seović, Aleksandar, Mark Falco, and Patrick Peralta. 2010. *Oracle Coherence 3.5: Creating Internet-Scale Applications Using Oracle's High-Performance Data Grid*. Birmingham, England: Packt Publishing.

[SOA Manifesto] 2009. SOA Manifesto. www.soa-manifesto.org/.

[Sutherland] Sutherland, Jeff. 2010. "Story Points: Why Are They Better than Hours?" http://scrum.jeffsutherland.com/2010/04/story-points-why-are-they-better-than.html.

[Tilkov, Manifesto] Tilkov, Stefan. 2009. "Comments on the SOA Manifesto." www.innoq.com/blog/st/2009/10/comments_on_the_soa_manifesto.html.

[Tilkov, RESTful Doubts] Tilkov, Stefan. 2012. "Addressing Doubts about REST." www.infoq.com/articles/tilkov-rest-doubts.

[Vernon, DDR] Vernon, Vaughn. n.d. "Architecture and Domain-Driven Design." http://vaughnvernon.co/?page_id=38.

[Vernon, DPO] Vernon, Vaughn. n.d. "Architecture and Domain-Driven Design." http://vaughnvernon.co/?page_id=40.

[Vernon, RESTful DDD] Vernon, Vaughn. 2010. "RESTful SOA or Domain-Driven Design—A Compromise?" QCon SF 2010. www.infoq.com/presentations/RESTful-SOA-DDD.

[Webber, REST & DDD] Webber, Jim. "REST and DDD." http://skillsmatter.com/podcast/design-architecture/rest-and-ddd.

[Wiegers] Wiegers, Karl E. 2012. "First Things First: Prioritizing Requirements." www.processimpact.com/articles/prioritizing.html.

[Wikipedia, CQS] 2012. "Command-Query Separation." http://en.wikipedia.org/wiki/Command-query_separation.

[Wikipedia, EDA] 2012. "Event-Driven Architecture." http://en.wikipedia.org/wiki/Event-driven_architecture.

[Young, ES] Young, Greg. 2010. "Why Use Event Sourcing?" http://codebetter.com/gregyoung/2010/02/20/why-use-event-sourcing/.